卓越系列·21世纪高等教育精品规划教材
机电一体化技术实战丛书

机电控制技术实用教程

主　编　章国华　黄邦彦
副主编　杨善迎　刘艺柱
主　审　陈贵银

内容提要

本书以一套接近工程级的电梯系统(PLC)为核心,秉承"学中做"和"做中学"的教学理念,结合作者的教学和科研工作,介绍了电梯系统的原理、设计方法和组态王实例编程开发过程。本书共有8章和2个附录,前7章介绍了电梯的基本结构及各部分的作用,包括井道和机房、传动部分、感应部分、安全装置、位置控制等5个部分,并分别介绍了用组态软件实现的实例,即用组态王软件设计出一个完整的三层电梯系统;第8章介绍了电梯系统的维护和常用知识;附录介绍了组态王软件的使用方法及相关考试大纲。

本书的内容已经在4轮教学中实践,共有56学时,其中包括2周的"教学做"实践课。同学们可从电梯系统仿真设计中,真正体会到电梯的运行过程,还可改进电梯的控制程序,在做中学、学中做,将知识变成技能。另外,仿真性实践还为学校节省了大量开支。本书结合功能性和主题性的写作方式,让读者彻底掌握电梯的各项功能。

本书可作为机电一体化技术、电气自动化、楼宇智能控制等专业的教材,也可作为电梯工程技术人员和管理人员的参考用书。

图书在版编目(CIP)数据

机电控制技术实用教程/章国华,黄邦彦主编. —天津:天津大学出版社,2011.8(2025.1重印)

(卓越系列)

21世纪高等教育精品规划教材　机电一体化技术实战丛书

ISBN 978-7-5618-4079-5

Ⅰ.①机…　Ⅱ.①章…②黄…　Ⅲ.①机电一体化—控制系统—教材　Ⅳ.①TH-39

中国版本图书馆CIP数据核字(2011)第161364号

出版发行　天津大学出版社
地　　址　天津市卫津路92号天津大学内(邮编:300072)
电　　话　发行部:022-27403647　邮购部:022-27402742
网　　址　www.tjup.com
印　　刷　北京虎彩文化传播有限公司
经　　销　全国各地新华书店
开　　本　185mm×260mm
印　　张　16
字　　数　399千
版　　次　2011年8月第1版
印　　次　2025年1月第4次
定　　价　35.00元

前　言

机电控制技术是机电类专业设置的一门综合课，早期也称之为机电一体化技术，现代则称之为机械电子学。机电一体化技术专业在本科、高职高专和中职学校是一个比较热门的专业，学习该专业的人较多。然而，机电一体化技术专业是一个通才专业，涉及内容多而深，学好不容易。重点大学本科机电类专业都开设这门课，且有国家级规划教材，涉及各种电机的控制原理和机械的传动结构，电机原理、控制电器结构、继电器逻辑控制、机械结构、PLC 控制和传感器等，几乎无所不包，从简单的刀开关到复杂的变频控制技术，涉及的理论多，深入讲解的实例少，对有些专业来说，大多数内容还是低年级时学习过的，只是作了简单、系统的罗列。目前，很难找到适合高职学生学习机电一体化控制技术的教材。高职高专的学生如果使用本科的教材，由于教材一般是泛泛而谈、理论偏多、内容重复，教师教学非常难于组织，学生真正能学到的东西极少，导致无一精通；而且高职的培养目标是高技能、专门型人才，对知识的系统性不作要求，而且高职学生的动觉学习能力比听觉学习能力好，这些教材与高职教学实际脱离。成语“一通百通”是说一个主要的弄通了，其他的自然也都会弄通。典故出处为明朝吴承恩《西游记》第二回：“这猴王也是他一窍通时百窍通，当时习了口诀，自习自练，将七十二般变化，都学成了。”正是在这样的情况下，我们对这门课程进行了改革，即通过一个典型的机电一体化设备——电梯的剖析，弄清楚一种机电一体化设备的工作原理，从而掌握一般机电一体化设备的工作原理。

随着高层建筑的大量兴建，人们无论是上下班、购物、看病或访友、居家生活都要与电梯打交道。因此，电梯的使用量越来越大，使用频率越来越高，电梯的安全问题越发引起人们的关注。电梯正是一种典型的机电一体化产品，我们每天都在使用它，学习电梯的工作原理比数控机床和机器人要有条件得多，因为它既不是很简单，又不是很复杂，而且我们还能仿真地设计出可运行的电梯。所以，选择了电梯作为机电控制技术应用的教学对象。

本书以一个工程级的电梯系统为核心，先用大量的图示说明电梯的结构和原理，再深入剖析电梯的 PLC 控制程序，然后用组态软件设计制作一个完整可运行的电梯系统，学生在最后能体会到的是知识变成技能的成功和喜悦，而不是空洞的概念。

本书第 1 章介绍机电控制技术基本概念和常见的机电控制系统(含有电梯系统)；第 2 章首先介绍电梯曳引系统结构，其次分析电梯控制曳引系统的 PLC 程序，接着用组态软件设计电梯的曳引控制方法；第 3 章首先介绍电梯的楼层感应、指令和呼梯，其次分析电梯控制楼层感应、呼梯和指令的 PLC 程序，接着用组态软件设计电梯的楼层感应、指令和呼梯方法；第 4 章首先介绍电梯的导向和定向系统，其次分析电梯控制导向和定向系统的 PLC 程序，接着用组态软件设计电梯的导向和定向系统方法；第 5 章首先介绍电梯的换速和平层，其次分析电梯控制换速和平层的 PLC 程序，接着用组态软件设计电梯的换速和平层方法；第 6 章首先介绍电梯的轿厢和轿门系统，其次分析电梯控制轿厢和轿门系统的 PLC 程序，接着用组态软件设计电梯的轿厢和轿门系统方法；第 7 章首先介绍电梯的安全保护装置，其次分析电梯安全保护装置系统的PLC程序，接着用组态软件设计电梯的安全保护装置方法；第8章介绍电梯系统的维护和常用知识；附录介绍组态王软件的使用方法及相关考试大纲。

用组态软件做一个能运行的电梯，说明了技术是做会的，不是听会的；而现有教材中大多只有零散的、不完整的电梯电路和程序，没有任何工程价值，老师只能泛泛而谈，学生只能浅尝辄止。本书通过一套接近工程级的完整程序，经过四年的教学实践和教师、学生的制作实践，不断地发现和解决问题，使这个程序接近完美。

如果要设计一个电梯控制程序，又无法验证它的正确性，就可用本书提供的方法，它能帮你调试和验证控制程序。

本书由章国华负责完成，章国华老师完成了第2、4、5、6章的编写，刘艺柱老师完成了第7、8章的编导，黄邦彦老师完成了第1章和附录的编写，杨善迎老师完成了第3章的编写。在此还要感谢天津大学出版社胡小捷编辑，感谢她高效辛勤的工作，使本书能够以最快的时间与读者见面。

由于受作者知识所限，书中不足之处在所难免，恳请各位专家和读者批评指正。

编者：章国华

2011年5月

目　录

第1章 概 述

学习目标

- 了解机电控制技术的内容和发展概况。
- 了解电梯的基本概念。

1.1 机电控制技术的内容和发展概况

1.1.1 机电一体化技术发展的背景

近年来电子技术的飞速发展,大规模和超大规模集成电路的制作成功,单片微机的产生,使电子装置的体积越来越小,可以将其装在机械上而不影响总体布置。由于集成芯片大量生产,价格越来越低,一片 CPU 或一个单片机的价格已下降到几美元,则在机械上增设电子装置,不会使机械成本有很大提高;同时电子装置的性能和可靠性不断提高,使用故障率又不断下降。因此,带电子装置的机械越来越受到用户欢迎。由于近代传感器技术、激光技术、机电接口技术(电液阀、比例阀等)的发展,也给电子技术的应用带来了广阔的前景。电子化、自动化正在进入工业和生活的各个领域,并且不断扩大。

例如,国外大部分高级轿车竟然在一辆车上装有 10 ～20 台微机(CPU),用来控制发动机喷油、点火、怠速和冷却风扇,以达到提高功率、降低能耗、净化排气、降低噪声和振动以及改善启动性能等目的;还可控制传动系统的变矩器自动闭锁、变速箱自动换挡和平稳结合等。电子控制的悬挂系统具有保持车体高度(不随乘坐人数而改变)、改善悬挂弹簧常数与阻尼力大小等功能,可大大改善乘坐的舒适性;电子控制的转向系统可按照驾驶者的爱好选择转向反应;电子控制的防滑装置可在紧急制动时保持方向控制性能,以提高安全性。此外,还有车内空调自控装置、驾驶者座位自调装置和自动刮水器等。

可见,机械和电子相结合能充分发挥各自特点。实践证明,如果局限于机械本身来考虑,则很难获得较大的变革。当前,机械的旧概念(机械由动力装置、传动装置和工作装置组成)正在改变。给机械产品装上感觉器官——传感器,布上神经系统——电路,添上电脑——微机,就能使机械产品的性能发生巨大变化。机械产品必定要经历伟大的变革,如同生物从低级向高级进化一样,逐步变为有骨骼(机械),有血液(气压和液压),有感觉器官、神经和头脑的现代化机械。

1.1.2 机电一体化技术的形成

20 世纪 80 年代初,日本最早提出了机械电子工程的概念,它是集机械、电子、控制、计算机为一体的交叉学科,其学科范围广、知识点丰富、适用面宽、新技术和新方向发展迅猛,全面涵盖了提升国家经济实力最重要的支柱领域。近年来,随着电子计算机和控制技术的迅猛发展,机电系统向着信息化、智能化、综合化方向发展,目前已很难在国民经济重要部门中找到没有渗透电子控制和计算机技术的纯机械领域。

在一些书籍或网络上也会看到这样一些定义,例如传统的机械、电器、仪表技术与微电子技术相结合形成了“机械—电子”一体化技术。对于这样的定义,虽然很普遍,但是却有它的局限性。如果机械电子技术仅仅是机械与电子技术简单的组合,那么机械电子这个概念就没有必要提出来。因为在传统的机械设备中,也会有电气控制,典型的代表如车床。如果没有电气控制,那么车床就不会正常运行。因此,对于机械电子技术的定义,应该更深入地理解为:在机器的主功能、动力功能、信息处理功能和控制功能上引进电子技术,将机械装置与电子化设计及软件结合起来所构成的系统的总称。它的特征为:从系统的观点出发,综合运用机械技术、电子技术等群体技术优化组合、合理布局;在多功能、高质量、高可靠性、低耗能的意义上实现特定功能价值,并使整个系统最优化。

通过以上解释,可以把机械电子理解为机械与电子技术相互融合、相互补充,形成一个相互依存的有机体。

在研究和发展的层次上,机电一体化学科涵盖十个不同的技术领域,它们是运动控制、机器人技术、机动车技术、智能控制、执行器和传感器、建模和设计、系统整合、制造业、微型设备和光电子学、振动和噪声控制。

机械电子技术的核心包括软件和硬件两方面。硬件是由机械本体、传感器、信息处理单元和驱动单元等部分组成。软件是把每一个硬件联系起来的一个信息载体。

1.1.3 机电一体化技术的目的及意义

1. 功能增强

机电一体化产品具有多种复合功能,如加工中心可以将多台普通机床的多道工序在一次装夹中完成,并自动检测工件和刀具精度,显示刀具运动轨迹。

2. 精度提高

机电一体化技术简化了机构链,使机械磨损、配合间隙及受力变形等引起的误差大大减小。由于采用计算机检测与控制技术补偿和校正,使各种干扰造成的动态误差大大减小,从而达到纯机械技术阶段所无法实现的工作精度。

3. 结构简化

由于机电一体化技术采用微处理器、大规模集成电路、电力电子器件代替了原来的电气控制柜和传动装置,使机电一体化产品零部件数量减少、体积变小,结构得到简化。

4. 可靠性提高

随着集成电路的集成度越来越高,材料性能趋于稳定,机电一体化产品可靠性不断增强,同时由于具备了安全联锁控制、过载及失控保护、断电保护等功能,进一步提高了机电一体化产品的安全可靠性。

5. 改善操作

由于机电一体化产品采用了计算机技术,从而提升了产品的自动化程度,减少了操作按钮及手柄,改善了设备的操作性能,构建了良好的人机界面。

6. 提高柔性

由于软件技术的引入,从而实现了机器工作程序的可修改性,能够通过软件的修改来满足工作情况改变的需要。

1.1.4 国外机电一体化技术现状

国外机电一体化产品概念设计的研究主要集中在欧洲,主要研究机构有德国 Darmstadt 大学、英国 Lancaster 大学工程设计中心、荷兰 Twente 大学、比利时 Leuven 大学、挪威科技大学等。另外,在美国与机电一体化系统有关的概念设计工作人员多集中在 MIT 大学,Carnegie Mellon 大学,Michigan 大学和 Stanford 大学。在日本,东京大学 Yoshikawa 和 Tomiyama 两位学者的研究工作涉及了一般的机电一体化系统的概念设计。

德国 Darmstadt 大学的 R. Iserrmann, H. J. Herpel, M. Held 和 M. Clesner 等人,对机电一体化产品设计进行了较深入的研究。他们的研究领域主要集中在机电一体化的控制系统的设计方法学上,提出了机电一体化系统的能量流和信息流模型,并将控制系统按层次划分为管理层、监视层、控制层和处理层四个层次。

德国 Heinz Nixdorrf 大学的 Jurgen Causemeier, Martin FlaLh, SLefan MÖhringer 等人于 2001 年构建了机电一体化系统开发的 V 型模型,指出在概念设计的早期阶段,需要有一种共同的功能描述语言来描述所涉及的学科知识,给出了一种适用于机电一体化产品概念设计的集成方法,即用半规则式说明语言进行功能原理建模,且该方法已成功用于汽车导航驱动系统的概念设计过程中。

虽然美国 Analogy 公司声称其开发的 Saber 软件是支持机电一体化系统设计的智能化概念设计软件,但其实质至多是一个机电一体化仿真软件。它只具有对机电一体化系统建模、性能仿真、灵敏度分析等功能,而不具备产生方案的功能。就建模功能来讲,它也基本上集中在信息系统或控制系统领域,目前还没有看到其能够用于机械装置的建模仿真的例子。由于该软件是由电子系统设计软件发展而来,对于机电一体化系统有先天不足之嫌。

日本的机械电子技术已经处于世界领先地位。日本在 2001 年 10 月 17 至 20 日于名古屋举办了两年一次的“机电一体化展”(MECT2001),展出了日本当时最新的金切、成形机床、配套设备、工具、PC 系统等,从中明显地反映出当前日本及世界机床技术发展的一些新动向,最突出的三点是廉价实用、环保节能、提高精度效率。其展出的代表性产品有能实现工件内外表面复合加工的机床(有多种形式),如可实现五面加工的 AQ－12 型万能加工机、DJ－1 型内外表面加工 NC 车床、五面双主轴 NC 车床等;还有高松公司展出的 XW－150 型两主轴两回转刀盘的 NC 车床,可同时进行工件的内外表面加工,使效率倍增。

1.1.5 国内机电一体化技术现状

我国机电一体化技术的发展进程与世界各国一样,经历过准备时期、起步时期和发展时期,目前正努力追踪着世界机电一体化技术蓬勃发展的足迹。

目前,国内一些研究单位,如浙江大学、中国科技大学等单位,在机械产品概念设计及计算机辅助创新设计方面进行了研究,但对于机电一体化产品概念设计方面的问题基本没有进行研究。上海交通大学从 1996 年开始,对机电一体化产品概念设计的理论与方法进行了较为深入的研究，并取得了初步的研究成果。

20 世纪 80 年代以来，我国相继引进了国外一大批具有同时代水平的机电一体化产品和技术，填补了国内一些项目的空白，在引进、使用、消化和吸取的基础上，启动和推进了我国机电一体化技术的进程。如南京机床厂在引进 TC－500 加工中心的基础上，自行开发了柔性加工单元等产品，使机电一体化产品实现了系列化、层次化，满足了市场的不同需求。又如济南第二机床厂在引进技术的基础上吸收外国先进技术，使产品水平有了很大提高，为装备汽车行业做出了重要贡献。还有些厂家与国外厂家合作开发新产品，如武汉重型机床厂与 Schicss 公司合作，完成了主要拳头产品的更新换代，推出了一批机电一体化新产品供应市场。再如我国第一条示范性回转体零件柔性加工系统 1984 年筹建，1986 年投入使用，用于加工伺服电机的十二种零件，1988 年通过了部级评审。还有国家高技术发展计划(863 计划) CIMS 主题单元技术实验室之一的北京机床研究所，结合天津减速机总厂生产发展需要，研制成功的减速机座加工柔性制造系统 JCS－FMS－2 也已于 1992 年 11 月通过了有关部门验收，正式投入了生产。又如齐齐哈尔第一机床厂研制的 Q－LX 车轮柔性加工单元，主要用于加工各种规格的机车薄轮缘车轮踏面、轮缘、辐板、轮孔和端面等所有表面，其在“马钢”每天三班生产，一年新增产值 1 906 万元。还有天津第一机床厂与沈阳计算机所等单位共同研制的 XH715GY 立式加工中心是五坐标联动的高技术机电一体化产品，其软硬件均由国内开发，是一套完整的交钥匙系统。这些都是引进、吸收、创新到二次开发方面有代表性的例子。

毋庸置疑，我国机电一体化技术在不少领域已跻身于世界最先进行列，如我国研制成功的巨型计算机“银河Ⅰ”和“银河Ⅱ”以及“长征二号 E”捆绑式运转火箭等就是证明。但总体水平与先进国家相比还有较大差距，有些领域差距还相当大，尚须奋起直追。

1.1.6 机电一体化技术的发展趋势

机电一体化技术经历了三十多年的发展，其内涵更是从最初的机械与电子的简单结合发展为包括机械、电子、液压、气动、热元件以及控制系统的多学科、多领域成分相结合的技术，机电一体化产品也必将成为机械市场的主流产品。

国际上目前研究的几种可以实现自动向数学模型转化的机电一体化系统理想的物理模型建立的方法有键合图法、面向对象法、方块图法、系统图法和混合 Petri 网法。由 Lancaster 大学 EDC(Engineering Design Center)的研究者开发的计算机辅助机电一体化系统概念设计的建模与仿真软件 Schemebuilder 有使用键合图法建模的仿真软件20－sim 、使用面向对象法建模的仿真软件 Dymola 以及使用方块图法建模的控制系统仿真软件 Matlab 和机械机构系统仿真软件 Adams。

机械电子技术未来的发展趋势可以总结如下。

1. 光机电体一化方向

光机电一体化系统是由传感系统、能源(动力)系统、信息处理系统、机械结构等部分组成，引进光学技术并利用光学技术的先天特点有效地改进机电一体化系统的传感系统、能源系统和信息处理系统。

2. 智能化方向

今后的机电一体化产品“全息”特征越来越明显，智能化水平越来越高。这主要得益于模糊技术与信息技术(尤其是软件及芯片技术)的发展。

3. 仿生物系统化方向

今后的机电一体化装置对信息的依赖性很大,并且它们在结构上处于“静态”时不稳定,但在“动态”(工作)时却稳定的状态。这有点类似于活的生物:当控制系统(大脑)停止工作时,生物便“死亡”,而当控制系统(大脑)工作时,生物就很有活力。机电一体化产品虽然有向仿生物系统化方向发展的趋势,但还有一段很漫长的道路要走。

在工业设计中没有千里眼,工程师们进行设计创造都是基于目前的知识水平,当技术出现跨越式发展时,设计与技术之间就会出现差距。要弥补这种差距就要牵涉到系统混装、多边折中和各方约束。在室内管道工程发明之后的整整一个年代,管道仍然被固定在房屋的外部。人们把建筑学和管道学整合在一起花费了很长时间。

机电一体化的开发工具包行业正是处在这样一个“把管道固足在墙外”的阶段。如果这个行业早些了解电子、机械控制系统和软件学科,并能够早些与之有机结合在一起的话,设计工具的建设就不会是现在这个样子了。如今,该行业处在互相折中和双方约束的当口,正等待一次奇妙的飞跃。

1.2　机电控制系统的基本组成结构

“机电控制技术”是机电工程的专业基础课程,它是机电一体化人才所需电类知识结构的主体。机电控制是研究如何设计控制器并合理选择或设计放大元件、执行元件、检测与转换元件、导向与支承元件和传动机构等,并由此组成机电控制系统使机电设备达到所要求的性能的一门学科,在机电一体化技术中占有非常重要的地位。

机电控制系统是机电一体化产品及系统中承担控制对象输出,并按照指令规定的规律变化的功能单元,是机电一体化产品及系统的重要组成部分。机电控制系统是一种自动控制系统,一般由指令元件,比较、综合与放大元件,转换与功率放大元件,执行元件,工作机构,检测与转换元件等六部分组成,如图 1.1 所示。

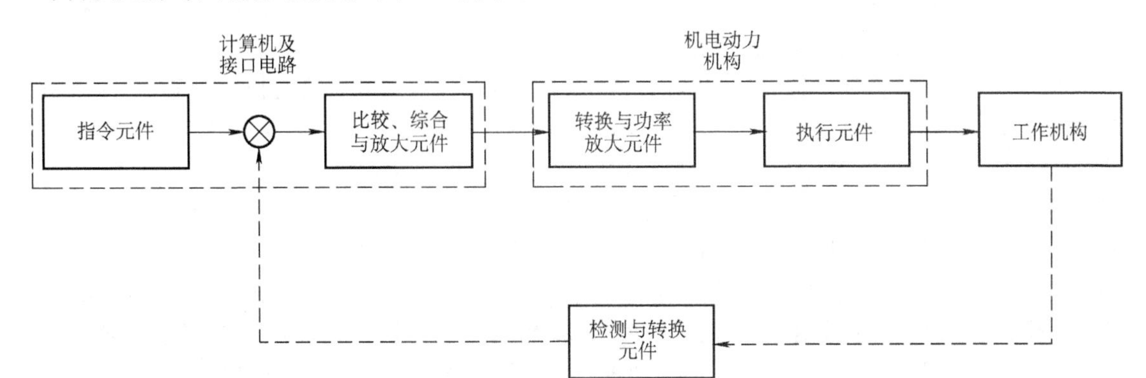

图 1.1　机电控制系统的基本组成结构

机电控制系统的工作原理是:由指令元件发出指令,通过比较、综合与放大元件将此信号与输出反馈信号比较,再将差值进行处理和放大、控制及转换,将处理后的信号加到转换与功率放大元件并施加到执行元件的输入端，使得执行元件按指令的要求运动；而执行元件往往和机电装备的工作机构相连接，从而使机电装备的被控量（如位移、速度、力、转矩等）符合所要求的规律。

1.3 电梯的历史发展和基本概念

电梯进入人们的生活已经150多年了，一个半世纪的风风雨雨，翻天覆地的是历史的变迁，永恒不变的是电梯提升人类生活质量的承诺。

1854年，在纽约水晶宫举行的世界博览会上，美国人伊莱沙·格雷夫斯·奥的斯第一次向世人展示了他的发明。他站在装满货物的升降梯平台上，命令助手将平台拉升到观众都能看得到的高度，然后发出信号，令助手用利斧砍断了升降梯的提拉缆绳。令人惊讶的是，升降梯并没有坠毁，而是牢牢地固定在半空中——奥的斯先生发明的升降梯安全装置发挥了作用。“一切安全，先生们。”站在升降梯平台上的奥的斯先生向周围观看的人们挥手致意，谁也不会想到，这就是人类历史上第一部安全升降梯。

人类利用升降工具运输货物、人员的历史非常悠久。早在公元前2600年，埃及人在建造金字塔时就使用了最原始的升降系统，这套系统的基本原理至今仍无变化，即一个平衡物下降的同时，负载平台上升，早期的升降工具基本以人力为动力。1203年，在法国海岸边的一个修道院里安装了一台以驴子为动力的起重机，这才结束了用人力运送重物的历史。英国科学家瓦特发明蒸汽机后，起重机装置开始采用蒸汽为动力。紧随其后，威廉·汤姆逊研制出用液压驱动的升降梯，液压的介质是水。在这些升降梯的基础上，一代又一代富有创新精神的工程师们在不断改进升降梯的技术。然而，一个关键的安全问题始终没有得到解决，那就是一旦升降梯拉升缆绳发生断裂，负载平台就一定会发生坠毁事故。

奥的斯先生的发明彻底改写了人类使用升降工具的历史。从那以后，搭乘升降梯不再是“勇敢者的游戏”，升降梯在世界范围内得到广泛应用。1889年12月，美国奥的斯电梯公司制造出了名副其实的电梯，它采用直流电动机为动力，通过蜗轮减速器带动卷筒上缠绕的绳索，悬挂并升降轿厢。1892年，美国奥的斯公司开始采用按钮操纵装置，取代传统的轿厢内拉动绳索的操纵方式，为操纵方式现代化开了先河。

生活在继续，科技在发展，电梯也在进步。150多年来，电梯的材质由黑白到彩色，样式由直式到斜式，在操纵控制方面更是步步出新——手柄开关操纵、按钮控制、信号控制、集选控制、人机对话等，多台电梯还出现了并联控制、智能群控；双层轿厢电梯展示出节省井道空间，提升运输能力的优势；变速式自动人行道扶梯的出现大大节省了行人的时间；不同外形——扇形、三角形、半菱形、半圆形、整圆形的观光电梯使身处其中的乘客的视线不再封闭。如今，以美国奥的斯公司为代表的世界各大著名电梯公司各展风姿，仍在继续进行电梯新品的研发，并不断完善维修和保养服务系统。调频门控、智能远程监控、主机节能、控制柜低噪声耐用、复合钢带环保——一款款结合了人类在机械、电子、光学等领域最新科研成果的新型电梯竞相问世，冷冰冰的建筑因此散射出人性的光辉，人们的生活因此变得更加美好。

中国最早的一部电梯出现在上海，是由美国奥的斯公司于1901年安装的。1932年由美国奥的斯公司安装在天津利顺德酒店的电梯至今还在安全运转着。1951年，党中央提出要在天安门安装一台由我国自行制造的电梯，天津从庆生电机厂荣接此任，四个月后不辱使命，顺利地完成了任务。十一届三中全会后，沐浴着改革开放的春风，我国电梯业进入了高速发展的时期。如今，在我国任何一个城市，电梯都在被广泛应用着。电梯给人们的生活带来了便利，也为我国现代化建设的加速发展提供了强大的保障。

随着科学技术和社会经济的发展，高层建筑已成为现代城市的标志。电梯作为垂直运输工具，承担着大量的人流和物流的输送，其作用在建筑物中至关重要。

中高层写字楼、办公楼、饭店和住宅楼以及服务性和生产部门（如医院、商场、仓库、生产车间等）拥有大量的乘客电梯、载货电梯等各类电梯及自动扶梯。随着经济和技术的发展，电梯的使用领域越来越广，电梯已成为现代物质文明的一个标志。

在20世纪前半叶，电梯的电力拖动，尤其是高层建筑中的电梯，几乎都是直流拖动；直到1967年晶闸管用于电梯拖动，研制出交流调压调速系统，才使交流电梯得到快速发展；80年代随着电子技术的完善，出现了交流变频调速系统。信号控制方面用微机取代传统的继电器控制系统，使故障率大幅下降，电梯的速度也由0.5 m/s发展到目前的13.5 m/s（超高速电梯）。现代电梯向着低噪声、节能高效、全电脑智能化方向发展，具有高度的安全性和可靠性。

电梯作为载人运行设备，其安全可靠性涉及电梯的设计、制造、安装、检验、维护、使用等环节。其中，正确的使用操作电梯是电梯安全技术中的重要环节。为保障电梯的安全运行，杜绝因操作失误造成的电梯事故，国家规定电梯司机必须进行安全技术培训，经考核合格并取得安全操作证。

作为一个合格的电梯工程人员必须掌握电梯的基本知识：电梯的基本参数、基本构造与工作原理；电梯主要安全保护装置的作用与工作原理；电梯的安全操作规程与实际安全操作技术；电梯常见故障的判断及遇到紧急、突发情况的处理；电梯维护保养常识、主要零部件的安全要求与检查；电梯的安全用电及防火常识。

电梯是机电一体化产品，其机械部分好比是人的躯体，电气部分相当于人的神经，控制部分相当于人的大脑。各部分通过控制部分调度，密切协同，使电梯可靠运行。

尽管电梯的品种繁多，但目前使用的电梯绝大多数为电力拖动、钢丝绳曳引式结构，图1.2所示是电梯的基本结构剖视直观图。

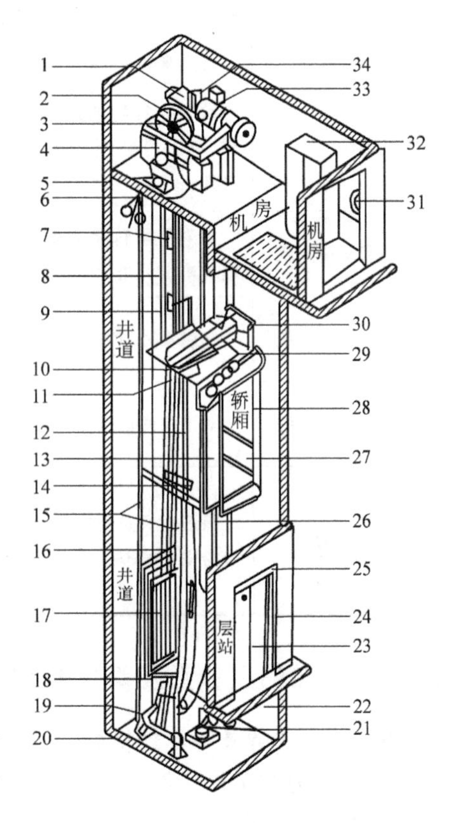

图1.2 电梯基本结构剖视直观图

1—减速箱；2—曳引轮；3—曳引机底座；4—导向轮；5—限速器；6—机座；7—导轨支架；8—曳引钢丝绳；9—开关碰铁；10—紧急终端开关；11—导靴；12—轿架；13—轿门；14—安全钳；15—导轨；16—绳头组合；17—对重；18—补偿链；19—补偿链导轮；20—张紧装置；21—缓冲器；22—底坑；23—层门；24—呼梯盒（箱）；25—层楼指示灯；26—随行电缆；27—轿壁；28—轿内操纵箱；29—开门机；30—井道传感器；31—电源开关；32—控制柜；33—引电机；34—制动器（抱闸）

从电梯空间位置使用看，电梯由四个部分组成：

依附建筑物的机房、井道，运载乘客或货物的空间——轿厢，乘客或货物出入轿厢的地点——层站，即机房、井道、轿厢、层站。

从电梯各构件部分的功能上看，电梯系统可分为八个部分：曳引系统、导向系统、轿厢系统、门系统、重量平衡系统、电力拖动系统、电气控制系统和安全保护系统，见表1.1。

表1.1　电梯八个部分的功能及其构件与装置

八个部分	功能	主要构件及装置
1. 曳引系统	输出与传递动力，驱动电梯运行	曳引机、曳引轮、钢丝绳、导向轮及反绳轮等
2. 导向系统	限制轿厢、对重的活动自由度，使轿厢和对重只能沿着导轨运动	轿厢的导轨、对重的导轨及其导轨架等
3. 轿厢系统	运载乘客和(或)货物的组件	轿厢架和轿厢体等
4. 门系统	乘客和货物的进出口，运行时层门、轿厢门必须封闭，到站时才能打开	轿厢门、层门、开门机、联运机构、门锁等
5. 重量平衡系统	相对平衡轿厢重量以及补偿高层电梯中曳引绳长度的影响	对重和重量补偿装置等
6. 电力拖动系统	提供动力，对电梯实行速度控制	电动机、减速机、制动器、供电系统、速度反馈装置、调速装置等
7. 电气控制系统	对电梯的运行实行操纵和控制	操纵装置、位置显示装置、控制屏(柜)、平层装置、选层器等
8. 安全保护系统	保证电梯安全使用，防止一切危及人身安全的事故发生	限速器、安全钳、缓冲器和层站保护装置、超速保护装置、供电系统断相错相保护装置、超越上下极限位置的保护装置、层门锁与轿厢门电气联锁装置以及电动机过载、超速、编码器断线保护装置等

1.3.1　电梯的主参数及基本规格

电梯的主参数及基本规格是一台电梯最基本的表征，通过这些参数可以确定电梯的服务对象、运载能力和工作特性。

1. 电梯的主参数

电梯的主参数包括额定载重量和额定速度。

①额定载重量：单位为千克(kg)，指保证电梯正常运行的允许载重量，是制造厂家设计制造电梯及用户选择电梯的主要依据，也是安全使用电梯的主要参数。对于乘客电梯，常用乘客人数(一般按75 kg/人)这一参数表示。电梯额定载重量主要有以下几种(kg)：400、630、800、1 000、1 250、1 600、2 000、2 500等。

②额定速度：单位为米/秒(m/s)，指电梯设计所规定的轿厢运行速度，是设计制造和选用电梯的主要依据。电梯常见额定速度有以下几种(m/s)：0.63、1.06、1.60、1.75、2.50、4.00等。

2. 电梯的基本规格

电梯的基本规格主要由以下几种参数组成。

①电梯的用途:指客梯、货梯、病床梯等,它确定了电梯的服务对象。

②额定载重量:电梯的主参数之一。

③额定速度:电梯的主参数之一。

④拖动方式:指电梯采用的动力驱动类型,可分为交流电力拖动、直流电力拖动、液压拖动等。

⑤控制方式:指对电梯运行实行操纵的方式,可分为手柄控制、按钮控制、信号控制、单梯集选控制、并联控制、梯群控制等。

⑥轿厢尺寸:指轿厢内部尺寸和外廓尺寸,以深×宽表示。内部尺寸由电梯种类和额定载重量(或乘客人数)确定,它也是司梯人员应掌握用以控制载重量的主要内容。外廓尺寸关系到井道的设计。

⑦厅、轿门的形式:指电梯门的结构形式,按开门方向可分为中分式、旁开式(侧开式)、直分式(上下开启)等,按材质和功能可分为普通门、消防门、双折门等,按门的控制方式可分为手动开关门和自动开关门等。

⑧层站数:各层楼用以出入轿厢的地点为站,电梯运行行程中的建筑层为层。如电梯实际行程 15 层,有 11 个出入轿厢的层门,则为 15 层/11 站。

1.3.2 电梯的型号

1. 进口电梯型号的表示

随着改革开放,众多国外电梯制造厂家产品涌入国内,并兴办合资、独资电梯制造厂。每个国家都有自己的电梯型号表示方法,合资厂也沿用引进国电梯命名型号的规定,无法一一列举,总体分为以下几类。

①以电梯生产厂家公司及生产产品序号表示,如 TOEC－90,前面的字母是厂家英文字头,为天津奥的斯电梯公司,90 代表其产品类型号。

②以英文字头代表电梯的种类,以产品类型序号区分,如三菱电梯 GPS－Ⅱ,前面的英文字头代表产品种类,Ⅱ代表产品类型号。

③以英文字头代表产品种类,配以数字表征电梯参数,如"广日"牌电梯 YP－15－CO90,表示交流调速电梯,额定乘员 15 人,中分门,额定速度 90 m/min。

当然还有其他表示方法,因此必须根据其产品说明书了解其参数。

2. 我国标准规定电梯型号的表示

1986 年我国城乡建设环境保护部颁发的 JJ 45—86《电梯、液压梯产品型号的编制方法》中,对电梯型号的编制方法作了如下规定:电梯、液压梯产品的型号由类、组、型以及主参数和控制方式等三部分组成,其中第二、第三部分之间用短线分开。

第一部分是类、组、型和改型代号。类、组、型代号用具有代表意义的大写汉语拼音字母(字头)表示,产品的改型代号按顺序用小写汉语拼音字母表示,置于类、组、型代号的右下方。

第二部分是主参数代号,其左上方为电梯的额定载重量,右下方为电梯的额定速度,中间用斜线分开,且均用阿拉伯数字表示。

第三部分是控制方式代号,用具有代表意义的大写汉语拼音字母表示。

产品型号各代号顺序如图 1.3 所示,对应说明如下。

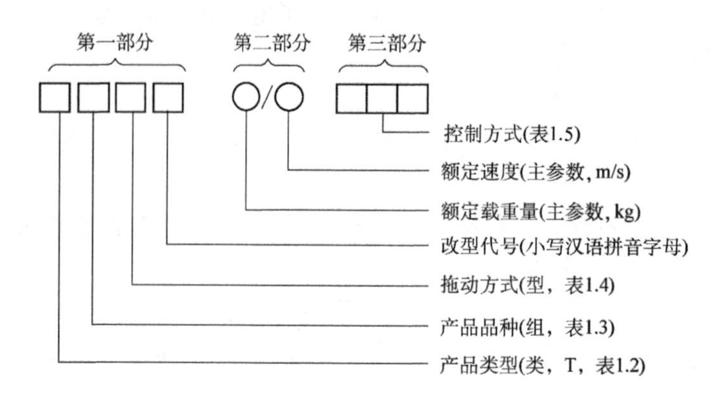

图 1.3　产品型号代号顺序

(1)第一部分

①第一个方格为产品类型代号，在电梯、液压梯产品中，取“梯”字拼音字头“T”表示电梯、液压梯产品，见表 1.2。

表 1.2　类型代号

产品类型	代表汉字	拼音	采用代号
电梯	梯	Ti	T
液压梯			

②第二个方格为产品品种代号，即电梯的用途。K 表示乘客电梯的“客”，H 表示载货电梯的“货”，L 表示客货两用的“两”等，见表 1.3。

表 1.3　品种代号

产品品种	代表汉字	拼音	采用代号
乘客电梯	客	Kè	K
载货电梯	货	Huò	H
客货(两用)电梯	两	Liǎng	L
病床电梯	病	Bìng	B
住宅电梯	住	Zhù	Z
观光电梯	观	Guǎn	G
杂物电梯	物	Wù	W
汽车用电梯	汽	Qì	Q
船用电梯	船	Chuán	C

③第三个方格为产品拖动方式代号，表示电梯动力驱动类型。当电梯的曳引电动机为交流电动机时，可称其为交流电梯，以 J 表示“交”；当曳引电动机为直流电动机时，可称其为直流电梯，以 Z 表示“直”；对于液压电梯，用 Y 表示“液”，见表 1.4。

表 1.4 拖动方式代号

拖动方式	代表汉字	拼音	采用代号
交流	交	Jiāo	J
直流	直	Zhí	Z
液压	液	Yè	Y

④第四个方格为改型代号，以小写汉语拼音字母表示，一般冠以拖动类型和调速方式，以示区分。

(2)第二部分

①第一个圆圈表示电梯的额定载重量，单位为千克(kg)，是电梯的主参数，主要有 400、800、1 000、1 250 kg 等。

②第二个圆圈表示电梯的额定速度，单位为米/秒(m/s)，也是电梯的主参数，主要有 0.5、0.63、0.75、1.0、1.6、2.5 m/s 等。

(3)第三部分

第三部分表示控制方式，见表 1.5。

表 1.5 控制方式代号

控制方式	代表汉字	采用代号	控制方式	代表汉字	采用代号
手柄控制手动门	手、手	SS	集选控制	集选	JX
手柄开关控制自动门	手、自	SZ	并联控制	并联	BL
按钮控制(信号电梯)手动门	按、手	AS	梯群控制	群控	QK
按钮控制(信号电梯)自动门	按、自	AZ	微机控制	微集选	JXW
信号控制	信号	XH			

3. 电梯产品型号示例

(1)TKJ 1000/1.6—JX

表示：交流乘客电梯，额定载重量 1 000 kg，额定速度 1.6 m/s，集选控制。

(2)TKZ 800/2.5—JXW

表示：直流乘客电梯，额定载重量 800 kg，额定速度 2.5 m/s，微机组成的集选控制。

(3)THY 2000/0.63—AZ

表示：液压货梯，额定载重量 2 000 kg，额定速度 0.63 m/s，按钮控制自动门。

以上介绍的是我国 1986 年发布的电梯型号编制方法，它用一些字母、数字和其他有关符号的组合表征电梯基本参数，其最大特点就是简单明了地表述电梯的基本参数。

为了更好地掌握所使用电梯的基本参数，便于记忆，安全操作、使用、管理好电梯，可以根据此标准编制方法查出进口电梯的基本参数，一一对应，编制出比对型号来记忆是很方便、实用的。

1.3.3 电梯的分类

1. 按用途分类

(1)乘客电梯(代号 TK)

乘客电梯是为运送乘客而设计的电梯,适用于高层住宅以及办公大楼、宾馆、饭店旅馆等运送乘客,要求安全舒适、装饰新颖美观,可以手动或自动控制操纵。常见的是有/无司机操纵两用的乘客电梯。轿厢的顶部除吊灯外,大都设置排风机,在轿厢的侧壁上则有回风口,以加强通风效果。额定载重量有 630、800、1 000、1 250、1 600 kg 等,额定速度有 0.63、1.0、2.5 m/s 等多种,载客人数为 8~21 人,运送效率高。在超高层大楼应用时速度可以超过 3 m/s,而达到 5 m/s、9 m/s 或 10 m/s。

(2)载货电梯(代号 TH)

载货电梯通常有人伴随,主要是为运送货物而设计的电梯。为节约动力装置的投资和保证良好的平层精度常取较低的额定速度,轿厢的容积通常比较大,一般轿厢深度大于宽度或两者相等,且要求结构牢固、安全性好。额定载重量有 630、1 000、1 600、2 000 kg 等多种,额定速度在 1 m/s 以下。

(3)客货两用电梯(代号 TL)

客货两用电梯主要用作运送乘客,但也可运送货物,它与乘客电梯的区别在于轿厢内部装饰结构不同,常称此类电梯为服务电梯。

(4)病床电梯(代号 TB)

病床电梯是为运送病床(包括病人)及医疗设备而设计的电梯。其特点是轿厢窄而深,常要求前后贯通开门,对运行稳定性要求较高,运行中噪声应力求较小,一般由专职司机操作。额定载重量有 1 000、1 600、2 000 kg 等,额定速度有 0.63、1.0、1.6、2.0 m/s 等多种。

(5)住宅电梯(代号 TZ)

住宅电梯是供居民住宅楼使用的电梯,主要运送乘客,也可运送家用物件或生活用品,多为有司机操作,额定载重量为 400、630、1 000 kg 等,其相应的载客人数为 5、8、13 人等,额定速度在低、快速之间。其中,额定载重量 630 kg 的电梯,轿厢还允许运送残疾人员乘坐的轮椅和儿童用的童车;额定载重量达 1 000 kg 的电梯,轿厢还能运送“手把拆卸”的担架和家具。

(6)杂物电梯(服务电梯,代号 TW)

杂物电梯可供运送一些轻便的图书、文件、食品等,但不允许人员进入轿厢,由厅外按钮控制,额定载重量有 40、100、250 kg 等多种,轿厢的运行速度通常<0.5 m/s。

(7)船用电梯(代号 TC)

船用电梯是固定安装在船舶上,供乘客、船员或其他人员使用的提升设备,它能在船舶的摇晃中正常工作,速度一般应$\leqslant 1$ m/s。

(8)观光电梯(代号 TG)

观光电梯的井道和轿壁至少有一侧透明,乘客可观看到轿厢外景物。

(9)车用电梯(汽车电梯,代号 TQ)

车用电梯是为运送车辆而设计的电梯,如高层或多层车库、立体仓库等处都有使用。这种电梯的轿厢面积大,要与所运送的车辆相匹配,其构造则应充分牢固,有的无轿顶,升降速度一般都较低(<1 m/s)。

(10)其他电梯

其他电梯指用作专门用途的电梯,如冷库电梯、防爆电梯、矿井电梯、建筑工程电梯等。

2. 按运行速度分类

表 1.6 为按运行速度分类的电梯类型。

表 1.6 按运行速度分类的电梯类型

名 称	额定速度范围
超高速电梯	3～10 m/s 或更高速的电梯,通常用于超高层建筑物内
高速电梯(甲类梯)	2～3 m/s 的电梯,如 2 m/s、2.5 m/s、3 m/s 等,通常用在 16 层以上的建筑物内
快速电梯(乙类梯)	1～2 m/s 的电梯,如 1.5 m/s、1.75 m/s 等,通常用在 10 层以上的建筑物内
低速电梯(丙类梯)	1 m/s 及以下的电梯,如 0.25 m/s、0.5 m/s、0.75 m/s、1 m/s 等,通常用在 10 层以下的建筑物内

3. 按拖动方式分类

(1)直流电梯(代号 Z)

直流电梯的曳引电动机为直流电动机,根据有无减速箱,可分为有齿直流电梯和无齿直流电梯;根据电气拖动控制方式,通常为直流发动机(电动机拖动系统采用晶闸管励磁装置,现已淘汰)和采用晶闸管直接供电的晶闸管电动机拖动系统两种,其特点是性能优良、梯速较快(通常在 4 m/s 以上),有的可达到高速运行。

(2)交流电梯(代号 J)

交流电梯还可分类如下。

①单速,曳引电动机为交流电动机,速度一般在 0.5 m/s 以下。

②双速,曳引电动机为交流双速电动机,有高、低两种速度,速度通常在 1 m/s 以下。

③三速,曳引电动机为交流三速电动机,有高、中、低三种速度,速度一般在 1 m/s 以下。

④交流调速电梯,曳引电动机为交流,装有测速装置。

⑤交流变频调速电梯,俗称 VVVF 电梯,通常采用微电脑控制,逆变器驱动以及速度、电流等反馈装置。它在调节定子频率的同时,调节定子中电压,以保持磁通恒定,是一种新式拖动控制方法,其性能优越、安全可靠。

(3)液压电梯(代号 Y)

液压电梯是依靠液压驱动的电梯。根据柱塞安装位置有:柱塞直顶式,其油缸柱塞直接支承轿厢底部,使轿厢升降;柱塞侧置式,其油缸柱塞设置在井道侧面,借助曳引绳通过滑轮组与轿厢连接，使轿厢升降，梯速常在 1 m/s 以下。

(4)齿轮齿条电梯

齿轮齿条电梯的齿条固定在构架上，采用电动机—齿轮传动机构，且装于电梯的轿厢上，利用齿轮在齿条上的爬行来拖动轿厢运行，一般用在建筑工程中。

(5)螺杆式电梯

螺杆式电梯将直顶式电梯的柱塞加工成矩形螺纹，再将带有推力轴承的大螺母安装于油缸顶，然后通过电动机经减速器(或皮带传递)带动大螺母旋转，从而使螺杆顶升轿厢上升或下降。

(6)直线电动机驱动电梯

直线电动机驱动电梯用直线电动机作为动力源，是一种新型驱动方式的电梯。

4. 按操纵控制方式分类

(1)手柄开关操纵/轿内开关控制(代号 S)

电梯司机转动手柄位置(开断/闭合)来操纵电梯运行或停止。要求轿厢上装玻璃窗口，便于司机判断层数、控制开关，这种电梯又包括自动门和手动门两种，多使用在货梯。

(2)按钮控制(代号 A)

电梯运行由轿厢内操纵盘上的选层按钮或层站呼梯按钮来操纵。某层站乘客将呼梯按钮按下，电梯就启动运行去应答。在电梯运行过程中如果有其他层站呼梯按钮按下，控制系统只能把信号记存下来，不能去应答，而且也不能把电梯截住，直到电梯完成前应答运行层站之后方可应答其他层站呼梯信号。它是一种具备简单控制的电梯，具有自动平层功能，有轿厢外按钮控制和轿内按钮控制两种形式。

(3)信号控制(代号 XH)

把各层站呼梯信号集合起来，将与电梯运行方向一致的呼梯信号按先后顺序排列好，电梯依次应答接运乘客。电梯运行取决于电梯司机操纵，而电梯在任何层站停靠由轿厢操纵盘上的选层按钮信号和层站呼梯按钮信号控制。电梯往复运行一周可以应答所有呼梯信号。这是一种自动控制程度较高的电梯，除了具有自动平层和自动开门功能外，还有轿厢命令登记、厅外召唤登记、自动停层、顺向截停和自动换向等功能，通常用于有司机客梯或客货两用电梯。

(4)集选控制(代号 JX)

在信号控制的基础上，把呼梯信号集合起来进行有选择的应答，为无司机操纵。在电梯运行过程中，可以应答同一方向所有层站呼梯信号，并按照操纵盘上的选层按钮信号停靠。电梯运行一周后，若无呼梯信号就停靠在基站待命。为适应这种控制特点，电梯在各层站停靠时间可以调整，轿门设有安全触板或其他近门保护装置以及轿厢设有过载保护装置等。

(5)下集合(选)控制

集合电梯运行下方向的呼梯信号，如果乘客欲从较低层站到较高层站去，须乘电梯至底层基站后再乘电梯到要去的高层站。

(6)并联控制电梯(代号 BL)

共用一套呼梯信号系统,把两台或三台规格相同的电梯并联起来控制。无乘客使用电梯时,经常有一台电梯停靠在基站待命称为基梯;另一台电梯则停靠在行程中间预先选定的层站称为自由梯。当基站有乘客使用电梯并启动后,自由梯即刻启动前往基站充当基梯待命。当有除基站外其他层站呼梯时,自由梯就近先行应答,并在运行过程中应答与其运行方向相同的所有呼梯信号。如果自由梯运行时出现与其运行方向相反的呼梯信号,则在基站待命的电梯就启动前往应答。先完成应答任务的电梯就近返回基站或中间选下的层站待命。三台并联集选组成的电梯,其中有两台作为基梯,一台作为自由梯,运行原则同两台并联控制电梯。并联控制电梯,每台均具有集选控制功能。

(7)梯群控制(代号 QK)

具有多台电梯、客流量大的高层建筑物中,把电梯分为若干组,每组 4～6 台电梯,将几台电梯控制连在一起,分区域进行有程序或无程序综合统一控制,对乘客需要电梯情况进行自动分析后,选派最适宜的电梯及时应答呼梯信号。

群控是用微电脑控制和统一调度多台集中并列的电梯,它使多台电梯集中排列,共用厅外召唤按钮,按规定程序集中调度和控制。其程序控制分为四程序及六程序,前者将一天中客流情况分成四种,如上行高峰状态运行,下、上行平衡状态运行,下行高峰状态运行及杂散状态运行,并分别规定相应的运行控制方式;后者较前者多上行较下行高峰状态运行和下行较上行高峰状态运行两种程序。

(8)梯群智能控制

具有数据采集、交换、存贮功能,还能进行分析、筛选、报告等功能。控制系统可以显示出所有电梯的运行状态,并由电脑根据客流情况,自动选择最佳运行控制方式,其特点是分配电梯运行时间、省人省电、省机器。

5. 按有无司机分类

按有无司机可分类如下。

①有司机电梯:需专职司机操纵。

②无司机电梯:不需要专门司机,由乘客自己操纵,具有集选功能。

③有/无司机电梯:根据电梯控制电路及客流量等,平时可改由乘客自己操纵电梯运行,客流大或必要时可由司机操纵。

6. 按机房位置分类

按机房位置可分类如下。

①上置式电梯:机房位于井道上部。

②下置式电梯:机房位于井道下部。

③无机房电梯。

7. 按曳引机结构分类

按曳引机结构可分类如下。

①有齿曳引电梯：曳引机有减速器。

②无齿曳引电梯：曳引机没有减速器，由曳引电动机直接带动曳引轮运动。

8. 其他用途的特殊梯和自动扶梯、自动人行道

其他用途的电梯如下。

①斜行梯：为地铁、火车站和山坡等倾斜安装，轿厢运行为倾斜直线上下的一种集观光和运输于一体的输送设备。

②坐椅梯：人坐在由电动机驱动的椅子上，控制椅子手柄上的按钮，使椅子下部的动力装置驱动人椅沿楼梯扶栏的导轨上下运动。

③冷气梯：在大冷库或制冷车间，用来运送冷冻货物。需要满足门扇、导轨等活动处冰封、浸水要求。

④消防梯：在发生火警的情况下，用来运送消防人员、乘客和消防器材等。

⑤矿井梯：供矿井内运送人员及货物。

⑥特殊梯：供特殊环境下使用，如防爆、耐热、防腐等特殊用途电梯。

⑦建筑施工梯（或升降机）：供运送建筑施工人员及材料之用，可随施工中的建筑物层数而加高。

⑧滑道货梯：配置在建筑物内，常与建筑物人行道平行运送货物。

⑨运机梯：能把地下机库中几十吨至上百吨重的飞机垂直提升到飞机场跑道上。

⑩门吊梯：在大型门式起重机的门腿中，运送在门机中工作的人员及检修机件等。

⑪自动扶梯（TF）：带有循环、运行梯级，用于向上或向下倾斜运送乘客的固定电力驱动设备。按驱动位置可分为端部驱动的自动扶梯（或称链条式自动扶梯）和中间驱动的自动扶梯（或称齿条式自动扶梯）。另外，按电梯路线可分为直线形或螺旋形两种。

⑫自动人行道：带有循环运行（板式或带式）走道，用于水平或倾斜角不大于12°输送乘客的固定电力驱动设备。按驱动位置可分为端部驱动的自动人行道（或称链条式自动人行道）和中间驱动的自动人行道（或称齿条式自动人行道）。另外，按电梯路面形式可分为踏步式和平带式两种。

1.3.4 电梯的基本要求、速变曲线、工作条件

1. 电梯的基本要求

电梯的基本要求包括：

①安全可靠，方便舒适；

②启、制动平稳，噪声低，故障率低；

③操作方便，平层准确。

电梯的安全性和可靠性是贯穿于设计、制造、安装、维护、检验、使用各个环节的系统工程。元件的可靠性是降低故障的重要因素。

舒适主要是人的主观感觉，一般称为舒适感，主要与电梯的速度变化和振动有关，且与安

装质量、维护质量有关。

电梯的基本要求是所有投入运行的电梯应达到的最基本的性能要求，即整机性能指标，在国标GB/T 10058—2009《电梯技术条件》中有明确的指标，除了严格的安全指标保证安全运行外，对舒适感常以速度特性、工作噪声、平层准确度作为主要性能指标。

(1)速度特性

①电梯速度：当电源为额定频率和额定电压的情况下，轿厢在50%额定载荷时，向下运行至行程中段时的速度，不得大于额定速度 v 的105%，且不得小于额定速度的92%。

②加速度：启动和制动的加、减速度最大值不应大于1.5 m/s²。当 $1.0\ \text{m/s} \leqslant v \leqslant 2.0\ \text{m/s}$ 时，平均加、减速度应不小于0.48 m/s²；当 $2.0\ \text{m/s} < v \leqslant 2.5\ \text{m/s}$ 时，平均加、减速度应不小于0.65 m/s²。

③轿厢振动加速度：轿厢垂直方向和水平方向的振动加速度应分别不大于25 cm/s²和15 cm/s²。

(2)工作噪声

①轿厢内(轿厢运行)噪声≤55 dB。

②开关门过程中门机构噪声≤65 dB。

③机房平均工作噪声≤80 dB。

(3)平层准确度

速度为0.63～1.0 m/s的交流双速电梯的平层准确变为±30 mm以内，其他各类型和速度的电梯均在±15 mm以内。

2. 电梯的速度曲线

电梯运行中的速度变化可以用如图1.4所示的速度曲线表示，图中纵坐标表示电梯的运行速度 v，横坐标表示电梯运行时间 t，t_1 为启动加速段，至 A 点到达电梯的额定速度，t_2 为匀速运行段，到达 B 点，进入 t_3 为减速制停段，到达平层，减速完成停梯开门，完成电梯的一次运行。

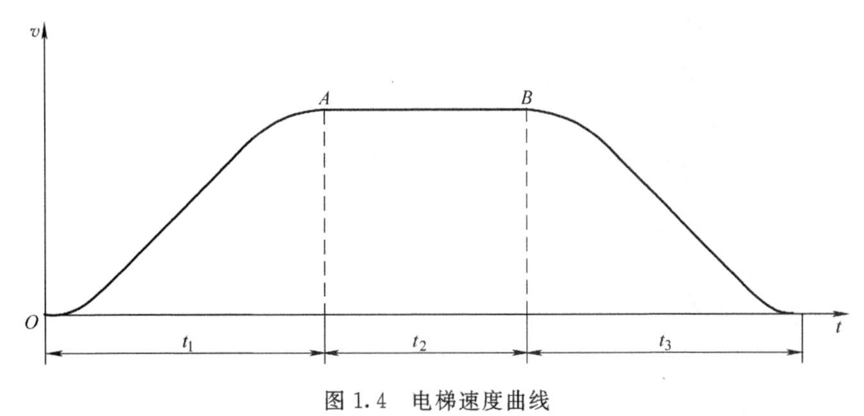

图1.4 电梯速度曲线

电梯的实际运行速度曲线，对乘客的乘坐舒适感有很大影响。特别是高速电梯在加速段和减速段，如果设置不好，会有上浮、下沉、重压、浮游、不平衡等不舒适感，最强烈的是上浮感和下沉感。它与加速度与减速度的大小有关，当延长加速时间 t_1 和减速时间 t_3 时，舒适感变好，但运行效率降低。从实验得知，与人的舒适感关系最大的，不是加(减)速度，而是加(减)速度的变化率，即“加速度”，也就是 t_1 和 t_3 两头弧形部分的曲率。如果将加速度变化率限制在 1.3 m/s^3 以下，即使最大加速度达到 2～2.5 m/s^2，也不会使人感到过分的不适。

3. 电梯的工作条件

电梯的工作条件是使电梯正常运行的环境条件。如果实际工作环境与标准的工作条件不符，电梯难于正常运行，可能使故障率增加，缩短使用寿命。因此，特殊环境使用的电梯在订货时就应提出特殊的使用条件，制造厂将依据所提出的使用条件进行设计制造。

国家标准 GB/T 10058—2009《电梯技术条件》对电梯工作条件规定如下：

①海拔高度不超过 1 000 m；

②机房内的空气温度保持在 5～40 ℃；

③运行地点最湿月的月平均最高相对湿度为 90%，同时该月的月平均最低温度不高于25 ℃；

④供电电压相对于额定电压的波动在±7%的范围内；

⑤环境空气中不应含有腐蚀性和易燃性气体及导电性尘埃。

1.4 本课程的教学内容

本课程要求“教学做”的是用组态王软件设计制作三层楼电梯仿真系统，原始的三层楼电梯 PLC 控制系统程序具有良好的工程性，其控制要求如下。

①系统应具备有司机、无司机、消防三种工作模式。

②系统应具备下列几项控制功能：

自动响应层楼召唤信号(含上召唤和下召唤)；

自动响应轿厢服务指令信号；

自动完成轿厢层楼位置显示(二进制方式)；

自动显示电梯运行方向；

电梯直达功能和反向最远停站功能。

③系统提供的输入控制信号：

AYS　向上行驶按钮

AYX　向下行驶按钮

YSJ　有/无司机选择开关

1YC　一楼行程开关

2YC　二楼行程开关

3YC　三楼行程开关

A1J　一楼指令按钮

A2J　二楼指令按钮

A3J　三楼指令按钮

AJ　指令专用开关(直驶)

ZXF　置消防开关

A1S　一楼上召唤按钮

A2S　二楼上召唤按钮

A2X　二楼下召唤按钮

A3X　三楼下召唤按钮

④系统需要输出的开关控制信号：

KM　开门显示

GM　关门显示

MGB　门关闭显示

DCS　上行显示

DCX　下行显示

S　上行继电器(控制电动机正转)

X　下行继电器(控制电动机反转)

YX　运行显示

A LED　七段显示器 a 段发光二极管

B LED　七段显示器 b 段发光二极管

C LED　七段显示器 c 段发光二极管

D LED　七段显示器 d 段发光二极管

E LED　七段显示器 e 段发光二极管

F LED　七段显示器 f 段发光二极管

G LED　七段显示器 g 段发光二极管

1DJA　一楼指令信号登记显示

2DJA　二楼指令信号登记显示

3DJA　三楼指令信号登记显示

1DAS　一楼上召唤信号登记显示

2DAS　二楼上召唤信号登记显示

2DAX　二楼下召唤信号登记显示

3DAX　三楼下召唤信号登记显示

本书后面有时用箭头"↑"表示闭合或得电吸合；用箭头"↓"表示断开或失电释放，用$\overline{X}$表示常闭接点。其线路部分如下。

1. 安全、门锁回路和制动器械、门机回路

安全、门锁回路和制动器械、门机回路见图 1.5。

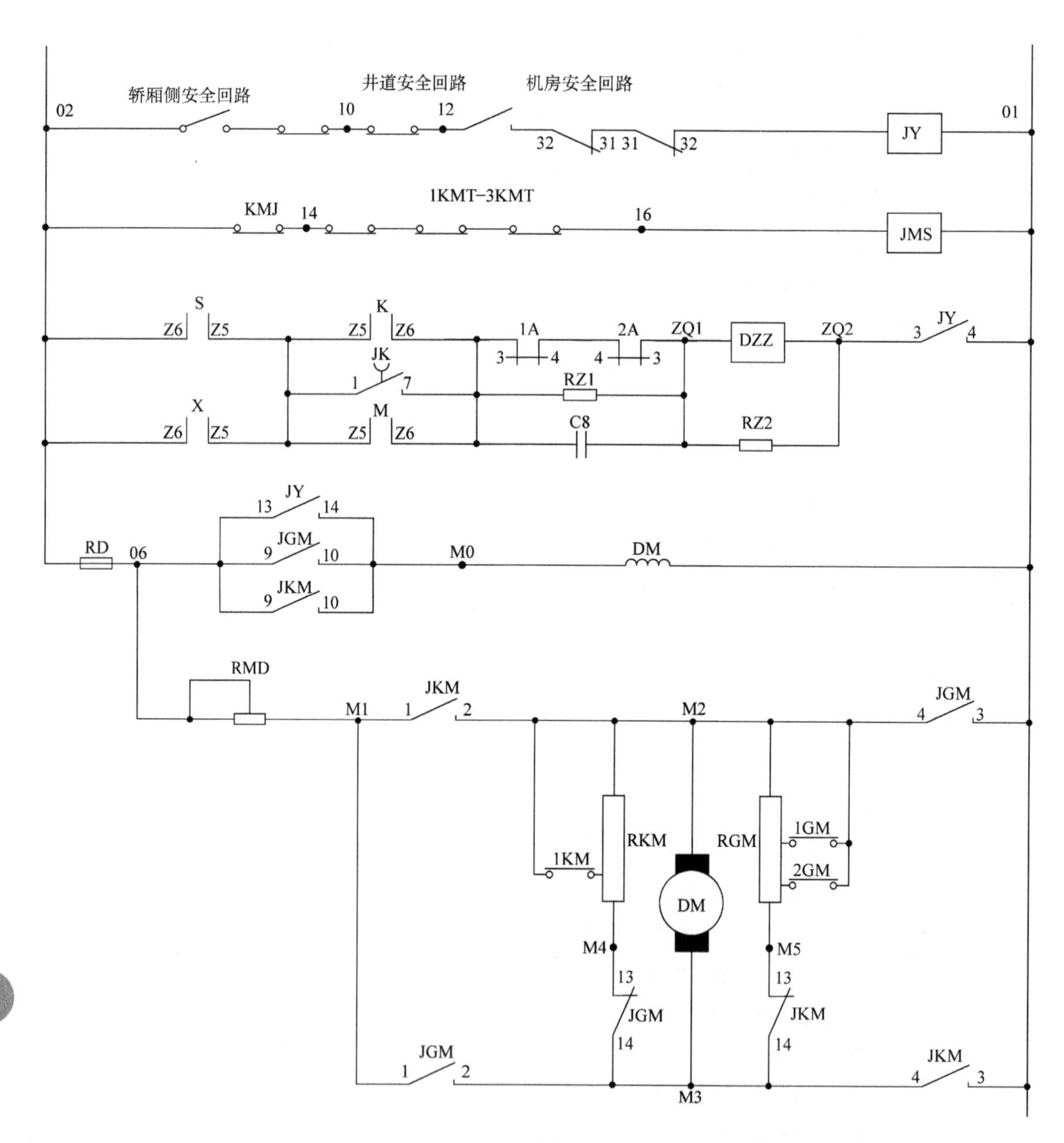

图 1.5　PLC 电梯控制系统图(1)

2. 主回路

主回路见图 1.6。

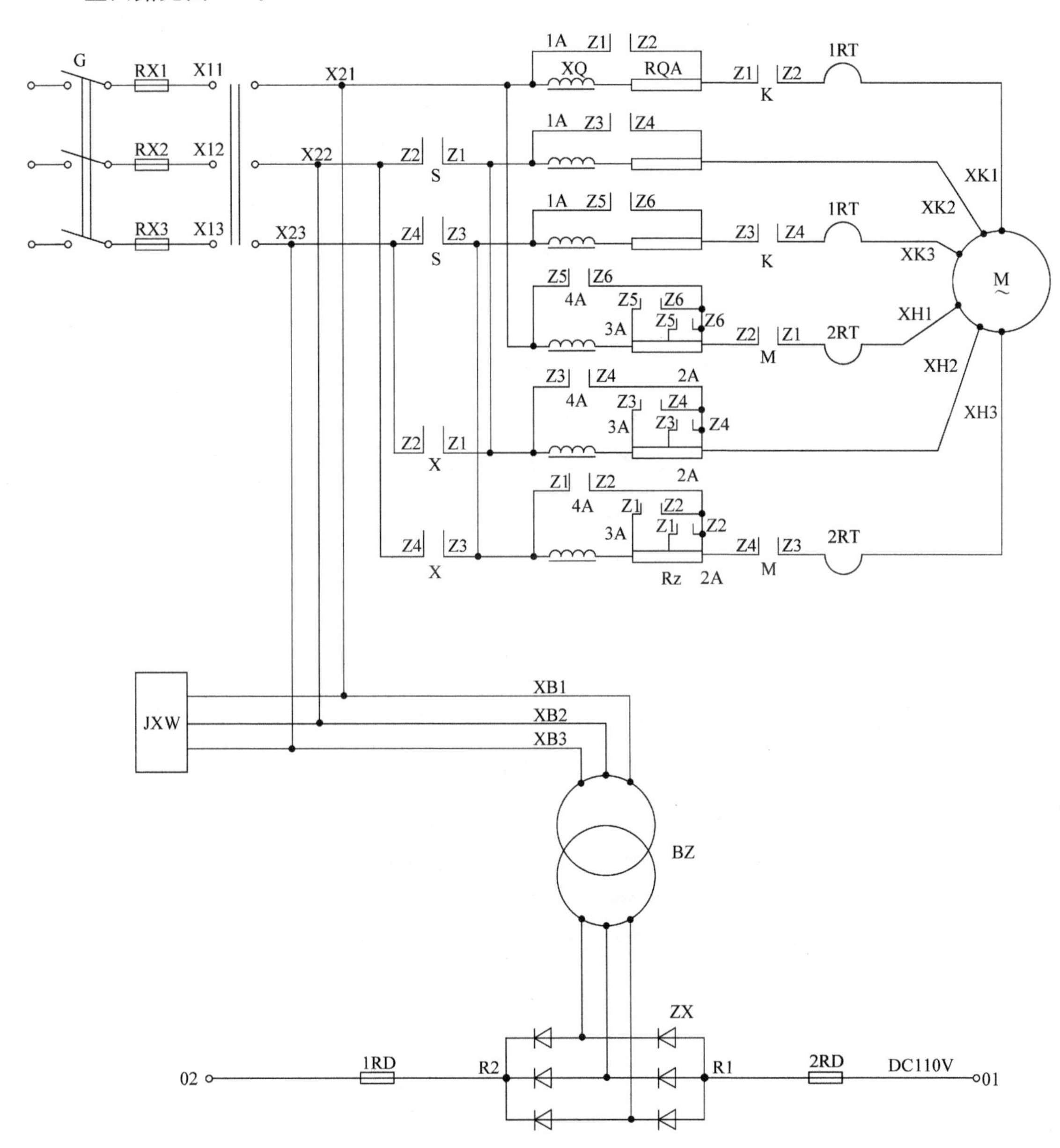

图 1.6 PLC 电梯控制系统图(2)

3. PLC 接线图

PLC 接线图见图 1.7 和图 1.8。

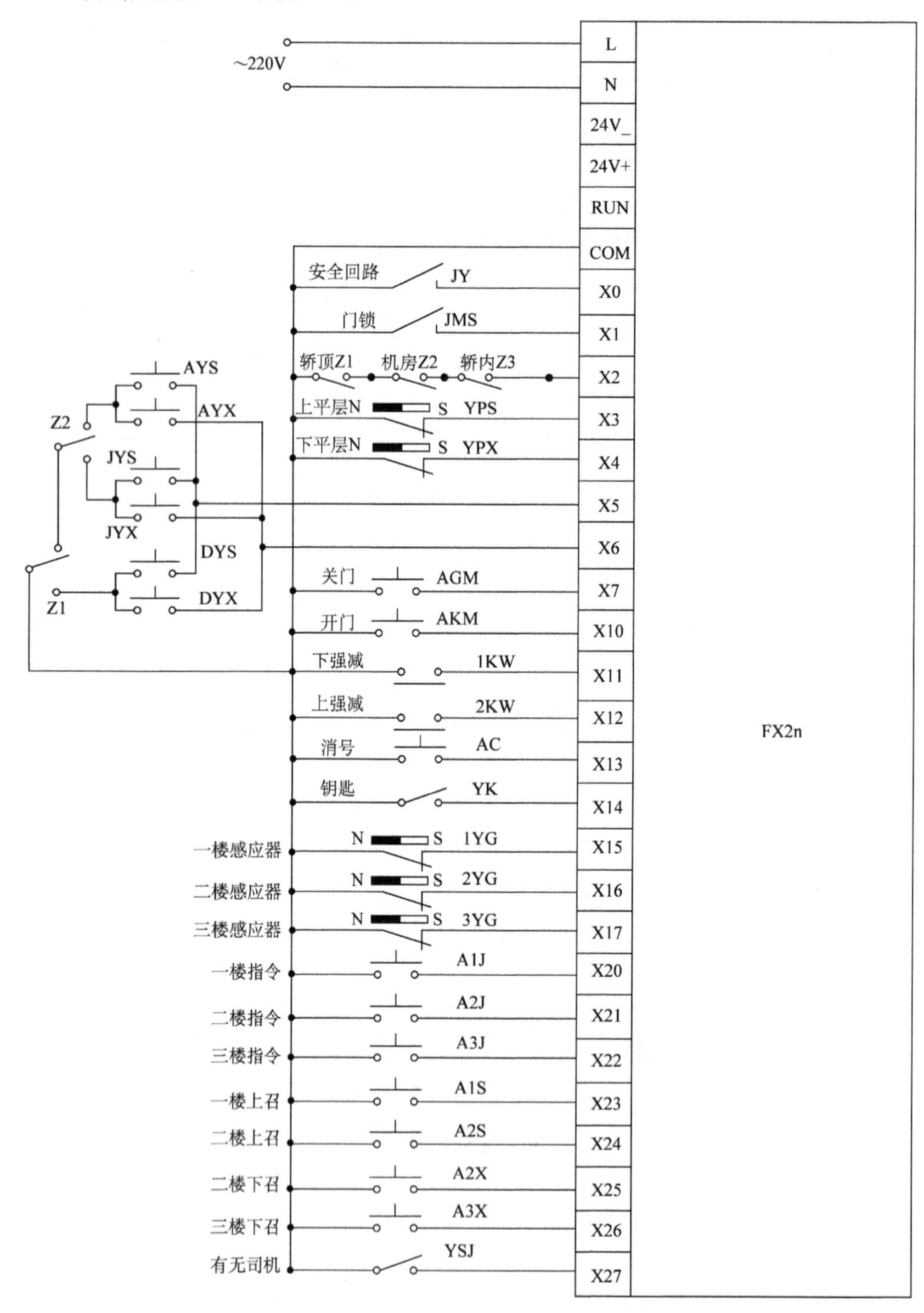

图 1.7　PLC 电梯控制系统图(3)

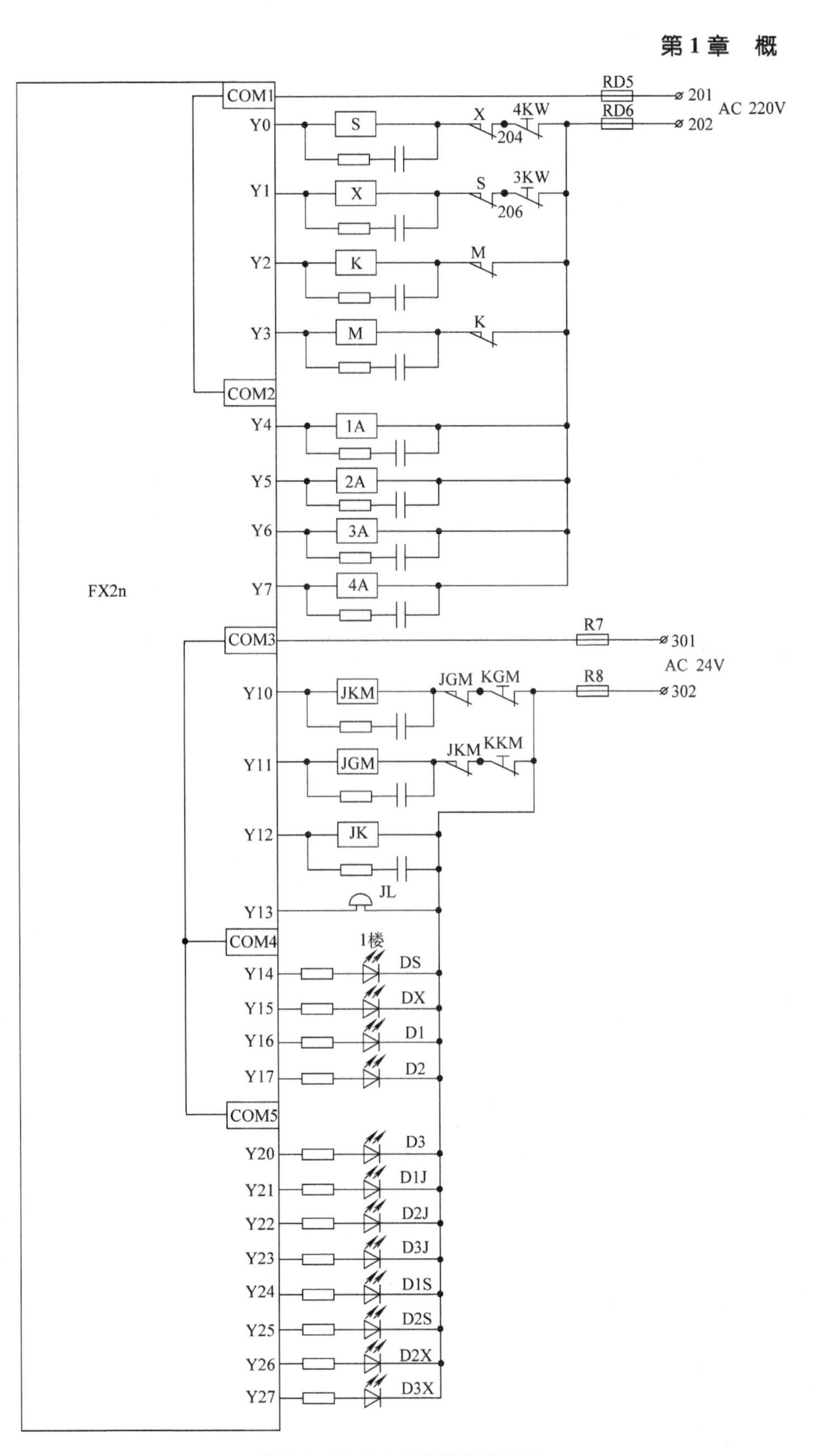

图1.8 PLC电梯控制系统图(4)

4. PLC 程序

PLC 程序见图 1.9 至图 1.22。

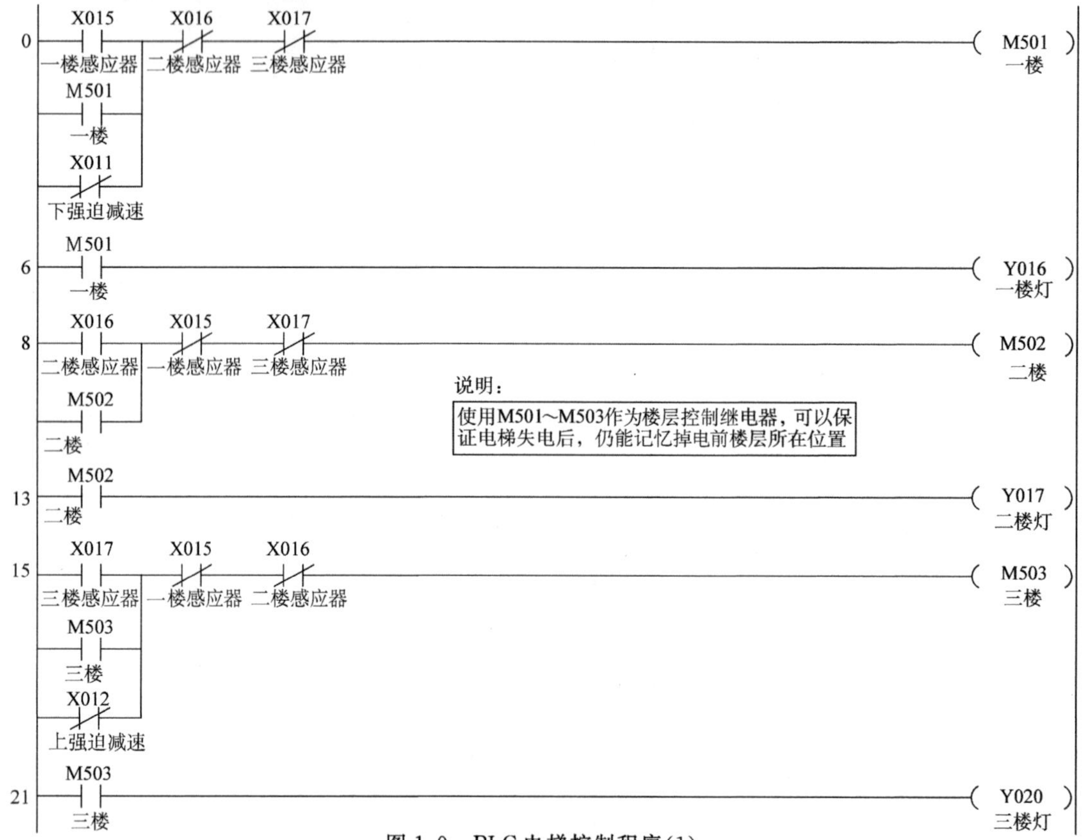

0 X015 一楼感应器 X016 二楼感应器 X017 三楼感应器 M501 一楼
M501 一楼
X011 下强迫减速

6 M501 一楼 Y016 一楼灯

8 X016 二楼感应器 X015 一楼感应器 X017 三楼感应器 M502 二楼
M502 二楼

说明：

使用M501~M503作为楼层控制继电器，可以保证电梯失电后，仍能记忆掉电前楼层所在位置

13 M502 二楼 Y017 二楼灯

15 X017 三楼感应器 X015 一楼感应器 X016 二楼感应器 M503 三楼
M503 三楼
X012 上强迫减速

21 M503 三楼 Y020 三楼灯

图 1.9 PLC 电梯控制程序(1)

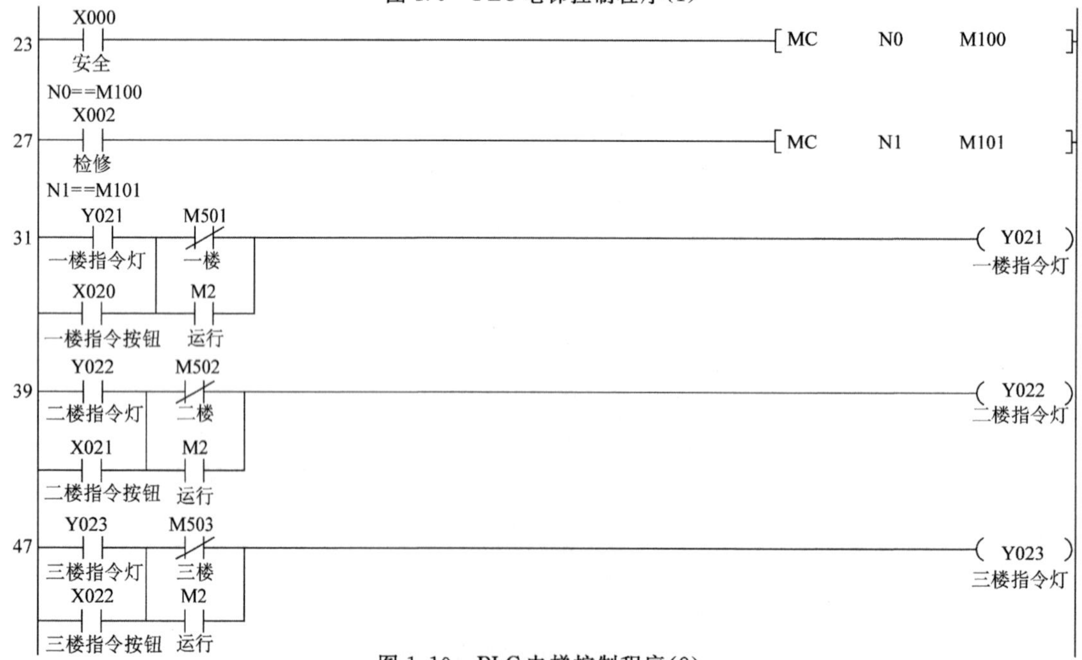

23 X000 安全 [MC N0 M100]

N0==M100

27 X002 检修 [MC N1 M101]

N1==M101

31 Y021 一楼指令灯 M501 一楼 Y021 一楼指令灯
X020 一楼指令按钮 M2 运行

39 Y022 二楼指令灯 M502 二楼 Y022 二楼指令灯
X021 二楼指令按钮 M2 运行

47 Y023 三楼指令灯 M503 三楼 Y023 三楼指令灯
X022 三楼指令按钮 M2 运行

图 1.10 PLC 电梯控制程序(2)

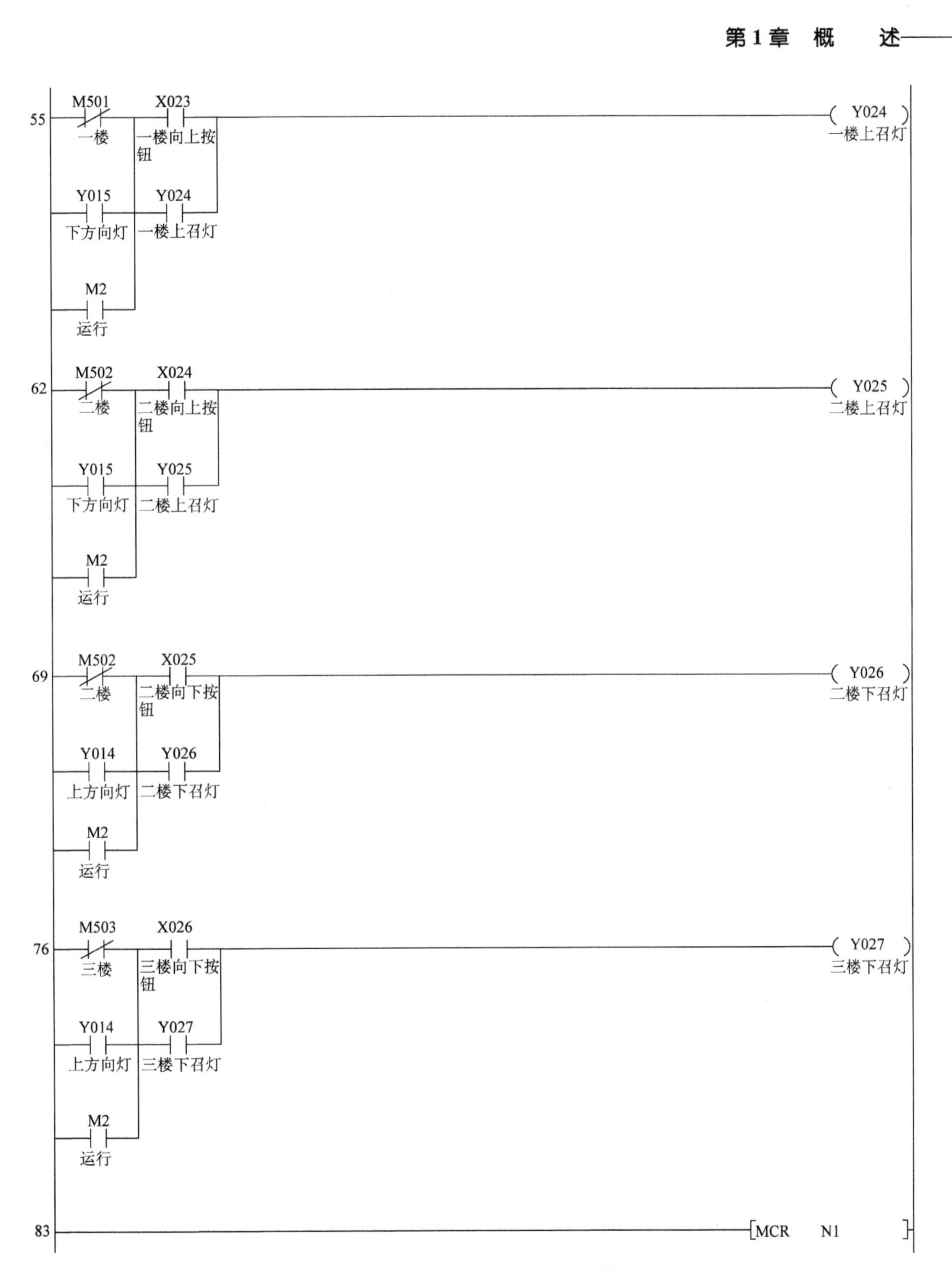

图 1.11 PLC电梯控制程序(3)

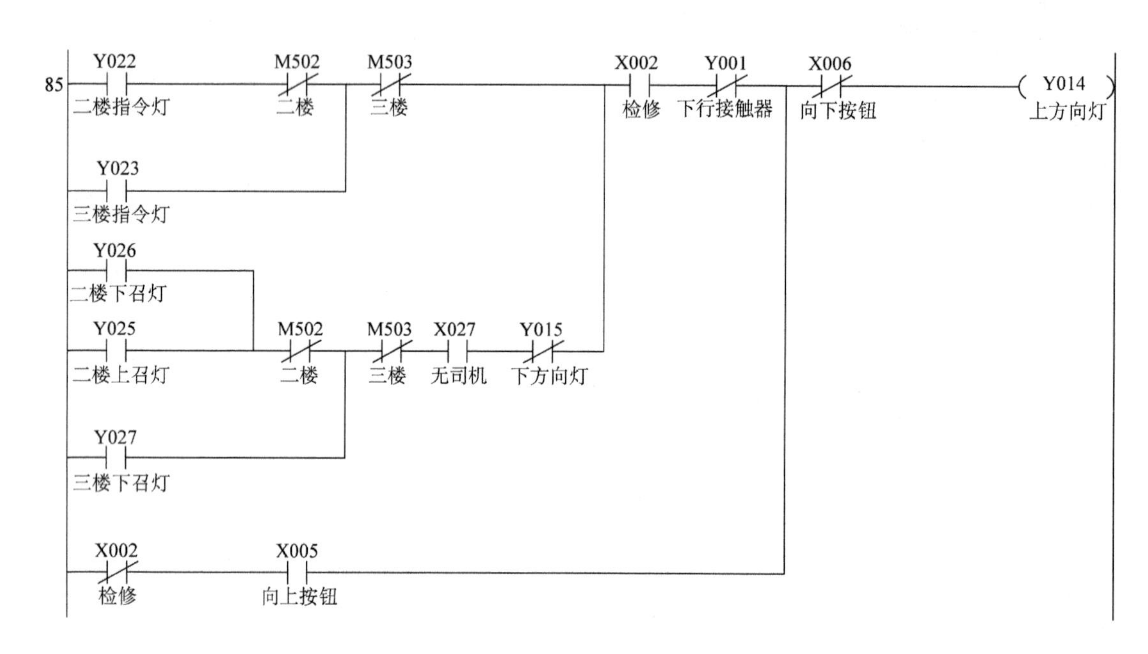

图 1.12　PLC 电梯控制程序(4)

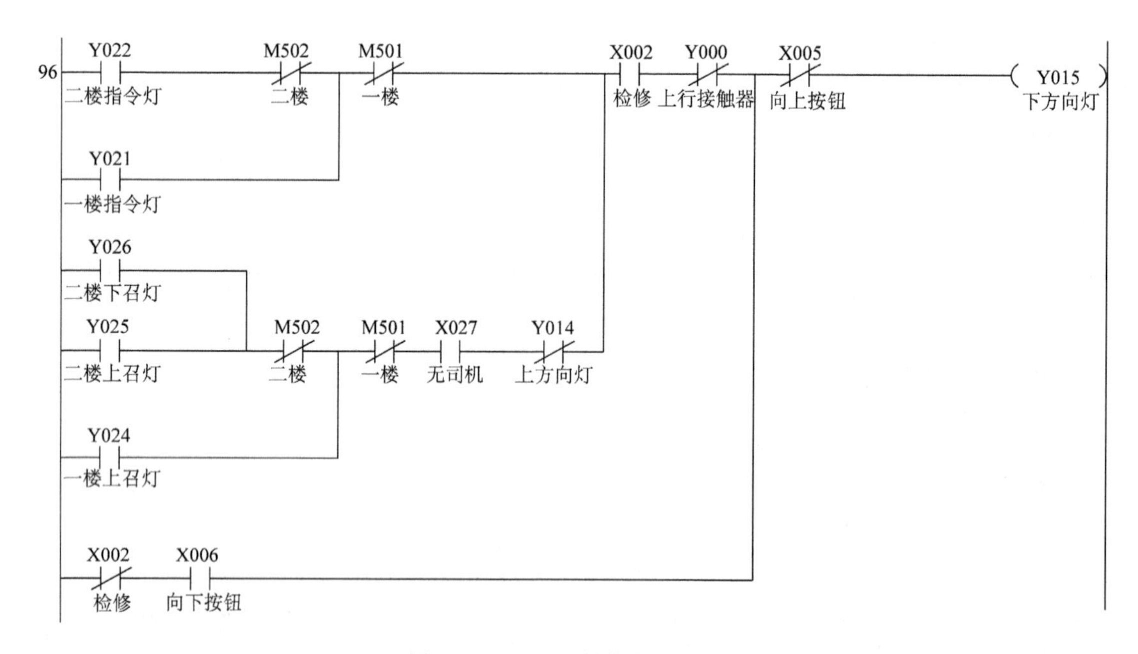

图 1.13　PLC 电梯控制程序(5)

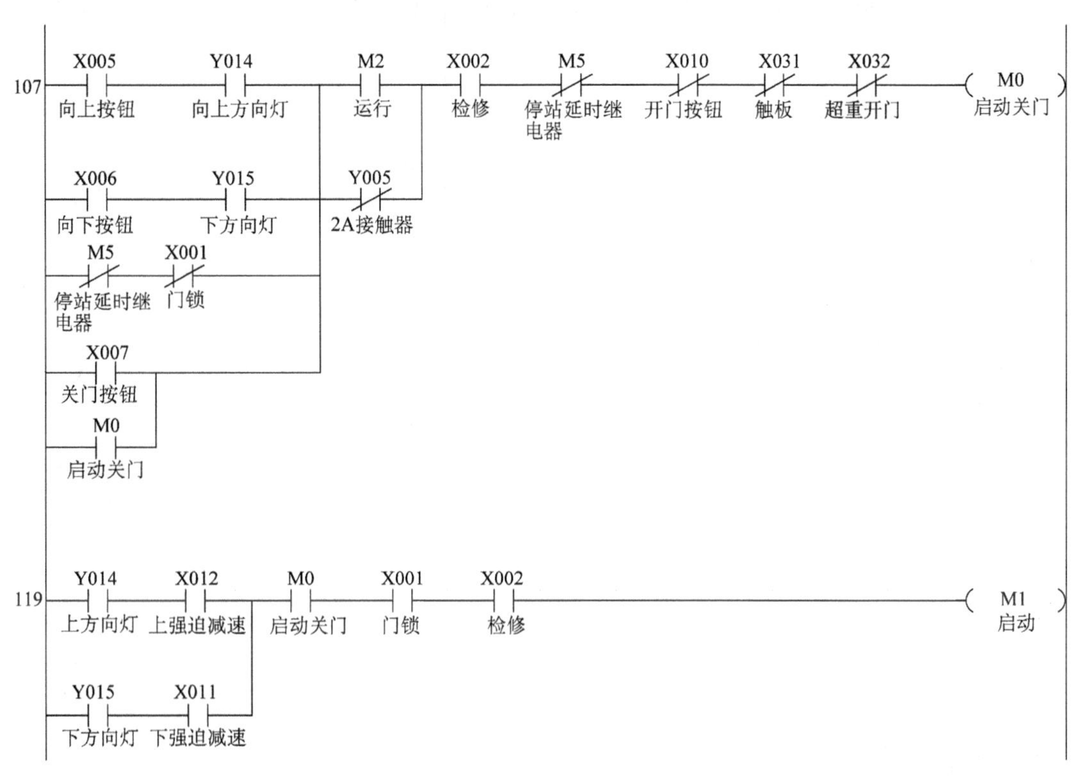

图 1.14 PLC 电梯控制程序(6)

图 1.15 PLC 电梯控制程序(7)

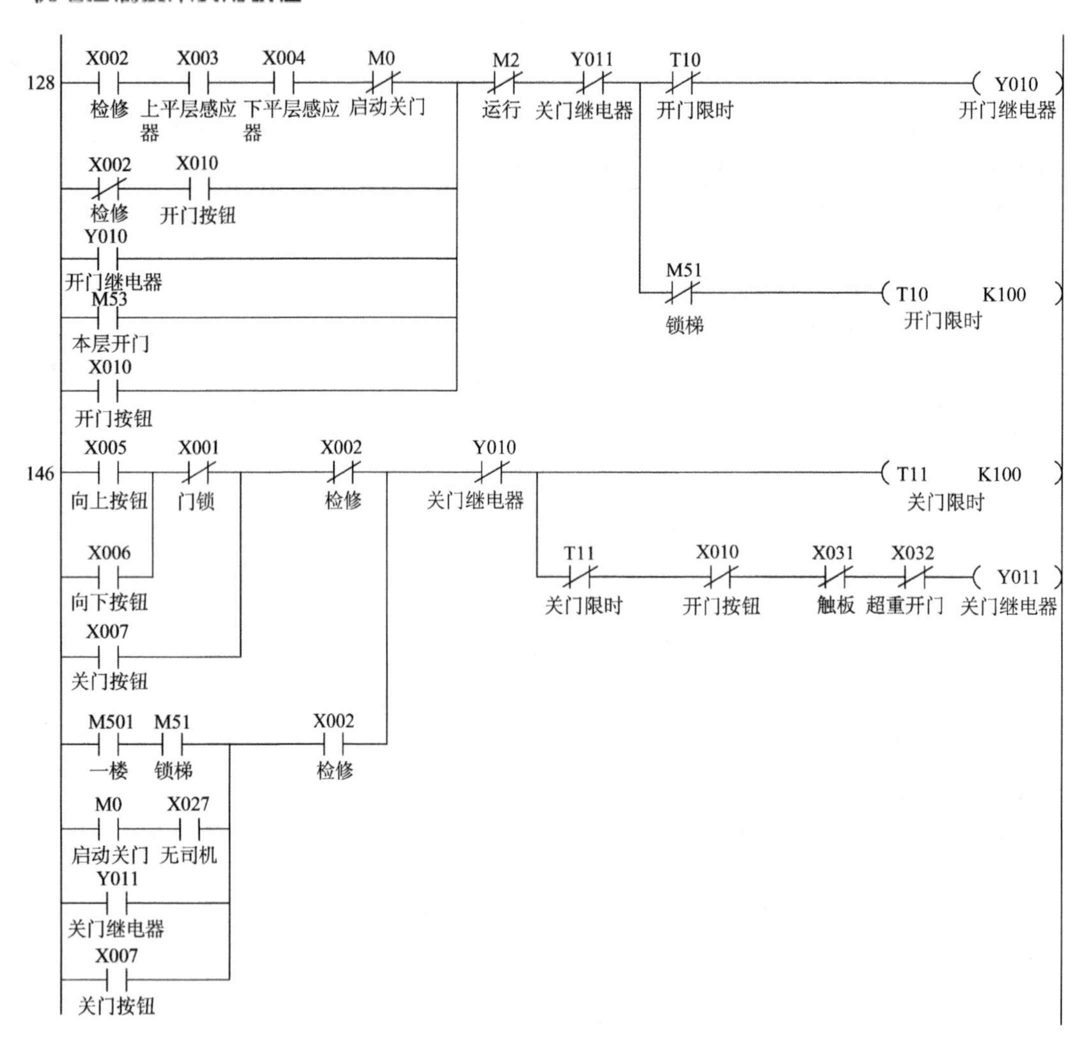

图 1.16 PLC 电梯控制程序(8)

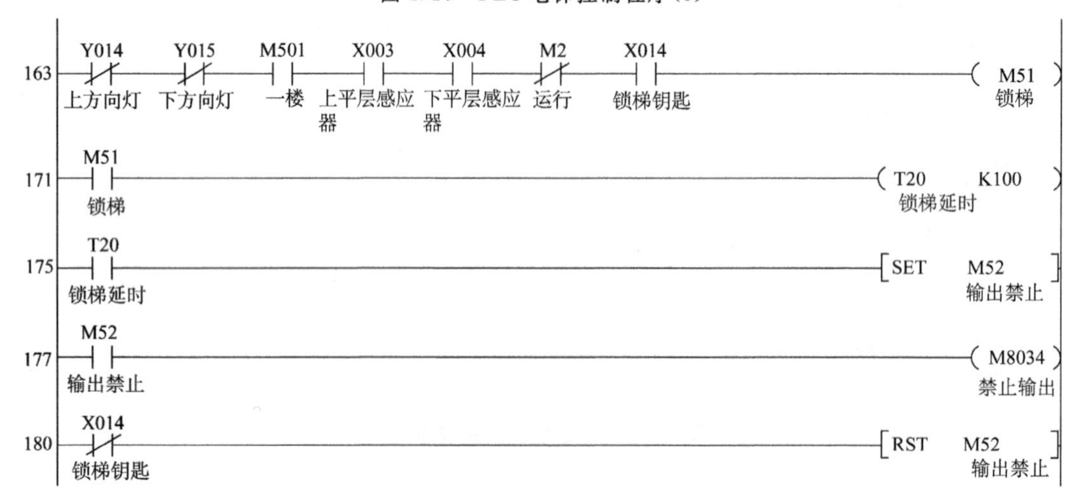

图 1.17 PLC 电梯控制程序(9)

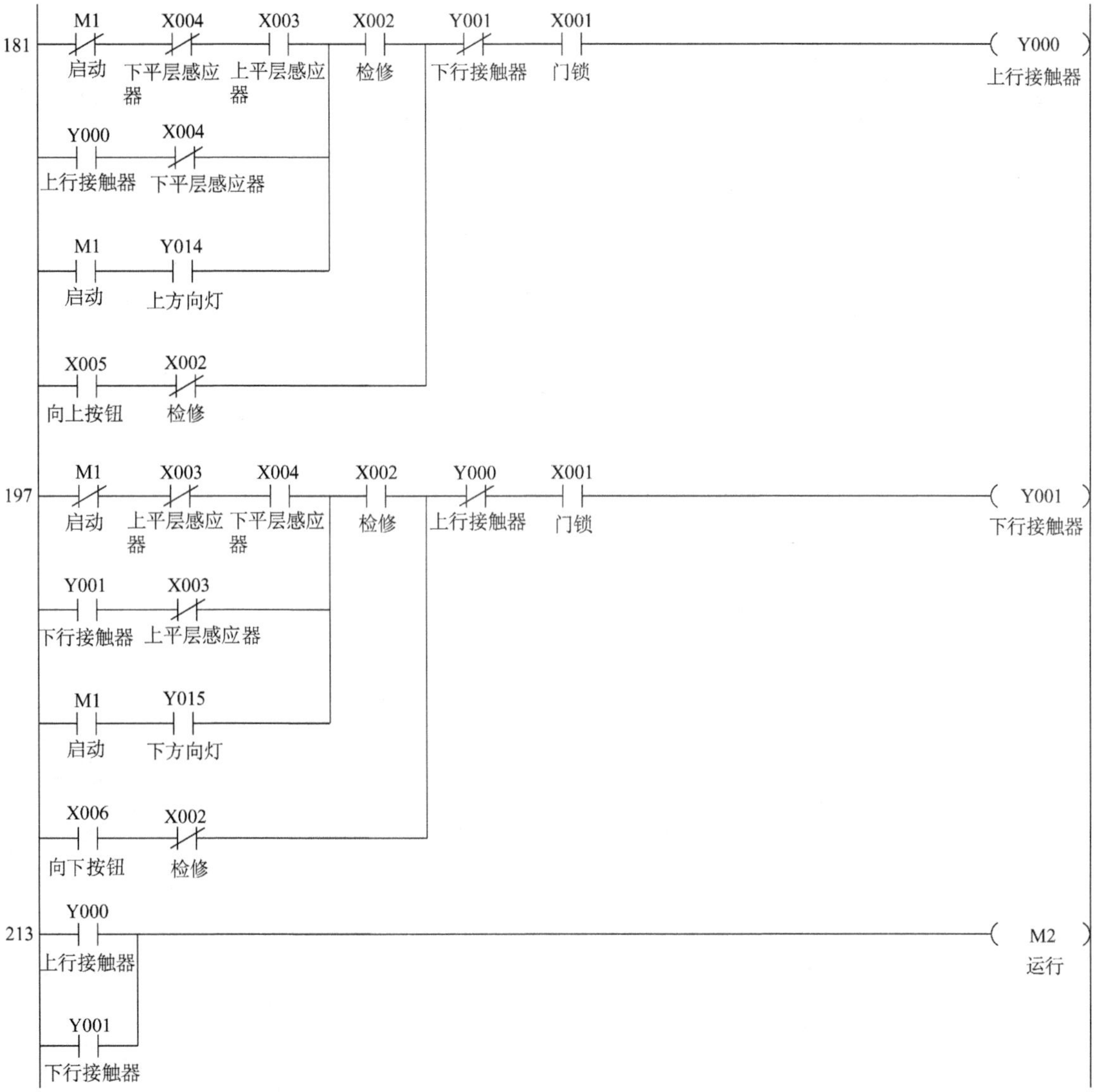

181
M1 启动
X004 下平层感应器
X003 上平层感应器
X002 检修
Y001 下行接触器
X001 门锁
Y000 上行接触器
Y000 上行接触器
X004 下平层感应器
M1 启动
Y014 上方向灯
X005 向上按钮
X002 检修

197
M1 启动
X003 上平层感应器
X004 下平层感应器
X002 检修
Y000 上行接触器
X001 门锁
Y001 下行接触器
Y001 下行接触器
X003 上平层感应器
M1 启动
Y015 下方向灯
X006 向下按钮
X002 检修

213
Y000 上行接触器
M2 运行
Y001 下行接触器

图 1.18 PLC 电梯控制程序(10)

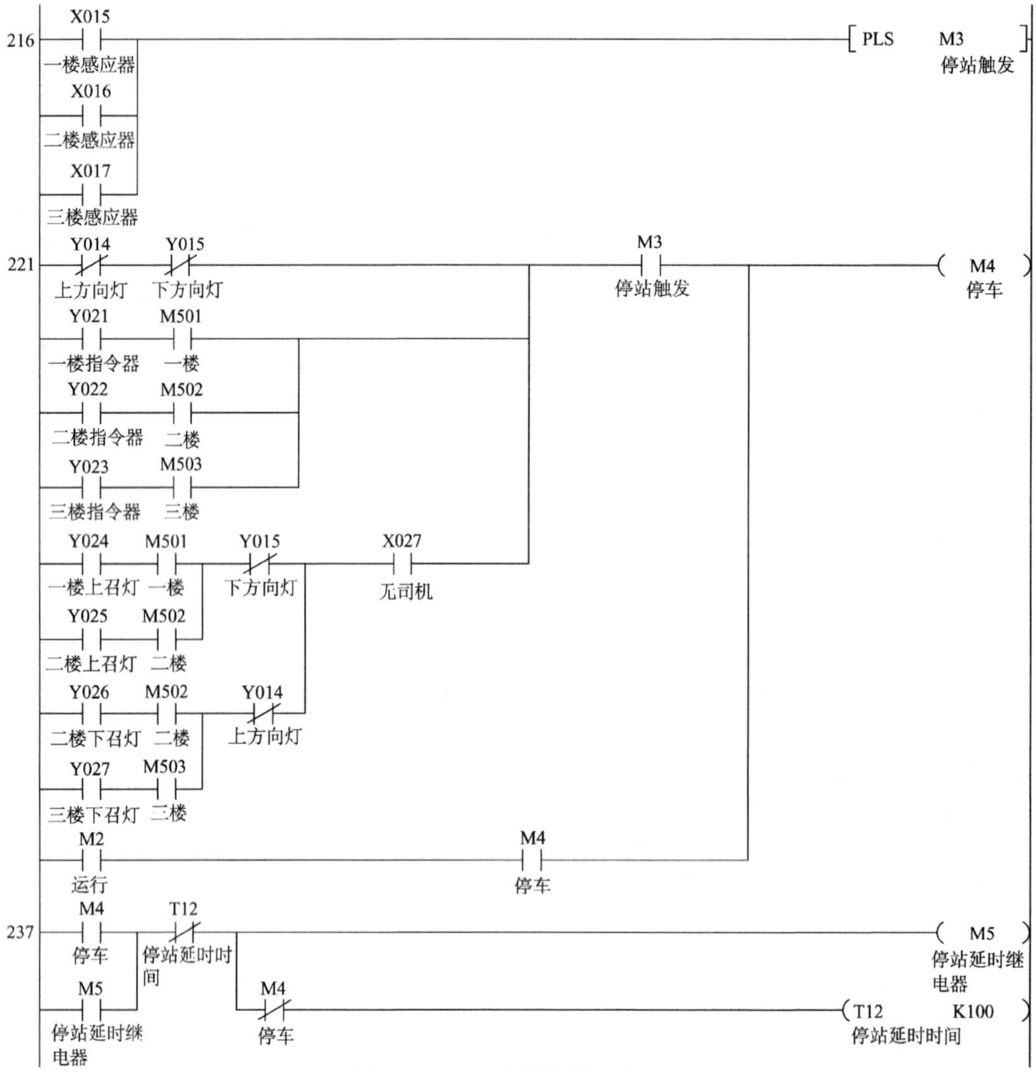

216 X015 一楼感应器 X016 二楼感应器 X017 三楼感应器 [PLS M3 停站触发]

221 Y014 上方向灯 Y015 下方向灯 M3 停站触发 (M4 停车)
Y021 一楼指令器 M501 一楼
Y022 二楼指令器 M502 二楼
Y023 三楼指令器 M503 三楼
Y024 一楼上召灯 M501 一楼 Y015 下方向灯 X027 无司机
Y025 二楼上召灯 M502 二楼
Y026 二楼下召灯 M502 二楼 Y014 上方向灯
Y027 三楼下召灯 M503 三楼
M2 运行 M4 停车

237 M4 停车 T12 停站延时时间 (M5 停站延时继电器)
M5 停站延时继电器 M4 停车 (T12 K100 停站延时时间)

图 1.19　PLC 电梯控制程序(11)

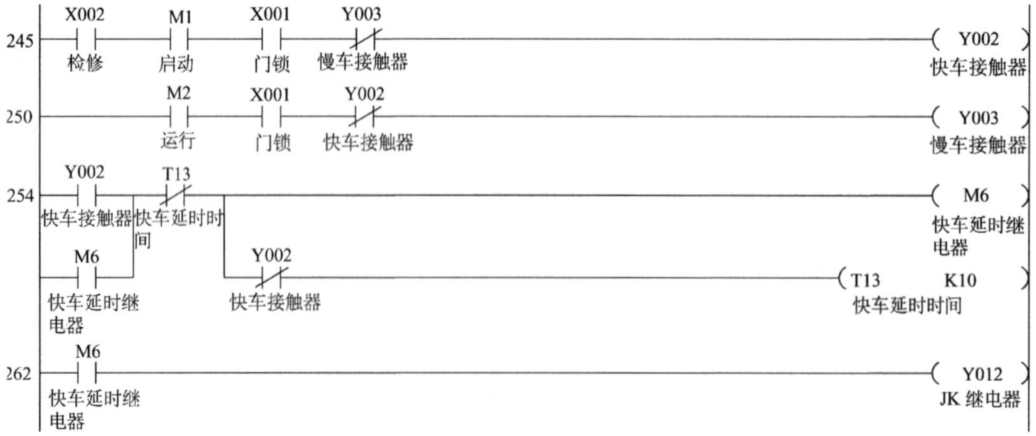

245 X002 检修 M1 启动 X001 门锁 Y003 慢车接触器 (Y002 快车接触器)

250 M2 运行 X001 门锁 Y002 快车接触器 (Y003 慢车接触器)

254 Y002 快车接触器 T13 快车延时时间 (M6 快车延时继电器)
M6 快车延时继电器 Y002 快车接触器 (T13 K10 快车延时时间)

262 M6 快车延时继电器 (Y012 JK 继电器)

图 1.20　PLC 电梯控制程序(12)

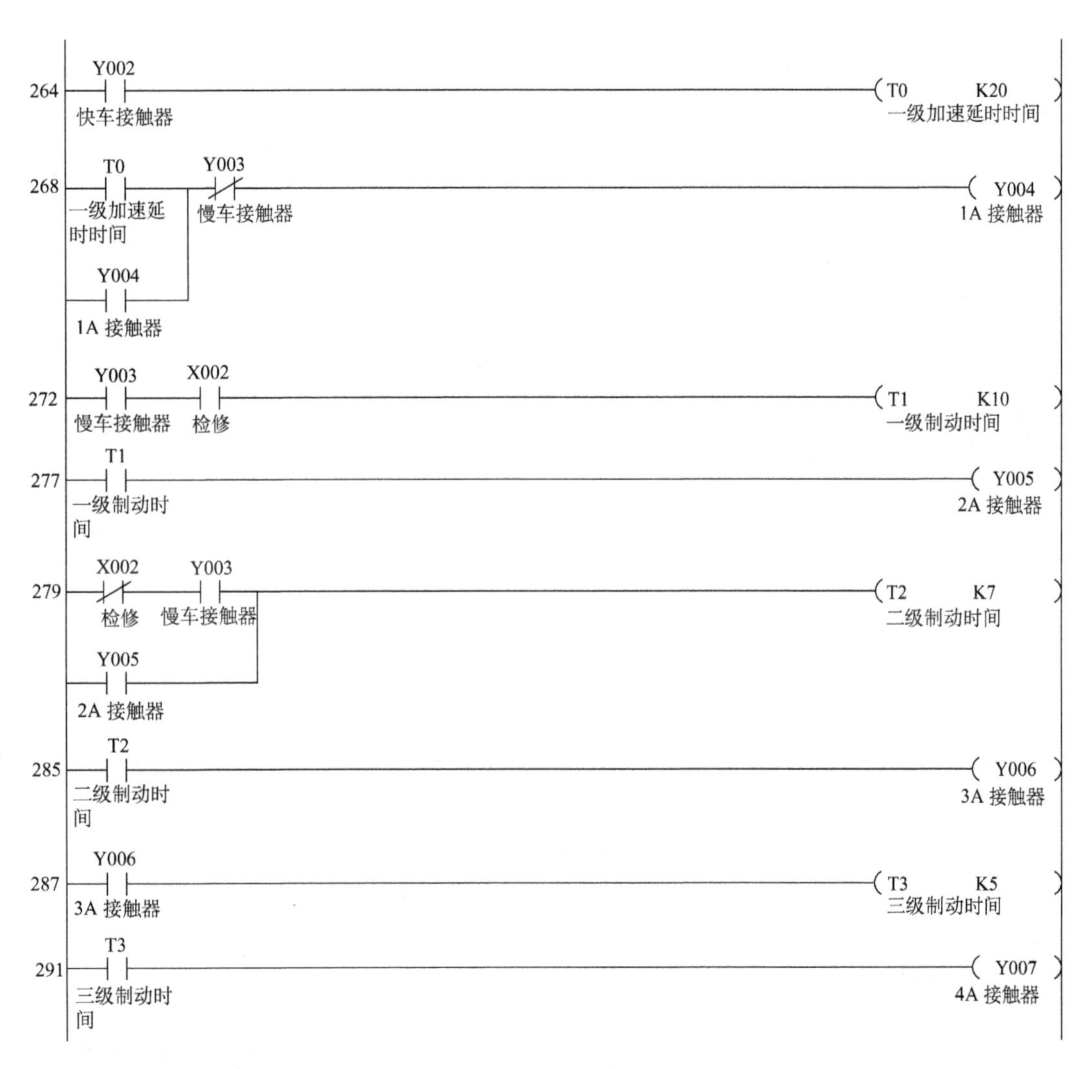

图 1.21 PLC 电梯控制程序(13)

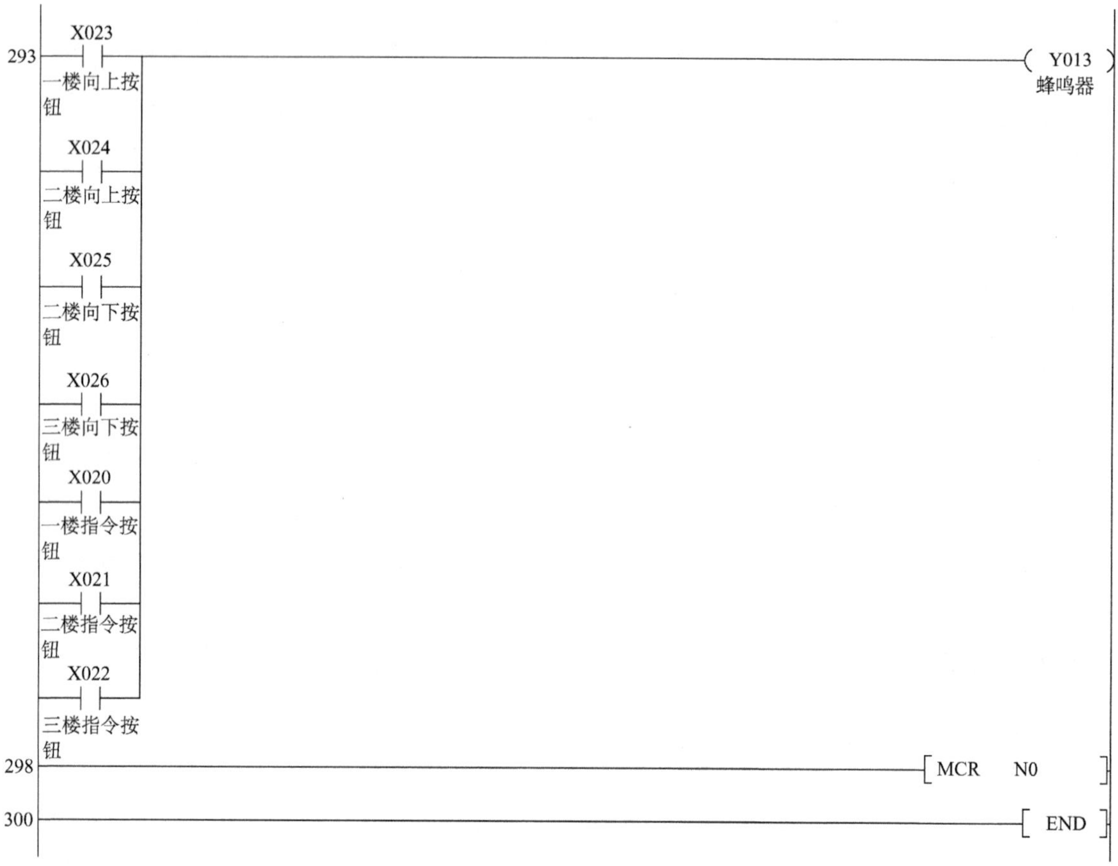

293 X023 一楼向上按钮 / X024 二楼向上按钮 / X025 二楼向下按钮 / X026 三楼向下按钮 / X020 一楼指令按钮 / X021 二楼指令按钮 / X022 三楼指令按钮 —— (Y013 蜂鸣器)

298 —— [MCR N0]

300 —— [END]

图 1.22　PLC 电梯控制程序(14)

1.5　本课程的性质和任务

机电控制技术课程是机电一体化技术专业的一门必修专业综合课,它是机电一体化人才所需电类知识结构的主体。

本课程的任务是了解机电控制的一般知识,了解电气控制技术在机械设备中的应用。通过本课程学习,学生应掌握机械、电子、控制理论和计算机等综合控制系统的技术。

在机电控制技术中主要包含弱电控制和强电控制。我们将把机电系统的传动力学,电机、电器及其控制电路,可编程控制器(PLC)的原理及应用,直流调速、交流调速、位置控制等控制内容根据其科学的发展和内在规律,以电梯系统为主导,以控制为线索,将元器件与控制有机结合起来,使学生对机电一体化产品中电控技术部分有全面、系统的了解和掌握。

在教学中,我们以电梯控制系统设计项目示例为向导,每一章首先介绍电梯系统各部分的原理和作用,然后实际运用组态王软件制作相关可运行的电梯系统,实际效果如图 1.23 所示,电梯功能要求见表 1.7。

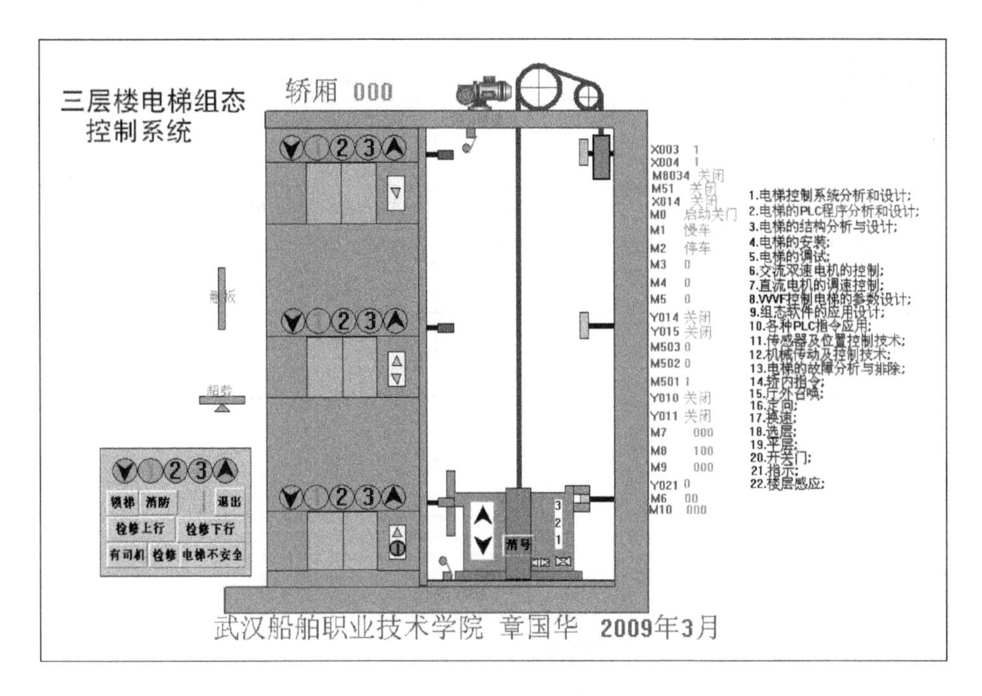

图 1.23 组态仿真电梯控制系统

表 1.7 电梯功能要求(不限于此)

1	泊梯功能(1层)	2	无呼自动返回基站功能
3	满载直驶功能	4	超载报警功能
5	超载保护功能	6	电动机过热保护功能
7	电动机空转保护功能	8	层高自测定功能
9	待机定期自检功能	10	对讲机通信功能
11	反向内指令自动消除功能	12	故障低速自救运行功能
13	故障自动检测及存储功能	14	轿顶检修操作功能
15	主机及控柜检修操作功能	16	警铃报警功能
17	轿内超载指示功能	18	轿内检修操作功能
19	轿内通风自动控制功能	20	轿内照明制动控制功能
21	开关门时间异常保护功能	22	开门时间自动控制功能
23	开门时间自动调整功能	24	开门异常自动选层功能
25	全集选控制运行功能	26	停车在非门区报警功能
27	停电应急照明功能	28	位置异常自动校正功能
29	消防迫降功能(1层)	30	延长开门时间功能
31	运行次数显示功能	32	消防操纵功能
33	手动疏散装置	34	专用运行功能

续表

35	停电应急照明功能	36	终端楼层保护功能
37	自动再平层功能	38	驱动设备过热保护功能
39	超速保护、断绳保护功能	40	超速电气及机械保护功能
41	运行小时及次数累计功能	42	故障自动平层功能
43	检修手动操作功能	44	故障自动邻层停靠及开门功能
45	轿内无指令人工消除功能	46	停电应急停靠功能
47	电梯应具备的标准功能	48	符合 GB 7588—2003《电梯制造与安装安全规范》相关标准

习　题

1. 试简述电梯系统的组成。
2. 电梯是如何分类的?
3. 试简述机电一体化技术的发展趋势。
4. 目前市场上有哪些组态软件? 它们各有什么特点?
5. 阐明电梯程序设计思想及工作流程。

第 2 章　电梯的曳引系统

学习目标

- 掌握电梯曳引系统的基本工作原理及特性，特别是电梯的机械和部分电气特性。
- 学会用 PLC 程序分析电梯的运行状态。
- 了解通用变频器的基本组成结构。
- 理解变频调速的基本原理及控制方式。
- 学会根据电梯的控制要求，在组态控制软件中画出相关部件并写出命令语言程序。

2.1　曳引系统

2.1.1　曳引驱动工作原理

曳引式电梯曳引传动系统如图 2.1 所示。安装在机房的电动机与减速箱、制动器等组成曳引机，是曳引驱动的动力。曳引钢丝绳通过曳引轮一端连接轿厢，一端连接对重装置。为使井道中的轿厢与对重各自沿井道中导轨运行而不相蹭，曳引机上放置一导向轮使二者分开。轿厢与对重装置的重力使曳引钢丝绳压紧在曳引轮槽内产生摩擦力。这样，电动机转动带动曳引轮转动，驱动钢丝绳，拖动轿厢和对重作相对运动，即轿厢上升、对重下降，对重上升、轿厢下降。于是，轿厢在井道中沿导轨上、下往复运行，电梯执行垂直运送任务。轿厢与对重能作相对运动是靠曳引绳和曳引轮间的摩擦力来实现的，这种力就叫曳引力或驱动力。

运行中电梯轿厢的载荷和轿厢的位置以及运行方向都在变化，为使电梯在各种情况下都有足够的曳引力，国家标准 GB 7588—2003《电梯制造与安装安全规范》规定：曳引条件必须满足

$$T_1/T_2 \times C_1 \times C_2 \leqslant e^{f\alpha}$$

式中：T_1/T_2——载有 125%额定载荷的轿厢位于最低层站及空轿厢位于最高层站的两种情况下，曳引轮两边的曳引绳较大静拉力与较小静拉力之比；

C_1——与加速度、减速度及电梯特殊安装情况有关的系数，一般称为动力系数或加速系数，且 $C_1=\frac{g+a}{g-a}$，g 为重力加速度，a 为轿厢制动减速度；

C_2——由于磨损导致曳引轮绳槽断面变化的影响系数，对半圆或切口槽 $C_2=1$，对 V 形槽 $C_2=1.2$；

f——曳引绳在曳引槽中的当量摩擦系数；

α——曳引绳在曳引导轮上的包角；

$e^{f\alpha}$——曳引系数，它限定了 T_1/T_2 的比值，$e^{f\alpha}$越大，则表明 T_1/T_2 允许值和 T_1-T_2 允许值越大，也就表明电梯曳引能力越大，因此一台电梯的曳引系数代表了该台电梯的曳引能力。

可以看出，曳引力与下述几个因素有关：

①轿厢与对重的重量平衡系数；

②曳引轮绳槽形状与曳引轮材料当量摩擦系数；

③曳引绳在曳引轮上的包角。

1. 平衡系数

由于曳引力是轿厢与对重的重力共同通过曳引绳作用于曳引轮绳槽上产生的，对重是曳引绳与曳引轮绳槽产生摩擦力的必要条件。有了它，就易于使轿厢重量与有效载荷的重量保持平衡，这样也可以在电梯运行时，降低传动装置功率消耗。因此，对重又称平衡重，相对于轿厢悬挂在曳引轮的另一端，起到平衡轿厢重量的作用。

当轿厢侧重量与对重侧重量相等时，即 $T_1=T_2$，若不考虑钢丝绳重量的变化，曳引机只需克服各种摩擦阻力就能轻松地运行。但实际上轿厢的重量随着货物(乘客)的变化而变化，因此固定的对重不可能在各种载荷下都完全平衡轿厢的重量。因此对重的轻重匹配将直接影响到曳引力和传动功率。

为使电梯在满载和空载情况下，其负载转矩绝对值基本相等，国标规定平衡系数 $K=0.4\sim0.5$，即对重平衡 40%～50%额定载荷。故对重侧的总重量应等于轿厢自重 C 加上 0.4～0.5 倍的额定载重量 Q，此 0.4～0.5 即为平衡系数，如图 2.2 所示。

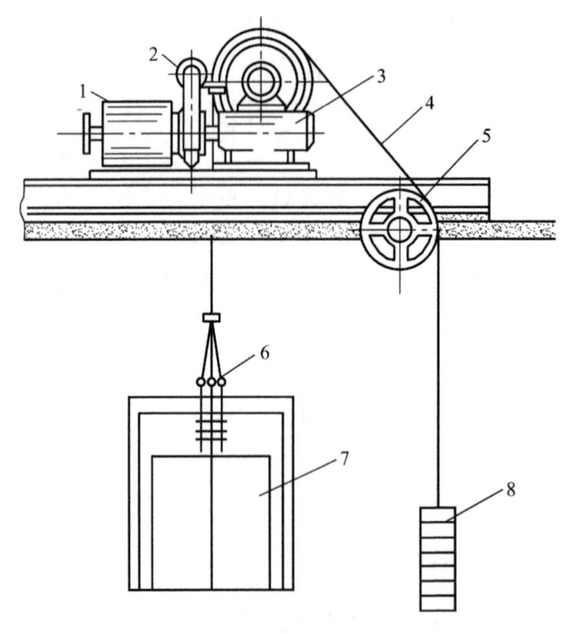

图 2.1　电梯曳引传动系统

1—电动机；2—制动器；3—减速器；4—曳引绳；5—导向轮；6—绳头组合；7—轿厢；8—对重

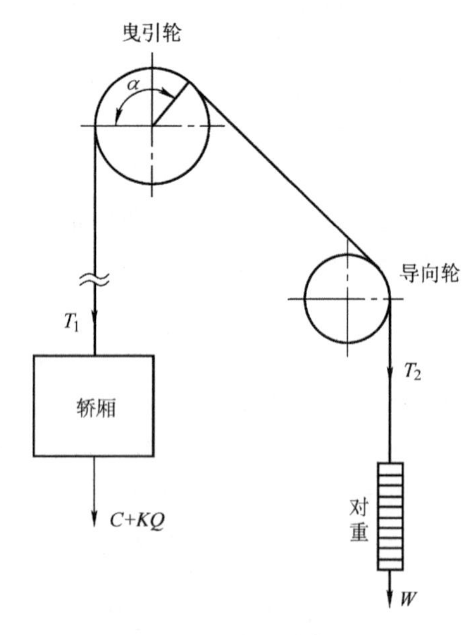

图 2.2　曳引示意图

当 $K=0.5$，电梯在半载时，其负载转矩为零，轿厢与对重完全平衡，电梯处于最佳工作状态。而电梯负载在空载至额定载荷（满载）之间变化时，反映在曳引轮上的转矩变化只有±50%，减少了能量消耗，降低了曳引机的负担。

2. 当量摩擦系数 f 与绳槽形状

曳引绳与曳引轮不同形状绳槽接触时，所产生的摩擦力是不同的，摩擦力越大则曳引力越大。从目前使用来看，绳槽形状有如下几种：半圆槽、V形槽、半圆形带切口槽，如图2.3所示。

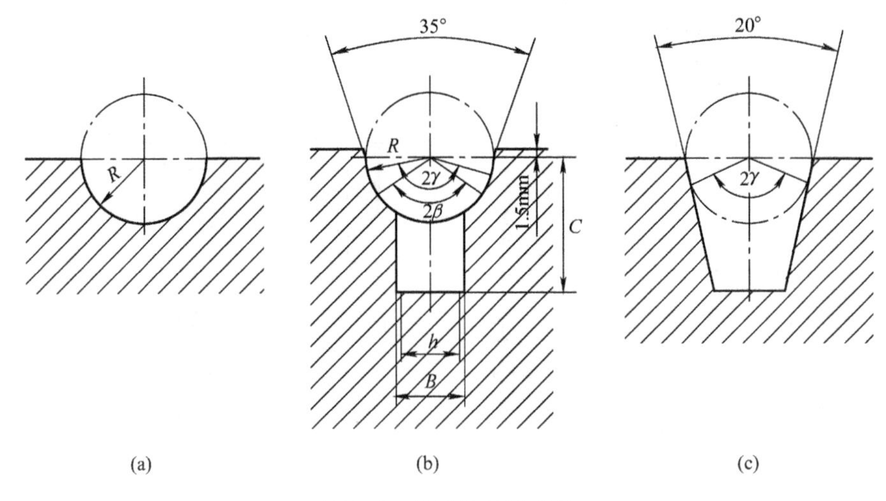

图2.3　曳引轮绳槽形状

(a)半圆槽；(b)半圆形带切口槽；(c)V形槽

①半圆槽 f 最小，用于复绕式曳引轮。

②V形槽 f 最大，并随着开口角的减小而增大，但同时磨损也增大，而磨损曳引绳并卡绳，随着磨损会趋于半圆槽。

③半圆形带切口槽 f 介于以上二者之间，而其基本不随磨损而变化，目前应用较广。

钢丝绳在绳槽内的润滑也直接影响摩擦系数，只可用绳内油芯轻微润滑，不可在绳外涂润滑油，以免降低摩擦系数，造成打滑现象，降低曳引力。

3. 曳引绳在曳引轮上的包角

包角是指曳引钢丝绳经过绳槽内所接触的弧度，用 α 表示，包角越大摩擦力越大，即曳引力也随之增大，可提高电梯的安全性。增大包角目前主要采用两种方法，一种是采用2∶1的曳引比，使包角增至180°；另一种是复绕式($\alpha_1+\alpha_2$)，如图2.4所示。

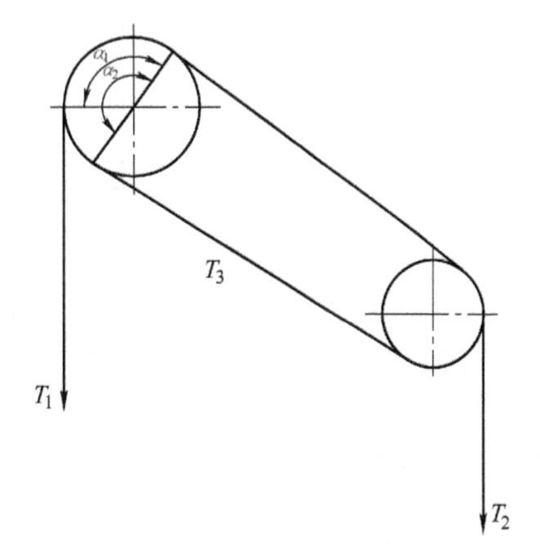

图2.4　复绕式张力图

电梯曳引钢丝绳的绕绳方式主要取决于曳引条件、额定载重量和额定速度等因素。绕绳方式有多种，这些绕绳方式也可看成是不同传动方式，不同绕法就有不同的传动速比，也叫曳引比，它是电梯运行时曳引轮节圆的线速度与轿厢运行速度之比。钢丝绳在曳引轮上绕的次数可分单绕和复绕，单绕时钢丝绳在曳引轮上只绕过一次，其包角小于或等于180°，而复绕时钢丝绳在曳引轮上绕过两次，其包角大于180°。常用的绕法有：

①1∶1绕法，曳引轮的线速度与轿厢升降速度之比为1∶1，如图2.5(a)所示；

②2∶1绕法，曳引轮的线速度与轿厢升降速度之比为2∶1，如图2.5(b)所示；

③3∶1绕法，曳引轮的线速度与轿厢升降速度之比为3∶1，如图2.5(c)所示。

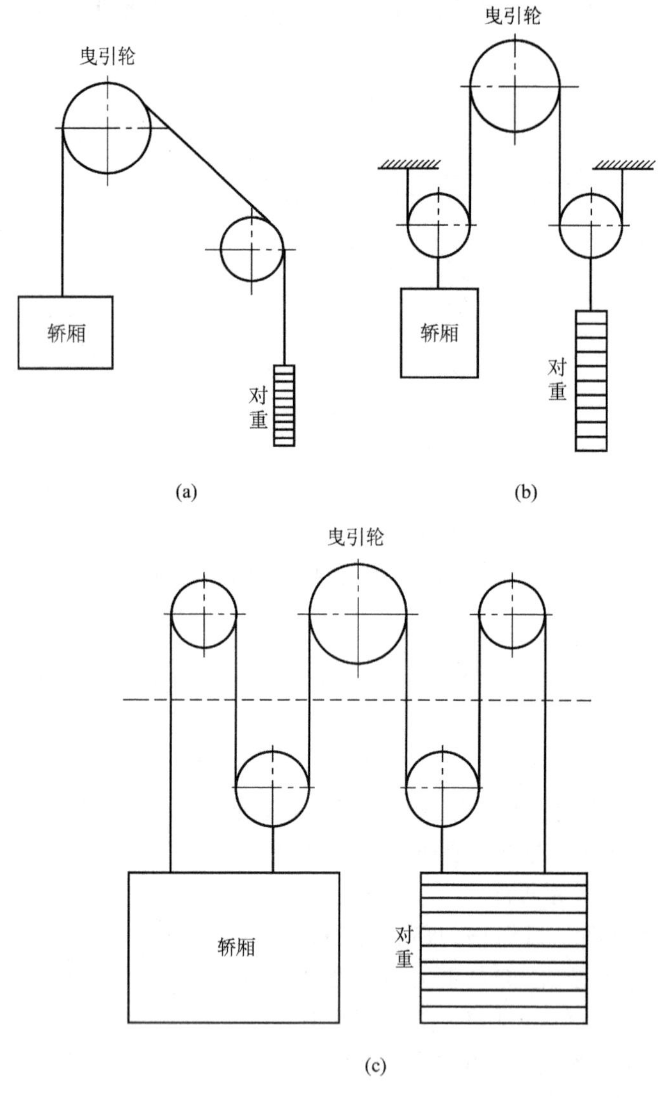

图2.5 各种绕法示意图

(a)1∶1绕法；(b)2∶1绕法；(c)3∶1绕法

2.1.2 曳引机

电梯曳引机是电梯的动力设备，又称电梯主机。曳引机的功能是输送与传递动力使电梯运行。它由电动机、制动器、联轴器、减速箱、曳引轮、机架和导向轮及附属盘车手轮等组成。

导向轮一般装在机架或机架下的承重梁上。盘车手轮有的固定在电机轴上，也有的平时挂在附近墙上，使用时再套在电机轴上。

如果曳引机的电动机动力是通过减速箱传到曳引轮上的，就称为有齿轮曳引机，一般用于 2.5 m/s 以下的低中速电梯(图 2.6a)。若电动机的动力不通过减速箱而直接传到曳引轮上，则称为无齿轮曳引机，一般用于 2.5 m/s 以上的高速和超高速电梯(图 2.6b)。

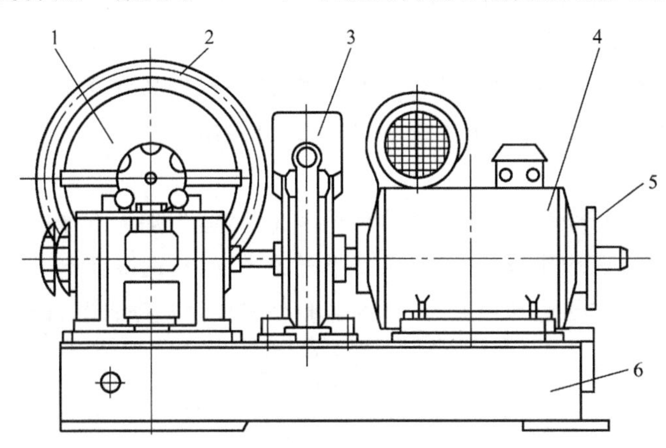

图 2.6a　有齿轮曳引机的结构图

1—减速器；2—曳引轮；3—制动器；4—电动机；5—端盖；6—基座

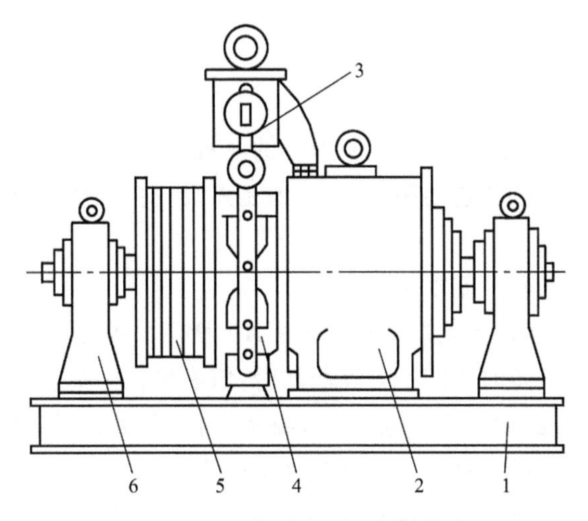

图 2.6b　无齿轮曳引机的结构图

1—底座；2—直流电动机；3—电磁制动器；4—制动器抱闸；5—曳引轮；6—支座

1. 曳引电动机

电梯的曳引电动机有交流电动机和直流电动机之分，它是驱动电梯上下运行的动力源。电梯是典型的位能性负载，根据电梯的工作性质，电梯曳引电动机应具有以下特点。

(1)能频繁地启动和制动

电梯在运行中每小时启制动次数常超过 100 次，最高可达到每小时 180～240 次。因此，电梯专用电动机应能够频繁启动和制动，其工作方式为断续周期性工作制。

(2)启动电流较小

在电梯用交流电动机的鼠笼式转子的设计与制造上,虽然仍采用低电阻系数材料制作导条,但是转子的短路环却用高电阻系数材料制作,以使转子绕组电阻有所提高。这样,一方面降低了启动电流,使启动电流降为额定电流的2.5～3.5倍,从而增加了每小时允许的启动次数;另一方面,由于只是转子短路端环电阻较大,利于热量直接散发,综合起来使电动机的温升有所下降,而且保证了足够的启动转矩,一般为额定转矩的2.5倍左右。不过,与普通交流电动机相比,其机械特性硬度和效率都有所下降,转差率也提高到0.1～0.2。机械特性变软,使调速范围增大,而且在堵转力矩下工作时,也不致烧毁电机。

(3)电动机运行噪声低

为了降低电动机运行噪声,常采用滑动轴承。此外,适当加大定子铁芯的有效外径,并在定子铁芯冲片形状等方面均作合理处理,以减小磁通密度,从而降低电磁噪声。

曳引电动机的容量在初选和核算时,可用经验公式按静功率计算,即

$$P=\frac{(1-K)Qv}{102\eta}$$

式中:P——电动机功率(kW);

K——电梯平衡系数;

Q——电梯额定载重量(kg);

v——电梯额定速度(m/s);

η——机械传动总效率。

2. 制动器

制动器对主动转轴起制动作用,能使工作中的电机停止运行。它安装在电动机与减速器之间,即在电动机轴与蜗轮轴相连的制动轮处;如是无齿轮曳引机,制动器安装在电动机与曳引轮之间。

(1)电梯上应用的制动器及基本要求

电梯采用的是电摩擦型常闭式制动器,如图2.7所示。所谓常闭式制动器,是指机械不工作时制动器制动,机械运转时松闸。电梯制动时,依靠机械力的作用,使制动带与制动轮摩擦而产生制动力矩;电梯运行时,依靠电磁力使制动器松闸,因此又称电磁制动器。根据制动器产生电磁力的线圈工作电流,可分为交流电磁制动器和直流电磁制动器。由于直流电磁制动器制动平稳、体积小、工作可靠,电梯多采用直流电磁制动器,因此这种制动器的全称是常闭式直流电磁制动器。

制动器是保证电梯安全运行的基本装置,对电梯制动器的要求是:

①能产生足够的制动力矩,而且制动力矩大小应与曳引机转向无关;

②制动时对曳引电动机的轴和减速箱的蜗杆轴不应产生附加载荷;

③当制动器松闸或制动时,要求平稳,而且能满足频繁启动和制动的工作要求;

④制动器应有足够的刚性和强度;

⑤制动带有较高的耐磨性和耐热性;

⑥结构简单、紧凑、易于调整;

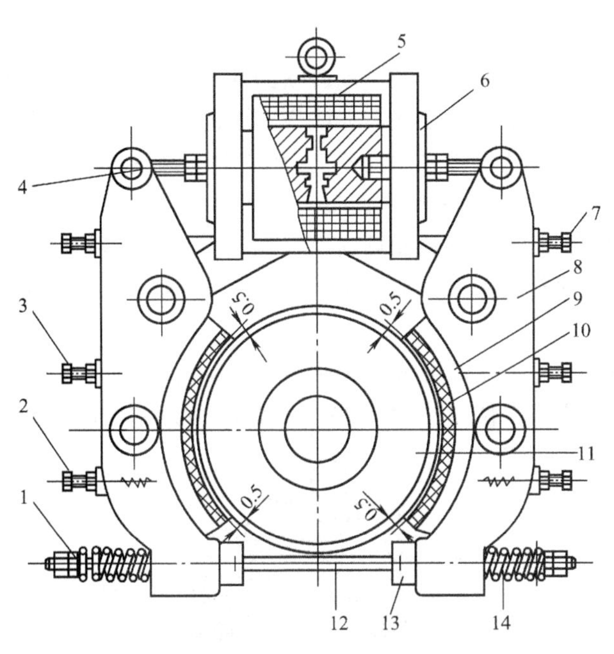

图 2.7　电磁制动器

1—制动弹簧调节螺母；2—制动瓦块定位弹簧螺栓；3—制动瓦块定位螺栓；4—倒顺螺母；
5—制动电磁铁；6—电磁铁芯；7—定位螺栓；8—制动臂；9—制动瓦块；10—制动衬料；
11—制动轮；12—制动弹簧螺杆；13—手动松闸凸轮(缘)；14—制动弹簧

⑦应有人工松闸装置；

⑧噪声小。

对制动器功能的基本要求是：

①当电梯动力电源失电或控制电路电源失电时，制动器能立即进行制动；

②当轿厢载有 125％额定载荷并以额定速度运行时，制动器应能使曳引机停止运转；

③电梯正常运行时，制动器应在持续通电情况下保持松开状态，断开制动器的释放电路后，电梯应无附加延迟地被有效制动；

④切断制动器的电流至少应用两个独立的电气装置来实现，电梯停止时，如果其中一个接触器的主触点未打开，最迟到下一次运行方向改变时，应防止电梯再运行；

⑤装有手动盘车手轮的电梯曳引机，应能用手松开制动器并需要一持续力去保持其松开状态。

(2)制动器的构造及工作原理

制动器的外形如图 2.7 所示。制动器的工作原理：当电梯处于静止状态时，曳引电动机、电磁制动器的线圈中均无电流通过，这时因电磁铁芯间没有吸引力，制动瓦块在制动弹簧压力作用下将制动轮抱紧，保证电机不旋转；当曳引电动机通电旋转的瞬间，制动电磁铁中的线圈同时通上电流，电磁铁芯迅速磁化吸合，带动制动臂使其制动弹簧受作用力，制动瓦块张开，并与制动轮完全脱离，电梯得以运行；当电梯轿厢到达所需停层站时，曳引电动机失电、制动电磁铁中的线圈也同时失电，电磁铁芯中的磁力迅速消失，铁芯在制动弹簧的作用下通过制动臂复位，使制动瓦块再次将制动轮抱紧，电梯停止工作。

(3)常见电磁制动器的类型

①图 2.7 所示是一种常见的制动器。电磁铁的铁芯通过连接螺栓与制动臂铰接,松开螺栓上的锁紧螺母,转动铁芯,就能改变铁芯在线圈套中的位置,锁紧螺母用来调整吸合后的铁芯底部间隙。制动瓦块用销轴铰接在制动臂上,瓦块上下等重,因此在制动臂上设有上、下固定螺钉,松闸后瓦块的活动量由固定螺钉调整。制动弹簧的压缩量由连杆螺栓两端的螺母调节,在螺栓内侧设有挡块,用扳手将螺栓转动 90°,挡块上的凸缘将制动臂向两侧顶开,可达到手松闸的目的。这种制动器由于采用双弹簧,为保证两侧闸瓦对动轮的压力一致,应将压缩量调得一致。

②图 2.8 所示是另一种常见的卧式电磁制动器。闸瓦采用球面连接,因此无须设固定螺钉;采用单条制动弹簧,调节方便,将弹簧螺栓转动 90°,可达到松闸目的。

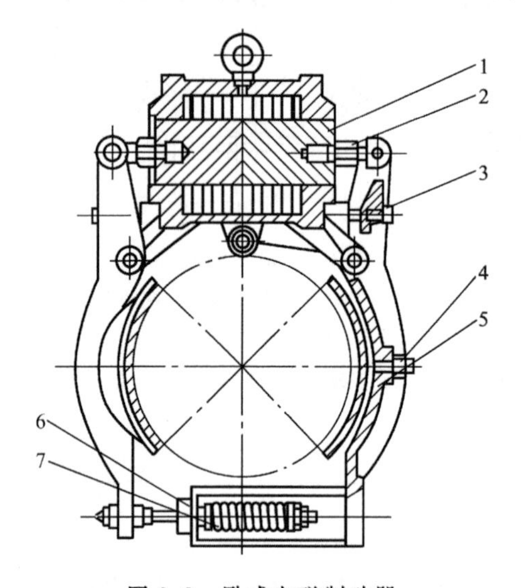

图 2.8 卧式电磁制动器

1—铁芯;2—锁紧螺母;3—限位螺钉;4—连接螺栓;5—碟形弹簧;6—偏斜套;7—制动弹簧

③图 2.9 所示为单侧铰接式电磁制动器。它将制动臂的铰点放在下面,弹簧置于上部,使压力的调整比较方便。由于铰点在下面,松闸时需将制动臂顶开,因此两块铁芯底部的顶杆均穿过对方,当铁芯吸合时,顶杆向前运动,将制动臂顶开。这种结构的制动器,铁芯外侧端部制有凸缘,凸缘与端盖的间隙 a 即为单侧铁芯的吸合行程,当制动带在使用中磨损导致松闸间隙过大时,只要放松调节螺栓,使间隙 a 减小,便能达到调整松闸间隙的目的。铁芯在吸合后的底部间隙是固定的,无须调整。

④图 2.10 所示为立式电磁制动器。其铁芯分为动铁芯和定铁芯,上部的是动铁芯。铁芯吸合时,动铁芯向下运动,顶杆推动转臂转动,将两侧制动臂推开而达到松闸目的。

⑤图 2.11 所示为内胀式制动器外形立面示意图。

3. 减速器

减速器用于有齿轮曳引机上,安装在曳引电动机转轴和曳引轮转轴之间。减速器(箱)按传动的方法不同可分为蜗轮蜗杆传动——蜗杆减速器和斜齿轮传动——齿轮减速器,其中蜗杆减速器如图 2.12 所示。

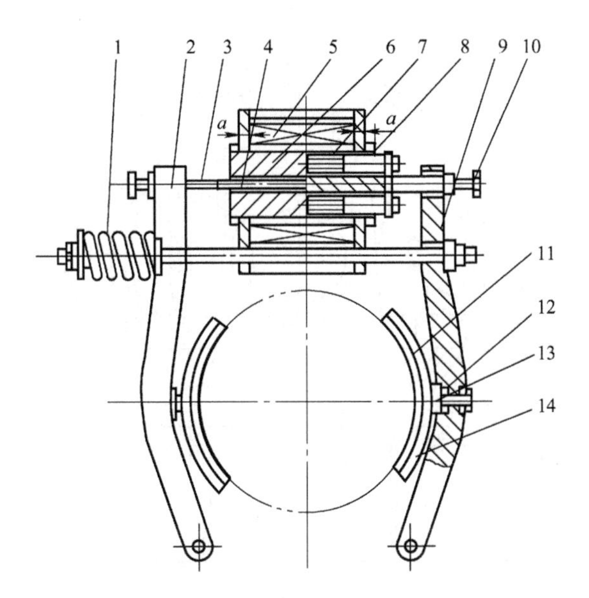

图2.9 单侧铰接式电磁制动器

1—制动弹簧；2—制动臂；3—调节螺栓；4—顶杆；5—线圈；6—左铁芯；7—右铁芯；8—顶杆；9—拉杆；10—调节螺栓；11—闸瓦；12—球面头；13—连接螺栓；14—制动带

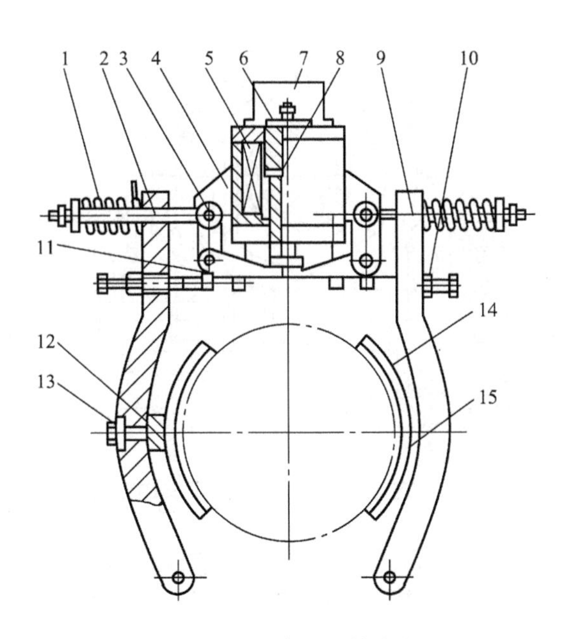

图2.10　立式电磁制动器

1—制动弹簧；2—拉杆；3—螺钉；4—电磁铁座；5—线圈；6—动铁芯；7—罩盖；8—顶杆；9—制动臂；10—顶杆螺栓；11—转臂；12—球面头；13—连接螺钉；14—闸瓦；15—制动材料

蜗杆减速器是由带主动轴的蜗杆和安装在壳体轴承上带从动轴的蜗轮组成，其传动比在18～120范围内，蜗轮的齿数不少于30，其效率不如齿轮减速器，但其结构紧凑、外形尺寸不大。

蜗杆减速器特点：传动比大、噪声小、传动平稳，而且当由蜗轮带动蜗杆时，反效率低，有

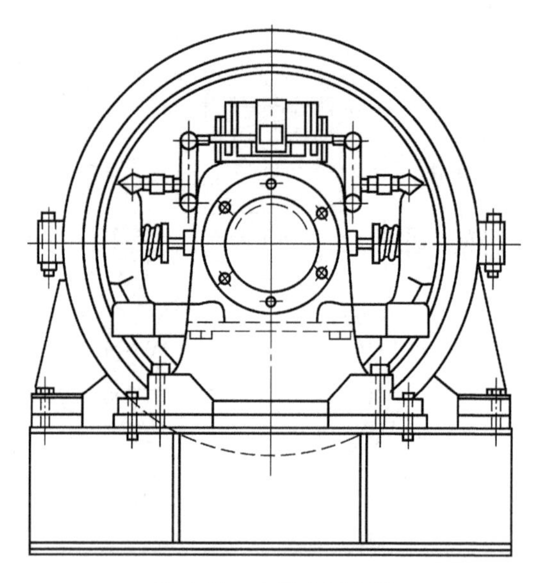

图 2.11　内胀式制动器

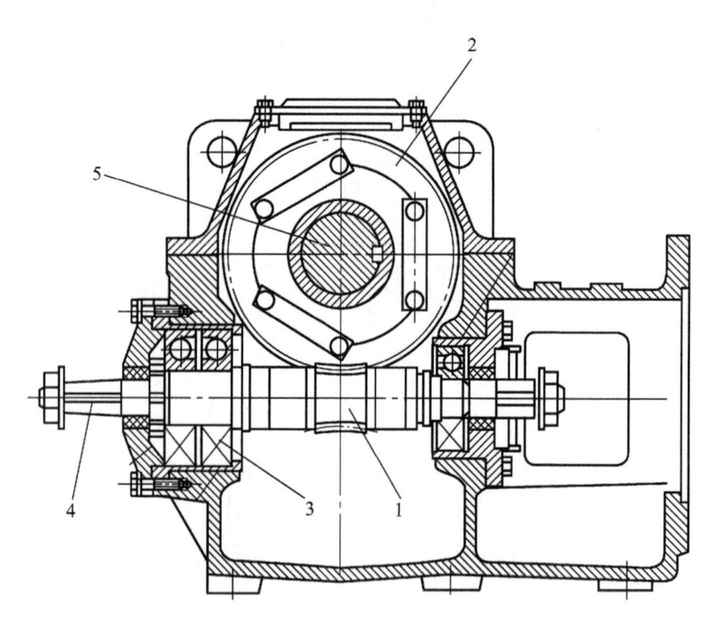

图 2.12　蜗杆减速器(立面剖视图)

1—蜗杆;2—蜗轮;3—滚动轴承;4—输入轴;5—输出轴

一定的自锁能力,可以增加电梯制动力矩和电梯停车时的安全性。

上面提到的蜗杆、蜗轮的传动比也称为减速比。减速器工作时,蜗杆轴的转速与蜗轮轴的转速的比,称为减速器的减速比 $i_{减}$。由于蜗杆轴每转动一圈,蜗轮轴只转过蜗杆螺线数个齿,所以蜗杆减速器的减速比 $i_{减}$ 是由蜗轮的齿数 $z_{轮}$ 与蜗杆的螺线数 $z_{杆}$ 之比决定的,即

$$i_{减}=z_{轮}/z_{杆}$$

例 1　蜗杆螺线数(也称头数)为 1,蜗轮的齿数为 40。

那么其减速比 $i_{减}=40/1=40:1$。也就是说，当蜗杆轴每转动一圈，蜗轮轴只转过 1/40 圈(周)，即蜗杆轴转动 40 圈时，蜗轮轴才转过一圈(周)。因为蜗杆轴与电动机连在一起，这样就能使电动机的转速经过减速器后明显降低，从快速变为慢速。

例 2　蜗杆螺线数为 2，蜗轮的齿数为 64。

那么其减速比 $i_{减}=64/2=32:1$，即蜗杆轴每转一圈，蜗轮轴只转 1/32 圈。

蜗杆减速器中蜗杆与蜗轮的啮合外形如图 2.13 所示。

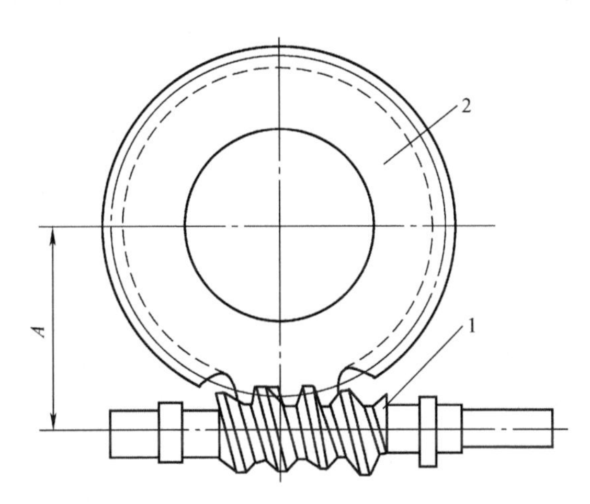

图 2.13　蜗杆与蜗轮的啮合

1—蜗杆；2—蜗轮

在减速器内，凡蜗杆安装在蜗轮上面的称为蜗杆上置式。其特点是：减速箱内蜗杆、蜗轮的啮合面不易进入杂物，安装维修方便，但润滑性较差。

在减速器内，凡蜗杆安装在蜗轮下面的称为蜗杆下置式。其特点是：润滑性能好，但对减速器的密封要求高，否则很容易向外渗油。

减速器对蜗轮蜗杆采用浸浴润滑方式，即在箱内加入润滑油。减速器注入的油量是关系到润滑是否正常的重要因素，一般对减速器注入的油量是：当蜗杆在蜗轮下面时，注入减速器内的油，应保持在蜗杆中线以上、啮合面以下；当蜗杆在蜗轮上面时，蜗轮浸入油的深度以两个齿高为宜。减速箱上均有油针或油镜，可用来检查注油量。对于油针，应使油面位于两条刻线之间；对于油镜，油面位于中线为宜。

4. 联轴器

联轴器是连接曳引电动机轴与减速器蜗杆轴的装置，用以传递由一根轴延续到另一根轴上的扭矩。一般安装在曳引电动机轴端与减速器蜗杆轴端的会合处。

电动机轴与减速器蜗杆轴在同一轴线上，当电动机轴旋转时带动蜗杆轴也旋转，但是两者是两个不同的部件，需要用合适的方法把它们连接在同一轴线上，并保持一定要求的同轴度。

联轴器可分为刚性联轴器和弹性联轴器。

①刚性联轴器：对于蜗杆轴采用滑动轴承的结构，一般采用刚性联轴器，因为此时轴与轴承的配合间隙较大，刚性联轴器有助于蜗杆轴的稳定转动。刚性联轴器要求两轴之间有较高

的同心度，在连接后不同心度不应大于 0.02 mm，如图 2.14 所示。

②弹性联轴器：由于联轴器中的橡胶块在传递力矩时会发生弹性变形，从而能在一定范围内自动调节电动机轴与蜗杆轴之间的同轴度，因此允许安装时有较大的同心度（允差 0.1 mm），使安装与维修方便，同时弹性联轴器对传动中的振动具有减缓作用，如图 2.15 所示。

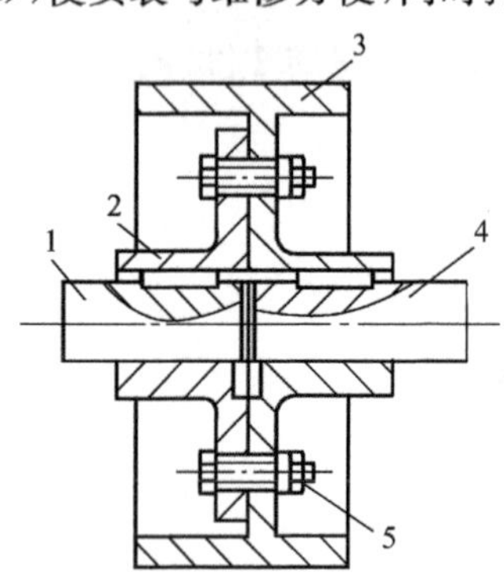

图 2.14　刚性联轴器

1—电动机轴；2—左半联轴器；
3—右半联轴器；4—蜗杆轴；5—螺栓

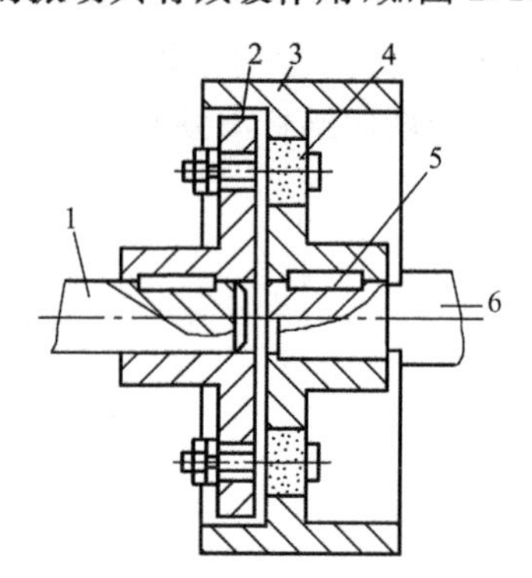

图 2.15　弹性联轴器

1—电动机轴；2—左半联轴器；3—右半联轴器；
4—橡胶块；5—键；6—蜗杆轴

5. 曳引轮

曳引轮是曳引机上的绳轮，也称曳引绳轮或驱绳轮。它是电梯传递曳引动力的装置，利用曳引钢丝绳与曳引轮缘上绳槽的摩擦力传递动力，装在减速器中的蜗轮轴上。如是无齿轮曳引机，装在制动器的旁侧，与电动机轴、制动器轴在同一轴线上。

(1)曳引轮的材料及结构要求

1)材料及工艺要求

由于曳引轮要承受轿厢、载重量、对重等装置的全部动静载荷，就要求曳引轮强度大、韧性好、耐磨损、耐冲击，所以在材料上多用 QT60—2 球墨铸铁。为了减少曳引钢丝绳在曳引轮绳槽内的磨损，除了选择合适的绳槽槽形外，对绳槽工作表面的结构、硬度也应有合理的要求。

2)曳引轮的直径

曳引轮的直径要大于曳引钢丝绳直径的 40 倍。在实际中，一般都取 45～55 倍，有时还大于 60 倍。为了减小曳引机体积，增大减速器的减速比，其直径大小应适宜。

3)曳引轮的构造形式

整体曳引轮由两部分构成，中间为轮筒（鼓），外面制成轮圈式绳槽，外轮圈与内轮筒套装，并用铰制螺栓连接在一起成为一个曳引轮整体。其中曳引轮的轴就是减速器内的蜗轮轴。

(2)曳引轮绳槽形状

驱动电梯运行的曳引力是依靠曳引绳与曳引轮绳槽之间的摩擦力产生的，因此曳引轮绳槽的形状直接关系到曳引力的大小和曳引绳的寿命。常用的曳引轮绳槽的形状有半圆槽、带切口的半圆槽（又称凹形槽）和 V 形槽，如图 2.3 所示。

1)半圆槽

半圆槽与曳引绳接触面积大，曳引绳变形小，有利于延长曳引绳和曳引轮寿命。但这种绳槽的当量摩擦系数小，因此曳引能力低。为了提高曳引能力，必须用复绕曳引绳的方法，以增大曳引绳在曳引轮上的包角。它多用在全绕式高速无齿轮曳引机直流电梯上，还广泛用于导向轮、轿顶轮、对重轮的绳槽。

2)V 形槽

V 形槽的两侧对曳引绳产生很大的挤压力，曳引绳与绳槽的接触面积小，接触面的单位压力(比压)大，曳引绳变形大，曳引绳与绳槽间具有较大的当量摩擦系数，可以获得很大的驱动力。但这种绳槽的槽形和曳引绳的磨损都较快，而且当槽形磨损、曳引绳中心下移时，槽形就接近带切口的半圆槽，当量摩擦系数下降很快。因此这种槽形的使用范围受到限制，只在轻载、低速电梯上应用。

3)凹形槽(带切口的半圆槽)

凹形槽是在半圆槽的底部切制一条楔形槽，曳引绳与绳槽接触面积减小，比压增大，曳引绳在楔形槽处发生弹性变形，部分揳入沟槽中，使当量摩擦系数大为增加，一般为半圆槽的 1.5～2 倍，使曳引能力增强。这种槽形既使当量摩擦系数大，又使曳引绳磨损小，特别是当槽形磨损、曳引绳中心下移时，由于预制的楔形槽的作用，使当量摩擦系数基本保持不变，这种槽形在电梯曳引轮上应用最多。

(3)曳引轮直径等参数与电梯运行速度的关系

电梯的运行速度与减速器减速比、电动机转速、曳引比、曳引轮直径等参数有关，通常按下式计算：

$$v_0=\frac{\pi Dn}{60i_{曳}\ i_{减}}$$

式中：v_0——电梯轿厢运行速度(m/s)；

D——曳引轮直径(m)；

n——电动机转速(r/min)；

$i_{曳}$——曳引比，与曳引绳绕法有关；

$i_{减}$——减速器减速比。

例 3　某电梯曳引轮直径为 0.62 m，电动机转速为 960 r/min，减速器减速比为 64∶2，曳引比为 2∶1，试求电梯的运行速度。

解　已知 $D=0.62$ m，$n=960$ r/min，$i_{曳}=2/1$，$i_{减}=64/2$，代入公式得

$$v_0=\frac{\pi Dn}{60i_{曳}\ i_{减}}=\frac{3.14\times0.62\times960}{60\times\frac{2}{1}\times\frac{64}{2}}\approx0.5\ \text{m/s}$$

2.1.3　曳引钢丝绳

曳引钢丝绳也称曳引绳，电梯专用钢丝绳连接轿厢和对重，并靠曳引机驱动使轿厢升降。它承载着轿厢、对重装置、额定载重量等重量的总和。曳引钢丝绳在机房穿绕曳引轮、导向轮，一端连接轿厢，另一端连接对重装置(曳引比 1∶1)。

1. 曳引钢丝绳的结构和材料要求

曳引钢丝绳一般为圆形股状结构，主要由钢丝、绳股和绳芯组成，如图 2.16 所示。钢丝是钢丝绳的基本组成件，要求钢丝有很高的强度和韧性(含挠性)。图 2.16(a)为钢丝绳外形，图 2.16(b)和(c)为钢丝绳横截面(放大)图。

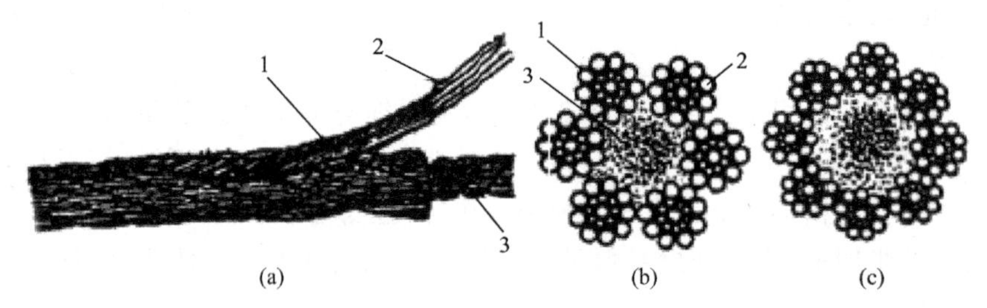

图 2.16　圆形股电梯用钢丝绳

(a)外形；(b)圆股等铰距 6×19(9/9/1)电梯钢丝绳横截面；

(c)圆股等铰距 8×19(9/9/1)电梯钢丝绳横截面

1—绳股；2—钢丝；3—绳芯

钢丝绳绳股由若干根钢丝捻成，钢丝是钢丝绳的基本强度单元；绳股是由钢丝捻成的每股绳直径相同的钢丝绳，股数多，疲劳强度就高。电梯用钢丝绳一般是 6 股(见图 2.16(b))或 8 股(见图 2.16(c))。绳芯是被绳股缠绕的挠性芯棒，通常由纤维剑麻或聚烯烃类(聚丙烯或聚乙烯)的合成纤维制成，能起到支承和固定绳的作用，且能储存润滑剂。

钢丝绳中钢丝的材料由含碳量为 0.4%～1%的优质钢制成，为了降低脆性，材料中的硫、磷等杂质的含量不应大于 0.035%。

2. 曳引钢丝绳的性能要求

由于曳引绳在工作中反复地弯曲，且在绳槽中承受很高的比压，并频繁承受电梯启动和制动时的冲击，因此，在强度、挠性及耐磨性方面，均有很高要求。

(1)强度

对曳引绳的强度要求，体现在静载安全系数上。静载安全系数

$$K_{静}=\frac{PN}{T}$$

式中：$K_{静}$——钢丝绳的静载安全系数，我国规定应大于 12；

P——钢丝绳的最小破断拉力(N)；

N——钢丝绳根数；

T——作用在轿厢侧钢丝绳上的最大静荷力(N)，T=轿厢自重+额定载重+作用于轿厢侧钢丝绳的最大自重。

从使用安全的角度看，曳引绳强度要求的内容还应加上对钢丝根数的要求，我国规定不少于 3 根。

(2)耐磨性

电梯在运行时，曳引绳与绳槽之间始终存在着一定的滑动而产生摩擦，因此要求曳引绳必须有良好的耐磨性。钢丝绳的耐磨性与外层钢丝的粗度有很大关系，因此曳引绳多采用外粗式钢丝绳，外层钢丝的直径一般不小于 0.6 mm。

(3)挠性

良好的挠性能减少曳引绳在弯曲时的应力,有利于延长使用寿命,因此曳引绳均采用纤维芯结构的双挠绳。

3. 曳引钢丝绳的主要规格参数与性能指标

(1)主要规格参数

公称直径,指绳外围最大直径。

(2)主要性能指标

破断拉力及公称抗拉强度。

①破断拉力是指整条钢丝绳被拉断时的最大拉力,是钢丝绳中钢丝的组合抗拉能力,决定于钢丝绳的强度和绳中钢丝的填充率。

②破断拉力总和是钢丝在未被缠绕前抗拉强度的总和。但钢丝绳一经缠绕成绳后,由于弯曲变形,使其抗拉强度有所下降,因此两者间有一定比例关系。即

$$\text{破断拉力} = \text{破断拉力总和} \times 0.85$$

③公称抗拉强度是指单位钢丝绳截面积的抗拉能力。其计算公式为

$$\text{钢丝绳公称抗拉强度} = \frac{\text{钢丝绳破断拉力总和}}{\text{钢丝绳截面积总和}}(\text{N/mm}^2)$$

4. 曳引钢丝绳的标记方法及有关技术数据

(1)标记方法

曳引钢丝绳按 GB 8903—88 方法规定进行标记。如结构为 8×19 西鲁式,绳芯为天然纤维芯,直径为 13 mm,钢丝绳公称抗拉强度为 1 370/1 770(1 500)N/mm²,双强度配制,捻制方法为右交互捻的电梯钢丝绳,其标记为 8×19S+NF—13—1500(双)右交—GB 8903—88。

(2)有关标记中名词的解释

1)西鲁式

西鲁式又称外粗式钢丝绳(代号为 S),绳股以一根粗钢丝为中心,周围布以细钢丝,并在两层两条钢丝间的沟槽中多布置一条粗钢丝,内外层钢丝数量相等,粗细不同,由于外层钢丝粗于内层,因此被称为外粗式,如图 2.17 所示。这种绳挠性较差,对弯曲的半径要求大,其优点是外粗耐磨性好。由于电梯要求钢丝绳具有高的耐磨性,因此在电梯上应用最广泛。我国电梯用钢丝绳常用西鲁式结构。

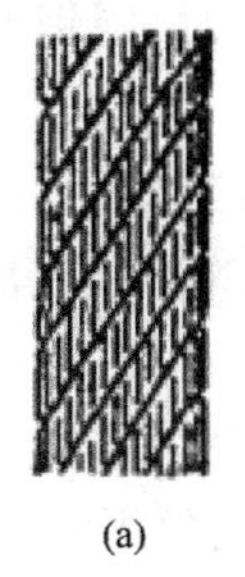
(a)

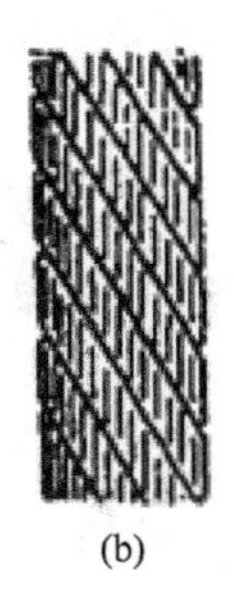
(b)

(c)

(d)

图 2.17　钢丝绳的捻法

(a)右交互捻;(b)左交互捻;(c)右同向捻;(d)左同向捻

钢丝绳结构除了西鲁式外，还有瓦林吞式和填充式。

2)捻向和捻法

由于钢丝绳是多股的，因此股与丝的捻向和捻法有所不同。捻向指钢丝在股中或股在绳中的捻制螺旋方向，有右捻和左捻之分。捻法指股的捻向与绳的捻向相互搭配的方法，有交互捻和同向捻之分。把钢丝绳成股竖起来观察，左捻螺线从中心线右侧开始向上、向左旋转的称左捻；螺旋线从中心线左侧开始向上、向右旋转的称右捻，如图 2.17 所示。交互捻：股的捻向与绳的捻向相反，又称逆捻(或称交绕)。同向捻：股的捻向与绳的捻向相同，又称顺捻(或称顺绕)。

交互捻绳由于绳与股的扭转趋势相反，相互抵消，不易松散，在使用中没有扭转打结趋势，因此可用于悬挂的场合。

同向捻绳的耐磨性、挠性比交互捻绳好，但有扭转趋势、容易打结，且易松散，因此通常用于两端固定的场所，如牵引式运行小车的牵引绳。

电梯是以悬挂式使用钢丝绳的，因此必须使用交互捻绳，且一般为右交互捻。

5. 曳引钢丝绳的固定接头方法

钢丝绳的两端总要与有关的构件连接，如用 1∶1 绕法，绳的一端要与轿厢上的绳头板连接，另一端要与对重上的绳头板连接；如用 2∶1 绕法，钢丝绳的两端都必须引到机房，与机房上的固定支架的绳头板连接固定。

固定钢丝绳端部的装置也叫绳头组合，其方法各种各样，最安全牢靠的方法是合金固定方法——巴氏合金填充的锥形套筒法，如图 2.18 所示。这种固定法能够使钢丝绳保持 100%的断裂力。

巴氏合金是一种低熔点合金，主要成分是锡、铅、锑等。对浇注巴氏合金固定曳引绳头，各电梯厂都制定有专门的操作规程，必须严格按规程操作，以免降低曳引绳端接部位的机械强度。

绳头组合中的锥形套筒由铸钢制成，小端连接曳引绳头(几条曳引绳就得用几个绳头组合)，套内浇注巴氏合金，将绳头铸在锥套中，拉杆插入轿厢或对重架上梁的绳头板孔中，并套入弹簧，加设垫圈，用双螺母固定，并加上开口销，以防脱落，如图 2.19 所示。

6. 曳引钢丝绳使用寿命分析

钢丝绳寿命与以下几个方面有关。

①拉伸荷力。运行中的动态拉力对钢丝绳的寿命影响很大，同时各钢丝绳的荷载不均匀也是影响寿命的重要方面，如果钢丝绳中的拉伸荷载变化为 20%时，则钢丝绳的寿命变化达 30%～200%。

②弯曲。电梯运行中，钢丝绳上上下下经历的弯曲次数是相当多的，由于弯曲应力是反复应力，将会引起钢丝绳的疲劳，影响寿命，而弯曲应力与曳引轮的直径成反比，所以曳引轮、反绳轮的直径不能小于钢丝绳直径的 40 倍。

③曳引轮槽形状和材质。好的绳槽形状使钢丝绳在绳槽上有良好的接触，使钢丝产生最小的外部和内部压力，能延长使用寿命。另外，钢丝绳的压力与钢丝绳和绳槽的弹性模量有关，如绳槽采用较软的材料，则钢丝绳具有较长的寿命。但应注意的是，在外部钢丝绳应力降低的情况下，磨损将转向钢丝绳的内部。

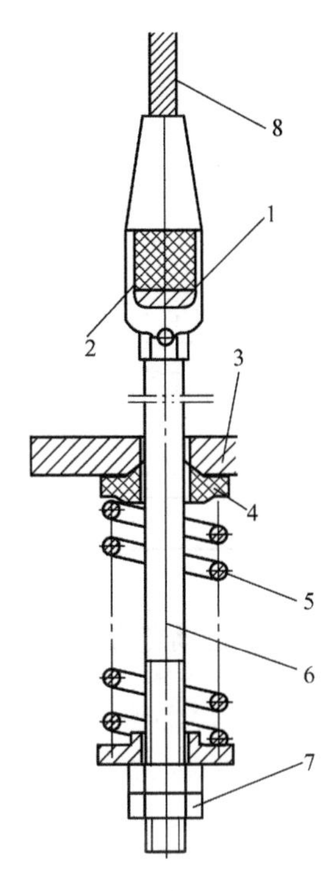

图 2.18　曳引绳端部固定法

1—锥套；2—曳引绳头与巴氏合金熔接；3—绳头板；4—弹簧垫；5—弹簧；6—拉杆；7—螺母

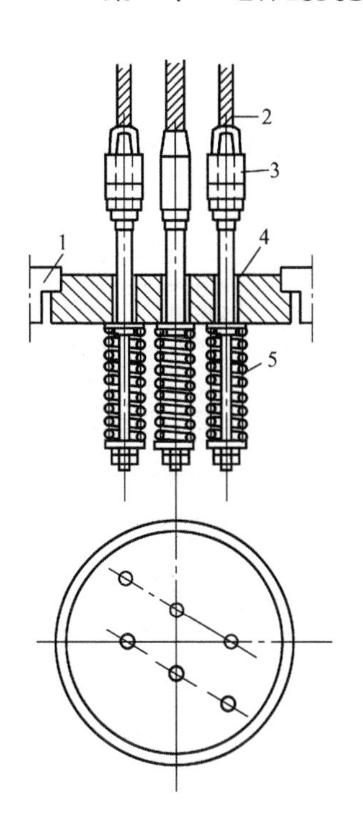

图 2.19　曳引绳头组合装置

1—轿厢上梁；2—曳引绳，3—锥套；4—绳头板；5—绳头弹簧

④腐蚀。在不良的环境下，内部和外部的腐蚀会使钢丝绳的寿命显著降低、横截面减小，进而使钢丝绳磨损加剧。特别要注意的是，麻质填料解体或水和尘埃渗透到钢丝绳内部而引起的腐蚀，对钢丝绳寿命影响更大。

除此之外，电梯的安装质量、维护好坏、钢丝绳的注油情况等都会影响到钢丝绳的寿命。另外，钢丝绳本身的性能指标、直径大小和捻绕形式等也都会影响钢丝绳的寿命。因此，必须给予注意。

7. 钢丝绳的更换准则

钢丝绳的更换准则一般可以从以下四个方面来考虑：

①大量出现断裂的钢丝绳；

②磨损与钢丝绳的断裂同时产生和发展；

③表面和内部产生腐蚀，特别是内部腐蚀，可以用磁力探伤机检查；

④钢丝绳使用的时间已相当长。

当然不能随使用频率一概而论，一般安全期最少要有一年，如已经用 3～5 年就应该考虑更换，如果要正确地判定时间，还需从定期检查的记录中进行分析判断。

综上所述，如发现钢丝绳有下列情况之一时，应及时更换（以 8 股、每股 19 丝的钢丝绳来讲），并注意新换的钢丝绳应与原钢丝绳同规格型号。

①断丝在各绳股之间均布，在一个捻距内的最大断丝数超过 32 根（约为钢丝绳总丝数的 20%）。

②断丝集中在一或两个绳股中，在一个捻距内的最大断丝数超过 16 根(约为钢丝绳总丝数的 10%)。

③曳引绳磨损后其直径小于或等于原钢丝绳公称直径的 90%。

④曳引绳表面的钢丝有较大磨损或腐蚀，见表 2.1。

表 2.1　曳引绳表面的钢丝磨损或腐蚀情况

断丝处表面磨损或腐蚀占其直径的百分比/%	在一个捻距内的最大断丝数	
	断丝在绳股之间均布	断丝集中在 1 或 2 个绳股
10	27	14
20	22	11
30	16	8

注：假如磨损与腐蚀量为钢丝原始直径的 40%及以上时，曳引绳必须报废。

⑤曳引绳锈蚀严重，点蚀麻坑形成沟纹，外层钢丝绳松动，不论断丝数或绳径变细多少，必须更换。

2.2　交流电梯拖动系统

交流感应电动机具有结构简单、便于维护的优点，供电电源可以直接取自电网，因此被广泛应用在各个领域。从电机学可知交流电动机的转速公式为

$$n=\frac{60f}{p}(1-s)$$

式中：n——电动机的转速；

s——转差率；

f——电网频率；

p——磁极对数。

当 $s=1$ 时可以得到电动机的同步转速。从公式分析，改变交流电动机的转速有两个方法，即改变磁极对数 p 和电动机供电电源频率 f。在电机发热允许的条件下，在附加绕组中加直流电压产生能耗制动调速。

一个由电动机拖动并通过传动机构带动生产机械运转的机电运动的动力学整体如图 2.20所示，其中的物理量(见图 2.21)满足如下关系。

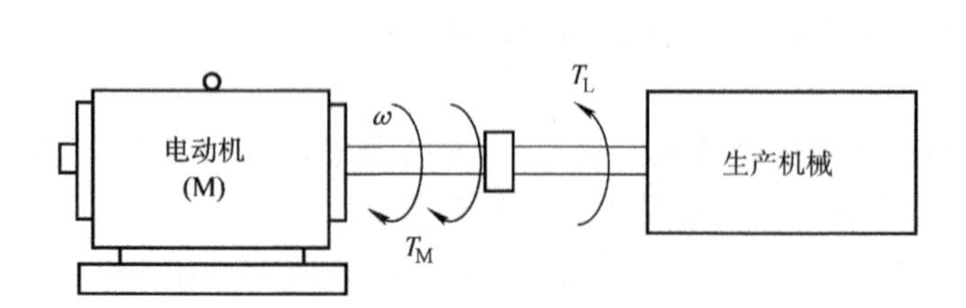

图 2.20　机电传动系统

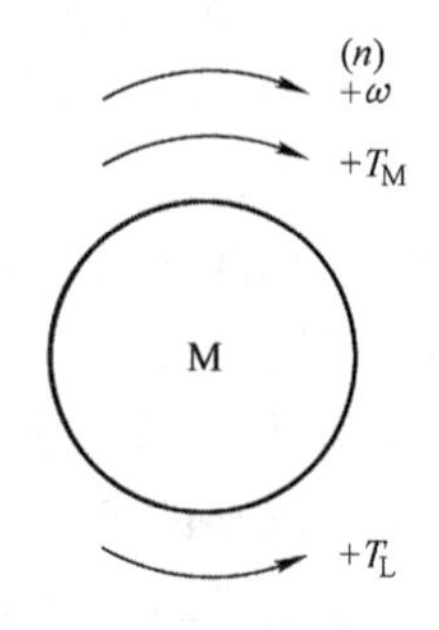

图 2.21　机电传动系统物理量

静态　$T_M = T_L \quad n = c \quad \mathrm{d}\omega/\mathrm{d}t = 0$

动态　$T_M \neq T_L \quad n \neq c \quad \mathrm{d}\omega/\mathrm{d}t \neq 0$

单轴机电传动系统的运动方程式为

$$T_M - T_L = J\frac{\mathrm{d}\omega}{\mathrm{d}t} \tag{2.1}$$

由于 $J = m\rho^2 = mD^2/4, G = mg$，则

$$J = \frac{GD^2}{4g} \tag{2.2}$$

又由于 $\omega = \frac{2\pi}{60}n$，则有

$$T_M - T_L = \frac{GD^2}{375}\frac{\mathrm{d}n}{\mathrm{d}t} \tag{2.3}$$

式中：T_M——电动机转矩；

T_L——负载转矩；

GD^2——飞轮转矩；

n——转速；

t——时间。

动态转矩 $T_d = T_M - T_L$，则有

$T_M = T_L \quad T_d = 0$　　恒速（静态转矩）

$T_M > T_L \quad T_d =$ 正值　　加速（动态转矩）

$T_M < T_L \quad T_d =$ 负值　　减速（动态转矩）

T_M 与 n 同向为正向，T_L 与 n 反向为正向，定义如图 2.22 所示。

$T_M - T_L = \frac{GD^2}{375}\frac{\mathrm{d}n}{\mathrm{d}t}$（$T_M$ 与 n 同向）　　$-T_M - T_L = \frac{GD^2}{375}\frac{\mathrm{d}n}{\mathrm{d}t}$（$T_M$ 与 n 反向）

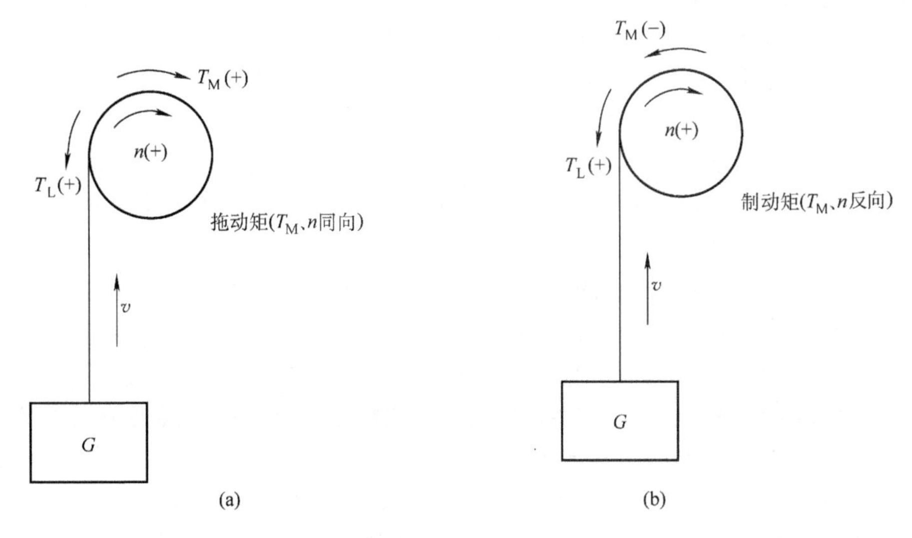

图 2.22　单轴机电传动系统的动力学模型

(a)拖动矩；(b)制动矩

在实际工程计算中，往往用转速 n 代替角速度 ω，用飞轮惯量 GD^2（也称飞轮转矩）代替

转动惯量 J，由于 $J=m\rho^2=mD^2/4$，其中 ρ 和 D 定义为惯性半径和惯性直径，而质量 m 和重力 G 的关系是 $G=mg$，g 为重力加速度，所以 J 与 GD^2 的关系为

$$\{J\}_{\mathrm{kg\cdot m^2}}=\frac{1}{4}\{m\}_{\mathrm{kg}}\{D^2\}_{\mathrm{m^2}}=\frac{1}{4}\frac{\{G\}_{\mathrm{N}}}{\{g\}_{\mathrm{m/s^2}}}\{D^2\}_{\mathrm{m^2}}=\frac{1}{4}\{GD^2\}_{\mathrm{N\cdot m^2}}/\{g\}_{\mathrm{m/s^2}} \tag{2.4}$$

或

$$\{GD^2\}_{\mathrm{N\cdot m^2}}=4\{g\}_{\mathrm{m/s^2}}\{J\}_{\mathrm{kg\cdot m^2}}$$

且

$$\{\omega\}_{\mathrm{rad/s}}=\frac{2\pi}{60}\{n\}_{\mathrm{r/min}} \tag{2.5}$$

将式(2.4)和式(2.5)代入式(2.1)可得运动方程式的实用形式为

$$\{T_{\mathrm{M}}\}_{\mathrm{N\cdot m}}-\{T_{\mathrm{L}}\}_{\mathrm{N\cdot m}}=\frac{\{GD^2\}_{\mathrm{N\cdot m^2}}}{375}\frac{\mathrm{d}\{n\}_{\mathrm{r/min}}}{\mathrm{d}\{t\}_{\mathrm{s}}} \tag{2.6}$$

式中，常数 375 包含着 $g=9.81\ \mathrm{m/s^2}$，故它有加速度量纲，GD^2 是个整体物理量。运动方程式是研究机电传动最基本的方程式，它决定着系统运动的特征。当 $T_{\mathrm{M}}>T_{\mathrm{L}}$ 时，加速度 $a=\mathrm{d}n/\mathrm{d}t$ 为正，传动系统为加速运动；当 $T_{\mathrm{M}}<T_{\mathrm{L}}$ 时，$a=\mathrm{d}n/\mathrm{d}t$ 为负，传动系统为减速运动。系统处于加速或减速的运动状态称为动态。处于动态时，系统中必然存在一个动态转矩，即

$$\{T_{\mathrm{d}}\}_{\mathrm{N\cdot m}}=\frac{\{GD^2\}_{\mathrm{N\cdot m^2}}}{375}\frac{\mathrm{d}\{n\}_{\mathrm{r/min}}}{\mathrm{d}\{t\}_{\mathrm{s}}} \tag{2.7}$$

动态转矩使系统的运动状态发生变化。这样，运动方程式(2.1)和(2.7)可以写成转矩平衡方程式，即

$$T_{\mathrm{M}}-T_{\mathrm{L}}=T_{\mathrm{d}}\text{ 或者 }T_{\mathrm{M}}=T_{\mathrm{L}}+T_{\mathrm{d}}$$

T_{M} 与 T_{L} 符号的判定：设电动机某一方向的转速为正，则 T_{M} 与 n 方向相同为正，相反为负；T_{L} 与 n 方向相反为正，相同为负，如图 2.22 所示。

上面讨论的机电传动系统运动方程中，负载转矩可能是不变的常数，也可能是转速 n 的函数。同一转轴上负载转矩和转速之间的函数关系，称为生产机械的机械特性。为了便于和电动机的机械特性配合起来分析传动系统的运行情况，今后提及生产机械的机械特性时，除特别说明外，均指电动机轴上的负载转矩和转速之间的函数关系。

不同类的生产机械在运动中所受阻力的性质不同，其机械特性曲线的形状也有所不同，大体上可以归纳为以下几种典型的机械特性。

1. 恒转矩型机械特性

此类机械特性的特点是负载转矩为常数。属于这一类的生产机械有提升机构、提升机的行走机构、皮带运输机以及金属切削机床等。依据负载转矩与运动方向的关系，可以将恒转矩型的负载转矩分为反抗转矩和位能转矩。

反抗转矩也称摩擦转矩，是因摩擦以及非弹性体的压缩、拉伸与扭转等作用所产生的负载转矩，机床加工过程中切削力所产生的负载转矩就是反抗转矩。反抗转矩的方向恒与运动方向相反，运动方向发生改变时，负载转矩的方向也会随着变化，因而它总是阻碍运动。由转矩正方向的约定可知，反抗转矩恒与转速 n 取相同的符号，即 n 为正方向时其为正，特性曲线在第一象限；n 为反方向时其为负，特性曲线在第三象限，如图 2.23 所示。

位能转矩与摩擦转矩不同，它是由物体的重力和弹性体的压缩、拉伸与扭转等作用所产生的负载转矩。卷扬机起吊重物时重力所产生的负载转矩就是位能转矩。位能转矩的作用方向恒定，与运动方向无关，它在某方向阻碍运动，而在相反方向便促进运动。卷扬机起吊重

物时由于重力的作用始终朝向地心，所以由它产生的负载转矩永远作用在使重物下降的方向，当电动机拖动重物上升时，其与 n 方向相反；当重物下降时，其与 n 方向相同。不管 n 是正向还是反向，位能转矩的作用方向都不变，特性曲线在第一、四象限，如图 2.24 所示。不难理解，在运动方程中，反抗转矩的符号总是正的；位能转矩的符号有时为正，有时为负。

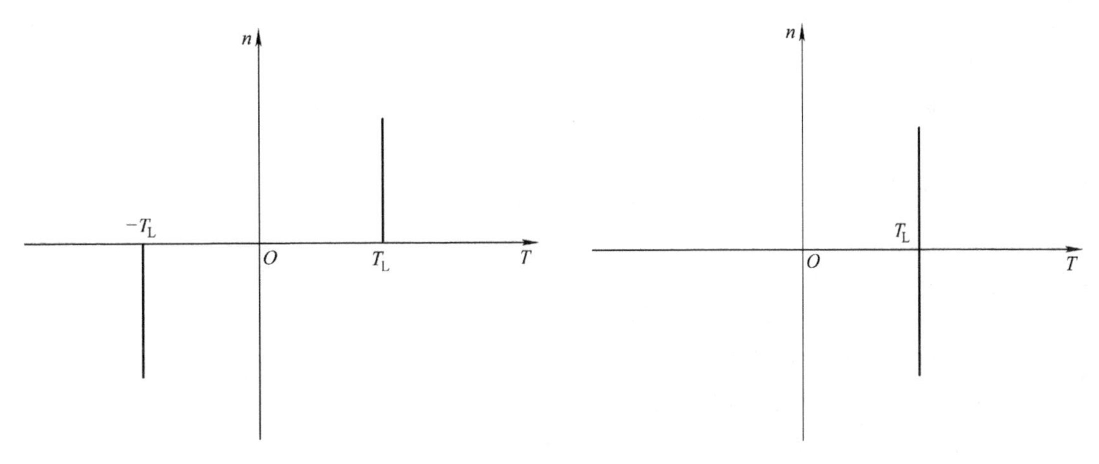

图 2.23　反抗转矩机械特性　　　图 2.24　位能转矩机械特性

2. 离心机型机械特性

此类机械是按离心力原理工作的，如离心式鼓风机、水泵等，它们的负载转矩 T_L 与 n 的平方成正比，即 $T_L=Cn^2$，C 为常数，如图 2.25 所示。

3. 恒功率型机械特性

此类机械的负载转矩 T_L 与转速 n 成反比，即 $T_L=K/n$ 或 $K=nT_L$，K 为常数，如图2.26 所示。属于这一类的典型生产机械有车床加工等。例如车床加工，在粗加工时，切削量大，负载阻力大，开低速；在精加工时，切削量小，负载阻力小，开高速。当选择这样的加工方式时，不同转速下切削功率基本不变。

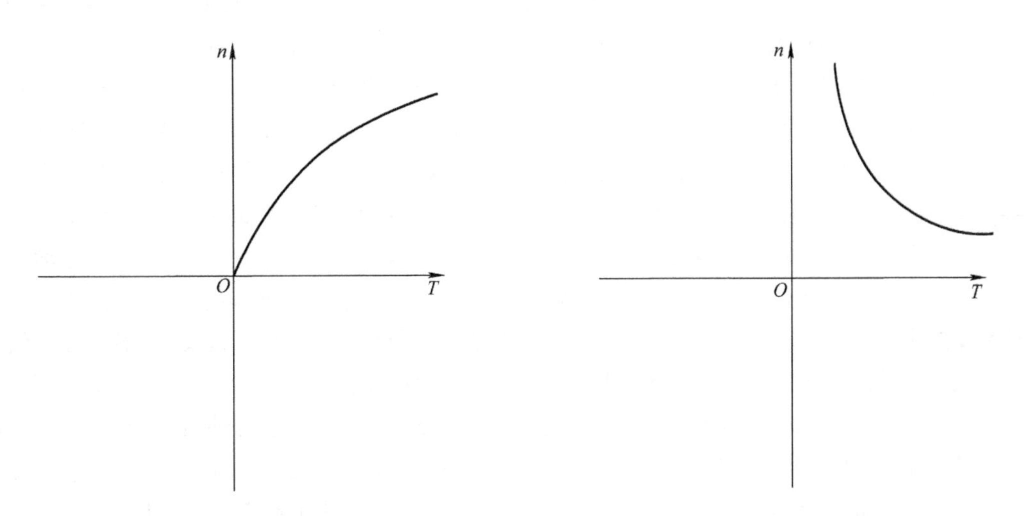

图 2.25　离心机型机械特性　　　图 2.26　恒功率型机械特性

除上述几种类型的生产机械外，还有一些生产机械具有各自的转矩特性，如带曲柄连杆的生产机械，它们的负载转矩 T_L 随时间作无规律的随机变化。

另外，实际负载可能是单一类型的，也可能是几种典型的综合。例如，实际通风机除了主要是通风机性质的机械特性外，轴上还有一定的摩擦转矩 T_0，所以实际通风机的机械特性应为 $T_L=T_0+Cn^2$。

4. 直线型机械特性

此类机械的负载转矩 T_L 与转速 n 成正比，即 $T_L=Cn$，C 为常数，如图 2.27 所示。属于这一类的典型生产机械有实验室中作模拟负载用的他励直流发电机，当励磁电流和电枢电阻固定不变时，其电磁转矩与其转速成正比。

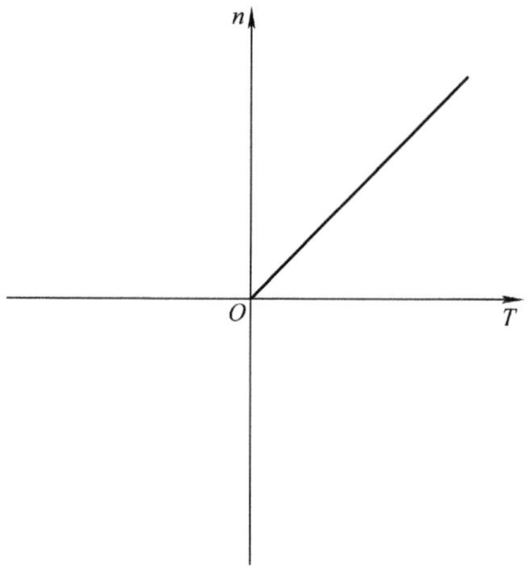

图 2.27　直线型机械特性

机电传动系统稳定运行的条件有两重含义：

①系统能以一定的速度匀速运转；

②系统受某种外部干扰作用使运行速度稍有变化时，应能保证干扰消除后系统能恢复到原来的运行速度。

机电传动系统稳定运行的充分必要条件：

①电动机的机械特性曲线 $n=f(T_M)$ 和生产机械的机械特性曲线 $n=f(T_L)$ 有交点（即拖动系统的平衡点）；

②当转速大于平衡点所对应的转速时，$T_M<T_L$，即若干扰使转速上升，当干扰消除后应有 $T_M-T_L<0$；而当转速小于平衡点所对应的转速时，$T_M>T_L$，即若干扰使转速下降，当干扰消除后应有 $T_M-T_L>0$ 。

为保证系统匀速运转，必要条件是电动机轴上的拖动转矩 T_M 和折算到电动机轴上的负载转矩大小相等、方向相反、相互平衡。从 $T-n$ 坐标平面上来看，这意味着电动机的机械特性曲线 $n=f(T_M)$ 和生产机械的机械特性曲线 $n=f(T_L)$ 必须有交点，如图 2.28 所示，图中曲线 1 为异步电动机的特性，曲线 2 为电动机拖动的生产机械的机械特性（恒转矩型），两特性曲线有交点 a 和 b，称为拖动系统的平衡点。但是机械特性曲线存在交点只是保证系统稳定运行的必要条件，还不是充分条件。实际上交点只是系统的稳定平衡点，因为在系统出现干扰时，例如负载转矩突然增加了 ΔT_L，则 T_L 变为 T'_L，电动机来不及反应，仍然工作在原来的 a 点，其转矩为 T_M，于是 $T_M<T'_L$，由拖动系统运动可知，系统要减速，即 n 要下降到 $n'_a=n_a-\Delta n$，从电动机机械特性的 AB 段可看出，电动机的 T_M 将要增大为 $T'_M=T_M+\Delta T_M$，电动机的工作点转移到 a' 点，当干扰消除（$\Delta T_L=0$）后，$T'_M>T_L$ 迫使电机加速，转速 n 上升，而 T_M 又要随着 n 的上升而减小，直到 $\Delta n=0$，$T_M=T_L$，重新回到原来的运行点 a；反之，若 T_L 突然减小，n 上升，当干扰消除后，也能回到 a 点工作，a 点是系统的平衡点。在 b 点，若系统的 T_L 突然增加，n 要下降，从电动机机械特性的 BC 段看，T_M 要减小，当干扰消除后，则有 $T_M<T_L$，使得 n 又要下降，T_M 随 n 的下降进一步减小，n 进一步下降，一直到 $n=0$，电动机停转；反之，若 T_L 突然减小，n 上升，使 T_M 增大，促使 n 进一步上升，直至超过 B 点进入 AB 段的 a 工作，所以 b 点不是系统的稳定平衡点。由上可知，恒转矩负载电动机的 n 增加时，必须具有向下

倾斜的机械特性，系统才能稳定；若特性向上，系统则不能稳定运行。

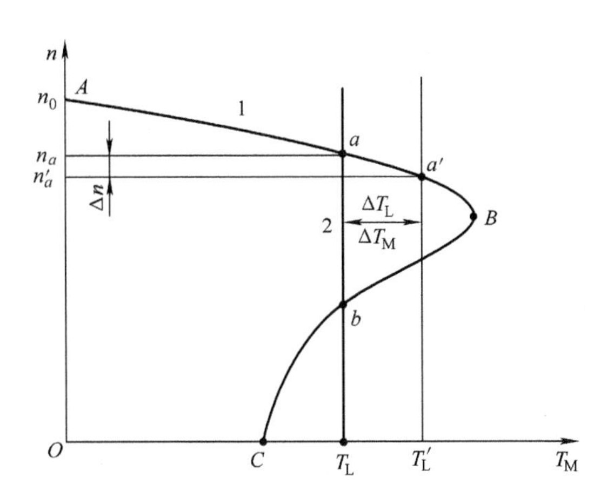

图 2.28　稳定工作点的判别

2.2.1　改变磁极对数

以 6 极/24 极为例，转速分别为 1 000/250 r/min，本质上是两台电动机的定子线圈共用同一个转子。由图 2.29 可知该电动机是双绕组，在 24 极运行时 XH1、XH2、XH3 端子接电源，在 6 极运行时 XK1、XK2、XK3 端子接电源，电机控制程序如图 2.30 所示。

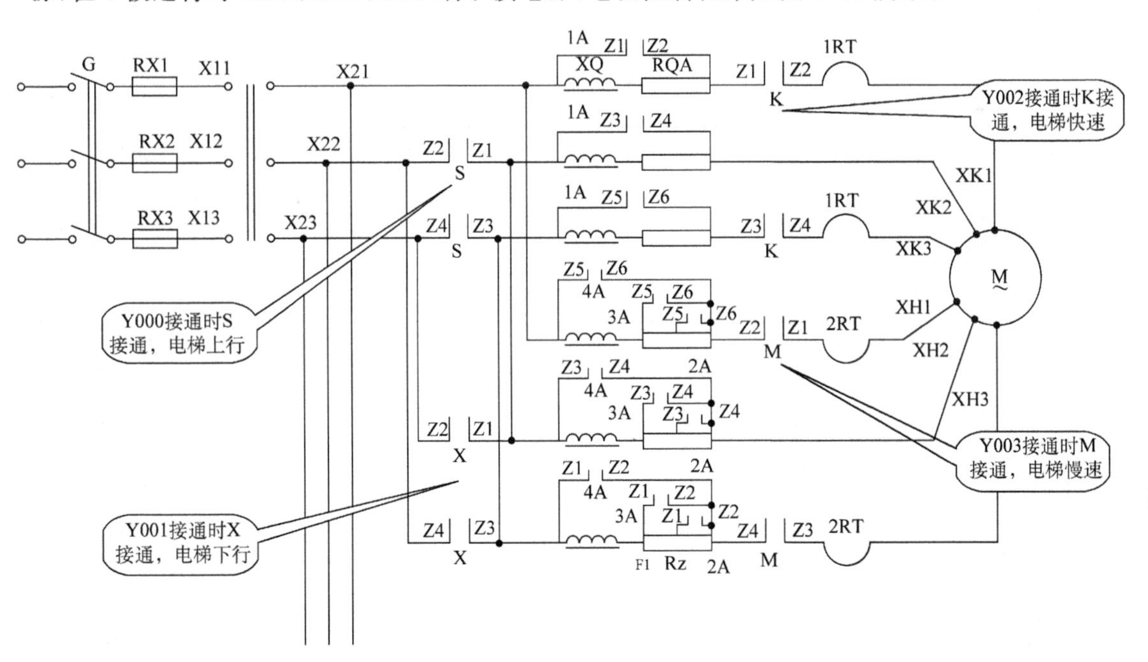

图 2.29　双速电动机接线

1. 电梯启动运行

设电梯向上运行 S↑，K↑，电机以转矩 M 从 a 点启动运行，转速上升，T0 延时，转速升到 b 点，T0 接通 Y004 即 1A，如图 2.31 所示，1A↑短路电阻 RQA 和电感，电机从自然特性

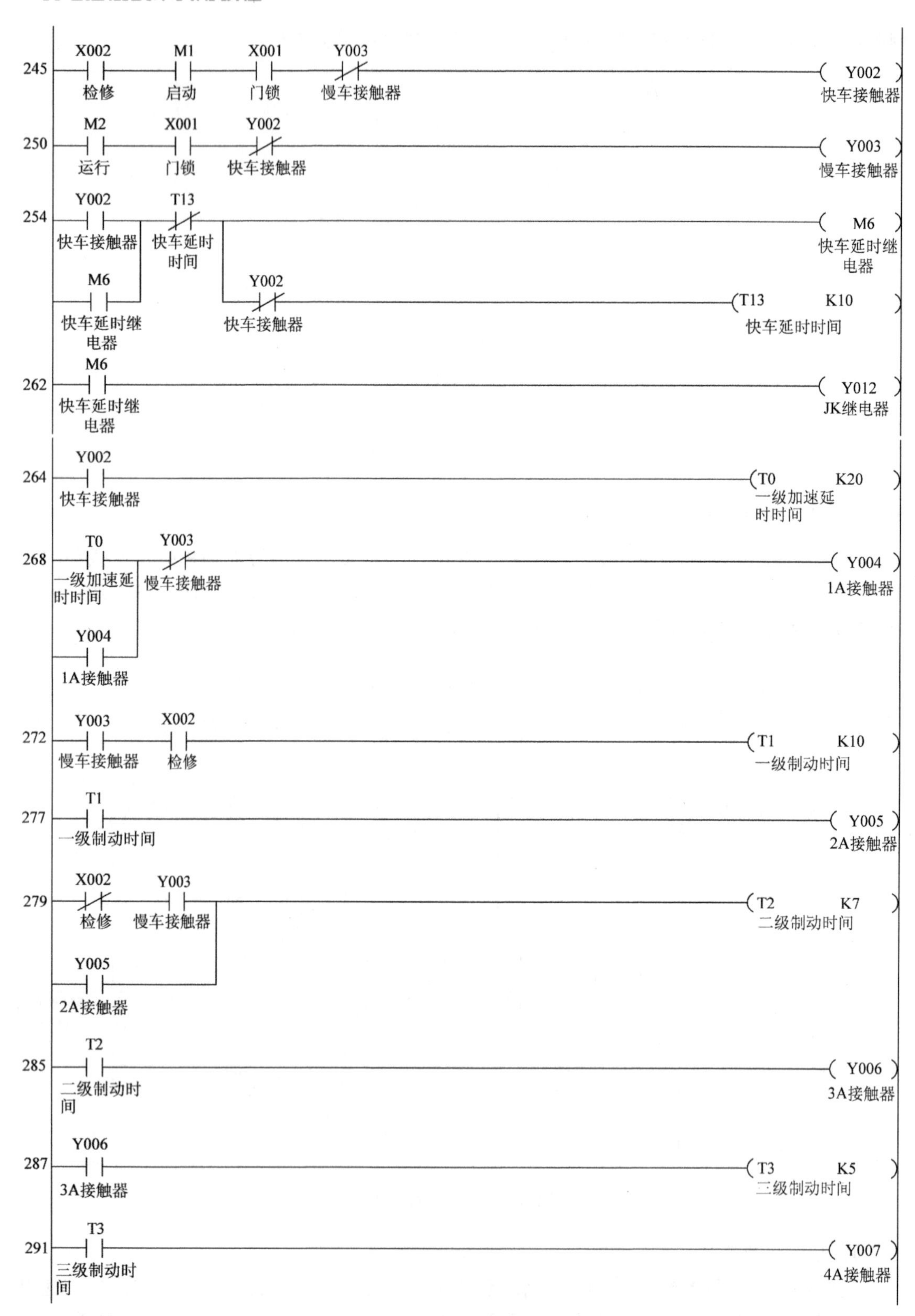
245
X002
检修
M1
启动
X001
门锁
Y003
慢车接触器
Y002
快车接触器
250
M2
运行
X001
门锁
Y002
快车接触器
Y003
慢车接触器
254
Y002
快车接触器
T13
快车延时时间
M6
快车延时继电器
M6
快车延时继电器
Y002
快车接触器
T13 K10
快车延时时间
262
M6
快车延时继电器
Y012
JK继电器
264
Y002
快车接触器
T0 K20
一级加速延时时间
268
T0
一级加速延时时间
Y003
慢车接触器
Y004
1A接触器
Y004
1A接触器
272
Y003
慢车接触器
X002
检修
T1 K10
一级制动时间
277
T1
一级制动时间
Y005
2A接触器
279
X002
检修
Y003
慢车接触器
Y005
2A接触器
T2 K7
二级制动时间
285
T2
二级制动时间
Y006
3A接触器
287
Y006
3A接触器
T3 K5
三级制动时间
291
T3
三级制动时间
Y007
4A接触器

图 2.30 电机控制程序

曲线 1 过渡到特性曲线 2 的 c 点，因为电动机的转速不能跃变，转矩 $M_c > M_H$，这时转速从自然特性曲线 2 的 c 点继续上升到 d 点，电梯在 M_H 负载转矩曲线 2 的 d 点高速稳定运行，电磁力矩等于负载力矩，即 $M_c = M_H$。

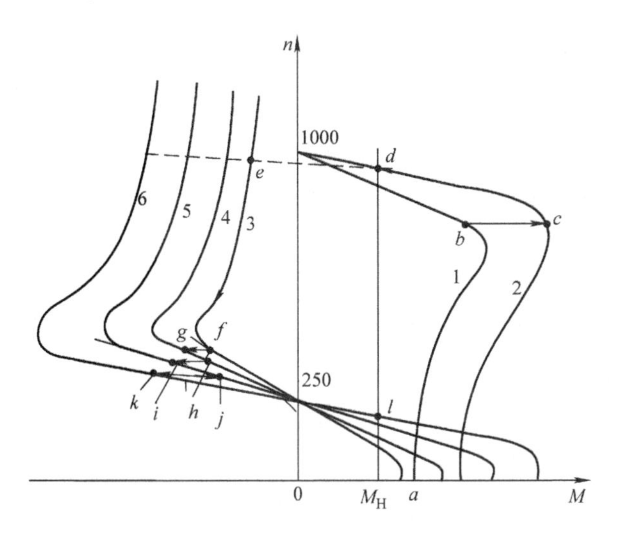

图 2.31　启制动过程曲线

当电梯运行到欲往层站发出换速信号时，电机从快速绕组切换成慢速绕组，接触器 K↓，M↑。因为电梯系统转动惯性的存在，电机的转速不可能迅速下降。这时慢速绕组产生的是负转矩，从 24 极绕组的自然特性曲线 3 的 e 点开始降速到 f 点，延时继电器 T1↑，2A↑切掉电阻 Rz 的一段，从曲线 3 到曲线 4 的 g 点。电机从曲线 4 的 g 点开始，由于负转矩的存在，电机转速沿曲线 4 下降到 a 点。当 T3 延时接通时 3A↑又切掉一段电阻 Rz，电机转速从曲线 4 到曲线 5 的 i 点。当延时继电器 T4 延时接通时，电机转速从曲线 5 的 j 点到曲线 6 的 k 点。这时电机 24 极绕组中串联的电感和电阻全部切除。电机转速曲线 6 继续下降到 24 极 l 点稳定运行，直到控制系统发出平层停车信号 M↓和 S↓，电梯停止运行。

2. *交流双速电梯拖动系统的速度曲线*

电梯在启动时，一级切电阻 RQA。在制动时首先是切换绕组，由 6 极改为 24 极，切换时间间隔是三个接触器的动作时间，这时电梯靠惯性行驶，电机转速接近同步转速，当慢速绕组接入后 24 极绕组希望转子的转速立即变为 250 r/min，由于系统的转动惯性非常大、冲击电流大，这是做不到的。总之慢速绕组对快速转子产生一个电磁制动力矩，采用在慢速绕组中串入电阻并逐级切除电阻获得，电梯逐步减速最后停车。

在电梯启动和制动停车过程中都是有级的，完全依靠系统的惯性使台阶变得稍加平滑，这种电梯舒适感差，速度曲线（时序图）如图2.32所示。

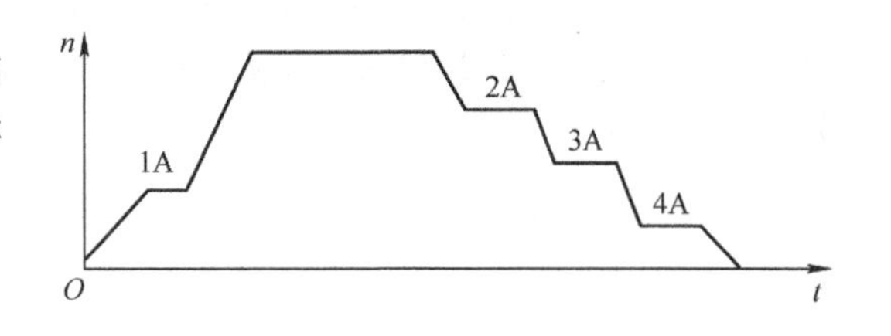

图 2.32　切换电阻时序图

2.2.2　交流变频调速拖动系统

变频变压调速就是改变交流电动机供

电电源的频率和电压来调节电动机的同步转速，此类系统具有调速范围宽、特性硬、节能等优点。从电机学可知，电动机的同步转速

$$n_0=\frac{60f_1}{p}(1-s)$$

可知 f_1 与 n_0 成正比，如果均匀地连续改变电动机定子供电电源的频率 f_1，就可以连续调节电动机的同步转速 n_0。电动机定子感应电动势

$$E_1=4.44f_1N_sk_{Ns}\phi_m \tag{2.8}$$

式中：E——气隙磁通在定子每相中感应电动势的有效值(V)；

f_1——定子电源的频率(Hz)；

N_s——定子每相绕组串联匝数；

k_{Ns}——定子基波绕组系数；

ϕ_m——每极气隙磁通量(Wb)。

如果忽略电动机定子绕组中的阻抗压降，则定子绕组的供电电压近似等于定子的感应电动势，即

$$U_1=E_1=4.44f_1N_sk_{Ns}\phi_m \tag{2.9}$$

如式中 U_1 不变，若改变 f_1 并使其增加，定子磁场必须减弱。从电动机电磁力矩公式知

$$M=C_m\phi_m\cdot I_2'\cos\varphi_2' \tag{2.10}$$

因为电梯是恒转矩负载，当电梯负载不变时，电磁力矩 M 不能变，但 f_1 的增加或减少导致 ϕ_m 向相反方向增加或减少，由于 ϕ_m 的变化使转子电流 I_2' 变化，导致电动机的效率降低或最大转矩 M_k 的变化。

因此，在调频调速的同时也必须改变电动机定子绕组施加的电压 U_1，由 $U_1=E_1$ 近似得到 $U_1/f_1=C_1\phi_m=\cos t$ 的比例控制方式，其中 $C_1=4.44f_1N_sk_{Ns}$。

从式(2.10)中可得到临界最大转矩

$$M_k=\frac{3P}{2}\left(\frac{U_1}{\omega_1}\right)^2\frac{1}{\frac{r_1}{\omega_1}+\sqrt{(r_1)^2+(X_1+X_2)^2}}$$

$$\approx\frac{3P}{2}\left(\frac{U_1}{2\pi f_1}\right)^2\frac{1}{L_1+L_2'}$$

在低频时，定子绕组的 r_1，X_1 及转子的 X_2 将不可忽略，上式中(L_1+L_2')将上升，随着 f_1 的降低 M_k 也将减小，为了保证 M_k 不变，必须适当提高定子绕组的供电电压 U_1。这样可以得到一簇理想的电动机机械特性即 $n=f(M)$的曲线，如图 2.33 所示，从图中可看出它们是一簇平行的曲线。

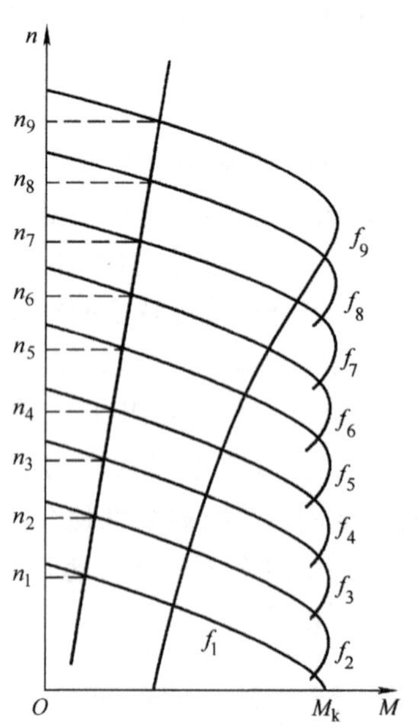

图 2.33 电动机特性曲线

所以说在改变 f_1 时要保证 M_k 不变，调频时必须调整 U_1 才能在调压过程中保持转矩恒定。

1. 交—直—交变频器

该变频器工作原理是先对三相交流电进行整流，得

到幅值可变的直流电压，然后经逆变器，在负载上得到幅值和频率变化的交流输出电压，如图 2.34 所示。所以变频器的频率变化不受电网频率的限制，其电压幅度由整流器的晶闸管控制。

在图 2.35 和图 2.36 所示交直交电压源变频器中，在直流侧并联大电容以缓冲无功功

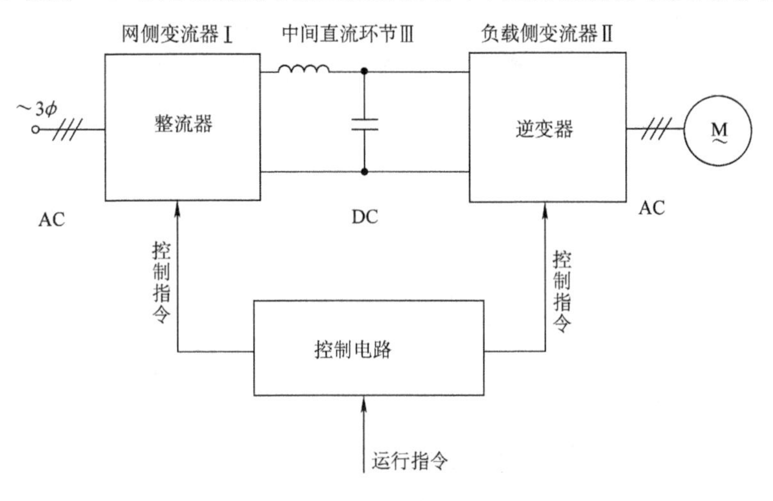

图 2.34　交—直—交变频调速简图

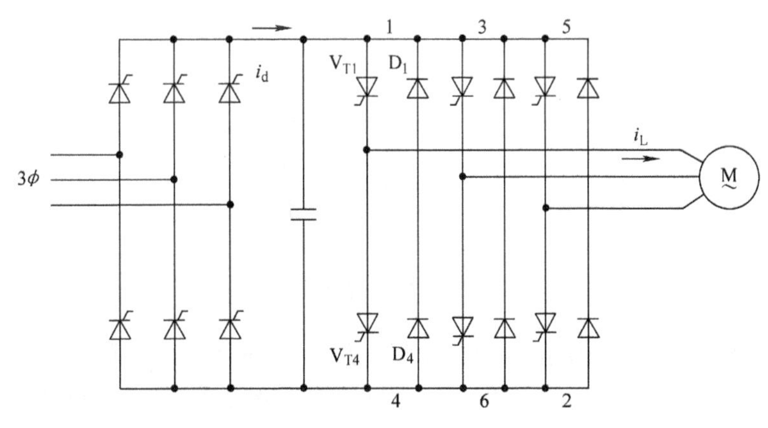

图 2.35　电压型交直交电路

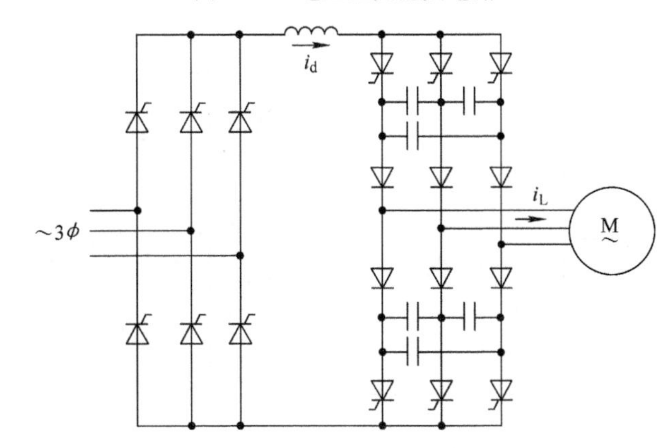

图 2.36　电流型交直交电路

率，从直流侧看进去电流具有低阻抗，因此输出电压波形接近矩形波；在电路中设有二极管 $D_1 \sim D_6$，为滞后的负载电流 i_L 提供反馈到电源的通路。在换流后 i_L 还未来得及改变方向时，由二极管 $D_1 \sim D_6$ 将无功电流反馈到电网。在电流源电路中，由于直流 I_d 的方向是不变的，所以在晶闸管回路中没有二极管。

PWM 变频就是脉冲宽度调制变频，基波称为调制波，如图 2.37 中 $U_d \sin \omega t$ 是正弦波，三角波是载波。

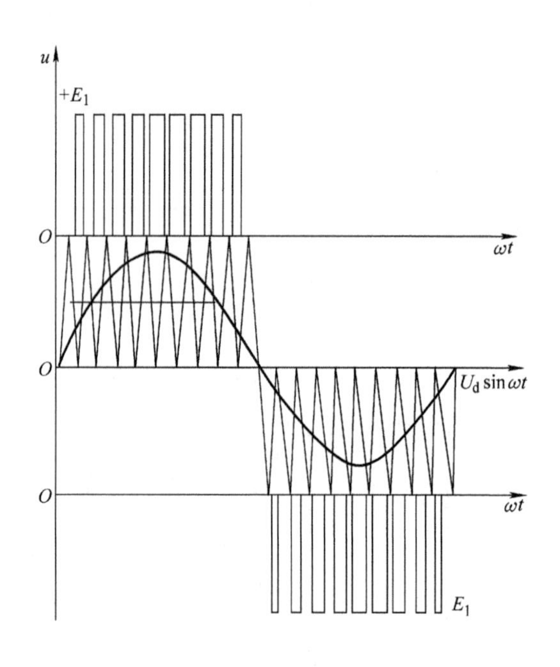

图 2.37　PWM 调制波形图

对应电路结构如图 2.38 所示，与电压源型电路相似，只不过未用原来的 SCR 晶闸管，而采用了 IGBT 新型电子元件，如 BG_1 和 BG_4 是场效应三极管，D_1 和 D_4 是续流二极管，C 是滤波电容，D_7 和 D_{12} 是整流二极管，M 是电动机。

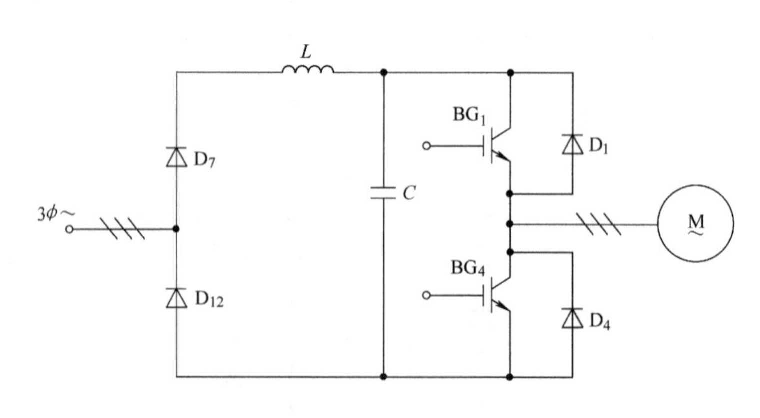

图 2.38　变频调速简图

晶体管逆变器可以把直流电压逆变成交流电压。因为三极管 BG 是工作在开关状态，所以其输出电压是方波，按傅立叶级数展开可以分解成基波及高次谐波。由于上述原因，目前调速系统大多数采用 PWM 调制变频。

控制线路按一定的规律控制 BG_1 和 BG_4 的开与关，从而在其输出端获得一组等幅不等宽的矩形波，如图 2.37 中的 $+E_1$ 波形，近似等效于正弦波 $\sin \omega t$。为了获得不等宽的方波，在载波与调制波的交点发出 BG_1 和 BG_4 开关元件的触发脉冲，在正弦波的瞬时值大于三角波的瞬时值时控制逆变器 BG_1 和 BG_4 导通；反之当三角波的瞬时值大于正弦波时 BG_1 和 BG_4 截止，三角波与正弦波都加在 BG_1 和 BG_4 三极管的栅极，在逆变器的输出端得到一组幅度值等于直流电压，宽度按正弦规律变化的一组矩形脉冲波，它等效于正弦曲线 $\sin \omega t$。从图中可以看出提高正弦波电压的幅值就可以提高矩形波的宽度，从而提高输出等效正弦波的幅值 U_m。改变整流电压的值可以改变输出端矩形波的幅值。改变加在 BG_1 和 BG_4 栅极上调制波的频率可以改变输出电压的频率。对正弦波的负半周改变三角波的极性，提高三角波的频率，可以提高输出等效正弦波的线性度。

2. VVVF 电梯拖动系统

(1)速度及电流指令电路

PG 光电编码器与电动机同轴连接，直接反映电梯的实际运行速度，把速度信号送到速度控制及电流指令电路。由电梯运行速度曲线发生器产生给定速度信号，送速度控制电路与 PG 信号比较后，作为转矩信号输出，并和速度反馈信号共同决定电流信号的幅度和角度，然后输出正弦波电流指令，经 D/A 转换作为电压指令送入正弦波 PWM 控制电路。

(2)PWM 控制电路与栅极驱动电路

来自 D/A 转换的电流指令与实际流向电动机的电流进行比较后送入 PWM 控制电路。该信号输送到栅极驱动电路，对从 PWM 控制电路来的脉冲信号进行放大后，再送到逆变器的大功率效应晶体管使其导通，其输出是按正弦规律变化的矩形脉冲系列，该脉冲系列等效交流正弦波，给电动机 M 提供电源。

(3)整流电路与充电电路

整流电路采用不可控三相桥式电路，输出直流电压 $U_{sc}=\sqrt{2}U_r$，输出端有大电容 C，以防电梯启动电流冲击损坏整流元件；充电器是为了当电路接通时事先给电容 C 充电；二极管 D 起隔离作用。

(4)逆变电路的工作原理

逆变电路如图 2.39 所示，$D_1 \sim D_6$ 是不可控二极管，组成三相桥式整流电路；R 是放电电阻；ZD 是制动单元；C 为滤波电容；$BG_1 \sim BG_6$ 是大功率三极管 IGBT，组成三相桥式可控逆变电路；$D_7 \sim D_{12}$ 是续流二极管；M 是三相交流感应电动机。

由 $BG_1 \sim BG_6$ 组成的三相逆变电路是电压源型，其导通角为 120°，触发脉冲间隔 60°并依次轮流触发 $BG_1 \sim BG_6$。在 120°导通角逆变电路中，任何瞬间最多有两个 IGBT 同时导通；一个是在其阳极桥臂，一个是在其阴极桥臂；在同一个桥臂中的两个 IGBT 之间不进行换流。

电动机 M 负载是纯电阻负载，现分析逆变器输出逆变电压波形的形成过程。

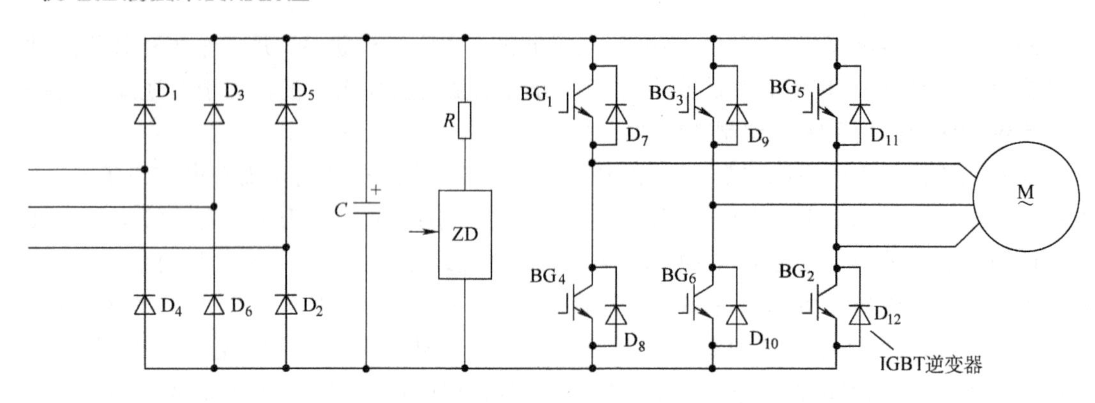

图 2.39 交—直—交逆变电路

从图 2.40 看出，BG_1 的触发脉冲从 $\omega t=0°$ 开始，当移到 $\omega t=60°$ 时，BG_1 和 BG_4 同时导通，直流电压 U_d 同时加在 A 与 B 相上，即 $u_{AB}=U_d$；在触发脉冲移到 60°瞬间 BG_6 被触发，这时 BG_6 和 BG_2 换流，因为这时 BG_4 的触发脉冲也不存在，BG_4 关断，这样在 $\omega t=60°$ 到 $\omega t=120°$ 期间 BG_1 与 BG_4 导通，直流电压 U_d 加在负载 A 与 C 相之间，即 $u_{AC}=U_d/2$，并在负载上分压使 $U_{AB}=U_d/2$；$\omega t=120°$ 瞬间触发 BG_3，这时 BG_1 与 BG_3 换流，由于 BG_1 触发脉冲的撤销而关断，在 $\omega t=120°$ 到 $\omega t=180°$ 时，BG_2 和 BG_3 导通，直流电压 U_d 加在负载 B 与 C 相之间，即 $u_{BC}=U_d$，使 $u_{AB}=-U_d/2$。以此类推可得到 A 与 B 间的线电压波形，如图 2.40(b)所示。同理可求出 u_{BC} 和 u_{CA} 的波形，它们之间相差 120°。

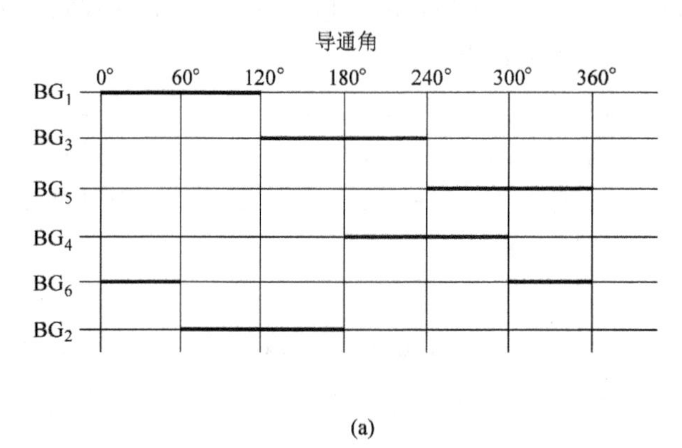

(a)

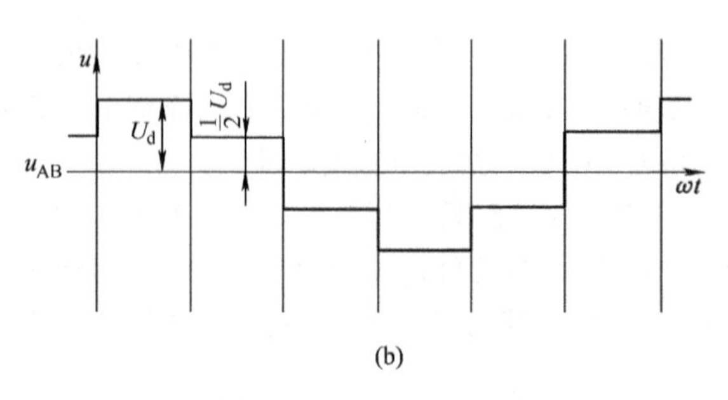

(b)

图 2.40 IGBT 的导通角

由于电机 M 不是纯电阻负载，而是感性负载，其电流不能突变，这样逆变器换流时负载电流总要维持原来方向，该电流仅能经过续流二极管和电源构成回路。因此在负载上的电压波形与电阻电压波形不完全相同。感性负载电流总是滞后于其电压的变化。在这期间需利用二极管D_7～D_{12}续流，把电感所储的能量释放。

(5)电梯的启动运行及制动减速平层

当电梯满载下行启动时，速度图形给定电路提供电梯运行所需速度曲线电压。电梯开始从零速启动运行，逆变电路输出电压的频率很低，由于速度曲线电压不断升高，逆变器输出电压的频率按照速度曲线电压的规律逐步升高，如图 2.41 中 $f_0 \to a \to a' \to b \to b' \to c \to c' \to d \to d' \to E$，直到给定速度曲线电压达到稳定值，电机转速升到 n_H 电梯启动完毕，开始稳速运行。电机供电电压的频率稳定在 f_4，输出电压频率提高的过程始终沿着电机机械特性曲线的包络线升高，最后稳定在曲线的 E 点，该点是电磁力矩与负载力矩的平衡点。电梯启动过程中给定速度曲线电压大于编码器 PG 的速度负反馈电压绝对值。

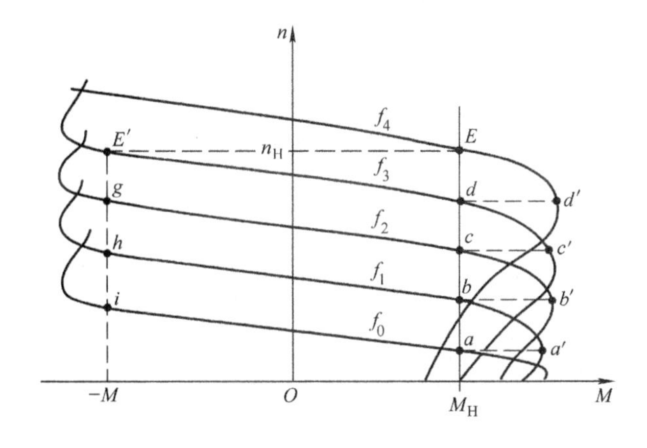

图 2.41　变频调速电机特性曲线

当电梯运行到欲往层站开始制动减速时，速度曲线电压开始下降，由于负载力矩的作用，电机运行点将从 f_4 的 E 点移到 f_3 的 E'点，这时电动机将变成发电机运行状态，电磁力矩变成制动力矩，使电梯减速，电机转速从 $E' \to g \to h \to i$ 这时给定速度曲线电压不再降低，电机又由发电状态转变为电动状态，电机转速稳定在 f_0 的 a 点，电梯到达平层速度，待平层后停车。电梯制动减速过程中编码器的反馈电压始终落后于速度曲线给定电压的降低。

在电梯刚开始发出减速信号时(见图 2.42)，逆变电路中的制动单元接通放电电阻 R，使电机在发电状态向电网馈送的能量通过续流二极管提供给回路，并由电阻 R 转变成热能释放。在电机处在发电状态时逆变器不再向负载供电，而由电机向电网供电，这时逆变电路的电压极性要改变。

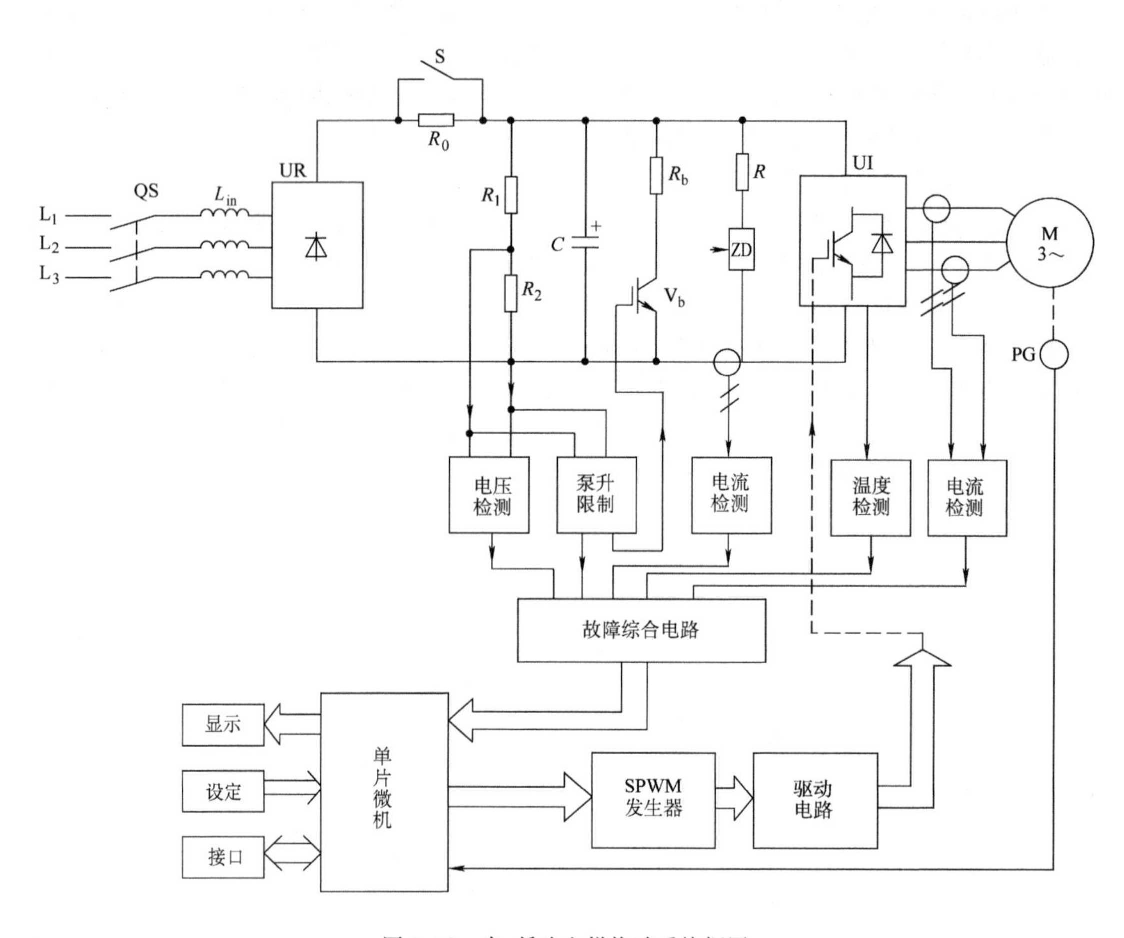

图 2.42　中、低速电梯拖动系统框图

2.3　仿真制作

2.3.1　电梯曳引系统组态画面设计

在前面，我们较完整地介绍了电梯拖动的工作原理，“纸上得来终觉浅，绝知此事要躬行”。因此，从现在开始我们学习如何用组态软件设计和制作电梯控制系统。经过第 2 章的学习，在这里我们主要使用组态软件的两个重要功能，即动画连接和命令语言编程，结合电梯的功能来画图和编程。其实，组态语言的内容并不复杂，关键是电梯的设计要清楚。由于是仿真设计，电梯的控制程序基本没有变化，关键是控制的对象——曳引电机、开关电机及其转速控制有差别，用彩色的矩形块分别代表轿厢、厅门和轿门。电梯轿厢、厅门和轿门的运行用下面的方式实现：

轿厢＝轿厢＋速度；

厅门＝厅门＋1；

轿门＝轿门＋1。

速度的值在 2 和 1 之间变化，就能使轿厢运行速度发生变化。厅门和轿门可以不考虑速度变化，如果需要变化请读者自行设计。

组态王工程管理器用来建立新工程，对添加到工程管理器的工程做统一的管理。工程管理器的主要功能包括：新建、删除工程，对工程重命名，搜索组态王工程，修改工程属性，工程备份、恢复，数据词典的导入、导出，切换到组态王开发或运行环境等。假设已经正确安装了"组态王 6.52"，可以通过以下方式启动工程管理器：点击"开始"→"程序"→"组态王 6.52"→"组态王 6.52"(或直接双击桌面上组态王 6.52 的快捷方式)，启动后的工程管理窗口如图 2.43 所示。

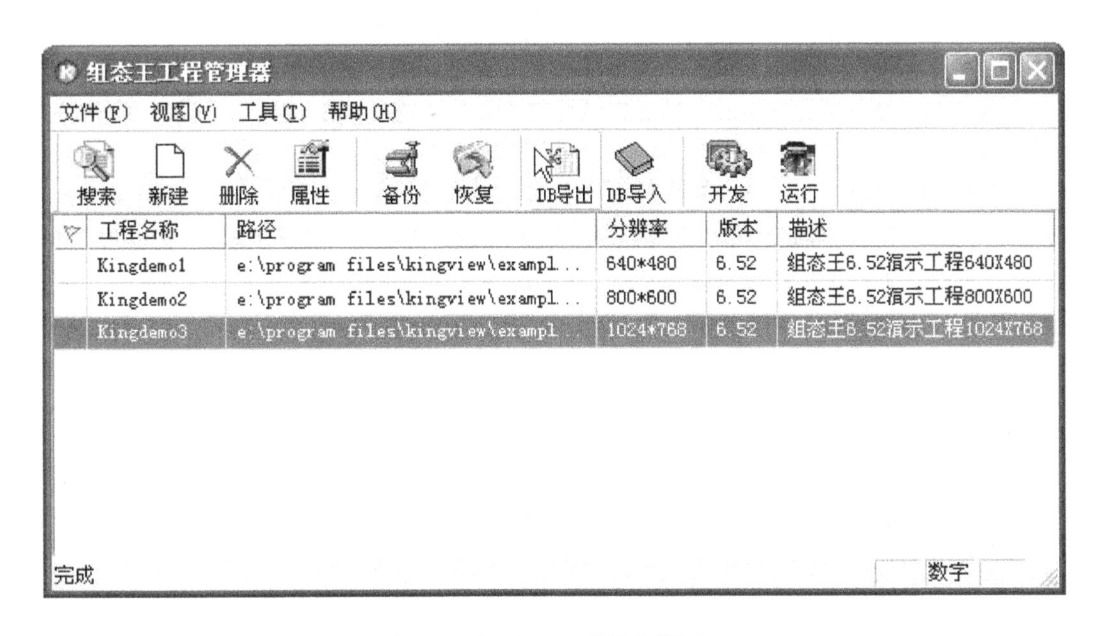

图 2.43　"组态王工程管理器"窗口

单击"搜索"快捷按钮，在弹出的"浏览文件夹"对话框中选择某一驱动器或某一文件夹，系统将搜索指定目录下的组态王工程，并将搜索完毕的工程显示在工程列表区中。"搜索工程"是用来把计算机的某个路径下的所有工程一起添加到组态王工程管理器，它能够自动识别所选路径下的组态王工程，为一次添加多个工程提供了方便。具体步骤为：点击"搜索"按钮，弹出"浏览文件夹"，如图 2.44 所示；选定要添加工程的路径，如图 2.45 所示；将要添加的工程添加到工程管理器中，如图 2.46 所示，方便工程的集中管理。

单击工程浏览窗口"文件"菜单中的"添加"命令，将保存在目录中指定的组态王工程添加到工程列表区，以备对工程进行管理。点击"教学电梯"会出现"是否将选中的工程设为组态王当前工程"的提示，如图 2.47 所示，选择"是"，结果如图 2.48 所示；组态王的"当前工程"的意义是指直接进行开发或运行所指定的工程，点击"开发"可以直接进入组态王工程浏览器，如图 2.49 所示；双击"画面"中的"组态模拟电梯"，进入开发系统界面，如图 2.50 所示。

单击开发系统界面中的"图库"，出现下拉式菜单，在菜单中单击"打开图库"，在图库中选择"马达"，出现如图 2.51 所示的图库管理器界面。

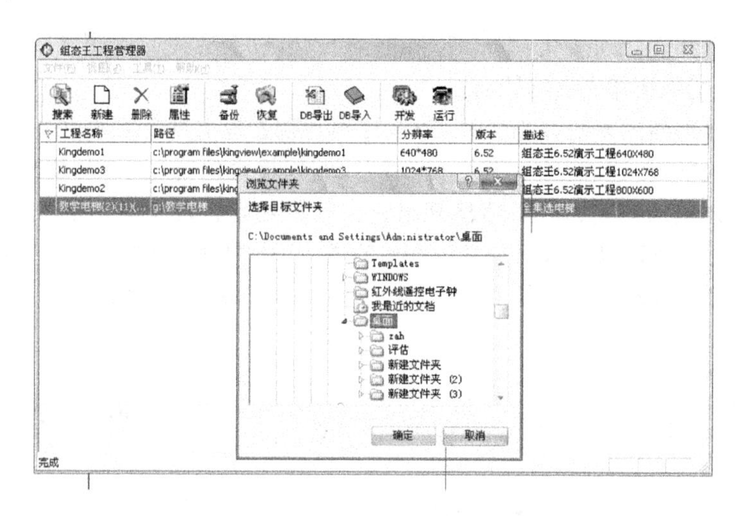

图 2.44 “浏览文件夹”对话框

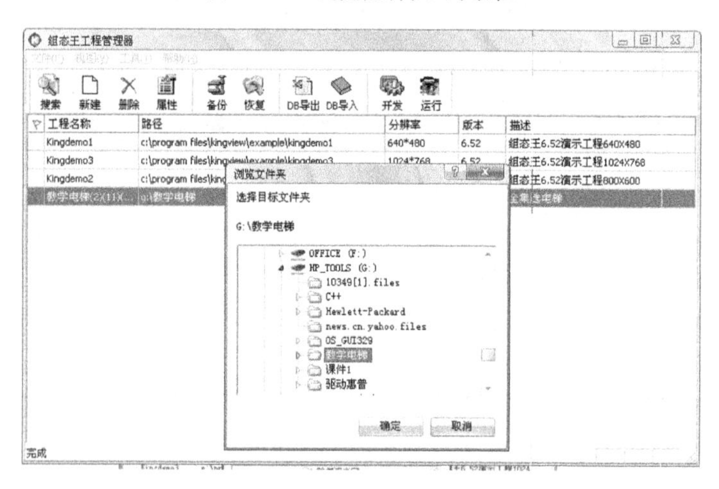

图 2.45 选定路径

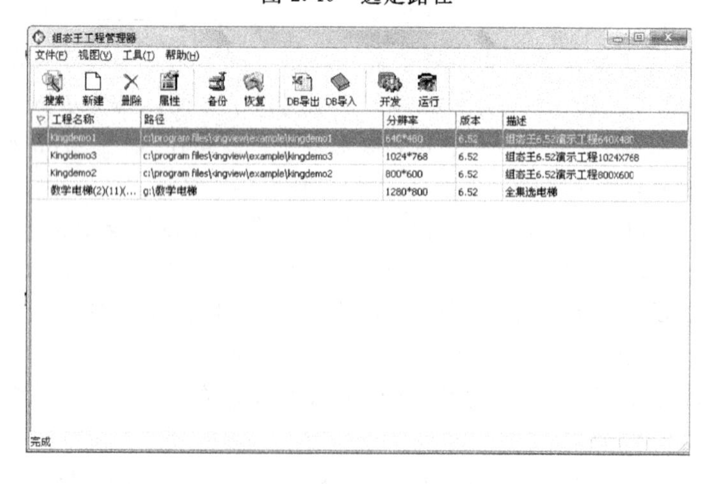

图 2.46 添加到工程管理器

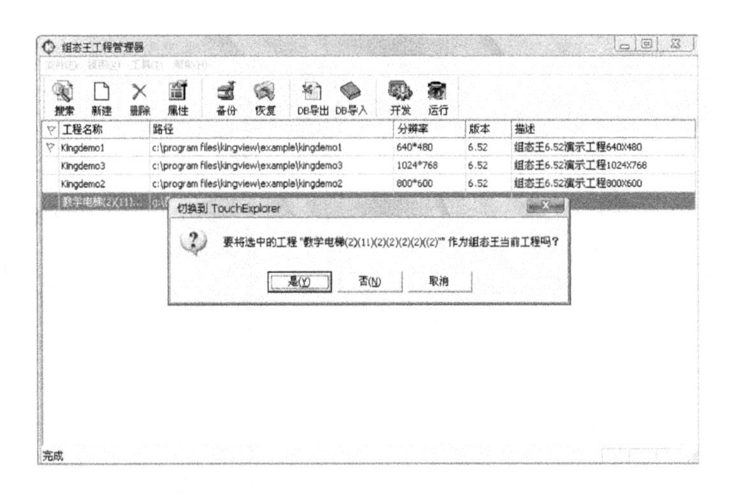

图 2.47　设定组态王当前工程

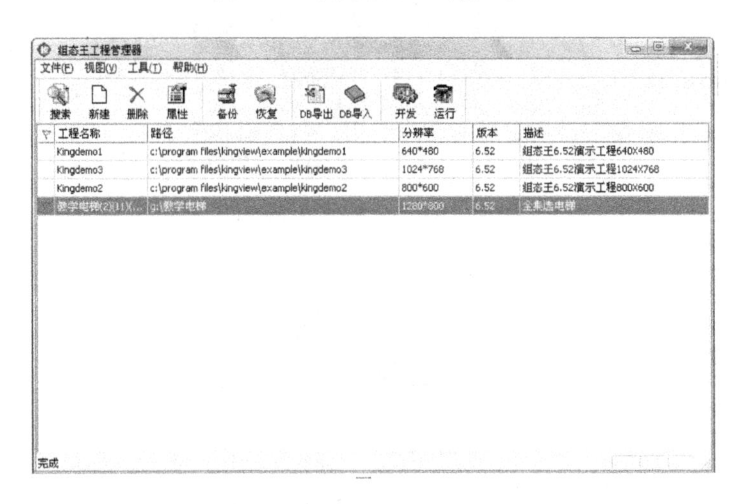

图 2.48　设定成功

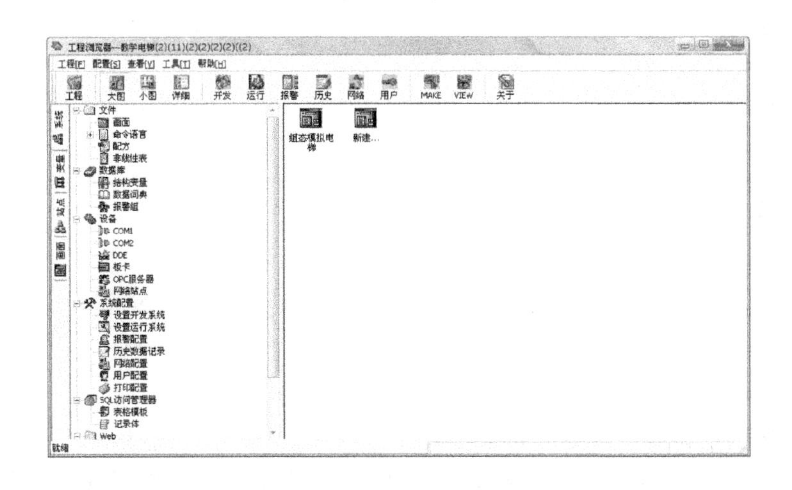

图 2.49　“组态王工程浏览器”窗口

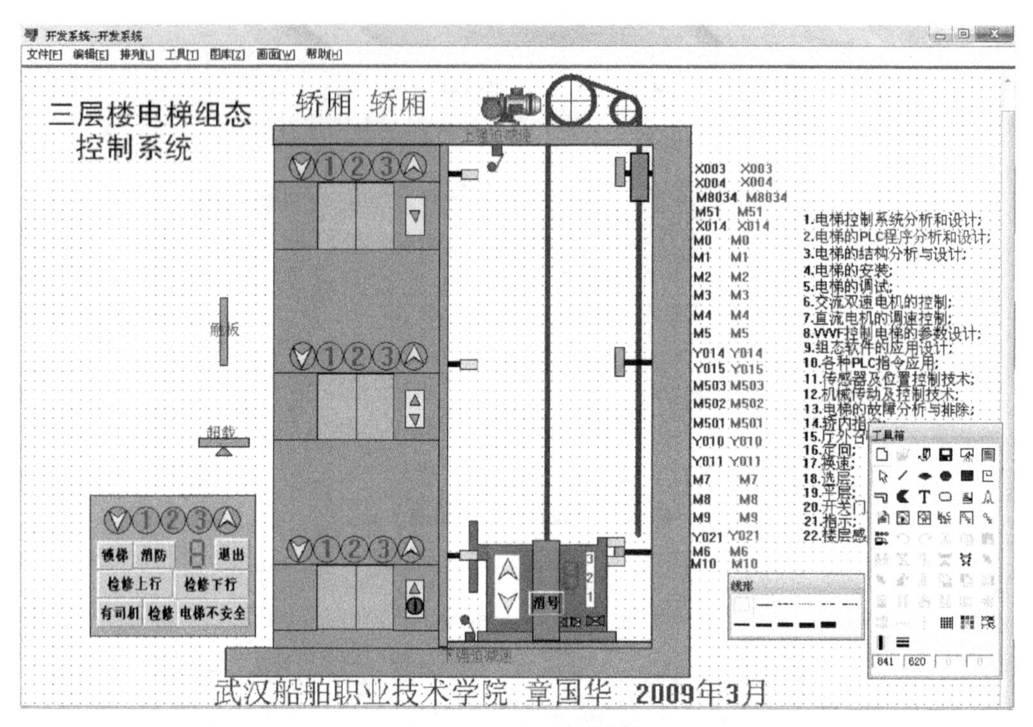

图 2.50 开发系统界面

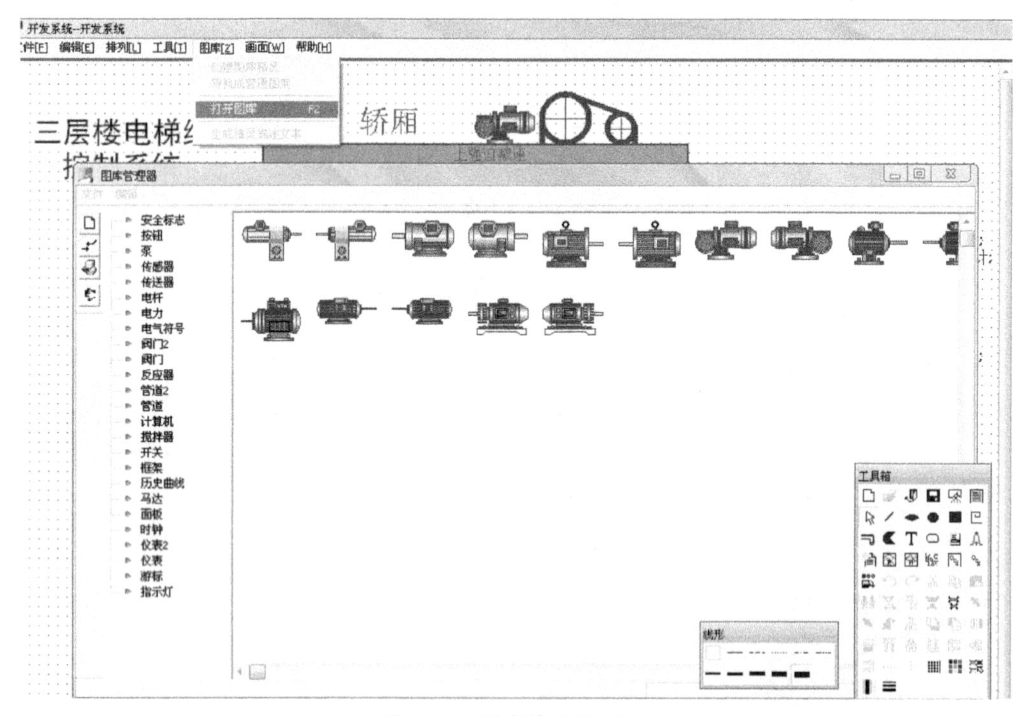

图 2.51 图库管理器界面

从图库中选取合适的马达图形并双击，在图形画面中单击，马达就出现在画面中。由于是仿真，这里的马达只有象征意义。通过画面中代表轿厢的矩形和绳子的移动来表示电机的运动。

接着是画曳引绳和对重，按 F10，出现工具面板，如图 2.52 所示。

图 2.52　工具面板

单击图 2.52 中的“椭圆”画曳引轮，单击图 2.52 中的“显示线形”画曳引绳，如图 2.53 所示。

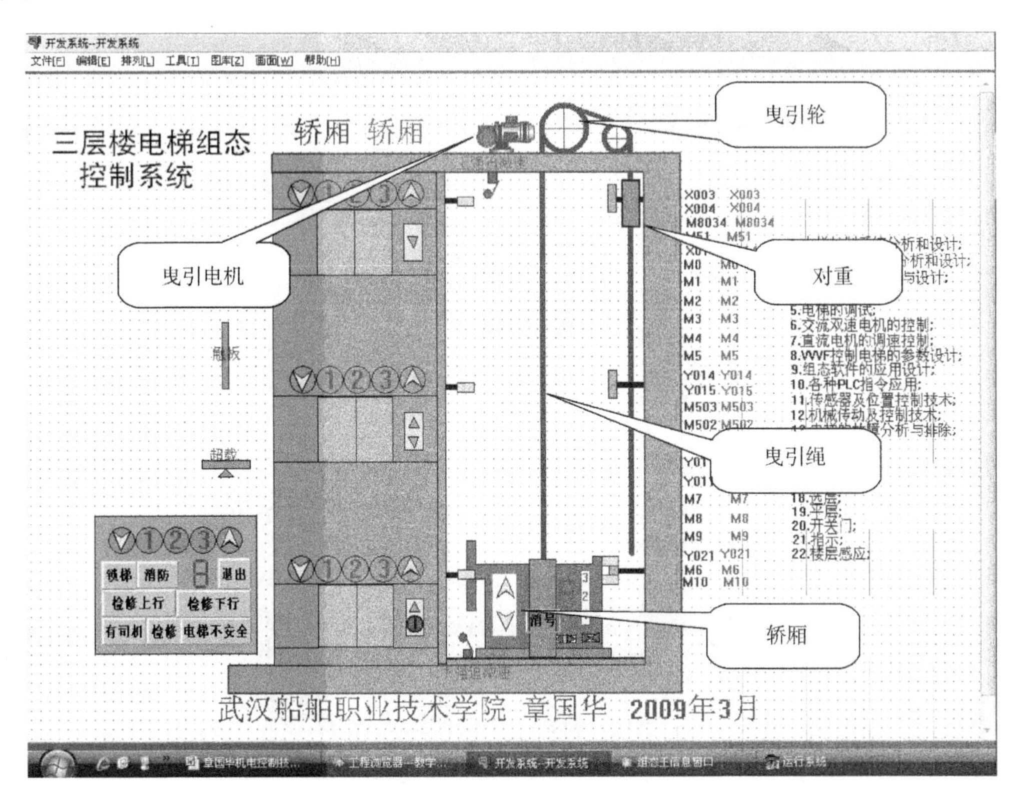

图 2.53　画曳引轮和曳引绳

轿厢曳引绳的动画连接如图 2.54 所示。

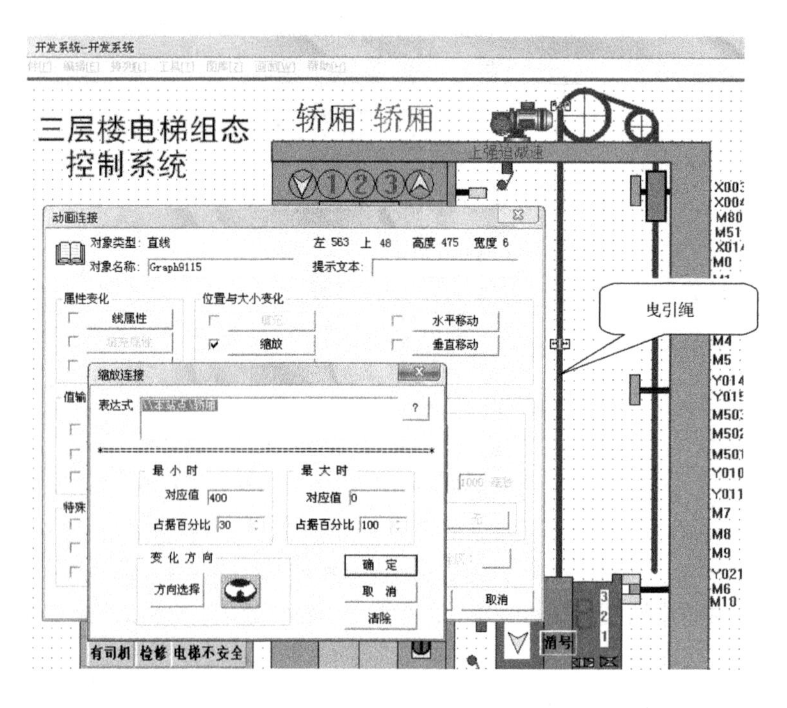

图 2.54 轿厢曳引绳的动画连接

对重曳引绳的动画连接如图 2.55 所示。

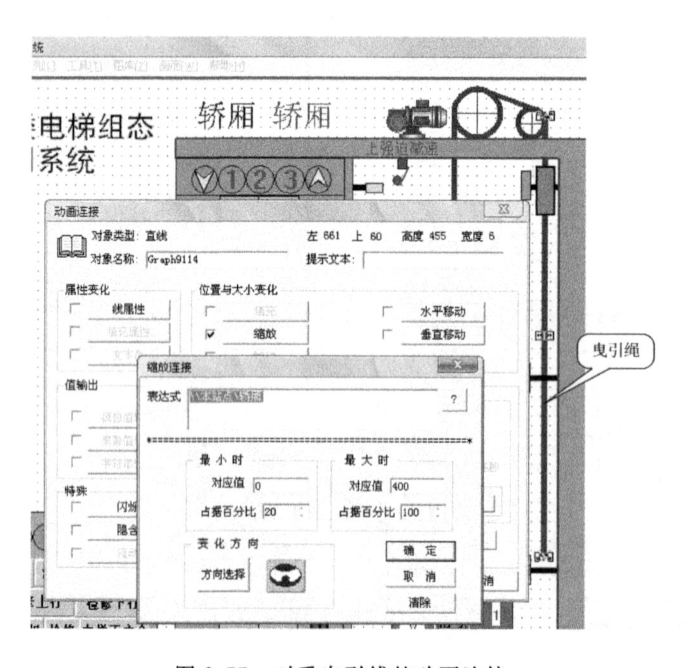

图 2.55 对重曳引线的动画连接

对重的动画连接如图 2.56 所示。

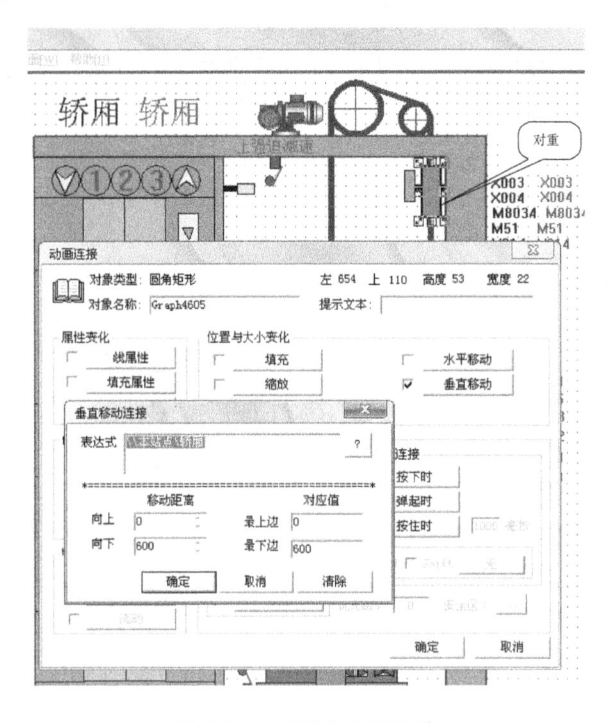

图 2.56　对重的动画连接

轿厢的动画连接如图 2.57 所示。

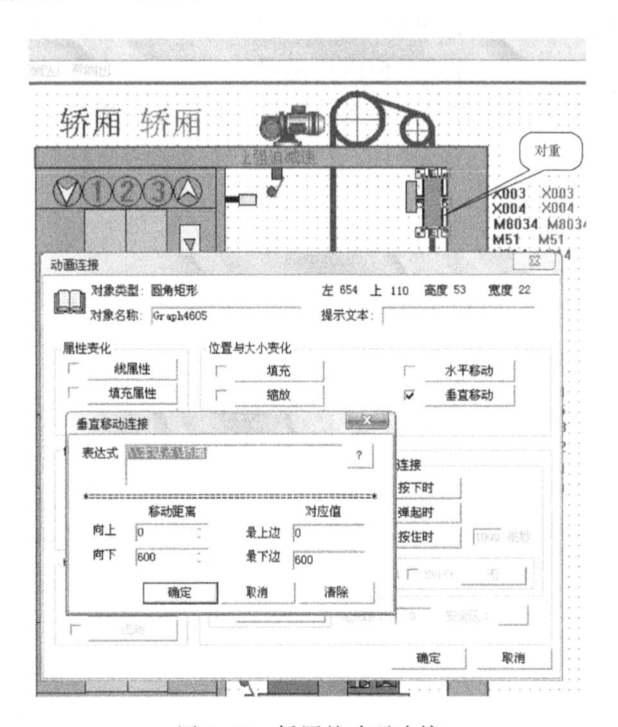

图 2.57　轿厢的动画连接

2.3.2 电梯曳引系统组态命令语言程序设计

曳引电机对轿厢的快慢速控制，可以对 PLC 程序的 245 行及以下的程序进行编程，就能实现轿厢的加减速控制。

习　题

1. 电磁抱闸原理是什么?
2. 电磁抱闸串电阻的作用是什么?
3. 电梯用单绕组 6/24 极交流双速电机绕组接线方式是什么?
4. 分析双绕组变极电动机的双速电梯主电路工作过程。
5. 简要说明双速电梯上升运动时的机械特性。
6. 什么是电梯的理想速度曲线?
7. 什么是双速电梯的速度曲线?
8. 双速电机两级加速是如何实现的?
9. 三相桥式整流的原理是什么?
10. 电梯拖动的发展趋势是什么?
11. 双速电机四级减速是如何实现的?
12. 变频调速有哪几种控制方式? 请简要说明。
13. 电梯曳引部分的组成及作用是什么?
14. 变频变压调速过程中，在较低频率工作时会存在什么问题? 一般是如何解决的?
15. 变频调速有哪几种控制方式? 请简要说明。
16. 为什么说用变频调压电源对异步电动机供电是比较理想的交流调压方案?

第 3 章　电梯的楼层感应、指令和呼梯

学习目标

- 掌握电梯楼层感应、指令和呼梯的基本工作原理及特性，特别是电梯的机械和部分电气特性。
- 学会用 PLC 程序分析电梯的楼层感应、指令和呼梯运行状态。
- 学会根据电梯的控制要求，在组态控制软件中画出相关部件并写出命令语言程序。

3.1　电梯的操纵面板

3.1.1　操纵面板的形式

1. 手柄操纵箱

一般由司机操纵使电梯门开启或关闭、启动或制停轿厢的手柄开关装置。扳手有向上、向下、停车三个位置。板面上一般设有安全开关、指示灯开关、信号灯开关、照明开关、风扇开关、应急开关等，常用在货梯上。

2. 按钮操纵箱

按钮操纵箱是由乘客或司机通过按钮操纵电梯上、下、急停等的装置，并设有钥匙开关，用以选择司机操纵或自动操纵方式。另外还备有与电梯停站数相对应的指令按钮、记忆呼梯信号的指示灯、上下行方向指示灯、超载指示灯、警铃等。

3. 轿厢外操纵箱

操纵按钮一般装在每层楼的层门旁侧井道墙上，按钮数量不多，形式比较简单。常用于不载人的货梯。

3.1.2　常见操纵箱各个开关、按钮的功能和使用方法

①按钮组：操纵箱面板上装有单排或双排按钮组，按钮的数量由楼层的多少确定。按钮在压力下接通，使层楼指令继电器自我保护，按钮失压后会自动复位。司机操作时，可以根据需要按下一个或几个欲去层站的按钮，轿厢停层指令被登记，关门启动后轿厢就会按被登记的层站停靠。

②启动按钮：一般在盘面左右各装一个启动按钮，一个用于向上启动，一个用于向下启动。当司机按下选层指令按钮，选好要去的层站，再按所要去的方向按钮，轿厢就会驶向欲去的楼层。有的电梯不用按钮启动而采用手柄左右旋转的办法启动，效果相同，但此种一般多用于货梯。

③照明开关：照明开关是控制轿厢内照明电路的。轿厢内照明由机房专用电源供电，不受电梯其他供电部分控制。一旦电梯主电路停电，轿厢内照明电路不会断电，便于驾驶员或维修

人员检修;不过维修人员处理故障时,要特别注意照明电路和开关仍带电,以免触电。

④钥匙开关:一般采用汽车钥匙开关。其作用是控制电梯运行状态,一般用机械锁带动电气开关,有的只控制电源,有的是控制电梯快速运行状态和检修(慢速)状态。在信号控制的电梯中,钥匙开关只有运行和检修两挡;而在集选控制电梯中钥匙开关有三挡,即自动(无司机)、司机和检修。司机离开轿厢,应将开关放在停止位置,并将钥匙带走,防止他人乱动设备(无司机电梯除外)。

⑤通风开关:用来控制轿厢内的电风扇。轿厢无人时,应将通风开关关闭,以防时间过长烧坏风扇或引起火灾。

⑥直驶按钮(专用):开启这个开关,厅外招呼停层即告无效,电梯只按轿厢内指令停层。尤其在满载时,通过轿厢满载装置,将直驶电路接通,电梯便直达所选楼层。

⑦独立服务按钮(或专用按钮):当此开关合上后,只应答轿内指令,外呼无效,即电梯专用。此时,有的电梯甚至连厅外楼层显示也没有。

⑧检修开关:也称慢车开关,在检修电梯时,用来断开电气自动回路的一个手动开关。在司机操作时,只可在平层区域内作慢速对接(调平)操作,不可用于行驶。

⑨急停按钮(安全开关):按动或搬动此开关,电梯控制电源即被切断,立即停止运行。当轿厢在运行中突然出现故障或失控现象,为避免重大事故发生,司机可以按动急停开关,迫使电梯立即停驶。检修人员在检修电梯时,为了安全,也可以使用它。

⑩开关门按钮:在轿厢停止行驶状态时,开关门按钮才能起开关作用,在正常行驶状态下,该按钮将不起作用。有的电梯,开关门按钮只在检修时起开关门作用。

⑪警铃按钮:当电梯运行中突然发生事故停车,司机与乘客无法从轿厢中走出,可按此按钮向外报警,以便及时解除困境。

⑫召唤蜂鸣器:当厅外有人发出召唤信号时,接通装于操纵箱内的蜂鸣器电源,将会发出蜂鸣声,提醒司机及时应答。

⑬召唤楼层和运行方向指示灯:当电梯厅站乘客发出召唤信号时,与其相应的继电器吸合,接通指示灯电源,点亮相应的召唤楼层指示灯,电梯轿厢应答到位后,指示灯自行熄灭。有的电梯把指示灯装在操纵箱上楼层选择按钮旁边,有的电梯把指示灯横装在操纵箱的上方。运行方向指示灯装在操纵箱盘面上,用箭头图形表示,当向上方向继电器吸合后使向上箭头指示灯点亮,当向下方向继电器吸合后使向下箭头指示灯点亮,以标志电梯轿厢运行方向。指示灯电压各不相同,一般采用 6.3 V、12 V、24 V,灯泡则选用 7 V、14 V、26 V,即灯泡额定电压略高于线路给定电压,这样可以延长指示灯泡的使用寿命。

另外,在信号控制电路操纵箱面板上,不设超载信号指示;而在集选控制电梯操纵箱面板上,设有超载指示灯和讯响器。

轿厢内轿门上方的上坎装设有楼层指示灯,用以显示轿厢所在楼层位置。旧式指层装置采用低电压(6.3 V、12 V、24 V 等)小容量指示灯显示,由楼层继电器驱动,每层由一只指示灯显示。旧式指层装置体积大、灯泡寿命短、维修量大。新式楼层指示装置采用 LED 数码管显示,它具有体积小、美观清晰、寿命长等优点,在电梯上得到了广泛的使用。

3.2 电梯的指层

指层灯箱是给司机和轿厢内外乘用人员提供电梯运行方向和所在位置指示灯信号的装

置。位于层门上方的指层灯箱称厅外指层灯箱，位于轿厢内轿门上方的指层灯箱称轿内指层灯箱。同一台电梯的厅外指层灯箱和轿内指层灯箱在结构上是完全一样的。指层灯箱内装置的电器元件一般有两种：电梯上下运行方向灯和电梯所在层楼指示灯。除杂物电梯外，一般电梯都在各停靠站的层门上方设置有指层灯箱。但是，当电梯的轿厢门为封闭门，而且轿门没有开设监视窗时，在轿厢内的轿门上方也必须设置指示灯箱。指层灯箱上的层数指示灯，一般采用信号灯和数码管两种。

1. 信号灯

在层楼指示器上装有与电梯运行层楼相对应的信号灯，每个信号灯外都有数字表示。当电梯运行中经过某层时，相应层数指示灯亮，电梯通过后，指示楼层的信号灯就熄灭。也就是说：在电梯轿厢运行过程中，进入某层，该层的层楼信号灯就亮，离开某层后，则该层的层楼信号灯就灭，它可以告诉司机和乘客轿厢目前所在的位置。其电路接法是：把所要指示同一层的灯并联在一起，再经同一层楼的层楼继电器动合（常开）触点接到电源上，每层均是这种接法。当电梯在某一层时，该层的层楼继电器通电，其动合触点闭合，使安装在这层的厅外及轿厢内指示灯箱内的指示灯发亮；同理，装在指层灯箱内的上、下方向指示灯，根据选定方向而指示。

2. 数码管

数码管层灯一般在微机控制的电梯上使用，层灯上有译码器和驱动电路，以数字显示轿厢位置，其形式多采用七段发光体 a、b、c、d、e、f、g 组成。若电梯运行楼层超过 9 层后，则在每层指示用的数码管需用两个（层门外上方和轿厢上方均用两个），可显示 00～99 这 100 个不同的层楼数。同理，装于指层灯箱内的上、下方向指示灯，一般装在厅外门上方，用塑料凸出上、下行三角。指示灯一般为白炽灯，有的为提醒乘客和厅外候梯人员“电梯已到本层”，在指示灯箱内装有喇叭（俗称到站钟），以声响来传达信息。

3. 无层灯的层楼指示器

有的电梯，除一层层门装有层楼指示器层灯外，其他层楼门仅有无层灯的层楼指示器，它只有上、下方向指示灯和到站钟。

3.3　召唤按钮盒（呼梯按钮盒）

召唤按钮盒是设置在电梯停靠站层门外侧，给厅外乘用人员提供召唤电梯用的装置。一般根据位置不同，设置两种按钮（箱）：位于上端站，只装设一只下行召唤按钮；位于下端站，只装设一只上行召唤按钮（单钮召唤箱）；在基站上，则装设一只上行召唤按钮和一只下行召唤按钮的双钮召唤箱。当厅外候梯人员按下向上或向下按钮时（只许按一个按钮），相应的指示灯亮，于是司机和乘客便知某层楼有人要梯。当要梯人所在的层楼在运行电梯的前方而且是顺向时，则电梯到达该层时，立即停车、开门、厅外候梯人员上梯；若要梯人所在的层楼在运行电梯的后方而且其要求与运行中电梯方向相反时，则电梯只作记忆（从轿厢内操作盘上可知），等到完成这个方向运行后，再按要求接反方向运行的乘客。

若电梯的呼梯登记（即呼梯系统）是采用继电器控制的，则每一个呼梯按钮对应相应的一只继电器，按钮与对应继电器动合触点并联构成自保持环节。若电梯的呼梯登记是采用电脑控制的，则呼梯按钮对应的是专用的呼梯记忆系统，当电梯到达厅外候梯人员所等候的层站时，此层呼梯信号就被取消。

3.4 轿顶检修盒

在机房电气控制柜上及轿厢顶上，设有供电梯检修运行的检修开关箱。其电气元件一般包括：电梯慢上、慢下按钮，点动开关门按钮，急停按钮，轿顶检修转换开关，轿顶检修灯开关。

3.5 换速平层装置

换速平层装置是为使电梯实现到达预定的停靠站时，提前一定的距离把快速运行切换为平层前的慢速运行，并使平层时能自动停靠的控制装置。这种装置通常分别装在轿顶支架和轿厢导轨支架上，所装的平层部件配合动作，来完成平层功能。换速平层装置有隔磁板式和圆形永久磁铁式两种。

1. 隔磁板式

此种装置结构如图 3.1 所示。装置固定在轿厢架上的换速隔磁板 6 和上下平层传感器 3，装置固定在轿厢导轨固定架上的换速传感器 7 和平层隔磁板 4，装置在井道内轿厢导轨旁边固定架上的换速传感器 7 和装置在轿厢架上的平层传感器 3 等在结构上是相同的，如图 3.2 所示，均由塑料盒 1、永久磁铁 3 和干簧管 2 三部分组成。这种干簧管传感器相当于一只永磁式的继电器，其结构和工作原理可结合图 3.2 叙述如下：图(a)表示未放入磁铁 3 时，干簧管 2 由于没有受到外力的作用，其常开接点(1)和(2)是断开的，常闭接点(2)和(3)是闭合的；图(b)表示把永久磁铁 3 放进传感器后，干簧管的常开接点(1)和(2)闭合，常闭接点(2)和(3)断开，这一情况相当于电磁继电器得电动作；图(c)表示当外界把一块具有高导磁系数的铁板(隔磁板)插入永久磁铁和干簧管之间时，由于永久磁铁所产生的磁场被隔磁板短路，干簧管的接点失去外力的作用，恢复到图(a)的状态，这一情况相当于电磁继电器失电复位。根据干簧管传感器这一工作特性和电梯运行特点设计制造出来的换速平层装置，利用固定在轿架或导轨上的传感器和隔磁板之间的配合，具有位置检测功能，被作为各种控制方式的低速、快速电梯电气控制系统实现到达预定停靠站提前一定距离换速、平层时停靠的自动控制装置。

提前换速点与停靠站楼面的距离与电梯额定运行速度有关，速度越快，距离越长，可按表 3.1 的参数进行调整。

2. 圆形永久磁铁式(双稳态磁开关)

此种开关是由装置在轿厢顶部的双稳态磁开关和装置在井道内导轨旁边支架上并对应于每个层站适当位置的各个圆形永久磁铁所组成，图 3.3 所示为轿厢顶部分支架上的装置和上方井道内导轨旁边支架上装置的直观图。

圆形永久磁铁的磁性较强，有 N、S 两个极，外直径一般为 20 mm，厚度为 10 mm，中间有固定的孔，其结构如图 3.4 所示。

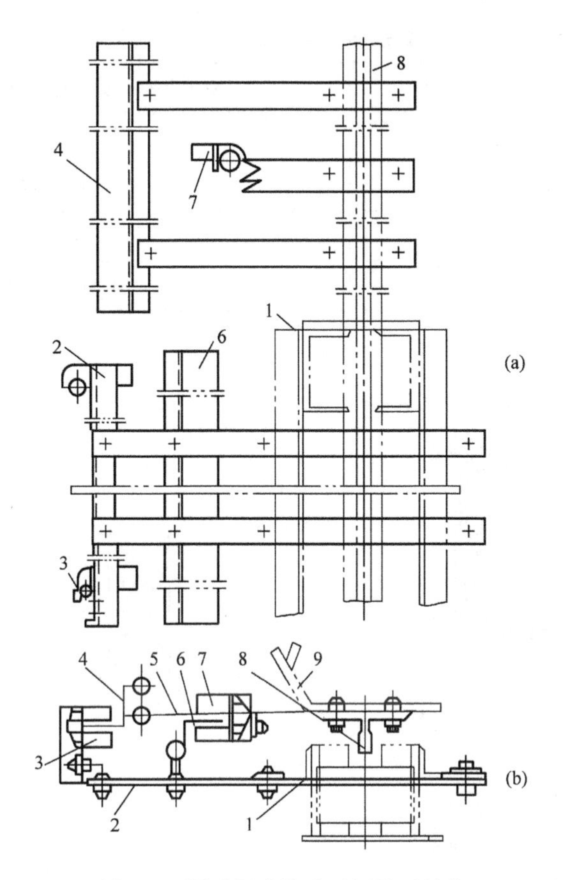

图 3.1　隔磁板式换速平层装置结构

(a)正立面图;(b)平面图(俯视图)

1—轿架直梁;2—换速隔磁板及平层传感固定架;3—平层传感器;4—平层隔磁板;5—平层隔磁板固定架;6—换速隔磁板;7—换速传感器;8—轿厢导轨;9—撑架

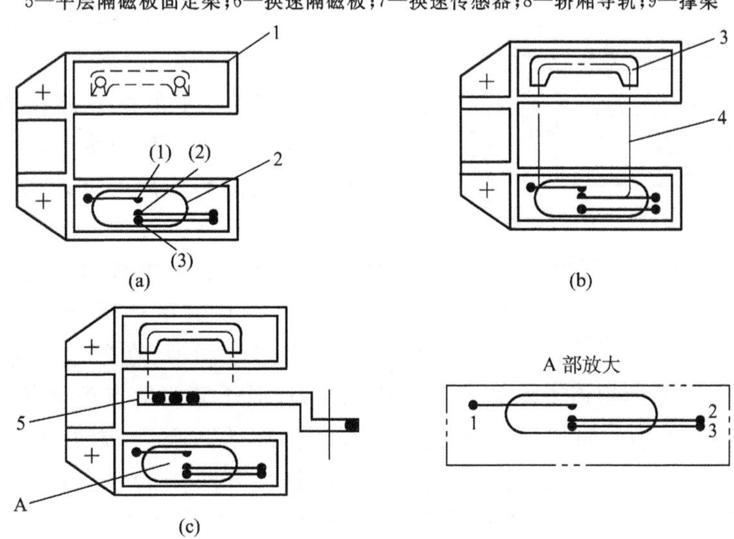

图 3.2　干簧管传感器工作原理

1—塑料盒;2—干簧管;3—永久磁铁;4—磁力线;5—隔磁板

表 3.1　提前换速点与停靠层站楼面距离的关系

电梯额定速度 v(m/s)	提前换速点与停靠层站楼面距离 S(mm)
$v \leqslant 0.25$	$400 \leqslant S \leqslant 500$
$0.25 \leqslant v \leqslant 0.5$	$500 \leqslant S \leqslant 750$
$0.5 \leqslant v \leqslant 1$	$750 \leqslant S \leqslant 1\ 800$
$1.00 \leqslant v \leqslant 2$	$1\ 800 \leqslant S \leqslant 3\ 500$

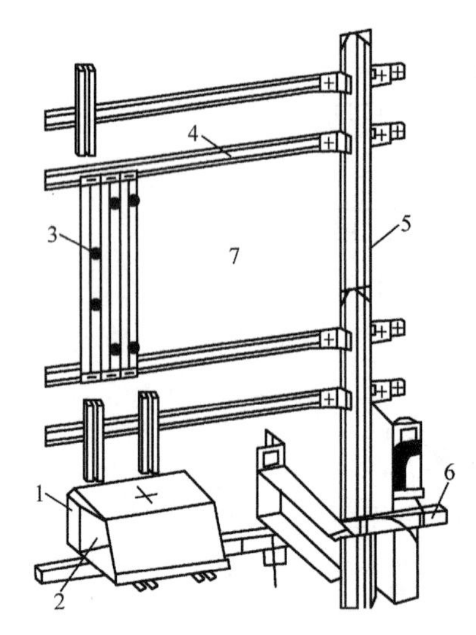

图 3.3　圆形永久磁铁式换速平层装置直观图
1—双稳态磁开关架；2—双稳态磁开关；3—圆形永久磁铁；4—磁体支架；5—轿厢导轨；6—轿厢顶支架；7—中间停站

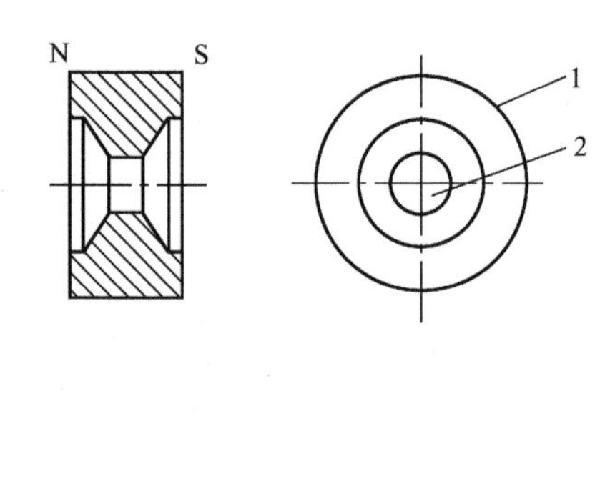

图 3.4　圆形永久磁铁结构(主、侧立面图)
1—外缘；2—固定孔

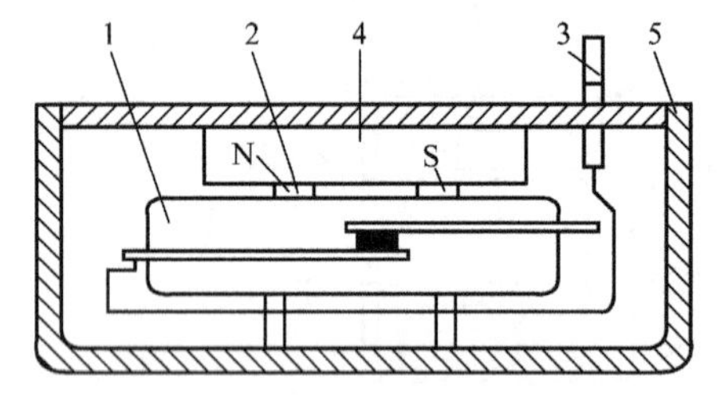

图 3.5　双稳态磁性开关结构
1—干簧管；2—维持状态磁体；3—引出线；4—定位弹性体；5—壳体

双稳态磁性开关的结构如图 3.5 所示。在干簧管上设置两个极性相反、磁性较小的磁铁 2，有它的存在，可使干簧管中的触点维持现有状态，但因两个小磁铁吸力不足，不会使干簧管吸合，只有受到外界同极性的磁场作用时才能吸合，受到异性磁场时断开。例如干簧管在未受到外界磁场影响时，触点处于断开状态。当电梯轿厢运行时，双稳态磁性开关与固定在井道里轿厢导轨磁体架的一个 S 极的圆形永久磁铁相遇，在通过双稳态磁性开关中 N 极小磁铁时，由于两个相遇磁场相反(磁力削减)，这时干簧管触点仍为断开状态；当通过 S 极小磁铁时，由于磁场方向相同，干簧管触点受磁力影响而吸合(磁力增强所致)；当这个 S 极的圆形永久磁铁离开双稳态磁开关后，双稳态磁性开关内的触点仍吸合；当外界的 S 极圆形永久磁铁由右向左与双稳态磁性开关相遇，通过 S 极小磁铁时，由于磁场方向相同，则保持干簧管吸合；通过 N 极小磁铁时，其磁场方向相反，磁力降低，不能再保持状态，使干簧管触点断开。

3.6　楼层感应、轿内指令和呼梯控制程序

图 3.6 所示为楼层感应 PLC 控制程序，图中 X015、X016 和 X017 分别是楼层感应器的 PLC 内部触点，物理上是用楼层感应器常闭作为 PLC 的输入，隔磁板插入时，PLC 内部的寄存器 X015、X016 或 X017 常开为 1，这一点理解起来有些困难，楼层感应器的工作状态与 U 形磁铁和隔磁板的相互作用有几个阶段，逻辑上的关系务必记住才能知道 X015、X016 和 X017 是 1 还是 0，而且图中的说明是工程实现时必须考虑的。另外，X015、X016 和 X017 在工程实现上也是有学问的，在单层换速的电梯中，顶楼和底楼楼层感应器只用一个，而中间楼层则要用两个，以分别感应上行和下行进入楼层和减速。如果是多层换速，只需改变相应的 PLC 内寄存器的数值，就可以改变楼层感应和换速的距离，灵活性更高。

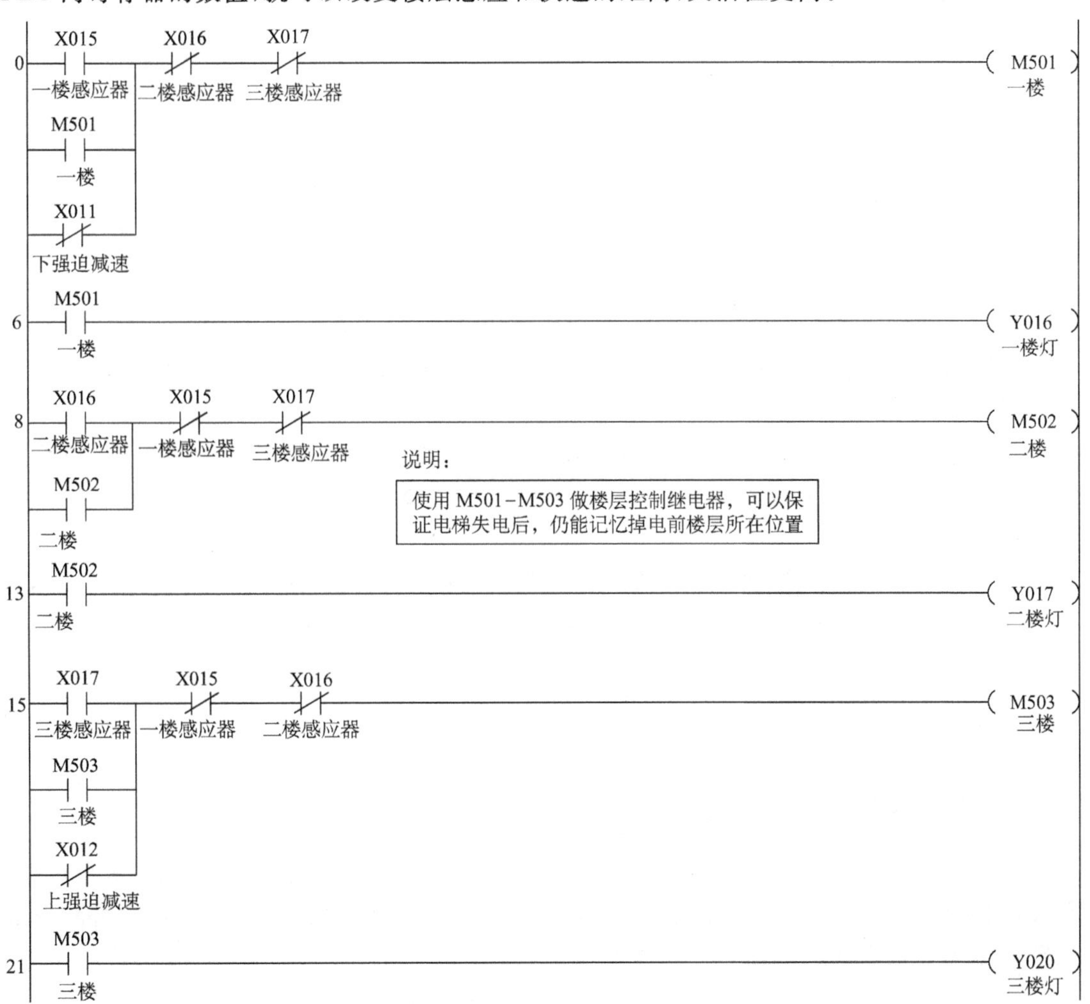

图 3.6　楼层感应控制程序

例如在变频器调速双闭环控制系统中，在不增加硬件电路的基础上，利用现有的旋转编码器在构成速度闭环控制的同时，也可构成位置闭环控制，即通过改变相应的 PLC 内寄存器

的数值，就可以改变楼层感应和换速的距离。

脉冲编码器的输出一般为A和A′、B和B′两对差动信号，可用于位置和速度测量，A和A′、B和B′四个方波被引入PG卡，经辨向和乘以倍率后，变成代表位移的测量脉冲，将其引入PLC高速计数端，进行位置控制。

系统采用相对计数方式进行位置测量，运行前通过编程方式将各信号，如换速点位置、平层点位置、制动停车点位置等所对应的脉冲数，分别存入相应的内存单元，在电梯运行过程中，通过旋转编码器检测、软件实时计算：电梯所在层楼位置、换速点位置、平层点位置，从而进行楼层计数、发出换速信号和平层信号。

电梯运行中位移的计算如下：

$$H=SI$$

式中：S——脉冲当量；

I——累计脉冲数；

H——电梯位移。

且
$$S=\pi\lambda D/(P\rho)$$

式中：D——曳引轮直径；

ρ——PG卡的分频比；

λ——减速器的减速比；

P——旋转编码器每转对应的脉冲数。

若$\lambda=1/32$，$D=580$ mm，$P=1\ 024$，$\rho=1/18$，代入$S=\pi\lambda D/(P\rho)$，得$S=1.00$ mm/脉冲。

设楼层的高度为4 m，则各楼层平层点的脉冲数：1楼为0；2楼为4 000；3楼为8 000；4楼为12 000。

设换速点距楼层为1.6 m，则各楼层换速点的脉冲数：上升——1楼至2楼为2 400，2楼至3楼为6 400，3楼至4楼为10 400；下降——4楼至3楼为9 600，3楼至2楼为5 600，2楼至1楼为1 600。

组态软件命令语言实现的电梯控制程序就利用了以上方法，用感应的距离来实现换速、平层，将PLC控制程序转换为组态软件命令语言必须正确认识到变频电梯的换速和平层原理。

3.7 呼叫指令的记忆与消号

3.7.1 轿厢内呼叫指令电路

当乘客进入轿厢后，首先按下欲往的层楼按钮，如果按了2层的按钮，则该层信号灯亮，表示去2层的指令已登记并记忆。当电梯运行到2层时，电梯停止运行，该信号被解除，信号灯熄灭，表示2层内选指令被释放，称为消号。

例如电梯停在1楼，如图3.7所示，乘客进入轿厢欲往2层，并按了2层指令按钮X021，由于电梯不在2楼，M502是常闭触点，则输出触点Y022为1，并通过Y022的常开触点自锁，蜂鸣器Y013发声。当电梯到达欲往层站后，由PLC控制的常闭触点M502断开，停层后M2为1，Y022输出为0，信号灯熄灭，实现消号。

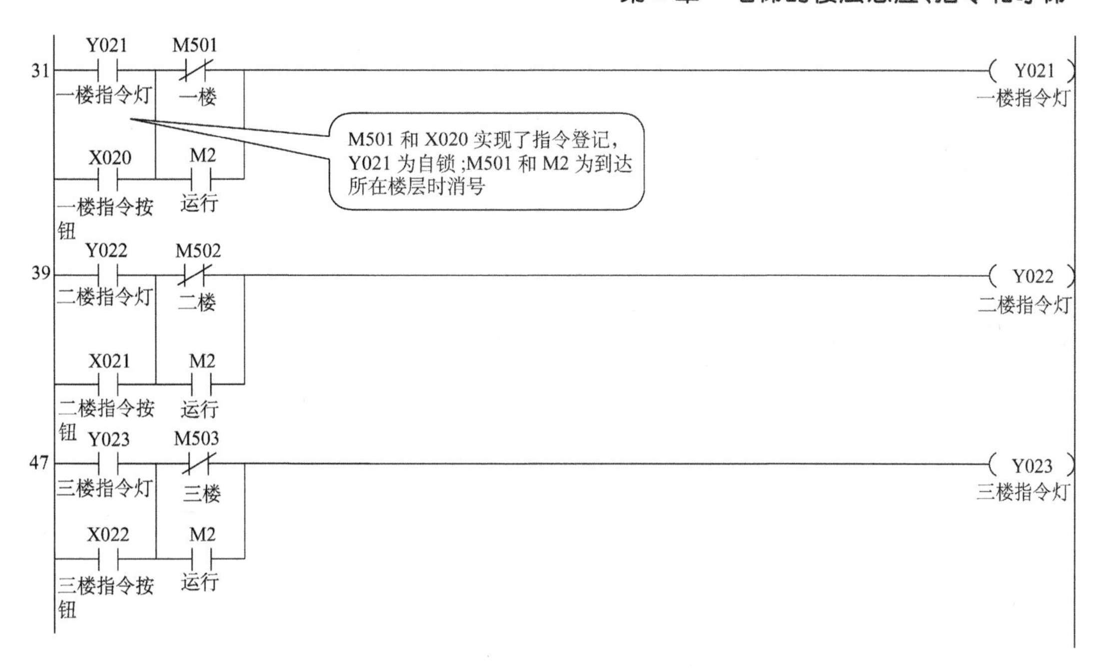

图 3.7　轿内指令程序

3.7.2　厅外呼叫指令电路

厅外呼叫指令有两个，即向上的呼叫与向下的呼叫。上端站仅有一个向下的呼叫按钮，下端站仅有一个向上的呼叫按钮，中间层站具有向上和向下的两个呼叫按钮。利用 M501、M502、M503、M2、Y014、Y015 等，组合成厅外呼叫指令程序，如图 3.8 所示。其中：

X023～X024——向上呼叫指令按钮；

X025～X026——向下呼叫指令按钮；

Y024～Y025——向上呼叫指令继电器；

Y026～Y027——向下呼叫指令继电器；

Y014——向上运行方向继电器；

Y015——向下运行方向继电器；

M501～M503——楼层指示继电器，干簧管传感器的常闭作输入。

例如电梯停在 1 层，M2 为 0，干簧管传感器的常闭触点闭合，此时 M501 的常开为 1，M501 的常闭为 0，由于在 1 层，Y015 为 0，第一列所有的触点都断开，即使 1 层厅外有人按 X023 按钮时，继电器 Y024 也为 0，此呼叫信号不能记忆，即该层顺向呼叫不能记忆；2 层有人按 X024 与 X025 按钮时，由于电梯此时不在 1 层，M502 的常闭触点为 1，继电器 Y024 与 Y025 得电吸合并自锁；当电梯向上运行到了 2 层时，M502 的常闭触点为 0，因为方向继电器 Y014 为 1，Y015 为 0，电梯停层后 M2 为 0，第一列所有触点都为逻辑 0，继电器 Y025 为 0，称为顺向截车消号，而继电器 Y026 通过 Y014↑→Y026↑电路维持为 1，称为保号；如果有人只按了 X025 按钮，其他层没有任何呼叫，Y014 吸合为 1，电梯向上运行到了 2 层时，电梯首先换速，预定方向继电器 Y014 提前释放为 0，M502 常闭为 0，继电器 Y026 失电释放为 0，称为反向截车消号。

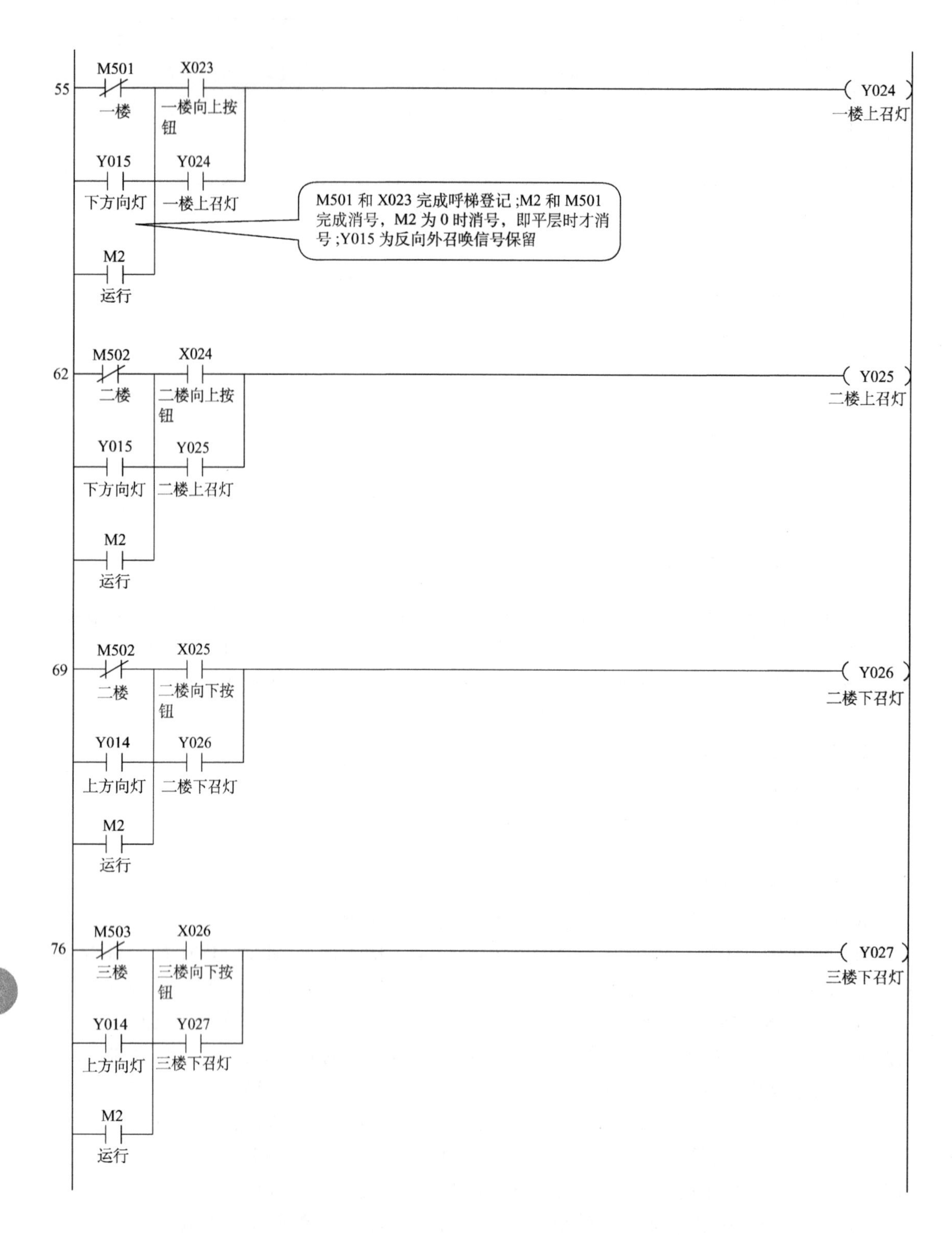
55
M501
一楼
X023
一楼向上按钮
Y024
一楼上召灯
Y015
下方向灯
Y024
一楼上召灯
M2
运行
M501 和 X023 完成呼梯登记；M2 和 M501 完成消号，M2 为 0 时消号，即平层时才消号；Y015 为反向外召唤信号保留
62
M502
二楼
X024
二楼向上按钮
Y025
二楼上召灯
Y015
下方向灯
Y025
二楼上召灯
M2
运行
69
M502
二楼
X025
二楼向下按钮
Y026
二楼下召灯
Y014
上方向灯
Y026
二楼下召灯
M2
运行
76
M503
三楼
X026
三楼向下按钮
Y027
三楼下召灯
Y014
上方向灯
Y027
三楼下召灯
M2
运行

图 3.8　厅外呼叫程序

外呼组合电路图3.7与图3.8都可以完成呼叫记忆、顺向呼叫消号、反向呼叫保号、反向截车消号的功能。图3.8的层站位置信号是通过楼层感应器上的常闭触点实现的。

3.8　仿真制作

3.8.1　电梯楼层感应用画面设计

用组态软件实现电梯控制，楼层感应和平层感应是关键，在3.6节中已经讲述它们的原理，这里将对组态软件中楼层感应和平层感应的设计介绍如下。

为了仿真实现电梯运行，需要在电脑屏幕上确定电梯运行的位置，这里用三层电梯实现，如果是三层以上，只是增加了触点数，实现的方式并没有改变，所以用三层电梯能实现触类旁通。在写控制程序前，要先明确电梯的重要参数，或者说，知道各参数会对写程序有一个完整的认识。

首先，确定电梯的平层和换速点，如图3.9(a)所示。这里是缩小的参数，实际参数可仿照这种方式确定。中间楼层的换速点为两个，上、下行各一个。实际上，为了可靠，换速点是一个小的区域，这个区域大小由设计者自行确定。图3.9中的粗实线表示电梯的井道。

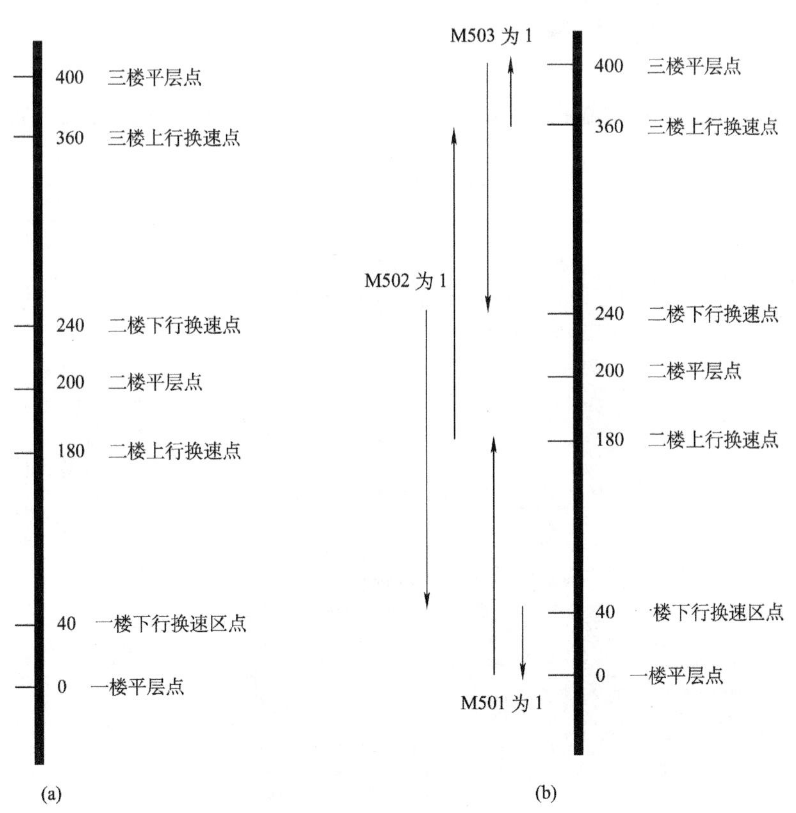

图3.9　电梯平层和换速位置

(a)平层和换速点；(b)参数设置

楼层感应实现如图 3.10 所示，有呼梯和指令按下时运行情况如图 3.11 所示。图 3.12 为 3 楼下按钮的动画连接，图 3.13 为 3 楼下按钮的动画连接的填充属性。

同理，去 2 楼按下时的设计可仿此进行，过程是一样的，只是涉及的变量不一样。

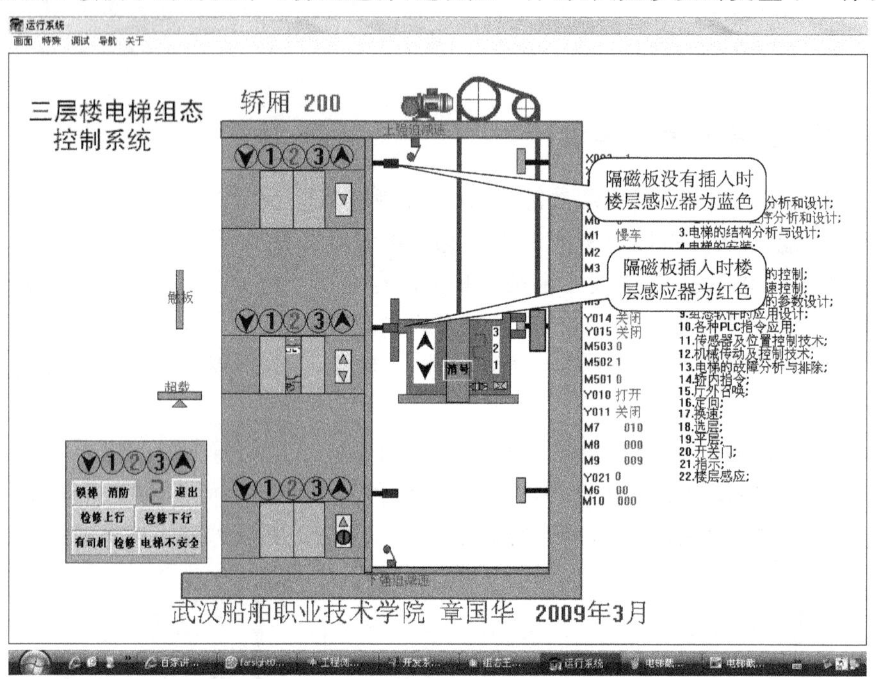

图 3.10 楼层感应实现仿真

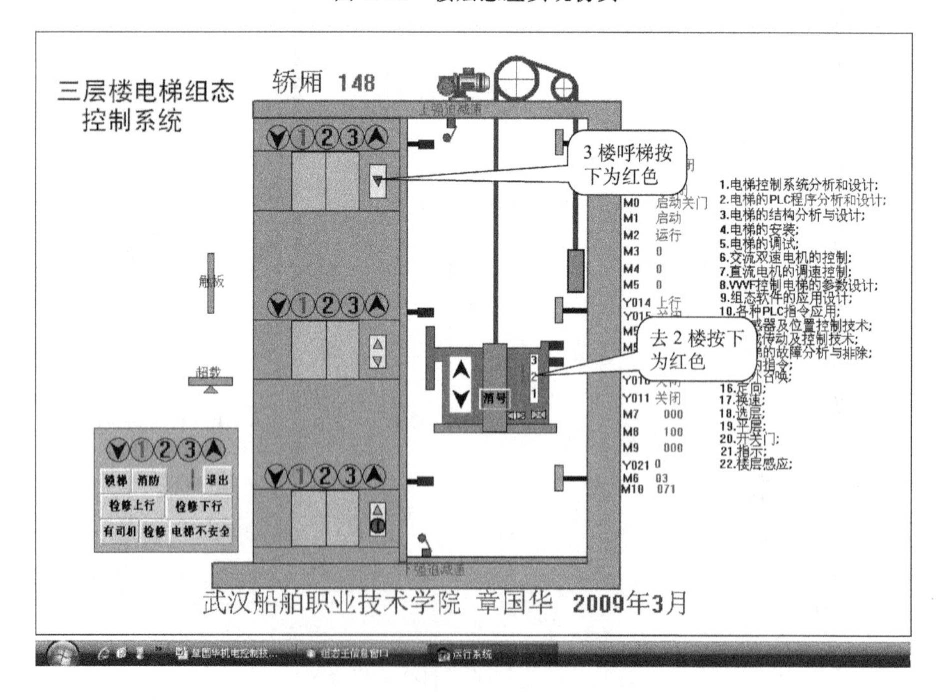

图 3.11 有呼梯和指令按下时运行情况

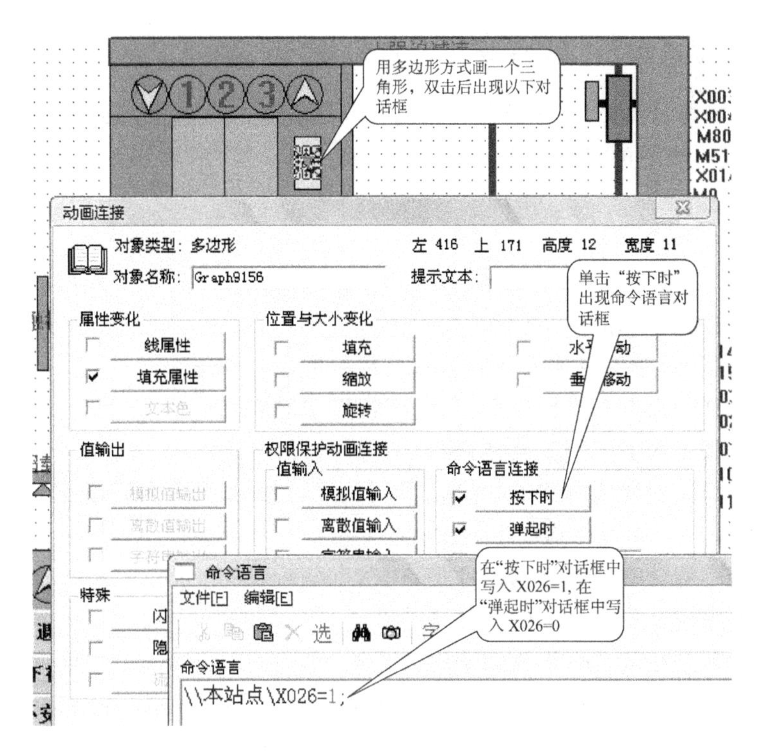

图 3.12　3 楼下按钮的动画连接

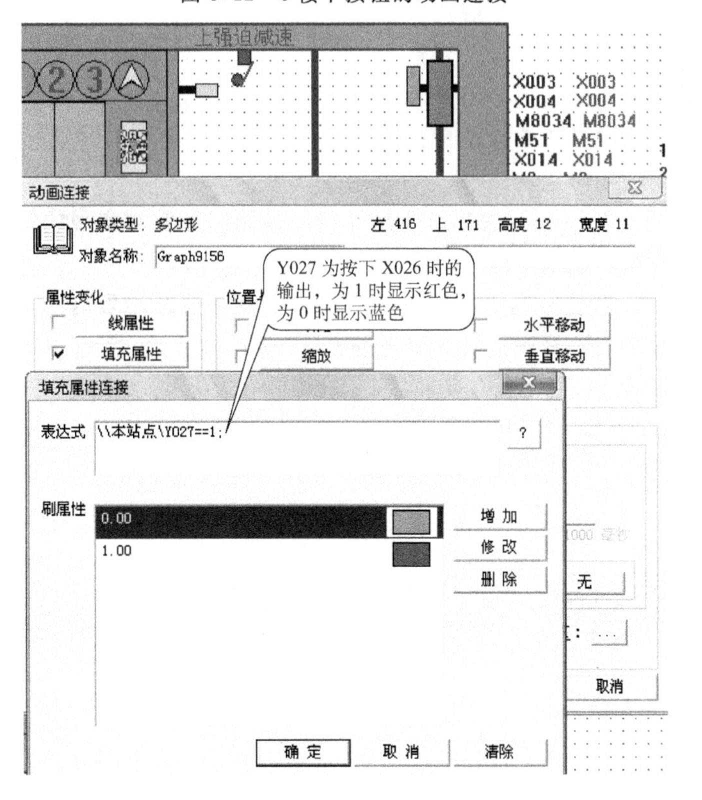

图 3.13　3 楼下按钮的动画连接的填充属性

3.8.2 电梯楼层感应用的命令语言程序设计

电梯的楼层感应、呼梯及指令控制，可以对 PLC 程序的 0～83 行的程序进行组态命令语言编程，就能实现对电梯的楼层感应、呼梯及指令控制。

习 题

1. 楼层感应器的工作原理是什么？
2. 当层楼数增加，开关量输入和输出的点数将作如何变化？
3. 若需要电梯只服务于奇数楼层，梯形图将作如何变化？
4. 若需要电梯只服务于偶数层楼，梯形图将作如何变化？
5. 若正常运行方式作为方式 A，上述 3、4 题运行方式作为方式 B、方式 C，如何采用两个输入开关来任选其中一个作为当前运行方式？
6. 电梯控制中清除召唤登记的条件是什么？
7. 电梯控制中清除指令登记的条件是什么？
8. 为什么电梯开始下行时不立即响应上行？
9. 从哪一段程序中能分析出 M2 为 0 时电梯启动开门，M2 为 0 时电梯停站延时的起点，M2 为 1 时电梯运行？
10. 什么是自动反平层或再平层？
11. 轿厢楼层位置检测方法是什么？
12. 轿厢内指令是如何登记与消号的？
13. 楼层感应器应设置在什么位置？
14. 下强迫减速是如何实现的？
15. 试分析图 3.7 和图 3.8，主控指令是如何用控制门厅呼叫实现的？
16. 门厅呼叫是如何登记与消号的？
17. 试分析图 3.7 和图 3.8，是减速开始就消号还是平层时消号，各有什么特点？
18. 反向厅外召唤信号保留是如何实现的？

第 4 章　电梯的导向系统和定向

学习目标

- 掌握电梯导向系统和定向的基本工作原理及特性，特别是电梯的机械和部分电气特性。
- 学会用 PLC 程序分析电梯的导向系统和定向运行状态。
- 学会根据电梯的控制要求，在组态控制软件中画出相关部件并写出命令语言程序。

4.1　导向系统

导向系统功能是限制轿厢和对重的活动自由度，使轿厢和对重只沿着各自的导轨作升降运动，使两者在运行中平稳，不会偏摆，如图 4.1 所示。

有了导向系统，轿厢只能沿着左右两侧的竖直方向的导轨上下运行，对重只能沿着位于对重两侧的竖直方向的导轨上下运行。所以电梯的导向系统包括轿厢的导向和对重的导向两部分。不论是轿厢导向还是对重导向均由导轨、导靴和导架组成，如图 4.2 和图 4.3 所示。

导向系统使轿厢和对重顺利地沿着各自的导轨平稳地上下运动，轿厢和对重通过曳引钢丝绳分别悬挂在曳引机的两侧，两边就形成平衡体，起到相对重量平衡作用。

另外，如楼层高，连接轿厢和对重的曳引钢丝绳，钢丝绳长，自身的重量增多，通过连接在轿厢底和对重的补偿链（见图 4.1 中的补偿链 16）起两边重量平衡的补偿作用。这样，导向系统配合了重量平衡系统，从而保证电梯曳引传动的正常和运行的平衡可靠。

综上所述，导向系统的主体构件是导轨和导靴；重量平衡系统的主体构件是对重和补偿链（绳）。

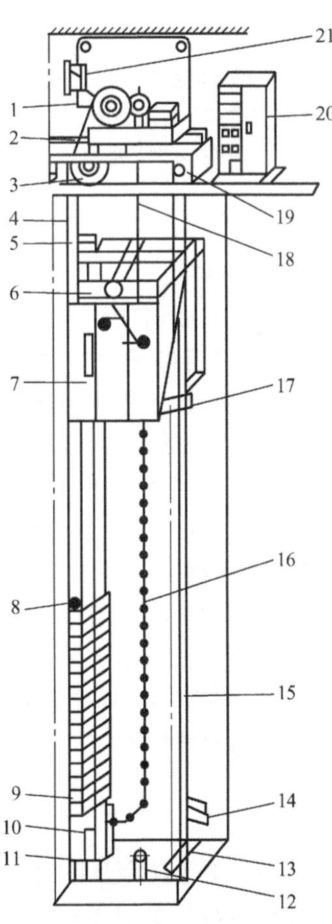

图 4.1　电梯总体的导向系统和重量平衡系统

1—曳引机；2—承重梁；3—导向轮；4，18—曳引绳；5—轿厢导靴；6—开门机；7—轿厢；8—对重导靴；9—对重装置；10—防护栏；11—对重导轨；12—缓冲器；13—限速器张紧装置；14—限位开关；15—轿厢导轨；16—补偿链；17—安全钳嘴；19—限速器；20—控制柜；21—极限开关

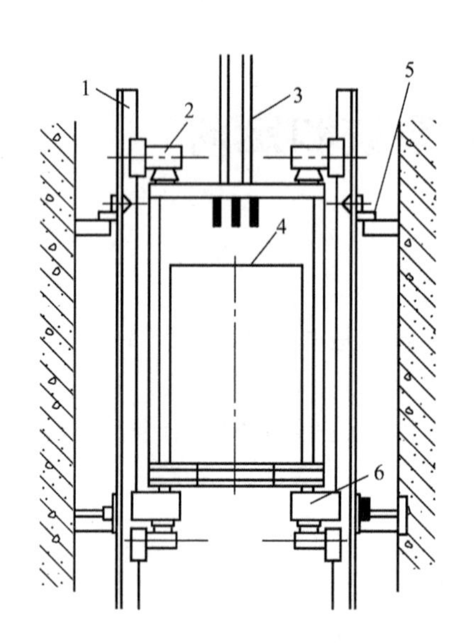

图 4.2 轿厢导向系统(立面图)
1—导轨;2—导靴;3—曳引绳;4—轿厢;
5—导轨架;6—安全钳

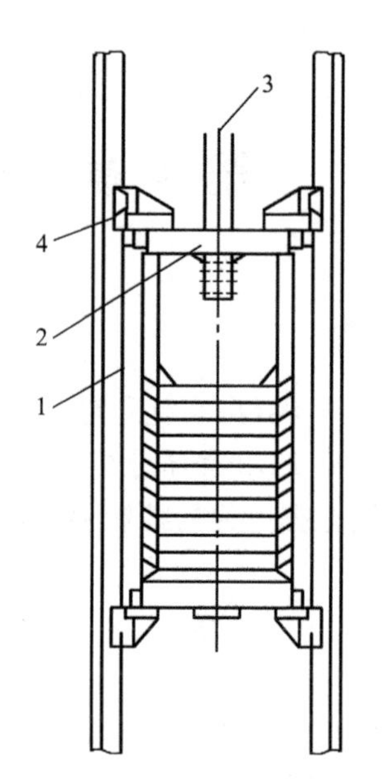

图 4.3 对重导向系统(立面图)
1—导轨;2—对重;3—曳引绳;4—导靴

4.1.1 导轨

1. 导轨的种类和规格

(1)导轨的横截面(断面)形状

一般钢导轨,常采用机械加工方式或冷轧加工方式制作。常见的导轨横截面形状如图4.4所示。电梯中大量使用的T形导轨如图4.4(h)所示,但对于货梯对重导轨和速度为1 m/s以下的客梯对重导轨,一般多采用L形导轨,如图4.4(b)规格为L75×75×8～10。如图4.4(c)、(d)、(e)所示截面导轨,常用于速度低于0.63 m/s的电梯,导轨表面一般不作机械加工。图4.4(f)和(g)所示为一次冷轧成型的导轨。

(2)T形导轨的规格

T形导轨是电梯常见的专用导轨,具有良好的抗弯性能及良好的可加工性能。T形导轨的主要规格参数是底宽b、高度h和工作面厚度k,如图4.5所示。我国原先用$b\times k$作为导轨规格标志,现已推广使用国际标准T形导轨,共有十三个规格,以底面宽及工作面和加工方法即“b/加工方法”作为规格标志。

2. 导轨的安装

(1)导轨的连接

架设在井道空间的导轨是从下而上的,由于每根导轨一般为3～5 m长,因此必须进行连接安装。两根导轨的端部要加工成凹凸形的榫头与榫槽啮合定位,底部用连接板将两根固定,如图4.6所示为两根导轨端部连接后的正立面图与侧立面图。

(2)导轨的固定

导轨不能直接紧固在井道内壁上,它需要固定在导轨架上,固定方法一般不采用焊接或螺栓连接,而是用压板固定法,如图4.7所示。

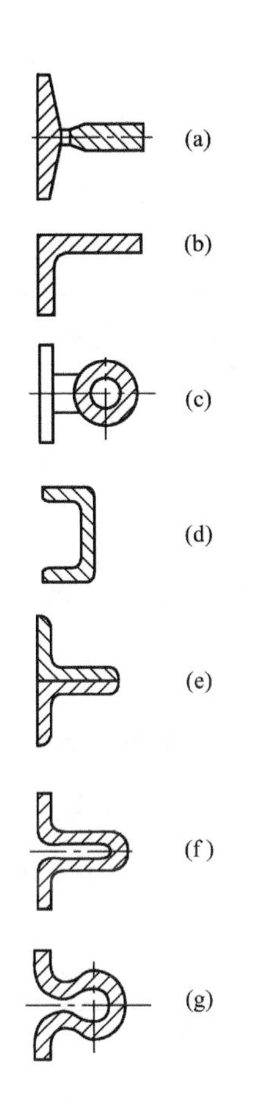

图 4.4　导轨及其横截面形状

(a)～(g)常见导轨横截面的形状；(h)T 形导轨直观图

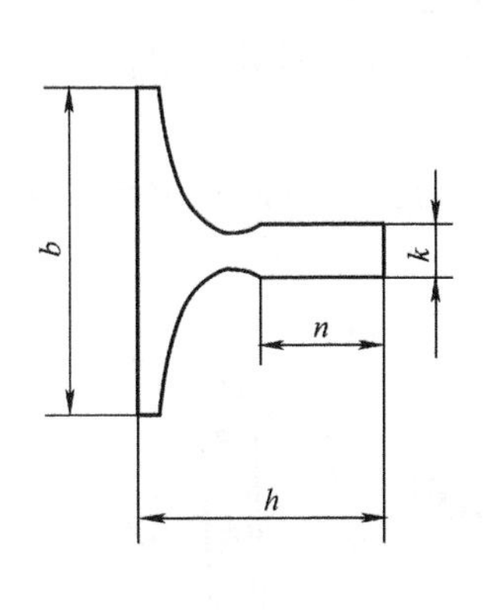

图 4.5　T 形导轨横截面

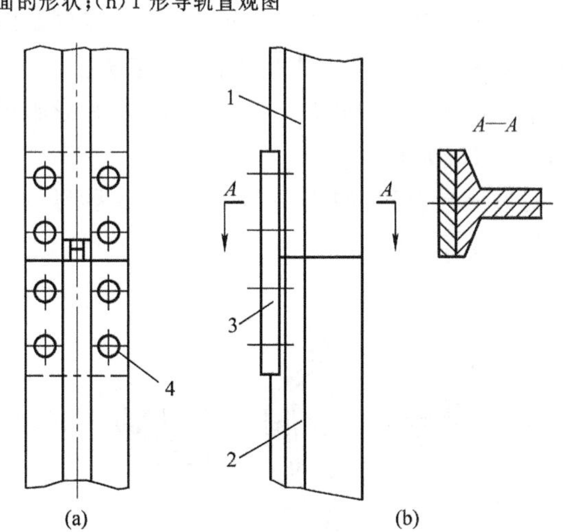

图 4.6　导轨的连接

(a)正立面图；(b)侧立面图

1—上导轨；2—下导轨；3—连接板；4—螺栓孔

压板固定法用导轨压板将导轨压紧在导轨架上，当井道下沉、导轨因热胀冷缩或导轨受到的拉伸力超出压板的压紧力时，导轨就能作相对移动，从而避免弯曲变形。这种方法被广泛用在导轨的安装上，压板的压紧力可通过螺栓被拧紧的程度来调整，拧紧力的确定与电梯的规格和导轨上、下端的支承形式等有关。

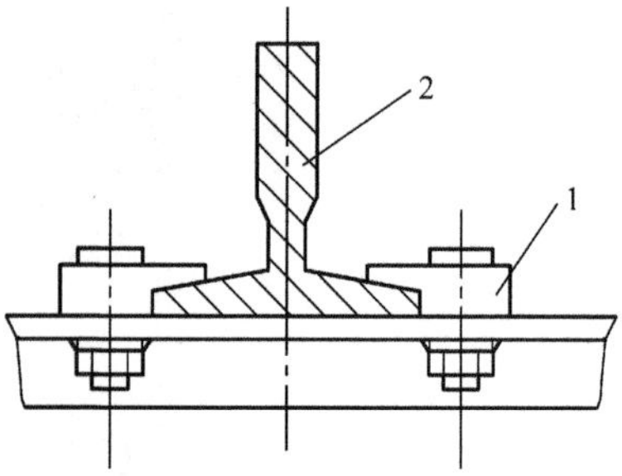

图 4.7　压板固定法

1—压板；2—导轨

4.1.2　导轨架

1. 导轨架的作用及其种类

(1)作用

导轨架作为导轨的支承件，被安装在井道壁上。它固定了导轨的空间位置，并承受来自导轨的各种作用力。

(2)种类

导轨架有各种形状，常见的有山形导轨架、L 形导轨架、框形导轨架等三种，如图 4.8 所示。

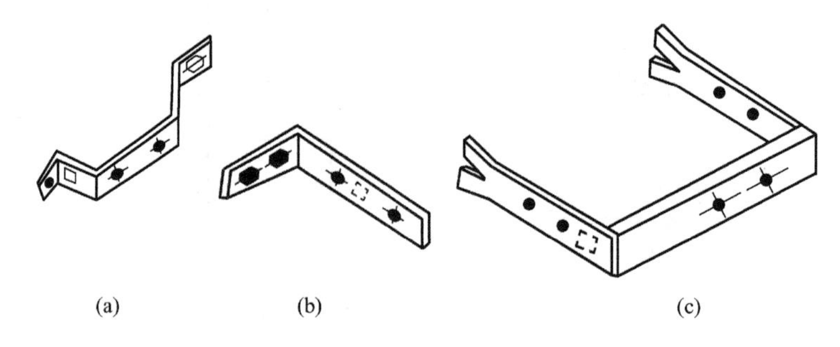

图 4.8　导轨架种类

(a)山形导轨架(轿厢导轨架)；(b)L 形导轨架(对重导轨架)；(c)框形导轨架(轿厢、对重导轨共用架)

①山形导轨架：如图 4.8(a)所示，其撑臂是斜的，倾斜角常为 15°或 30°，具有较好的刚度。这种导轨架一般为整体式结构，常用作轿厢导轨架。其平面示意图如图 4.9 所示。

②L 形导轨架：如图 4.8(b)所示，这种导轨架结构简单，常用作对重导轨架。其平面示意图如图 4.10 所示。

③框形导轨架：如图 4.8(c)所示，这种导轨常用作轿厢和对重导轨的共用架。其平面示意图如图 4.11 所示。

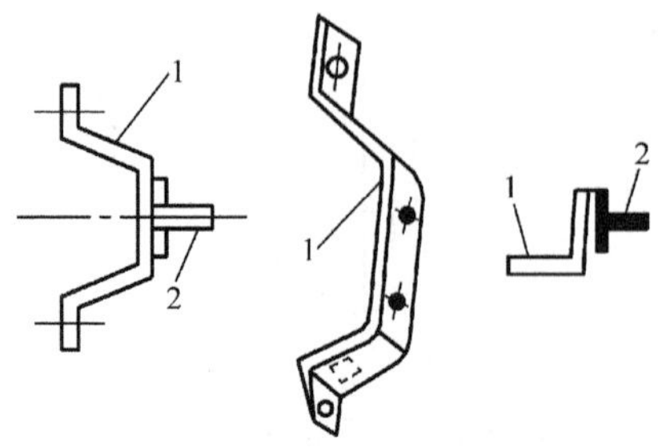

图 4.9　山形导轨架平面示意图

1—导轨架；2—轿厢 T 形导轨

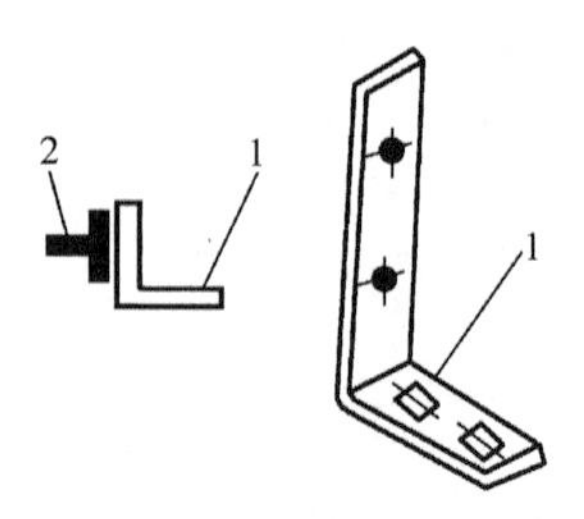

图 4.10　L 形导轨架平面示意图

1—导轨架；2 —对重 T 形导轨

2. 导轨架的固定与安装方法

(1)地脚螺栓

将尾部预先开叉的地脚螺栓固定在井壁中，预埋深度不小于 120 mm，然后将导轨架旋紧固定，如图 4.11 所示。

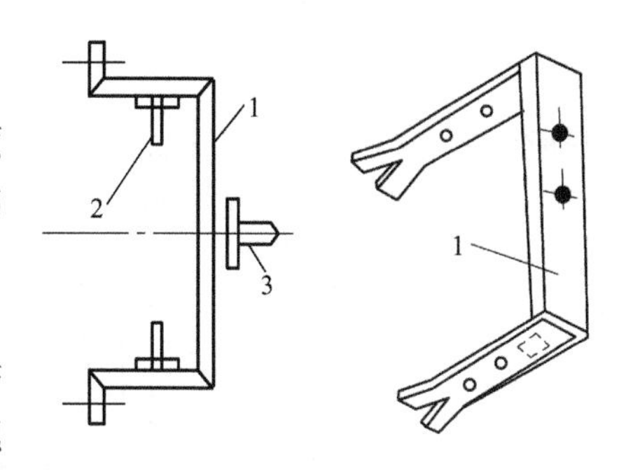

图 4.11　框形导轨架平面示意图

1—导轨架；2—对重 T 形导轨；3—轿厢 T 形导轨

(2)膨胀螺栓

以膨胀螺栓代替地脚螺栓，不需预先埋入，只需在现场安装时打孔，放入膨胀套筒螺母，然后拧入螺栓，至螺栓被胀开固死即可，具有简单、方便、灵活可靠的特点，是目前常用的一种方法，与用地脚螺栓固定相似如图 4.12 所示。

地脚螺栓法和膨胀螺栓法，一般用于整体式导轨架。为了调整架的高度，允许在撑臂与墙面之间加金属垫板，但当垫板厚度超过 10 mm 时，应与撑臂焊成一体。

(3)预埋钢板弯钩

预先将钢板弯钩按导轨架安装位置埋在井道壁中，在安装时将导轨架焊在上面。为了保证强度，焊缝应是双面的，如图 4.13 所示。

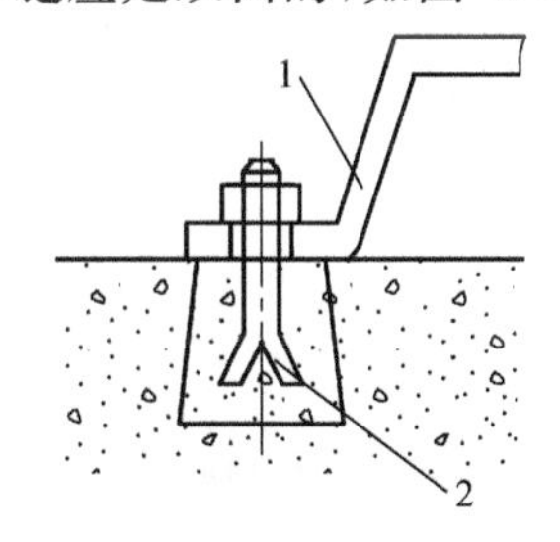

图 4.12　用地脚螺栓(膨胀螺栓)固定

1—导轨架；2—地脚(膨胀)螺栓

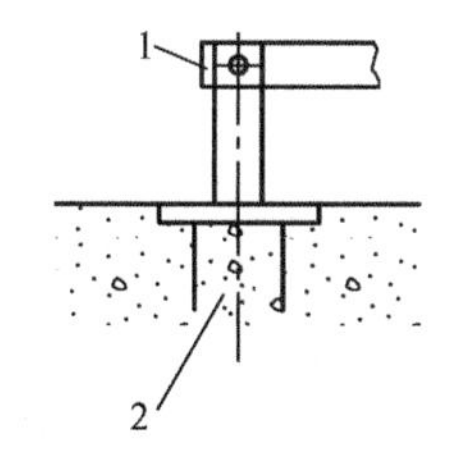

图 4.13　预埋钢板弯钩

1—导轨架；2—钢板弯钩

(4)螺栓穿入紧固

当井道壁的厚度小于 100 mm 时，以上几种方法都不能采用，这时可采用螺栓穿过井道壁，同时要在外部加垫尺寸不小于 100 mm×100 mm×10 mm(长×宽×厚)的钢板，如图 4.14 所示。

(5)预埋导轨架

在土建时，井道壁上预留埋入孔，然后在安装时将导轨架端部开叉埋入，深度不小于 120 mm，如图 4.15 所示。

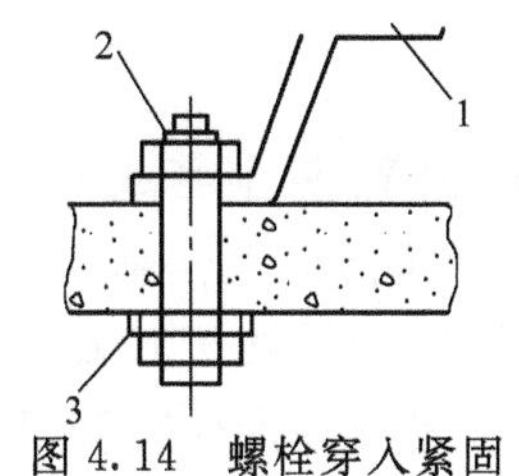

图 4.14　螺栓穿入紧固

1—导轨架；2—螺栓；3—钢板垫

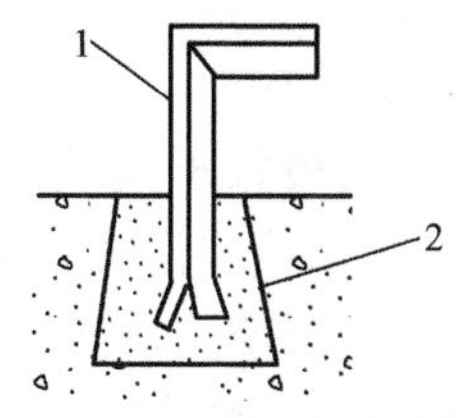

图 4.15　预埋导轨架

1—导轨架；2—井道壁预留埋入孔

4.1.3 导靴

导靴的凹形槽(靴头)与导轨的凸形工作面配合,使轿厢和对重装置沿着导轨上下运动,防止轿厢和对重在运行过程中偏斜或摆动,如图 4.16 所示。

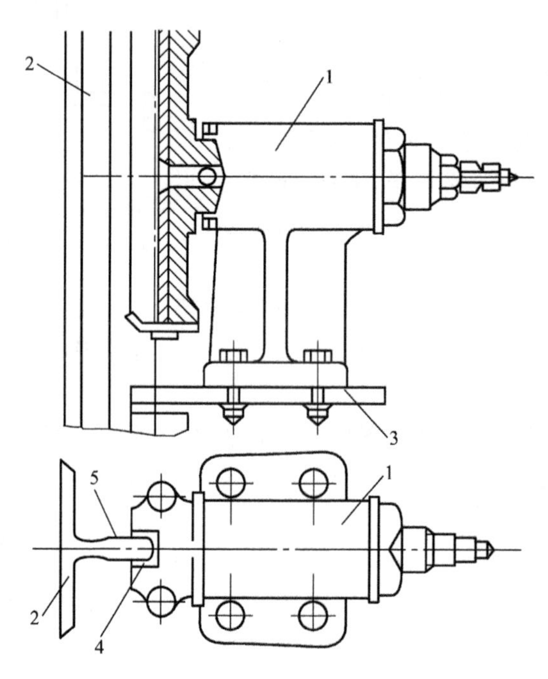

图 4.16 导靴与导轨配合

1—导靴;2—导轨;3—轿架或对重架;4—导靴凹形槽;5—导轨凸形工作面

导靴分别装在轿厢和对重装置上。轿厢导靴安装在轿厢上梁和轿厢底部安全钳座(嘴)的下面,共四个,如图 4.17 所示。对重导靴安装在对重架的上部和底部,一组共四个,如图 4.18 所示。实际上,导靴是在水平方向固定轿厢与对重的位置。

一个导靴一般可以看成是由带凹形槽的靴头、靴体和靴座组成,如图 4.19 所示。简单的导靴可以由靴头和靴座构成。靴头可以是固死的,也可以是流动(滑动)的;靴头可以是凹形槽与导轨配合,也可以用三个滚轮与导轨配合运行。

由于固定式导靴的靴头是固死的,没有调节的机构,导靴与导轨的配合存在一定的间隙,随着运行时间的增长,其间隙会越来越大,这样轿厢在运行中就会产生一定的晃动,甚至会出现冲击,因此固定式导靴只用于额定速度低于 0.63 m/s 的电梯。

1. 弹性滑动导靴

弹性滑动导靴由靴座、靴头、靴衬、靴轴、压缩弹簧或橡胶弹簧、调节套或调节螺母组成,如图 4.20 所示。弹簧式弹性滑动导靴的靴头只能在弹簧的压缩方向上作轴向浮动,因此又称单向弹性导靴。弹簧式滑动导靴与固定式滑动导靴的不同之处就在于其靴头是浮动的,在弹簧力的作用下,靴衬的底部始终压贴在导轨端面上,因此能使轿厢保持较稳定的水平装置,同时在运行中具有吸收振动与冲击的作用。

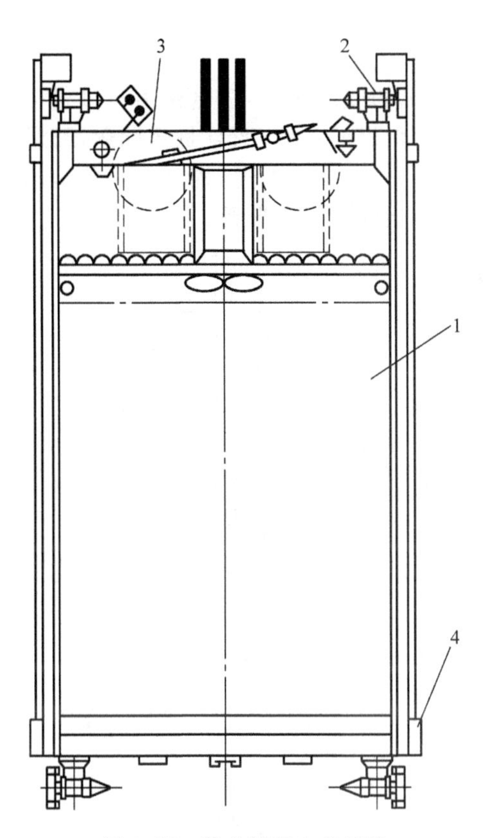

图 4.17　装在轿厢上的导靴

1—轿厢;2—导靴;3—轿厢上梁;4—安全钳座(嘴)

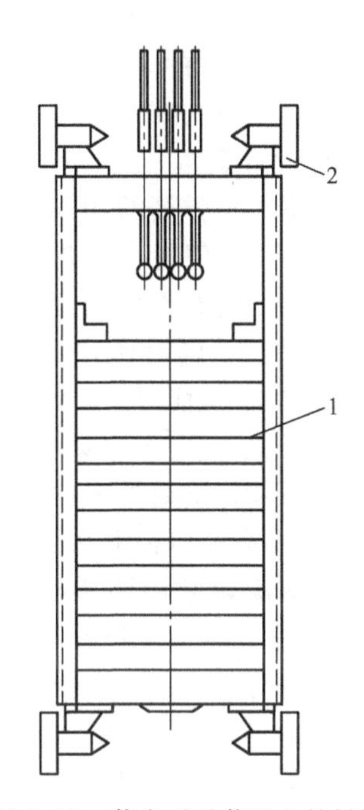

图 4.18　装在对重装置上的导靴

1—对重装置;2—导靴

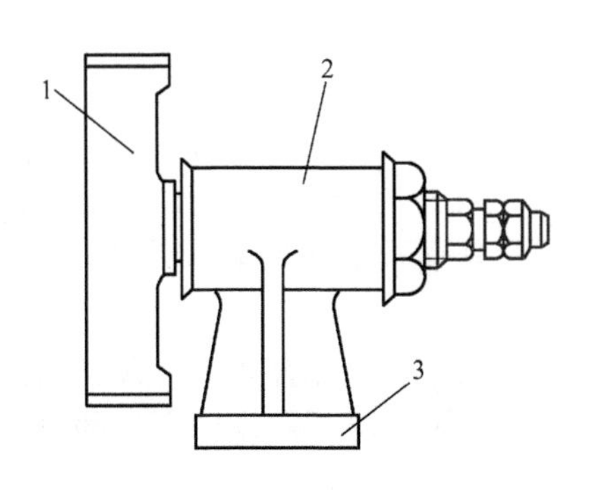

图 4.19　导靴的组成

1—导靴头;2—导靴体;3—导靴座

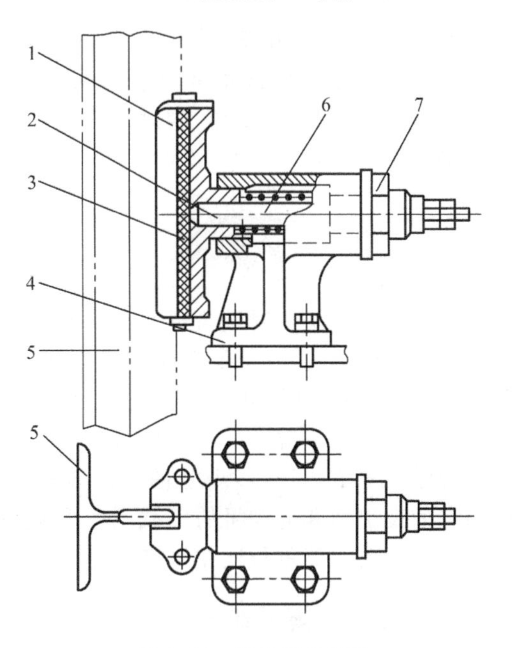

图 4.20　弹性滑动导靴

1—靴头;2—压缩弹簧;3—尼龙靴衬;4—靴座;5—导轨;6—靴轴;7—调节套

2. 滚动导靴

刚性滑动导靴和弹性滑动导靴的靴衬无论是铁的、钢的或尼龙的，在电梯运行过程中，靴衬与导轨之间总有摩擦力存在。这个摩擦力不但增加曳引机的负荷，而且是轿厢运行时引起振动和噪声的原因之一。为了减少导靴与导轨之间的摩擦力，节省能量，提高乘坐舒适感，在运行速度 $v>2.0$ m/s 的高速电梯中，常采用滚动导靴取代弹性滑动导靴。

滚动导靴由滚轮、弹簧、靴座、摇臂等组成，如图 4.21 所示。滚动导靴以三个滚轮代替滑动导靴的三个工作面。三个滚轮在弹簧的作用下，压贴在导轨三个工作面上，电梯运行时，滚轮在导靴面上作滚动。

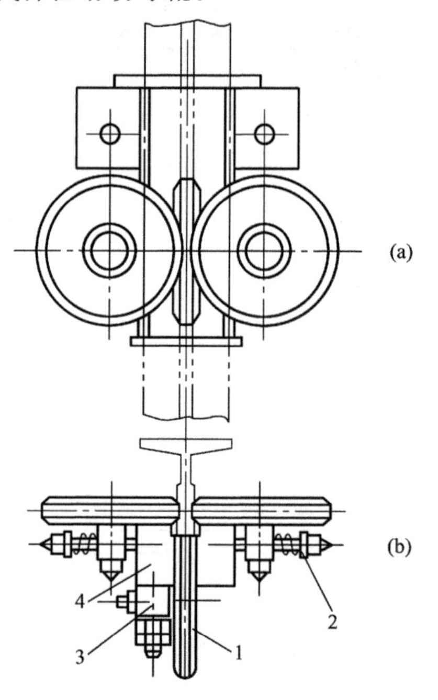

图 4.21　滚动导靴

(a)立面图；(b)俯视图

1—滚轮；2—弹簧；3—摇臂；4—靴座

滚动导靴以滚动摩擦代替滑动摩擦，大大减少了摩擦损耗，节省了能量；同时还在导轨的三个工作面方向都实现了弹性支承，从而对 F_x 及 F_y 力都具有良好的缓冲作用，并能在三个方向上自动补偿导轨的各种几何形状误差及安装偏差。滚动导靴的这些优点，使它能适应高的运行速度，在高速电梯上得到广泛应用。

滚动导靴的滚轮常用硬质橡胶制成。为了提高与导轨的摩擦力，常在轮圈上制出花纹。滚轮对导轨的压力的意义与滑动导靴相同。压力的大小通过改变弹簧的被压缩量加以调节。

应当注意的是，滚动导靴不允许在导轨工作面上加润滑油，否则会使滚轮打滑，无法工作。滚轮转动应灵活、平稳、可靠。

对于重载、高速电梯，为了提高导靴的承载能力，有时也采用六个滚轮的滚动导靴。滚动导靴可以在干燥的、不加润滑的导轨上工作，因此不存在油污染，减少了火灾的危险。

4.2　重量平衡系统

重量平衡系统使对重与轿厢达到相对平衡，在电梯工作中使轿厢与对重间的重量差保持在某一个限额之内，以保证电梯的曳引传动平稳、正常。它由对重装置和重量补偿装置两部分组成，平衡系统如图 4.22 所示。对重装置起到相对平衡轿厢重量的作用，它与轿厢相对悬挂在曳引绳的另一端。

补偿装置的作用是：当电梯运行的高度超过 30 m 时，由于曳引钢丝绳和电缆的自重，使曳引轮的曳引力和电动机的负载发生变化，补偿装置可弥补轿厢两侧重量的不平稳，就是保证轿厢侧与对重侧重量比在电梯运行过程中不变。

4.2.1　重量平衡系统分析

1. 对重装置的平衡分析

对重又称平衡重，对重和轿厢通过电引绳绕过曳引轮，并分别悬挂在电引轮的两侧，对重相对于轿厢悬挂在曳引绳的另一侧，起到相对平衡轿厢的作用。因为轿厢的载重量是变化的，因此不可能两侧的重量总是相等而处于完全平衡状态。一般情况下，只有轿厢的载重量达到 50％的额定载重量时，对重侧和轿厢侧才处于完全平衡，这时的载重额称电梯的平衡点。这时由于曳引绳两端的静荷重相等，使电梯处于最佳的工作状态。但是在电梯运行中的大多数情况，曳引绳两端的荷重是不相等的且是变化的。因此对重的作用只能起到相对平衡。

2. 补偿装置的平衡分析

在电梯运行中，对重的相对平衡作用在电梯升降过程中还在不断地变化。当轿厢位于最低层时，曳引绳本身存在的重量大部分都集中在轿厢侧；相反，当轿厢位于顶层时，曳引绳的自身重量大部分作用在对重侧，还有电梯上控制电缆的自重，也对轿厢和对重两侧的平衡带来变化，也就是轿厢一侧的重量 Q 与对重一侧的重量 W 的比例 Q/W 在电梯运行中是变化的。尤其当电梯的提升高度超过 30 m 时，这两侧的平衡变化就更大，因而必须增设平衡补偿装置来减弱其变化。

平衡补偿装置悬挂在轿厢和对重的底面(如补偿链条，见图 4.22)，在电梯升降时，其长度的变化正好与曳引绳长度变化相反，当轿厢位于最高层时，曳引绳大部分位于对重侧，而补偿链(绳)大部分位于轿厢侧；而当轿厢位于最低层时，情况正好相反，这样补偿链就对轿厢侧和对重侧起到了平衡的补偿作用，保证了对重起到的相对平衡。

例如，60 m 高建筑内使用的电梯，用 6 根 ϕ13 mm 的钢丝绳，其中不可忽视的是绳的总重量约 360 kg。随着轿厢和对重位置的变化，这个总重量将轮流地分配到曳引轮的两侧。为了减少电梯传动中曳引轮所承重的载荷差，提高电梯的曳引性能，就必须采用补偿装置。

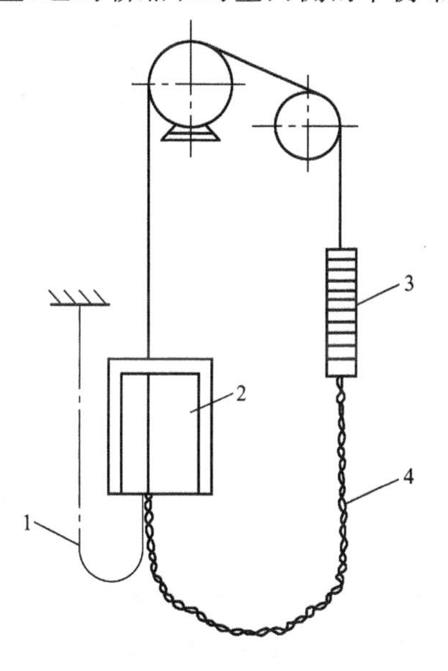

图 4.22　重量平衡系统示意图

1—电缆；2—轿厢；3—对重；4—补偿装置

4.2.2　对重

对重可以平衡(相对平衡)轿厢的重量和部分电梯负载重量，减少电机功率的损耗。当电梯负载与对重十分匹配时，还可以减小钢丝绳与绳轮之间的曳引力，延长钢丝绳的寿命。

由于曳引式电梯有对重装置，如果轿厢或对重撞在缓冲器上，电梯失去曳引条件，从而避免了冲顶事故的发生。曳引式电梯由于设置了对重，使电梯的提升高度不像强制式驱动电梯那样受到卷筒的限制，因而提升高度也大大提高。

1. 对重装置的种类及其结构

对重装置一般分为无对重轮式(曳引比为 1∶1 的电梯)和有对重轮(反绳轮)式(曳引比为 2∶1 的电梯)两种。不论是有对重轮式还是无对重轮式的对重装置，其结构组成是基本相同的，一般由对重架、对重块、导靴、缓冲器碰块、压块以及与轿厢相连的曳引绳和对重轮(指 2∶1曳引比的电梯)组成，各部件安装位置如图 4.23 所示。其中，对重架 4 是用槽钢制成，其高度一般不宜超出轿厢高度；对重块由铸铁制造，安放在对重架上后，要用压板压紧，以防运行中产生移位和振动声响。

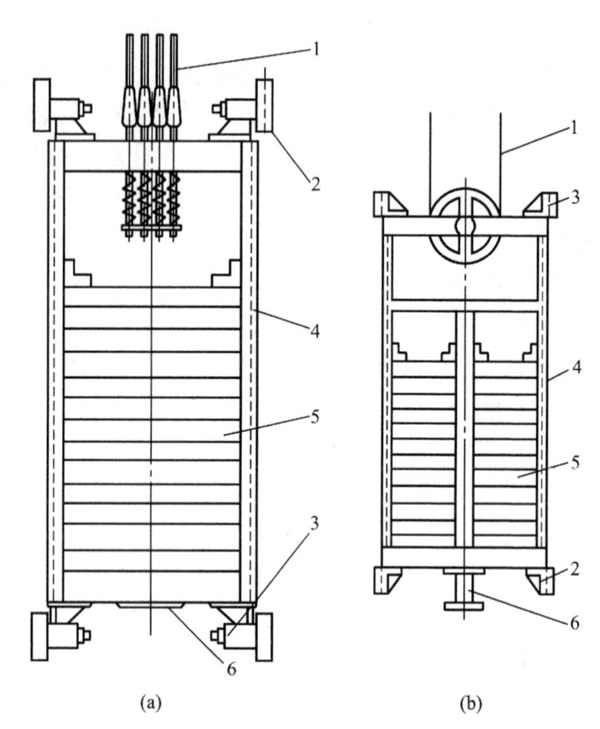

图 4.23　对重装置各部件安装位置

(a)无对重轮式;(b)有对重轮式

1—曳引绳;2,3—导靴;4—对重架;5—对重块;6—缓冲器碰块

2. 对重重量值的确定

为了使对重装置能对轿厢起到最佳的平衡作用,必须正确计算其重量。对重的重量值与电梯轿厢本身的净重和轿厢的额定载重量有关。一般在电梯满载和空载时,曳引钢丝绳两端的重量差值应为最小,这样会使曳引机组消耗功率少,钢丝绳也不易打滑。

对重装置过轻或过重,都会给电梯的调整工作造成困难,影响电梯的整机性能和使用效果,甚至造成冲顶或蹲底事故。对重的总重量通常以下面基本公式计算:

$$W=G+KQ$$

式中:G——轿厢自重(kg);

Q——轿厢额定载重量(kg);

K——电梯平衡系数,为 0.4～0.5,以钢丝绳两端重量之差值最小为好,平衡系数选值原则是尽量使电梯接近最佳工作状态。

当电梯的对重装置和轿厢侧完全平衡时,电梯只需克服各部分摩擦力就能运行,且电梯运行平稳、平层准确度高。因此,对平衡系数 K 的选取,应尽量使电梯能经常处于接近平衡状态。对于经常处于轻载的电梯,K 可选取 0.4～0.45;对于经常处于重载的电梯,K 可取 0.5。这样有利于节省动力,延长机件的使用寿命。

例 1　有一部客梯的额定载重量为 1 000 kg,轿厢净重为 1 000 kg,若平衡系数取 0.45,求对重装置的总重量。

解　已知 $G=1\ 000$ kg,$Q=1\ 000$ kg,$K=0.45$,代入上面的公式得

$$W=G+KQ=1\ 000+0.45\times 1\ 000=1\ 450\ \mathrm{kg}$$

4.2.3　补偿装置

1. 补偿链

这种补偿装置以铁链为主体，链环一个扣一个，并用麻绳穿在铁链环中，麻绳用于减少运行时铁链相互碰撞引起的噪声。补偿链与电梯设备连接，通常采用一端悬挂在轿厢下面，另一端则挂在对重装置的下部，如图 4.24 所示。这种补偿装置的特点是：结构简单，但不适用于在梯速超过 1.75 m/s 的电梯上使用；另外，为防止铁链掉落，应在铁链两个终端分别穿套一根 ϕ6 mm 钢丝绳与轿底和对重底穿过后紧固，这样也能减少运行时铁链互相碰撞引起的噪声。

2. 补偿绳

这种补偿装置以钢丝绳为主体，把数根钢丝绳经过钢丝绳卡钳和挂绳架，一端悬挂在轿厢底梁上，另一端悬挂在对重架上，如图 4.25 所示。这种补偿装置的特点是：电梯运行稳定、噪声小，故常用在电梯额定速度超过 1.75 m/s 的电梯上；但装置比较复杂，除了补偿绳外，还需张紧装置等附件。电梯运行时，张紧轮能沿导轮上下自由移动，并能张紧补偿绳。正常运行时，张紧轮处于垂直浮动状态，本身可以转动。

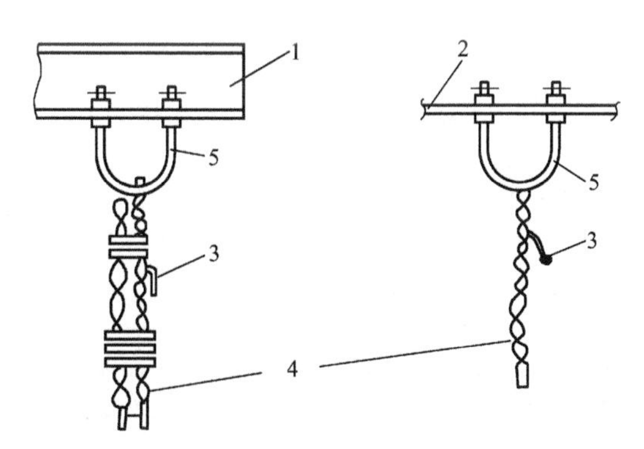

图 4.24　补偿链连接图

1—轿厢底；2—对重底；3—麻绳；4—铁链；5—U 形卡箍

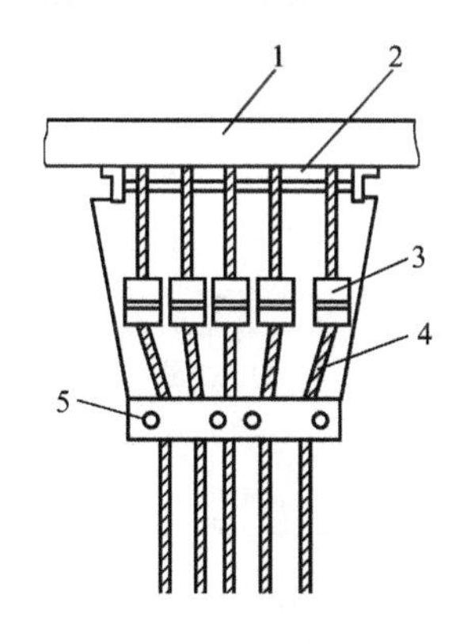

图 4.25　补偿绳连接头

1—轿厢底梁；2—钢丝绳卡钳口；3—张紧装置；4—钢丝绳；5—紧固装置

3. 补偿缆

补偿缆是最近几年发展起来的新型的、高密度的补偿装置。补偿缆中间有低碳钢制成的环链，中间填塞物为金属颗粒以及聚乙烯与氯化物混合物，形成圆形保护层，链套采用具有防火、防氧化的聚乙烯护套。这种补偿缆质量密度高，最重的每米可达 6 kg，最大悬挂长度可达 200 m，运行噪声小，可用作各种中、高速电梯的补偿装置。补偿缆的连接方法如图 4.26 所示。

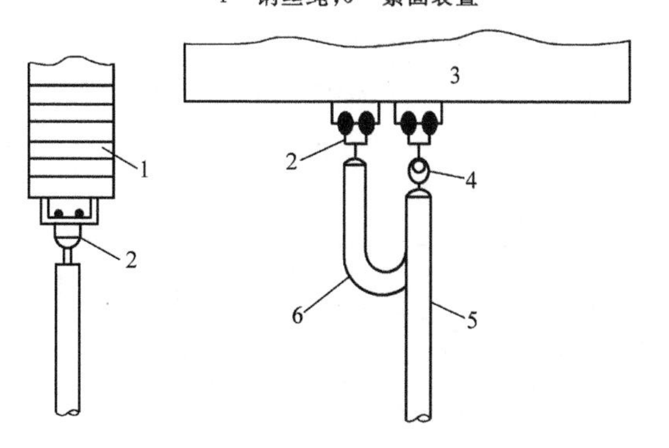

图 4.26　补偿缆连接图

1—对重；2—U 形螺栓；3—轿厢底；4—S 形悬钩；5—补偿缆；6—安全回环

4.3 电梯的定向

将来自轿厢乘客欲往层的选层信号、来自大厅乘客所在层的向上或向下的呼叫信号与电梯停靠的位置信号进行比较，确定电梯真实的运行方向，且第一个呼叫电梯的乘客优先定向。电梯运行时，在电梯所在层前方有顺向呼叫时，运行方向保持。如果电梯停在某层，而前方或后方都没有呼叫时，所在层有呼叫，电梯不能定向。电梯的自动定向程序如图 4.27 所示。

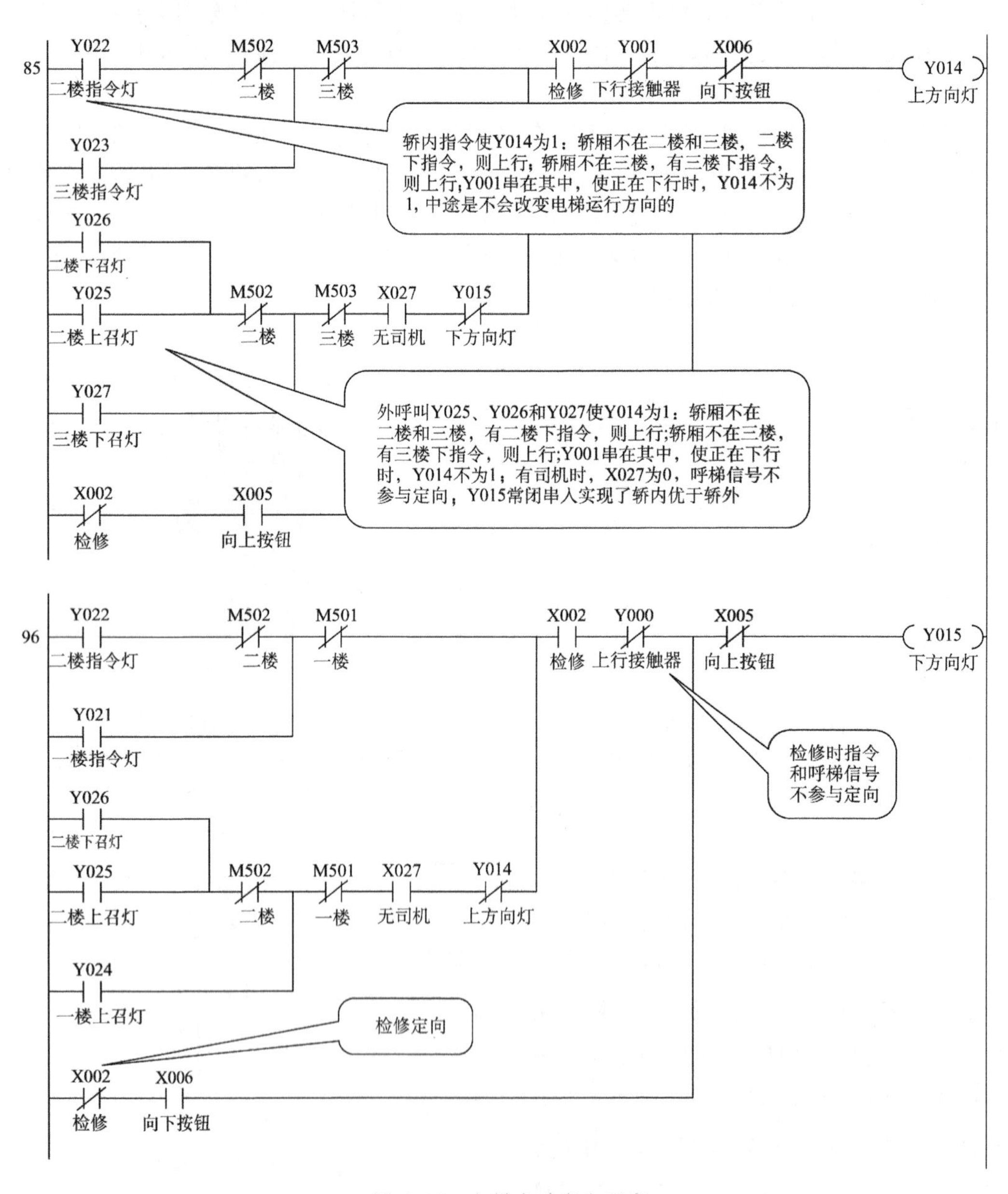

图 4.27　电梯自动定向程序

厅外呼叫信号定向与轿内选层定向是有区别的，轿内选层定向没有附加条件，而厅外呼叫定向的条件是仅在无司机状态下，并且电梯门全部关好才有可能定向（实现了轿内优于轿外）。

当电梯停在某一层，这时呼叫信号被分成三个独立的部分，即电梯所在层以上的呼叫信号、所在层以下的呼叫信号及本层的呼叫信号。例如，电梯停在 3 层，选层器固定板上的常闭触点 3XE 被拖板上的碰块压开，定向电路被分成三段，即 4XE 以上、2XE 以下及本层 3XE，与其对应的呼叫信号也被分成三段。

电梯在运行时，由于 Y014、Y015 是通过常闭触点（Y000、Y001）相互联锁的，所以中途是不会改变电梯运行方向的。

4.4　仿真制作

4.4.1　电梯定向组态设计

电梯的定向是由 Y014 和 Y015 给出的，根据给定的 PLC 程序翻译成组态的命令语言，实际运行时，则是由门厅呼叫和轿内指令决定。图 4.28 给出上行定向指示的设计，图 4.29 给出了上行指示隐含连接的设计。

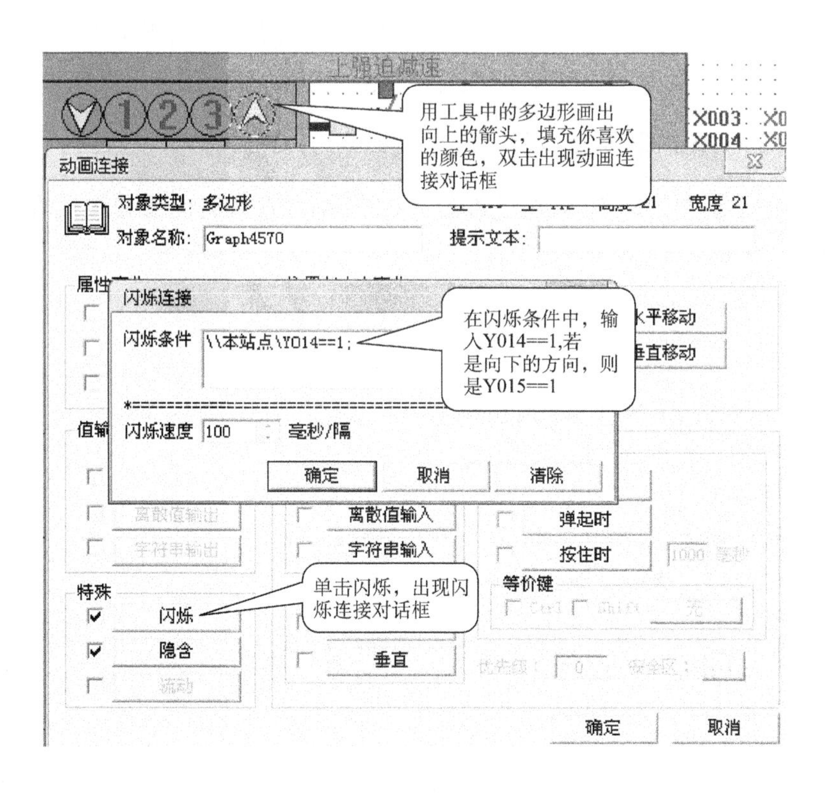

图 4.28　上行定向指示设计

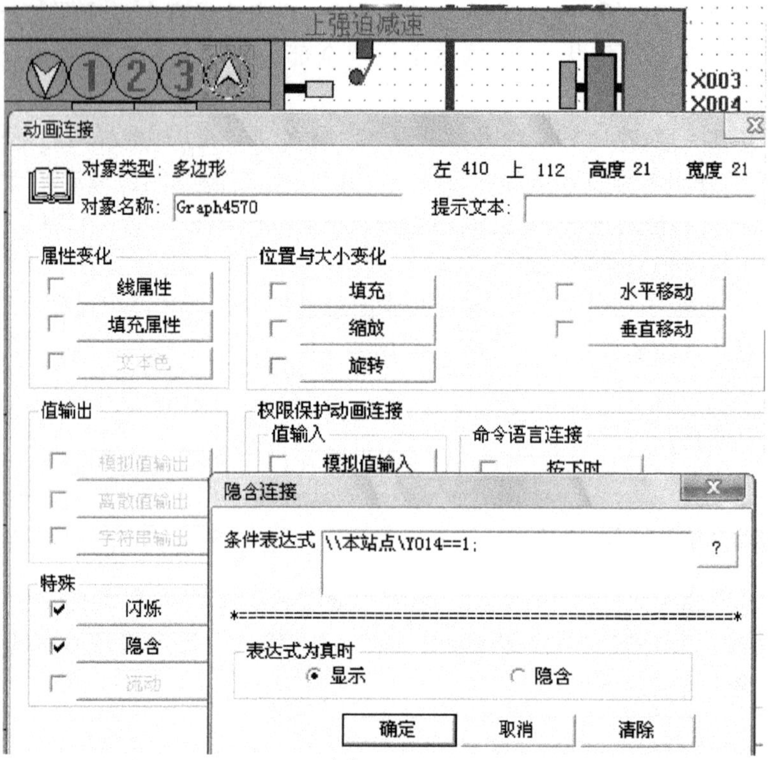

图 4.29　上行指示隐含连接设计

4.4.2　电梯定向的命令语言设计

电梯的定向控制，可以对 PLC 程序的 85～96 行的程序进行组态命令语言编程，就能实现对电梯的定向控制。

习　题

1. 为什么电梯开始下行时不立即响应上行？
2. 为什么门锁好后才能检修下、上行？
3. 直驶是如何实现的？
4. 什么是顺向截梯？
5. 什么是反向最远截梯？如何实现？
6. 什么是有司机？
7. 轿内优于轿外如何实现？

第 5 章　电梯的换速和平层

学习目标

- 掌握电梯换速和平层系统的基本工作原理及特性，特别是电梯的机械和部分电气特性。
- 学会用 PLC 程序分析电梯的换速和平层运行状态。
- 学会根据电梯的控制要求，在组态控制软件中画出相关部件并写出命令语言程序。

5.1 选层器

选层器设置在机房或隔层内，是模拟电梯运行状态并向电气控制系统发出相应信号的装置。

1. 机械式选层器

机械式选层器是一种以机械传动模拟电梯运行，以缩小的比例准确反映轿厢运行位置，并以电气触头的电信号实行多种控制功能的装置。其作用多为发出减速指令，指示轿厢位置，消除应答完毕的召唤信号，确定运行方向，控制开门等。

图 5.1 所示是常用的机械式选层器传动系统示意图，穿孔钢带 9 与轿厢连接，轿厢运动

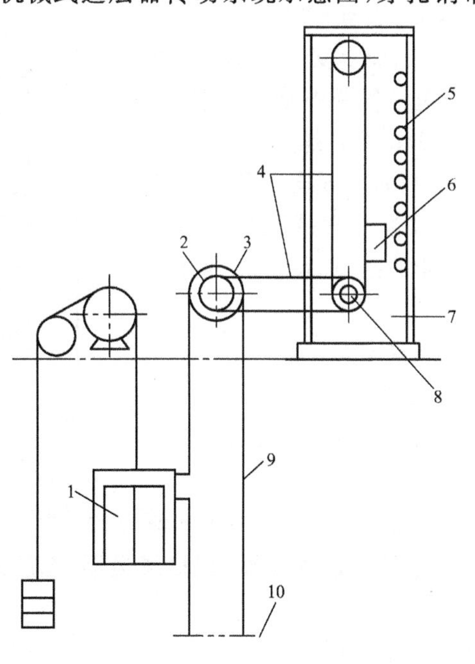

图 5.1　机械式选层器传动系统示意图

1—轿厢；2—链轮；3—钢带轮；4—链条；5—层站静触头；6—动拖板(触头)；7—选层器箱；8—减速器；9—穿孔钢带；10—张紧轮

驱动安装在机房中。选层器钢带轮3转动，由于是采用链齿式传动，钢带在轮上无打滑现象，因此能准确反映电梯实际运行速度，然后再通过一对链轮2将运动传给箱体中的动拖板6，传动拖板随着电梯的升降而升降，且以缩小的比例准确地反映轿厢运动位置，其缩小的比例称为缩比尺。缩比尺可以根据层楼高度、电梯的运行速度、减速距离等条件确定。在国产电梯中常用的缩比尺有1∶60、1∶100等。

选层器箱体除了传动机构及动拖板外，还装有静触头盘，有的还装有磁感应开关的隔磁板作为减速指令发出装置。

机械式选层装置工作过程见图5.1，当电梯做上或下运动时，带动钢带9运动，钢带轮3带动链条4，经减速器8又经链条传动，带动选层器上的动拖板6运动，把轿厢运动模拟到动拖板上。根据运动情况，动拖板与选层器机架上层站静触头接触和离开，完成电气接点离合，起到了电气开关作用。静触头每层一块，其功能通常有轿厢位置指示，上、下换速，上、下行定向，轿内选层消号，厅外上、下呼梯消号等。例如，电梯位于三层，在轿厢内按动五层内选按钮，控制柜的内选继电器吸合，因动拖板位于选层器机架上三层，当电梯轿厢向上运行时，动拖板也同时向上运动；一旦动拖板的换速触点接触到五层的换速接点时，换速继电器动作，电梯减速；电梯平层后，动拖板打开内选自保回路，消去五层内选信号。

2. 电动式选层器

电动式选层器又称刻槽式选层器，如图5.2所示，可装置在控制柜内。其结构由伺服电动机1、螺杆2、螺母3和继电器接点4组成。

电动式选层器的工作过程是：当电梯轿厢在井道内移动时，井道内安装的隔磁板和轿厢上安装的感应器相互插入时便发出信号，此信号送给伺服电动机，伺服电动机便转动一定的角度(90°或180°等)，螺杆跟着转动，而与螺杆配合的螺母(不转动)则向上或向下移动一定的距离(一层楼或几层楼)，与轿厢位置成比例同步运动，由于螺母的移动拨动继电器的接点，使之接通或断开，达到选层的目的。

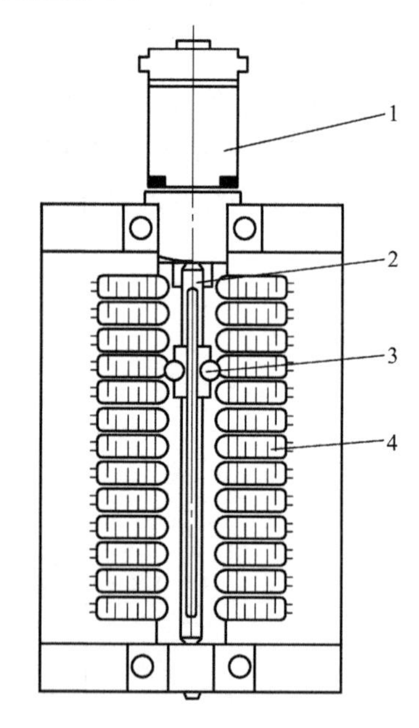

图5.2 电动式选层器结构

1—伺服电动机；2—螺杆；3—螺母；4—继电器接点

3. 电气选层器(继电器式选层器)

电气选层器实际上是一个步进开关装置，可代替机械式选层器。对于电气选层器来说，必须特别注意依次顺序前进和后退的规定。

这种选层装置通常由双稳态磁性开关、圆形永久磁铁、选层器方向记忆继电器、选层器步进限位器、记忆继电器、选层继电器以及选层器的端站校正装置等组成。

井道信息是由装在轿厢导轨上各层支架上的圆形永久磁铁和装在轿厢顶上的一组双稳态磁性开关来完成。各层选层信号是由机房内控制屏上的层楼继电器来执行。

电气选层器的工作原理是：轿厢在井道内的位置信号由双稳态开关与圆形永久磁铁的位置决定，用此信号控制继电器组成选层器，选层器在双稳态磁性开关离开相应的楼层后，双稳态磁性开关与圆形永久磁铁相遇，使双稳态磁性开关中的接点动作，一个位置一个位置地递进，继电器选层器动作超前于轿厢，并使控制系统有足够的时间决定停车的距离。

4. 电脑选层器(电子选层器)

电脑选层器是利用数字脉冲信号、微处理机等手段组成的选层器。它是利用脉冲信号的数字量相对于轿厢运行的距离量进行选层，还利用装在曳引电动机或限速器轮上的光码盘，在电动机转动时产生光脉冲信号，其脉冲量的多少决定了电梯的平层精度，如图 5.3 所示。

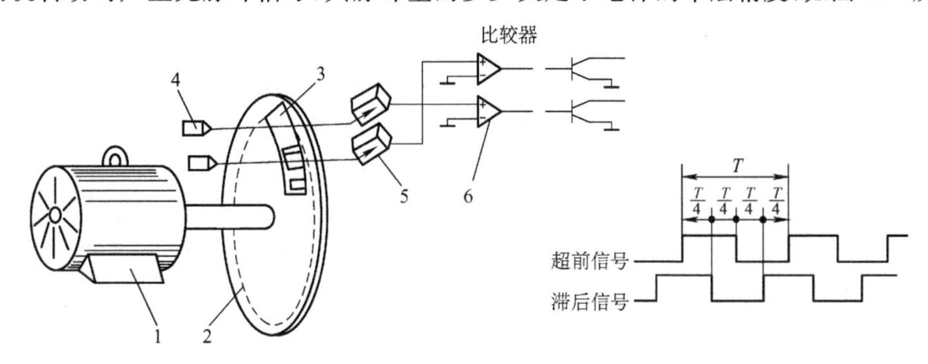

图 5.3　旋转编码器计脉冲数

1—电动机；2—光码盘；3—定盘；4—发光器；5—接收器；6—比较器

旋转编码器与电动机同轴连接，随电动机的转动，产生脉冲信号输出。根据脉冲的输出，可以检测运行距离。光码盘(转盘)随轿厢的运行旋转，LED 发出的光线通过定盘穿过转盘的间隙。每一转产生 1 024 个脉冲，采用两相检测，两相相差 90°，因此可以判断轿厢是上行还是下行。

图 5.4 所示为电脑选层器的构成图。用旋转编码器检测电动机的转数，从而得出轿厢的移动距离。由方向判断回路检测运行方向送副微机。电梯安装完成后，将电梯停在底层，通过 MPU 上的小键盘操作，使电梯进入自动高测定运行，将各层数据写入 EEPROM。每层数据是通过轿顶感应器经过隔磁板取得的。微机内部设层高表记录各层的层高数据。

旋转编码器取得了电梯的位置信号，要完成选层器的功能，微机内部设置了同步位置、先行位置、先行层等几个变量，分析它们之间的关系，并进行同步位置的校正。校正是利用轿顶的感应器进行的。

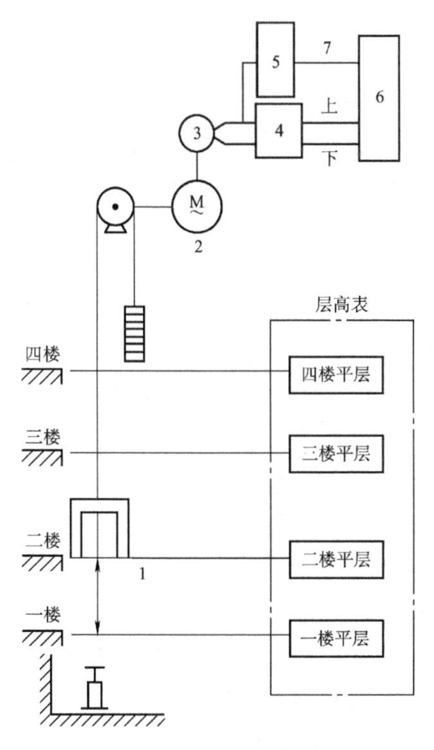

图 5.4　电脑选层器的构成

1—计数值；2—电动机；3—旋转编码器；4—方向检测；5—计数器；6—副微机；7—移动距离

5.2 交流双速电梯的换速与启动电路

厅外的呼叫信号与电梯实际运行方向相反称为反向呼叫信号。最远的反向呼叫信号就是比顺向呼叫信号远，也比前方的所有反向呼叫信号远的反向呼叫信号。例如，电梯从 3 层正在向上方向运行，这时 4 层有向上的顺向呼叫，6 层、8 层有向下的呼叫，8 层的呼叫为最远的反向呼叫信号。当电梯运行服务时，首先应答 4 层的上呼叫信号，然后再满足 8 层的反向呼叫，电梯反向后，再满足 6 层的呼叫。对 6 层呼叫信号而言，由反向呼叫转化为向下方向的顺向呼叫。这样的安排使电梯的服务效率最高，乘客候梯时间最短。从上面的分析可以得出结论，最远的反向呼叫信号不是固定的，而是随机变化的。

X030 是直驶按钮，在有司机时有效，当有司机继电器 X027 吸合时，司机按住了 X027 按钮，切断了外呼信号，令电梯不能换速和停车。当电梯有司机运行时，由于 X027 不吸合，Y024、Y025、Y026、Y027 被断开，所以不能换速，也就不能停站。程序的其他功能分析如图 5.5 所示。

例如，电梯停在 1 层，在图 5.5 中，由于 2、3 层有向下的呼叫信号，由图 5.5 的定向电路可以看出电梯定为向上，即 Y014 吸合，Y015 不动作；当电梯运行到 2 层时，Y026 和 M502 都为 1，而 Y014 为 1 ，断开了电路，M4 不能为 1，此时电梯在 2 层不能换速停车，电梯继续上行到 3 楼，进入 3 楼时，M503 为 1，使 Y014 为 0，此时 M3 仍为 1，导致 M4 为 1，电梯换速停车。总之，电梯反向截车的实现是在既有内选层呼叫信号，又有顺向的呼叫信号时，通过 Y014 和 Y015 的释放实现的。

电梯的启动与换速和自控系统的拖动方式有密切关系。在交流双绕组电动机拖动系统中，启动时采用快速绕组中串入电阻或电抗的降压启动，减速时利用慢速绕组通电产生能耗制动。以上主要是改变主电路的参数。

而在调速的拖动系统中，采用改变给定控制信号电压，使电梯平滑启动，平滑制动。当给定电压为零时，电梯停止运行。

1. 交流双速电动定子线圈两种接线方法

以 6/24 极为例，一般 6 极与 24 极采用两组独立的绕组。为了节省材料、减小体积，6 极与 24 极采用同一组线圈，在使用时仅改变接线方法。如图 5.6 所示，6 极为快速绕组，24 极为慢速绕组，同步转速是 1 000/250 r/min。

6 极接线方式：把端子 XK1、XK2、XK3 短接起来，接成双星形，XH1、XH2、XH3 接 A、B、C 三相电源，同步转速是 1 000 r/min。

24 极接线方式：端子 XH1、XH2、XH3 空着，XK1、XK2、XK3 接三相电源 A、B、C，两组线圈串联，接成单星形，同步转速是 250 r/min。

2. 启动与换速程序

启动与换速程序如图 5.7 所示，其中所涉及的指令如下：

Y002——快车辅助接触器；

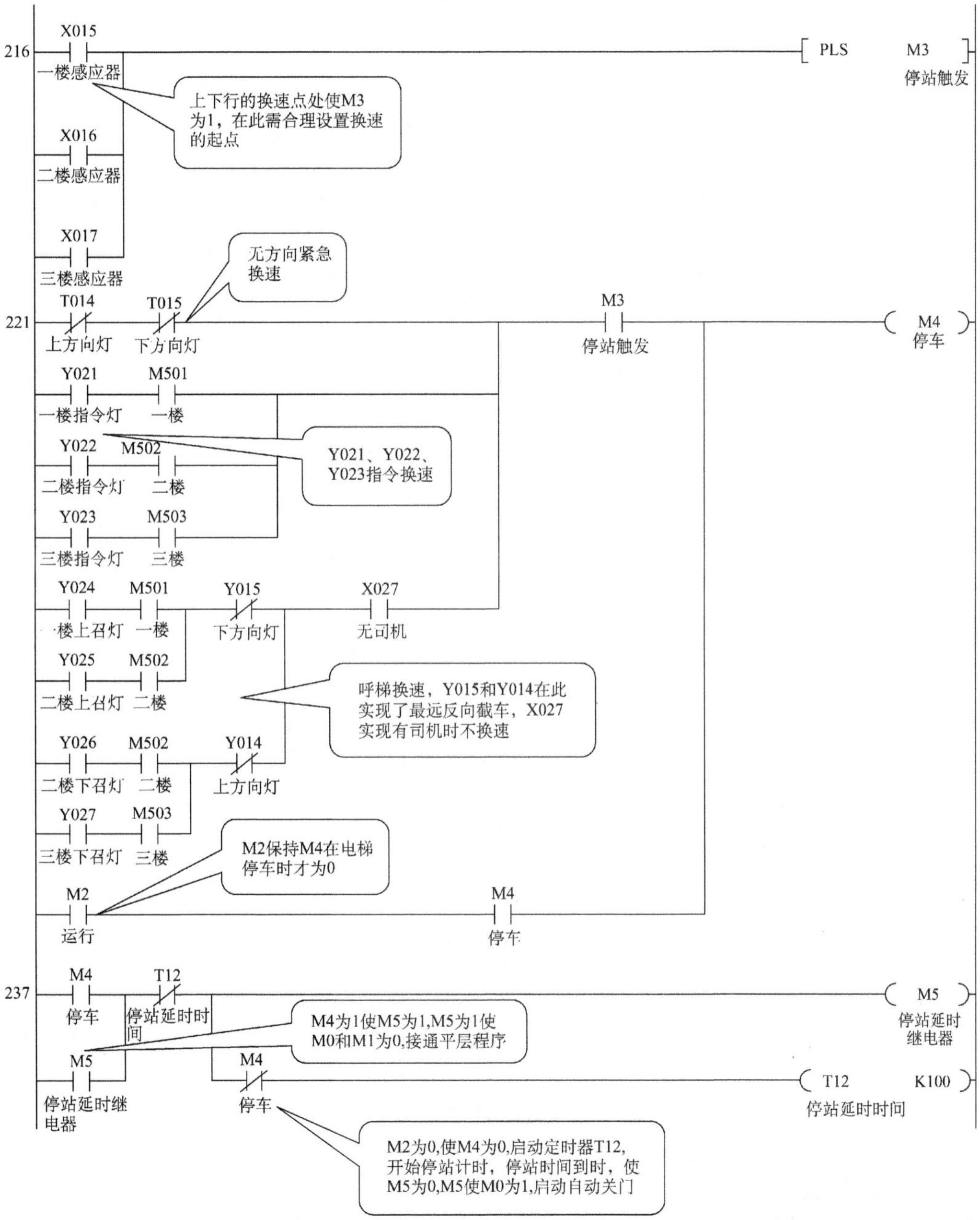

216 X015 一楼感应器 [PLS M3] 停站触发

上下行的换速点处使M3为1，在此需合理设置换速的起点

X016 二楼感应器

X017 三楼感应器

无方向紧急换速

221 T014 上方向灯 T015 下方向灯 M3 停站触发 (M4 停车)

Y021 一楼指令灯 M501 一楼

Y022 二楼指令灯 M502 二楼

Y021、Y022、Y023指令换速

Y023 三楼指令灯 M503 三楼

Y024 一楼上召灯 M501 一楼 Y015 下方向灯 X027 无司机

Y025 二楼上召灯 M502 二楼

呼梯换速，Y015和Y014在此实现了最远反向截车，X027实现有司机时不换速

Y026 二楼下召灯 M502 二楼 Y014 上方向灯

Y027 三楼下召灯 M503 三楼

M2保持M4在电梯停车时才为0

M2 运行 M4 停车

237 M4 停车 T12 停站延时时间 (M5 停站延时继电器)

M4为1使M5为1,M5为1使M0和M1为0,接通平层程序

M5 停站延时继电器 M4 停车 (T12 K100) 停站延时时间

M2为0,使M4为0,启动定时器T12,开始停站计时，停站时间到时，使M5为0,M5使M0为1,启动自动关门

图 5.5　电梯换速程序

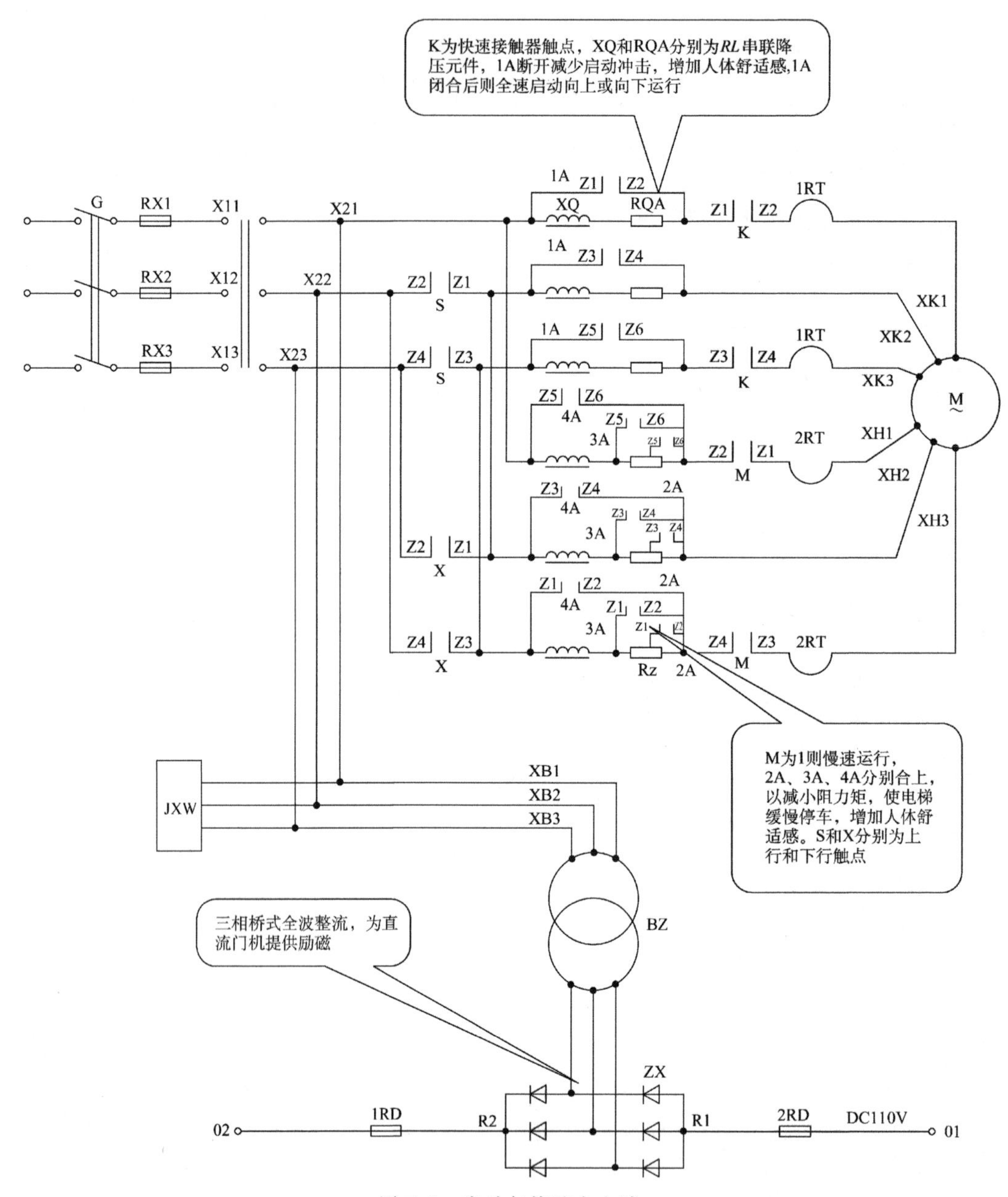

图 5.6 启动与换速主电路

Y003——慢车辅助接触器；

K——快车接触器；

M——慢车接触器；

1A、2A、3A、4A——切电阻接触器；

RQA——启动电阻；

XQ——启动线圈；

RQB——制动电阻；

YQ——制动线圈；

M——交流电动机；
T0、T1、JT2、T3——切电阻延时继电器；
X001——轿厢门锁；
JK——换速辅助继电器；
M1——换速继电器；
Y000——上行辅助接触器；
Y001——下行辅助接触器；
S——上行接触器；
X——下行接触器；
X002——检修继电器；
G——电源空气开关；
Y014——下方向辅助继电器；
Y015——上方向辅助继电器；
X003——上平层继电器；
X004——下平层继电器。

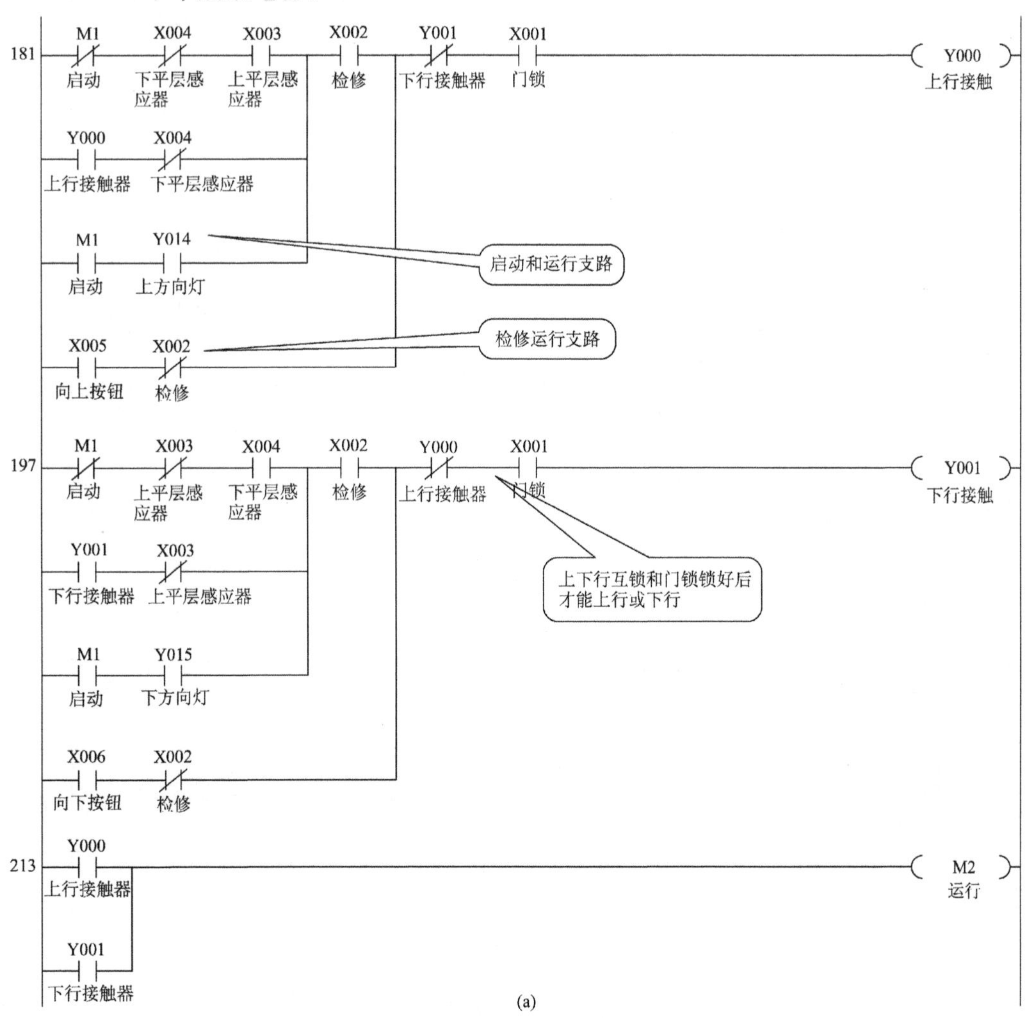

(a)

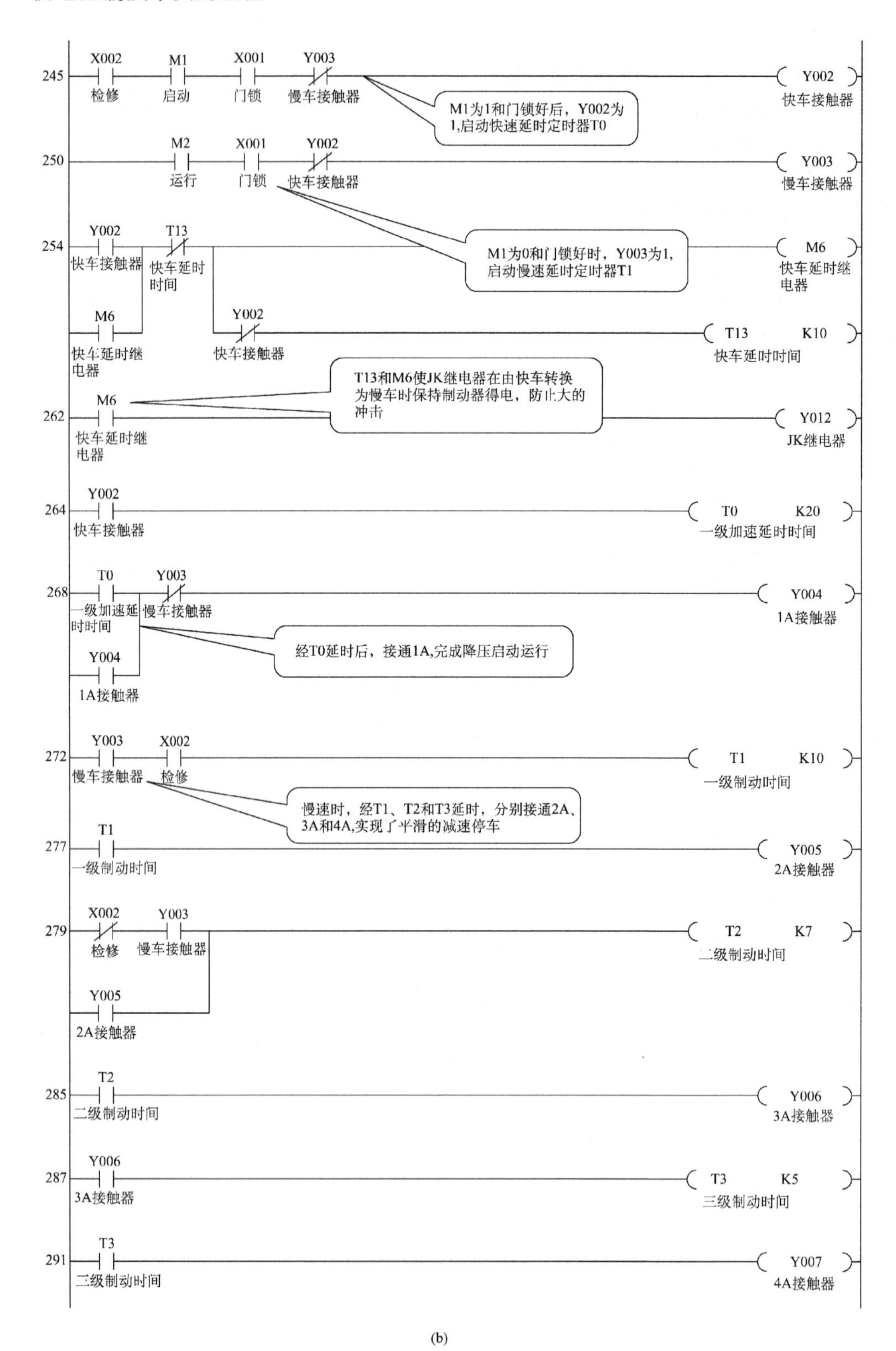

(b)

图 5.7　启动加速与停车减速程序

在交流双速电动机拖动系统中，电梯的加速过程是依靠切除串在高速绕组中的电阻或电抗实现的，使电梯达到高速运行，控制切电阻的时间可以调节电梯的启动舒适感。

电梯在减速制动运行时，切除高速绕组，接通低速绕组，并逐级切除串在低速绕组中的电阻或电抗，控制切除电阻的时间可以调节电梯减速的舒适感。电梯上与下的运行是通过S与X改变电压相序实现的。首先合上电源开关G，设电梯停在1层，3层有内选层呼叫，Y023为1。通过定向电路，电梯定为上方向，Y014为1。

在图5.7(b)中，当按关门按钮后Y011接通，且自锁；Y001通过M1和Y014为1接通，上方向接触器S吸合，接通主电路，电梯确实定为上方向。由于M1的吸合，辅助快车接触器Y002吸合，通过Y002为1，使快车接触器K接通，电动机M的主电路全部接通，电梯向上启动运行，为了限制启动电流，定子中串联电阻RQA，且通过T0延时定时器完成加速延时，即切除串联阻抗。Y002的闭合，使T0开始延时。短接电阻RQA用的接触器1A待T0延时过去后吸合，切除电阻RQA使电梯高速稳定运行。

当电梯运行到3层时，由轿厢上的隔磁板插入楼层感应器X017，换速继电器M3吸合。由于X017为1，使M503为1，而Y023已经为1，则M4吸合，M5为1，M0为0，M1为0，导致Y002为0，Y003为1，电梯开始换速。慢车接触器M吸合，接通慢车绕组，电机低速绕组串入电阻Rz，开始逐步降速的过渡过程。由于T1延时释放，2A延时吸合，切掉一段电阻；T2延时释放，3A延时吸合，切掉一段电阻；T3延时释放，4A延时吸合，把电阻Rz全部切掉。这时电动机M才稳定在250 r/min运行状态，电梯以慢速运行并准备停车。

5.3 交流双速电梯的平层停止运行电路

电梯以高速运行到欲往层站后，由高速运行换成低速运行，电动机高速绕组断开，低速绕组接通，电梯保持原方向运行。当装在轿厢顶上侧面的感应器插入平层隔磁板时，如果电梯向上运行，如图5.8(a)情况2所示，首先插入GX感应器，X004为1；电梯继续向上运行，直到隔磁板插入感应器GS中，X003吸合。在图5.9中，上行方向接触器Y000释放电梯停止运行，这时隔磁板同时插入两个感应器中，如图5.8(a)情况3所示。电梯向下运行时，平层停车

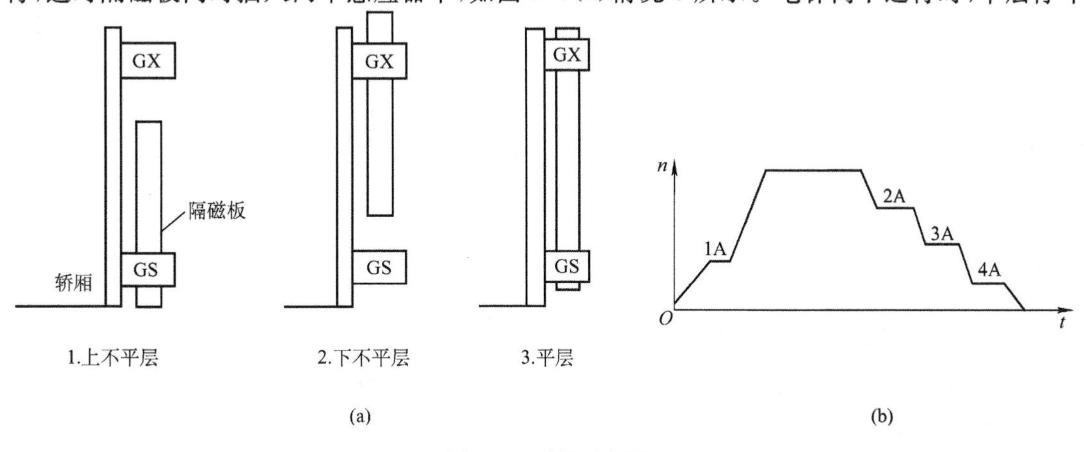

图5.8 平层示意图

(a)隔磁板与感应器的三种位置关系；(b)电梯平层速度

情况同前，如图 5.8(a)情况 1 所示。平层电路当 Y007 切电阻接触器得电吸合后接通，这时电梯运行已接近平层速度，如图 5.8(b)所示。

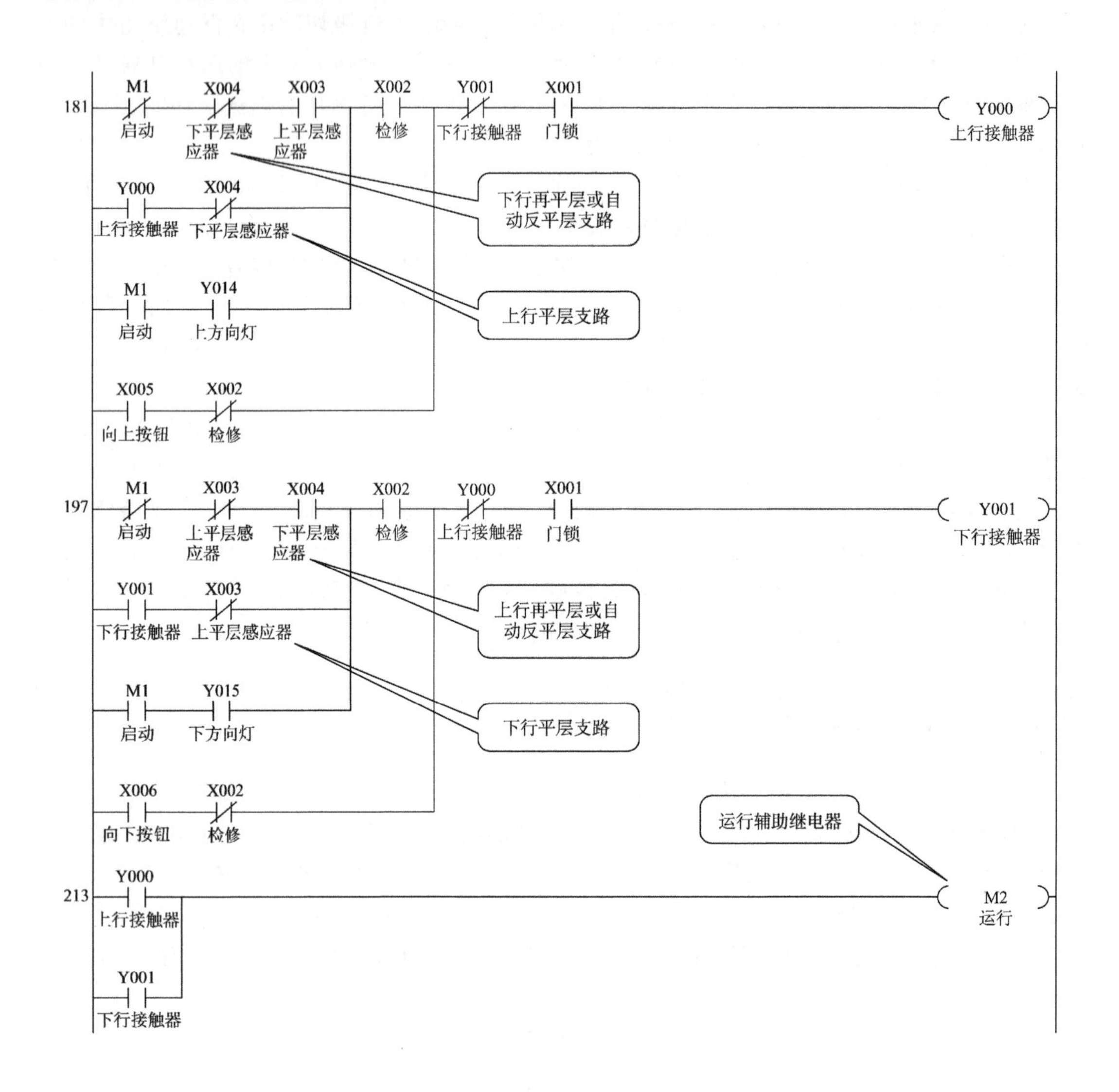

图 5.9　交流双速电梯平层控制程序

5.4 仿真制作

1. 电梯平层控制系统画面设计

图 5.10 所示为组态电梯控制系统画面，平层感应器和隔磁板的位置设计如图所示。

2. 电梯平层控制的组态命令语言设计

电梯的平层控制，可以对 PLC 程序的 181～213 行程序进行组态命令语言编程，就能实现对电梯的平层控制。

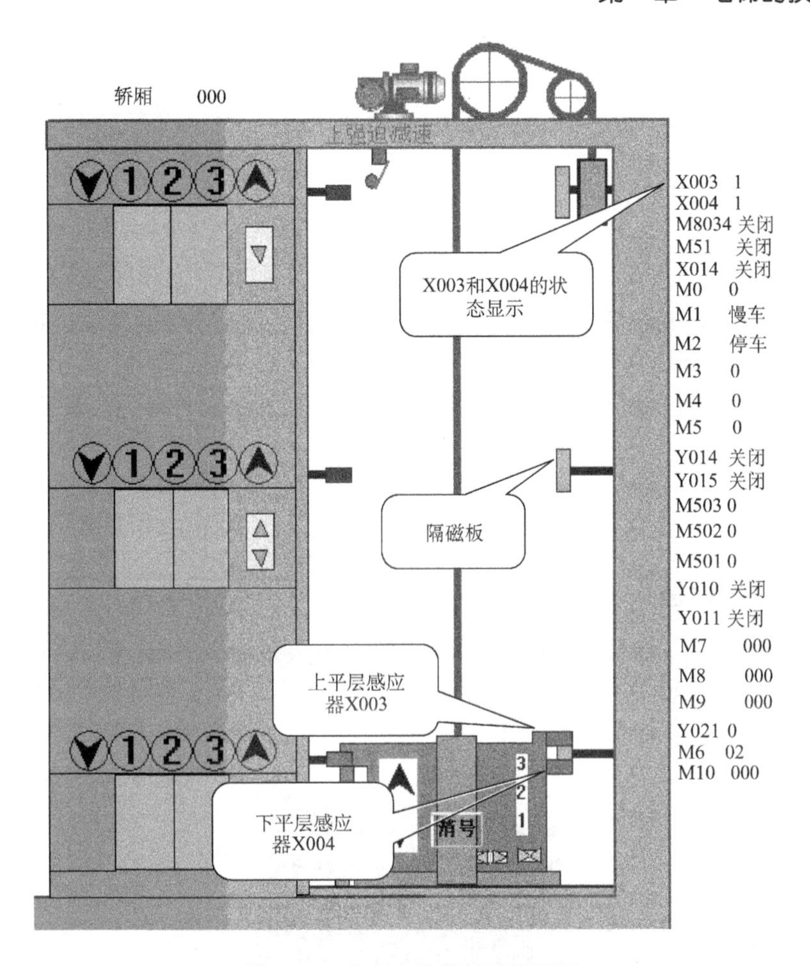

图 5.10　组态电梯控制系统画面

习　题

1. 平层是如何实现的?
2. 什么是自动反平层或再平层?
3. 减速的起点在哪里?
4. 停站触发为什么要采用上升沿触发指令?
5. 为什么有的电梯每层用两个楼层感应器?
6. 电机两级加速是如何实现的?
7. 电机四级减速是如何实现的?
8. 直驶是如何实现的?
9. 什么是顺向截梯?
10. 什么是反向最远截梯? 如何实现?

第 6 章　电梯的轿厢和轿门系统

学习目标

- 掌握电梯轿厢和轿门系统的基本工作原理及特性，特别是电梯的机械和部分电气特性。
- 学会用 PLC 程序分析电梯的开关门运行状态。
- 学会根据电梯的控制要求，在组态控制软件中画出相关部件并写出命令语言程序。

6.1 轿厢系统

6.1.1 轿厢总体构造

轿厢总体构造如图 6.1 所示，轿厢本身主要由轿厢架和轿厢体两部分构成，其中还包括若干个构件和有关的装置。

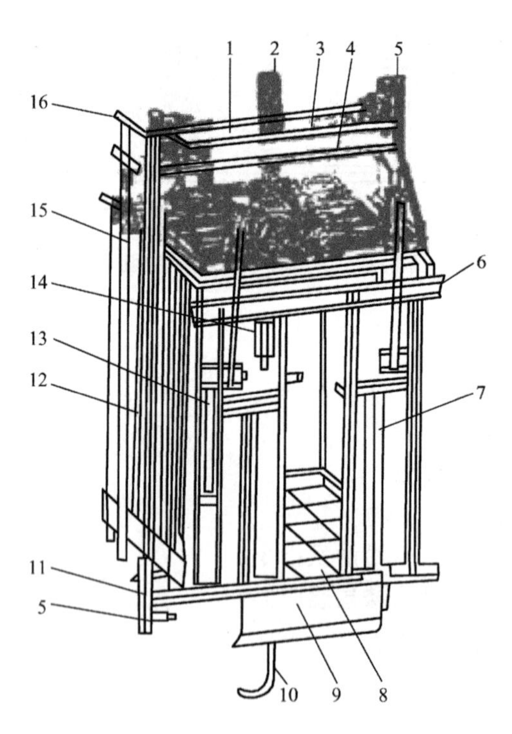

图 6.1　普通客梯轿厢构造

1—轿厢架；2—绳头装置；3—检修开关盒；4—自动门机构；5—导靴；6—门框；7—中分式板门；8—轿厢；9—扩板；10—拧制电缆；11—安全钳的安全嘴；12—拉杆；13—操纵箱；14—门刀；15—行程开关挡板；16—极限开关挡块

轿厢架是承重结构件，是一个框形金属架，由上、下立梁和拉条（拉杆）组成。框架的材质选用槽钢或按要求压成的钢板，上、下立梁之间一般采用螺栓连接。在上、下立梁的四角有供安装轿厢导靴和安全钳的平板，在上梁中部下方有供安装轿顶轮或绳头组合装置的安装板，在立梁（也称侧立柱）上留有安装轿厢开关板的支架。

轿厢体形态像一个大箱子，由轿底、轿壁、轿顶及轿门等组成。轿底框架采用规定型号及尺寸的槽钢和角钢焊成，并在上面铺设一层钢板或木板。为使之美观，常在钢板或木板之上再粘贴一层塑料地板。轿壁由几块薄钢板拼合而成，每块构件的中部有特殊形状的纵向筋，目的是增强轿壁的强度，并在每块物体的拼合接缝处，用装饰嵌条遮住。轿内壁板面上通常贴有一层防火塑料板或采用具有图案、花纹的不锈钢薄板等，也有把轿壁填灰磨平后再喷漆的。轿壁间以及轿壁与轿顶、轿底之间一般采用螺钉连接、紧固。轿顶的结构与轿壁相似，要求能承受一定的载重（因电梯检修工有时需在轿顶上工作），并有防护栏以及根据设计要求设置安全窗。有的轿顶下面装有装饰板（一般客梯有，货梯没有），在装饰板的上面安装照明和风扇。

另外，为防止电梯超载运行，多数电梯在轿厢上设置了超载装置。超载装置安装的位置有轿底称重式（超载装置安在轿厢底部）及轿顶称重式（超载装置安在轿厢上梁）等。

6.1.2　轿厢架

轿厢架是承重构架，其钢材的强度和构架的结构要求都很高，牢固性要好。

1. 轿厢架的构造

不论是哪一种轿厢架的结构形式，一般均由上梁、立柱、底梁、拉条（拉杆）等组成，其基本结构如图6.2所示。这些构件一般都采用型钢或专门摺边而成的型材，通过搭接板用螺栓接合，可以拆装，以便进入井道组装。对轿厢架的整体或每个构件的强度要求都较高，要保证电梯运行过程中，万一产生超速而导致安全钳扎住导轨掣停轿厢或轿厢下坠与底坑内缓冲器相撞时，不致发生损坏。对轿厢架的上梁、下梁还要求在受载时发生的最大挠度应小于其跨度的1/1 000。

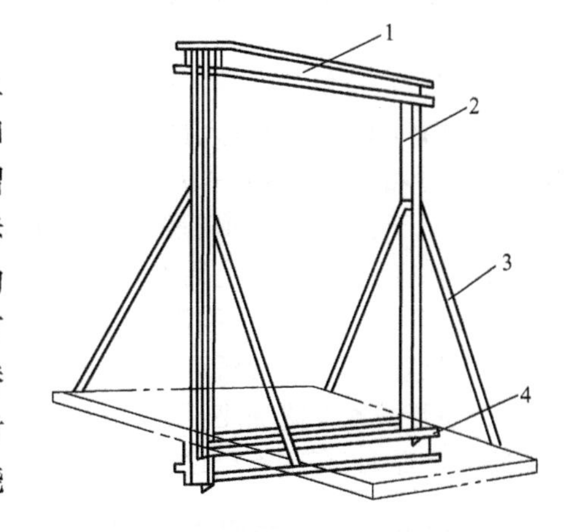

图6.2　轿厢架的基本构件

1—上梁；2—立柱；3—拉条；4—底梁

2. 轿厢架形式分类

轿厢架有两种基本构造。

①对边形轿厢架：适用于具有一面或对面设置轿门的电梯。这种形式轿厢架受力情况较好，当轿厢作用有偏心载荷时，只在轿架支撑范围内发生拉力或在立柱发生推力，这是大多数电梯所采用的构造方式，如图6.3所示。

②对角形轿厢架：常用在具有相邻两边设置轿门的电梯上，这种轿厢架在受到偏心载荷时各构件不但受到偏心弯曲，而且其顶架还会受到扭转的影响，受力情况较差，特别是对于重型电梯，应尽量避免采用，如图6.4所示。

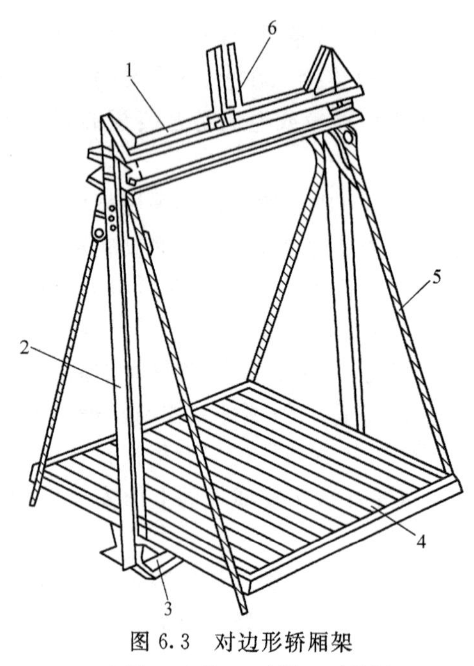

图 6.3　对边形轿厢架

1—上梁；2—立柱；3—底梁；4—轿厢底；
5—拉条；6—绳头组合

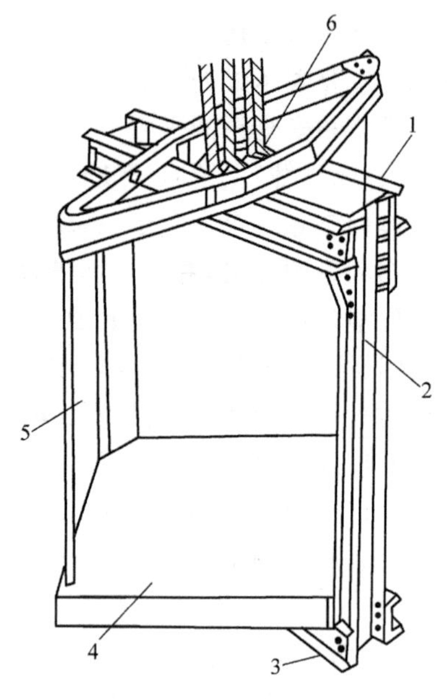

图 6.4　对角形轿厢架

1—上梁；2—立柱；3—底梁；4—轿厢底；
5—拉条；6—绳头组合

6.1.3　轿厢顶的构造和强度要求

由于安装、检修和营救的需要，轿厢顶有时需要站人，我国有关技术标准规定，轿顶要能承受三个携带工具的检修人员（每人以 100 kg 计），且弯曲挠度应不大于跨度的 1/1 000。

此外轿厢顶上应有一块不小于 0.12 m^2 的站人用的净面积，其小边长度至少应为 0.25 m。对于轿内操作的轿厢，轿顶上应设置活板门（即安全窗，一般规定轿顶的安全窗只能在轿顶向外打开，在轿厢内用专用钥匙打开，并规定安全窗只能由专业人员使用），其尺寸应不小于 0.35 m×0.5 m。该活板门应有手动锁紧装置，可向轿外打开，活板门打开后，电梯的电气联锁装置就断开，使轿厢无法开动，以保证安全。同时轿顶还应设置排气风扇以及检修开关、急停开关和电源插座，以供应检修人员在轿顶上工作时使用。轿顶靠近对重的一面应设置防护栏杆，其高度不超过轿厢的高度。

6.1.4　轿壁、轿底的强度及使用要求

1. 轿壁的强度及使用要求

为了保证使用安全，轿壁必须有足够的强度，我国《电梯制造与安装安全规范》规定，轿厢内任何部位垂直向外，在 5 cm^2 圆形或方形面积上，施加均匀分布的 300 N 力时，其弹性变形不大于 15 mm，且无永久变形。

另外，在靠井道侧的轿壁上，为了减小振动和噪声，要粘吸振隔音材料。为了增大轿壁阻尼、减小振动，通常在壁板后面粘贴夹层材料或涂上减振粘子。

当两台以上电梯共设在一个井道时，为了应急的需要，可在轿厢内侧壁上开设安全门。安全门只能向内开启，并装有限位开关，当门开启时，切断电路。安全门的宽度不小于0.4 m，高度不小于 1.5 m。

2. 轿底的强度及使用要求

为了防止箱体振动，常采用框架式底梁，在底框与轿底之间加入6～8块专门制造的橡皮块。在轿底的前沿应设有轿门地坎及护脚板（挡板），以防人在层站将脚板插入轿厢底部造成挤压，护脚板的宽度与层站入口处一样，其高度至少为0.75 m，且斜面向下延伸。

6.1.5　轿厢与曳引钢丝绳的连接方法

曳引式电梯的曳引钢丝绳在机房绕过曳引轮与导向轮后，一端和轿厢相连，另一端和对重相连，其连接的方式有以下两种：

①当曳引比为1∶1时，如图6.5所示，钢丝绳直接与轿厢顶部相连，把曳引绳的末端通过绳头组合装置固定在轿厢的上梁。连接时将绳头板6焊接在轿架的上梁，如有4根曳引钢丝绳，在绳头板上钻4个孔，然后用绳头组合装置的拉杆穿过绳头板，用弹簧和螺母紧固，拉杆的另一端是钢丝绳与拉杆锥孔的巴氏合金熔合。

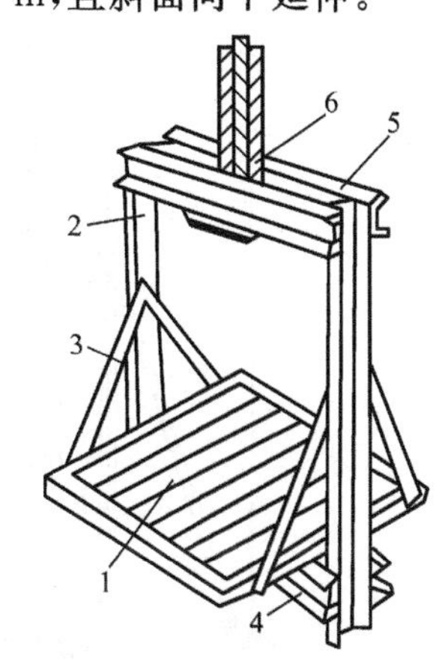

图6.5　曳引比1∶1钢丝绳和轿厢架的连接
1—轿底；2—立柱；3—拉杆；4—底梁；
5—上梁；6—绳头板及绳头组合

②当曳引比为2∶1时，如图6.6所示，在轿厢架必须增设反绳轮（也称轿顶轮，1个或2个），这时钢丝绳必须绕过反绳轮6后把钢丝绳的端部用绳头组合装置固定在机房的承重梁上。因此，在轿厢架的上梁必须增设一对支架1，然后将反绳轮2的轴穿过支架的孔，使它们能灵活地转动，如图6.7所示。

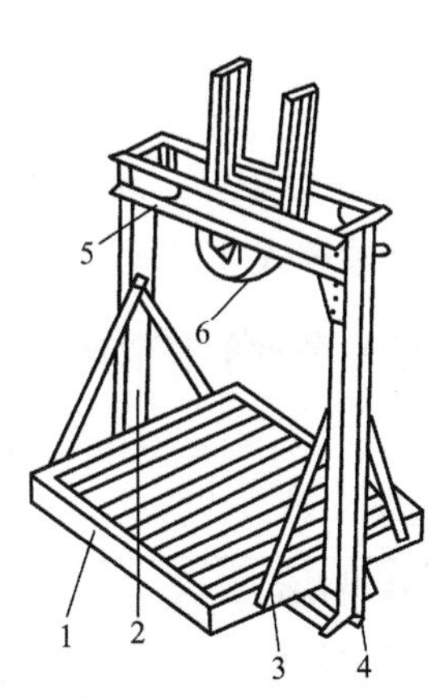

图6.6　曳引比2∶1钢丝绳和轿厢架的连接
1—轿底；2—立柱；3—拉杆；4—底梁；
5—上梁；6—反绳轮

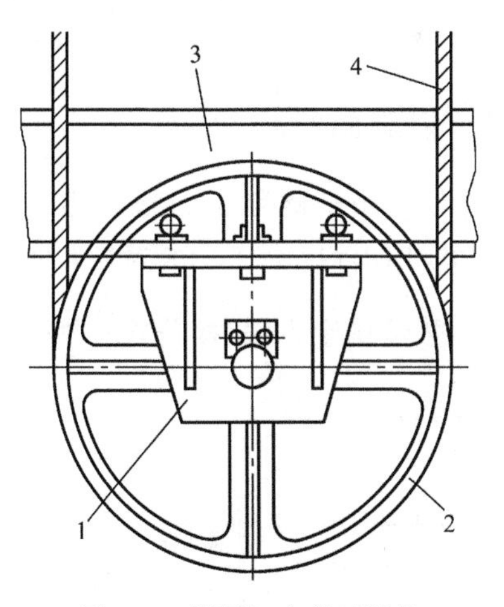

图6.7　轿厢架上的反绳轮
1—支架；2—反绳轮；3—上梁；4—曳引绳

6.1.6　轿厢总体结构及其有关的构件

从轿厢总体分解，其主要由轿厢架和轿厢体组成。但还必须了解，在其轿厢的周围还连接着有关的构件，使其在电梯的整体中执行各自的功能。轿厢总体结构及其有关构件如图6.8所示。

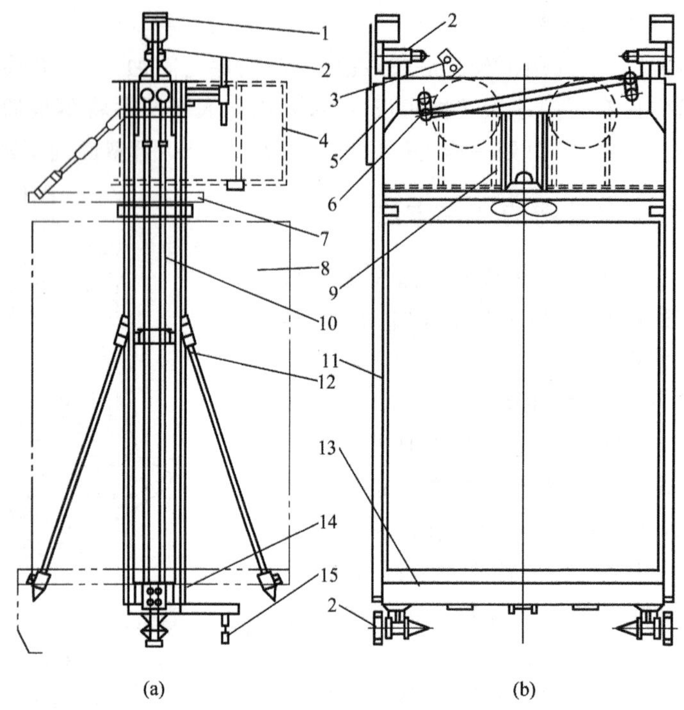

图 6.8 轿厢总体结构及其有关构件示意图

(a)侧立面图;(b)正立面图

1—导轨加油壶;2—导靴;3—轿顶检修箱;4—轿顶安全栅栏;5—轿架上梁;6—安全钳传动机构;
7—开门机架;8—轿厢;9—风扇架,10—安全钳拉条;11—轿架立柱;12—轿架拉条;
13—轿架底梁;14—安全钳嘴;15—补偿链

6.1.7 轿厢面积

为了防止由于轿厢内人员过多引起超载,轿厢的有效面积应予以限制。轿厢的有效面积指轿厢内的实用面积。GB 7588 对轿厢的有效面积与额定载重量、乘客人数都做了具体规定。

乘客数量确定方法:按公式$\frac{额定载重量}{75}$计算结果向下取整到最近的整数或按表 6.1 取其较小的数值。

表 6.1 乘客人数与轿厢最小有效面积

乘客人数	轿厢最小有效面积(m^2)	乘客人数	轿厢最小有效面积(m^2)	乘客人数	轿厢最小有效面积(m^2)	乘客人数	轿厢最小有效面积(m^2)
1	0.28	6	1.17	11	1.87	16	2.57
2	0.49	7	1.31	12	2.01	17	2.71
3	0.60	8	1.45	13	2.15	18	2.85
4	0.79	9	1.59	14	2.29	19	2.99
5	0.98	10	1.73	15	2.43	20	3.13

注:超过 20 位乘客时对超出的每一乘客增加 0.115 m^2。

额定载重量与轿厢最大有效面积之间的关系见表 6.2。

表 6.2　额定载重量与轿厢最大有效面积

额定载重量(kg)	轿厢最大有效面积(m^2)	额定载重量(kg)	轿厢最大有效面积(m^2)	额定载重量(kg)	轿厢最大有效面积(m^2)	额定载重量(kg)	轿厢最大有效面积(m^2)
100①	0.37	525	1.45	900	2.20	1 275	2.95
180②	0.53	600	1.60	975	2.35	1 350	3.10
225	0.70	630	1.66	1 000	2.40	1 425	3.25
300	0.90	675	1.75	1 050	2.50	1 500	3.40
375	1.10	750	1.90	1 125	2.55	1 600	3.56
400	1.17	800	2.00	1 200	2.80	2 000	4.20
450	1.30	825	2.05	1 250	2.90	2 500③	5.00

注:①一人电梯的最小值；

②二人电梯的最小值；

③超过 2 500 kg 每增加 100 kg 面积增加 0.16 m^2,对中间的载重量其面积由线性插入法确定。

6.1.8　轿厢的超载装置

超载装置是当轿厢超过额定载荷时,能发出警告信号并使轿厢不关门、不能运行的安全装置。

1. 轿底超载装置

一般轿厢底是活动的,称为活动轿厢式。这种形式的超载装置,采用橡胶块作为称量元件。橡胶块均布在轿底框上,有 6～8 个,整个轿厢支承在橡胶块上,橡胶块的压缩量能直接反映轿厢的重量,如图 6.10 所示。在轿底框中间装有两个微动开关,一个在 80%负重时起作用,切断电梯外呼载停电路;另一个在 110%负重时起作用,切断电梯控制电路。碰触开关的螺钉直接装在轿厢底上,只要调节螺钉的高度,就可调节对超载量的控制范围。

这种结构的超载装置具有结构简单、动作灵敏等优点,橡胶块既是称量元件,又是减振元件,大大简化了轿底结构,调节和维护都比较容易。

2. 轿顶称量式超载装置

(1)机械式

图 6.11 所示是一种常见的机械式轿顶称量超载装置,以压缩弹簧组作为称量元件。

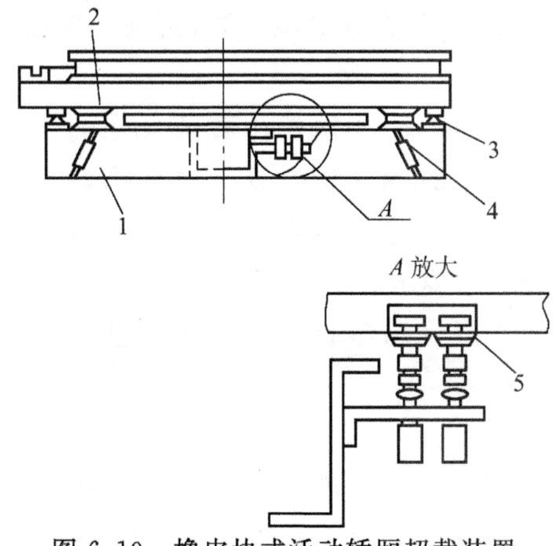

图 6.10　橡皮块式活动轿厢超载装置

1—轿底框;2—轿厢底;3—限位螺钉;4—橡胶块;5—微动开关

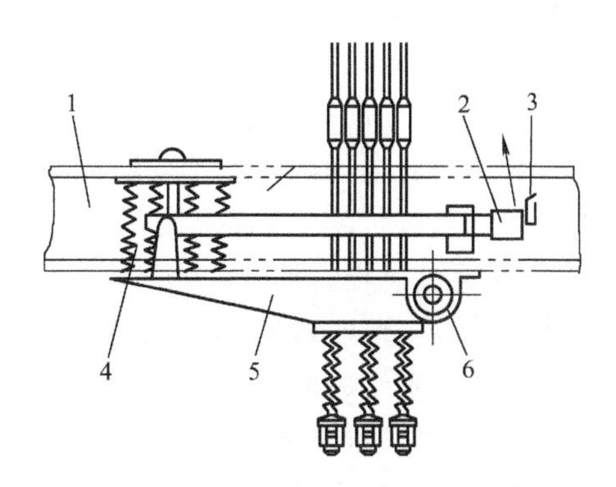

图 6.11　机械式轿顶称量超载装置

1—上梁;2—摆杆;3—微动开关;4—压簧;5—称杆;6—称座

如图 6.11 所示，称杆 5 的头部铰支在轿厢上梁的秤座上，尾部浮支在弹簧座上；摆杆 2 装在上梁上，尾部与上梁铰接。采用这种装置时，绳头板装在秤杆上，当轿厢负重变化时，秤杆就会上下摆动，牵动摆杆也上下摆动，当轿厢负重达到超载控制范围时，摆杆的上摆量使其头部碰压微动开关触头，切断电梯控制电路。

(2)橡胶块式

如图 6.12 所示，四个橡胶块装在上梁下面，绳头板承支在橡胶块上，轿厢负重时，微动开关 2 就会分别与装在上梁下面的触头螺钉触动，达到超载控制的目的。

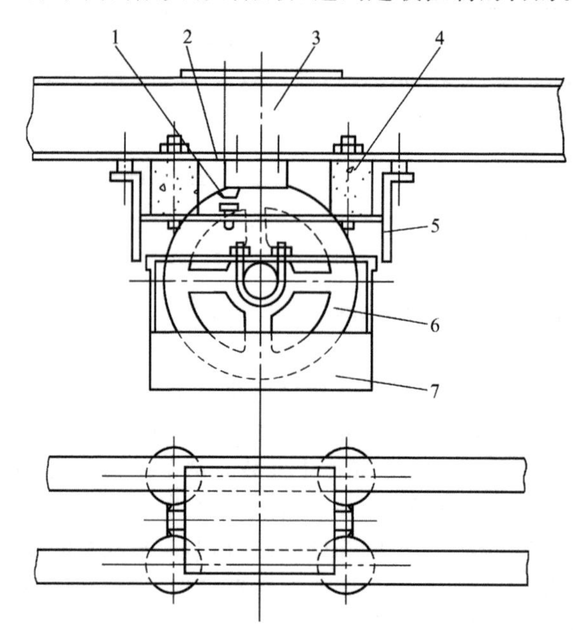

图 6.12　橡胶块式轿顶称量超载装置

1—触头螺钉；2—微动开关；3—上梁；4—橡胶块；5—限位板；6—轿顶轮；7—防护板

另外，橡胶块式轿顶称量超载装置结构简单、灵敏度高，且橡胶块既是称量的敏感元件，又是减振元件。但它的缺点主要是橡胶易老化变形，当出现较大称量误差时，需要换橡胶块。

(3)负重传感器式

前面两种形式的超载装置，只能设定一个或两个称量限值，不能给出载荷变化的连续信号。为了适应其他的控制要求，特别是计算机应用于群控后，为了使电梯运行达到最佳的调度状态，需对每台电梯的容流量或承载情况作统计分析，然后选择合适的群控调度方式。因此，可采用负重式传感器作为称量元件，它可以输出载荷变化的连续信号。目前用得较多的是应变式负重传感器。图 6.13 所示是一种将应变式负重传感器装于轿顶的称量超重载装置，可将传感器安装于机房，也可安装于轿厢底下。

3. 机房称量式超载装置(机械式)

当轿底和轿顶都不能安装超载装置时，可将其移至机房，此时电梯的曳引绳绕法应采用 2∶1(曳引比非 1∶1)，图 6.14 所示是这种装置的结构示意图。由于安装在机房之中，它具有调节、维护方面的优点。

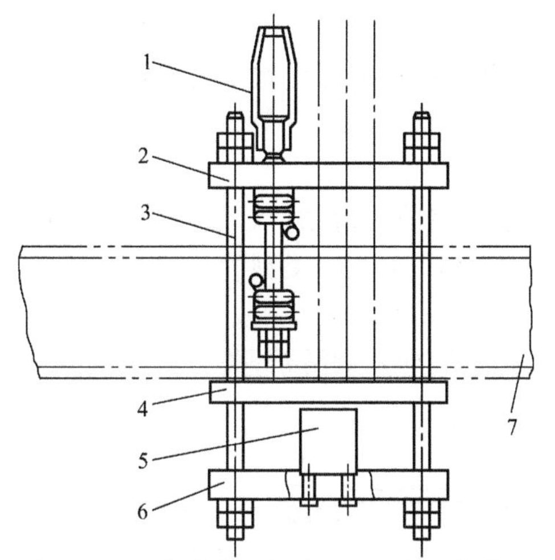

图 6.13　应变式负重传感器称量超重载装置

1—绳头锥套(4～5 只);2—绳头板;3—拉杆螺栓;4—托板;
5—传感器;6—底板;7—轿厢上梁

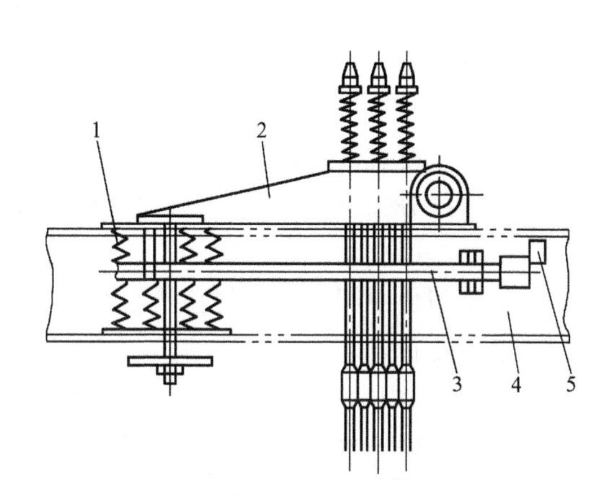

图 6.14　机房称量式超载装置

1—压簧;2—称杆,3—摆杆;
4—承重梁;5—微动开关

6.2　轿门系统

6.2.1　轿门结构

1. 电梯门系统及其作用

(1)门系统的组成

门系统主要包括轿门(轿厢门)、层门(厅门)与开门、关门等系统及其附属的零部件。

(2)门系统的作用

层门和轿门是为了防止人员和物品坠入井道或轿内乘客和物品与井道相撞而发生危险的装置,是电梯的重要安全保护设施。

(3)层门

电梯层门是乘客在使用电梯时首先看到或接触到的部分,是电梯很重要的一个安全设施。根据不完全统计,电梯发生的人身伤亡事故约有 70%是由于层门的质量及使用不当等引起的。因此,层门的开闭与锁紧是使电梯使用者安全的首要条件。

(4)轿门、层门及其相互关系

轿门是设置在轿厢入口的门,设在轿厢靠近层门的一侧,供司机、乘客和货物的进出。简易电梯的开关门是用手操作的,称为手动门。一般的电梯,都装有自动开启、由轿门带动的、层门上装有电气、机械联锁装置的门锁,只有轿门开启才能带动层门的开启。所以,轿门称为主动门,层门称为被动门。只有轿门、层门完全关闭后,电梯才能运行。

为了将轿门的运动传递给层门,轿门上设有系合装置如门刀,门刀通过与层门门锁的配合,使轿门能带动层门运动。为了防止电梯在关门时将人夹住,在轿门上常设有关门安全装置(防夹保护装置)。

2. 层门、轿门的形式及结构

为了方便乘客和货物进出层门和轿厢，门的形式和结构都应适应这个要求，不仅能进出方便，且结构简单、构造科学。

(1)门的形式

电梯门主要有两类，即滑动门和旋转门，目前普遍采用的是滑动门。滑动门按其开门方向又可分为中分式、旁开式和直分式三种，且层门必须和轿门是同一类型的。

1)中分式门

中分式门由中间分开，开门时，左右门扇以相同的速度向两侧滑动；关门时，则以相同的速度向中间合拢，如图 6.15 所示。

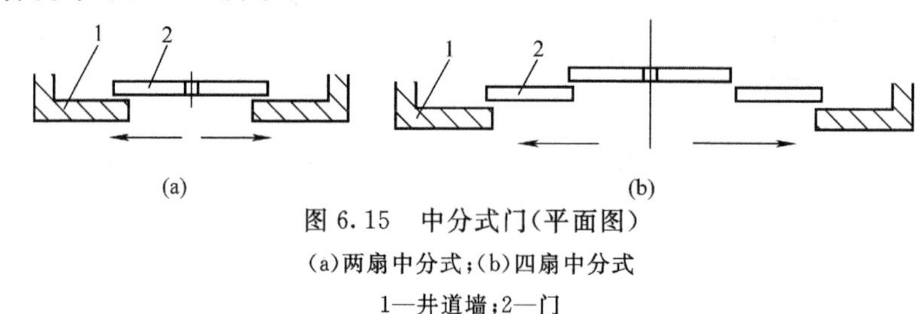

图 6.15 中分式门(平面图)

(a)两扇中分式；(b)四扇中分式

1—井道墙；2—门

按其门扇多少，这种门常见的有两扇中分式和四扇中分式。四扇中分式用于开门宽度较大的电梯，此时单侧两个门扇的运动方式与两扇旁开式门相同。

2)旁开式门

旁开式门由一侧向另一侧推开或由一侧向另一侧合拢，如图 6.16 所示。按照门扇的数量，常见的有单扇、双扇和三扇旁开式门。

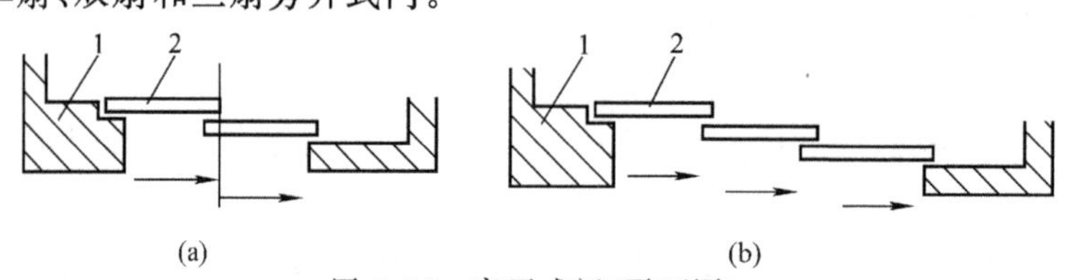

图 6.16 旁开式门(平面图)

(a)两扇旁开式；(b)三扇旁开式

1—井道墙；2—门

当旁开式门为两扇时，两个门扇在开门和关门时各自的行程不相同，但运动的时间却必须相同，因此两扇门的速度有快慢之分。速度快的门称快门，反之称慢门，所以两扇旁开式门又称双速门。由于门在打开后是折叠在一起的，因而又称双折式门。同理，当旁开式门为三扇时，称为三速门或三折式门。

旁开式门按开门方向，又可分为左开式门和右开式门。区分的方法是：人站在轿厢内，面向外，门向右开的称为右开式门；反之称为左开式门。图 6.16 所示均为左开式门。

3)直分式门

直分式门由下向上推开，又称闸门式门，按门扇的数量，可分为单扇、双扇和三扇等。与旁开式门同理，双扇门称双速门，三扇门称三速门，如图 6.17 所示。

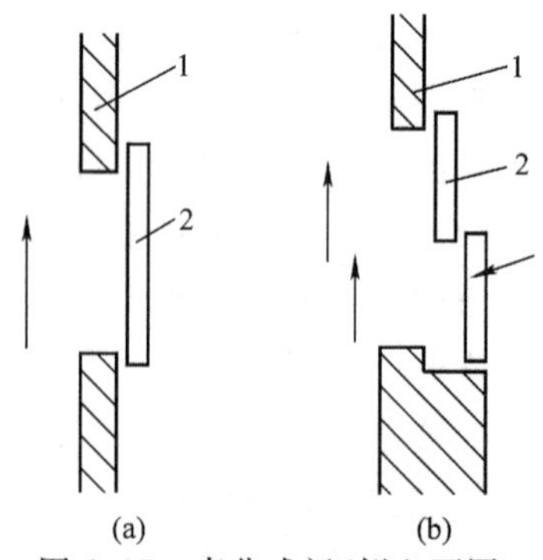

图 6.17 直分式门(侧立面图)

(a)单扇式；(b)双扇式

1—井道墙；2—门

(2)门的结构与组成

电梯的门一般均由门扇、门滑轮、门靴、门地坎、门导轨架等组成。轿门由滑轮悬挂在轿门导轨上,下部通过门靴(门滑块)与轿门地坎配合;层门由门滑轮悬挂在厅门导轨架上,下部通过门滑块与厅门地坎配合,如图 6.18 所示。

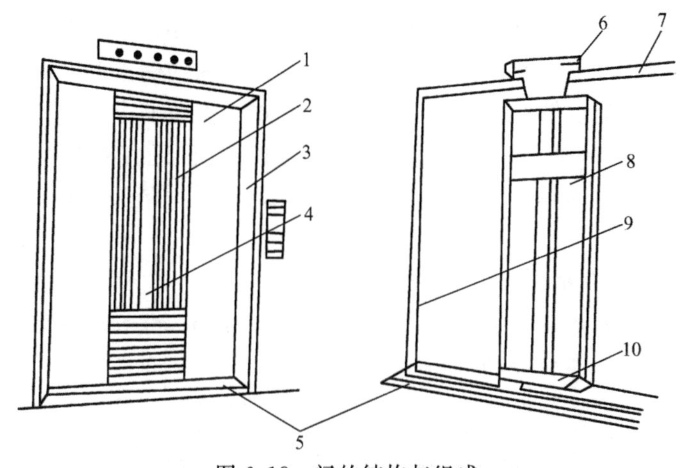

图 6.18 门的结构与组成

1—层门;2—轿厢门;3—门套;4—轿厢;5—门地坎;6—门滑轮;
7—层门导轨架;8—门扇;9—厅门门框立柱;10—门滑块(门靴)

1)门扇

电梯的门扇有封闭式、空格式及非全高式之分。

①封闭式门扇一般用 1~1.5 mm 厚的钢板制造,中间辅以加强筋。有时为了加强门扇的隔音效果和减振作用,在门扇的背面涂设一层阻尼材料,如油灰等。

②空格式门扇一般指交栅式门,具有通气、透气的特点,但为了安全,空格不能过大,我国规定栅间距离不得大于 100 mm。这种门扇出于安全性能考虑,只能用于货梯轿厢厢门。

③非全高式门扇的高度低于门口高,常见于汽车梯和货物不会有倒塌危险的专门用途货梯。用于汽车梯,其高度一般不应低于 1.4 m;用于专门用途货梯,其高度一般不应低于 1.8 m。

2)门导轨架和门滑轮

门导轨架安装在轿厢顶部前沿,层门导轨架安装在层门框架上部,对门扇起导向作用。门滑轮安装在门扇上部,对全封闭式门扇以两个为一组,每个门扇一般装一组;对交栅式门扇,由于门的伸缩需要,在每个门框上部均装有一个滑轮。

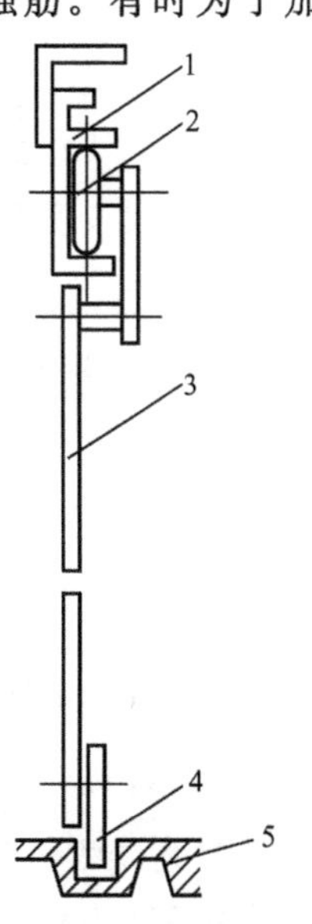

图 6.19 门导轨架与门滑轮(侧立面图)

1—门导轨;2—门滑轮;3—门扇;
4—门滑块(门靴);5—门地坎

门导轨架和门滑轮有多种形式,图 6.19 所示是最常见的一种，导轨是 y 型的。

3)门地坎和门滑块

门地坎和门滑块是门的辅助导向组件，与门导轨和门滑轮配合，使门的上、下两端均受导向和限位。门在运动时，门滑块顺着地坎槽滑动。

层门地坎安装在层门口的井道牛腿上；轿门地坎安装在轿门口。门地坎一般用铝型材料制成，门滑块一般用尼龙制造，在正常情况，门滑块与地坎槽的侧面和底部均有间隙。

电梯的门结构应具有足够的强度。我国《电梯制造与安装安全规范》规定，当门在关闭位置时，用 300 N 的力垂直施加于门扇的任何一个面上的任何部位(使这个力均匀分布在5 cm^2 的圆形或方形区域内)，门的弹性变形不应大于 15 mm；当外力消失，门应无永久性变形，且启闭正常。

(3)门的结构总体组合示例

下面举例说明层门结构总体组合后装置在门框上的情况，也包括联动机构。

①中分式层门结构总体组合，如图 6.20 所示。

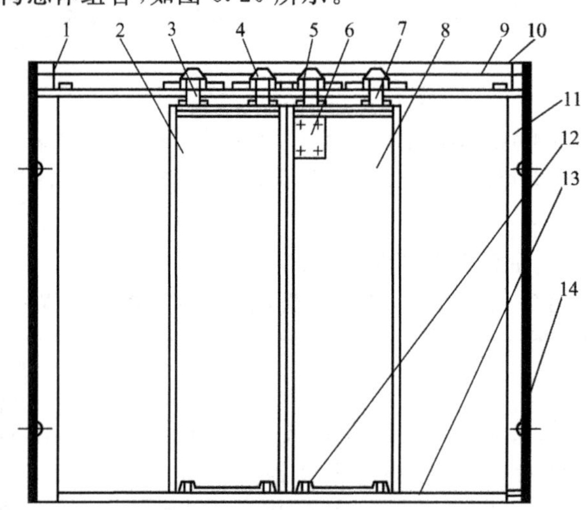

图 6.20 中分式层门结构总体组合的立面图(从层门内面看)

1—固定滑轮；2—左层门；3—左层门滚轮；4—钢丝绳夹；5—左层门钢丝绳夹；6—联锁开关；7—右层门滚轮；8—右层门；9—钢丝绳，10—门框上坎；11—立柱；12—门滑块(门靴)；13—门地坎；14—缓冲垫

②旁开式层门结构总体组合，如图 6.21 所示。

6.2.2 电梯轿门、层门开关门结构及门安全保护

电梯轿门、层门的开关结构可分为手动和自动两种。

1. 手动开关门结构及其工作原理

手动开关门结构仅在少数的货梯中使用，门的开、关完全由司机手动控制，如图 6.22 所示。

拉杆门锁由装在轿顶或层门框上的门锁和装在层门上的拉杆两部分组成。门关好时，拉杆的顶端插入锁孔，在拉杆压簧的作用下，拉杆既不会自动脱开锁，门外的人也扒不开门。开门时，司机手抓拉杆往下拉，拉杆压缩弹簧，使拉杆顶端脱离锁孔，再用手将门往开门方向推，

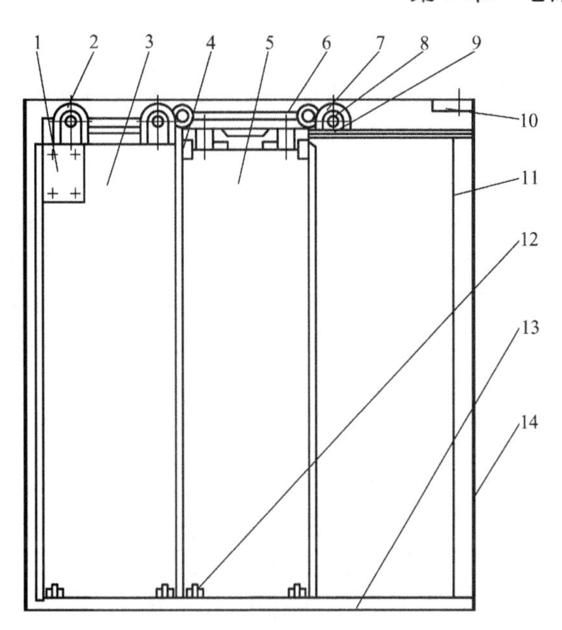

图6.21 旁开式层门结构总体组合的立面图(从层门内面看)

1—联锁开关;2,9—滚轮;3—快门;4—钢丝绳固定夹;5—慢门;6—钢丝绳;7—定滑轮;8—门滑轮;10—门框上坎;11—立柱;12—门滑块(门靴);13—门地坎;14—缓冲垫

便可将门开启。

手动开关门的轿门和层门之间无机械方面的联动关系,因而司机必须先开轿门、后开层门,先关层门、再关轿门。

采用手动的开关门结构,必须由专职司机操作。

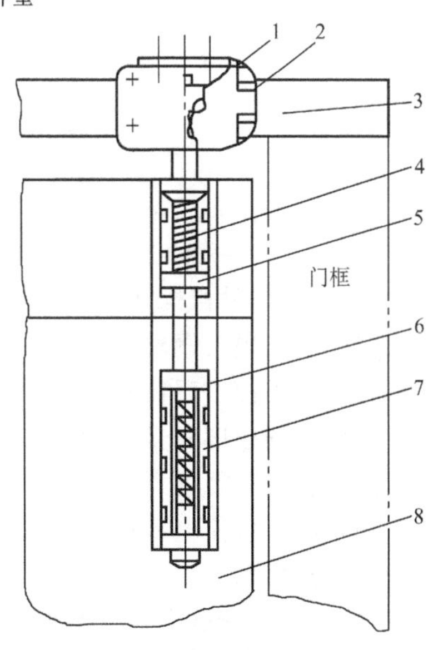

图6.22 手动拉杆门锁

1—联锁开关;2—锁壳;3—门框上导轨;4—复位弹簧;5,6—拉杆固定架;7—拉杆;8—门扇

2. *自动开门机及其工作原理*

自动开门机是使轿厢门(含层门)自动开启或关闭的装置(层门的开闭是由轿门通过门刀带动的),它装设在轿门的上方及轿门的连接处。自动开门机除了能自动启、闭轿厢门,还应具有自动调速的功能,以避免在起端与终端发生冲击。根据使用要求,一般关门的平均速度要低于开门平均速度,这样可以防止关门时将人夹住,而且客梯的门还设有安全触板。另外,为了防止关门对人体的冲击,有必要对门速实行限制,我国《电梯制造与安装安全规范》规定,当门的动能超过10 J(焦耳)时,最快门扇的平均关闭速度要限制在0.3 m/s。

根据门的形式不同,有适合于两扇中分式门、两扇旁分式门和交栅式门使用的不同类型自动开门机。

(1)两扇中分式自动开门机的工作原理

这种开门机可同时驱动左、右门,且以相同的速度作相反方向的运动,其开门机一般为曲柄摇杆和摇杆滑块的组合,有单臂式和双臂式之分。

1)单臂中分式开门机

如图 6.23 所示,这种开门机是以带齿轮减速器的永磁直流电机为动力的一级链条传动。连杆 5 的一端铰接在链轮 9(即曲柄轮)上,另一端与摇杆 4 铰接;摇杆 4 的上端铰接在机座框架上,下端与门连杆 2 铰接;门连杆 2 则与左门铰接(相当于摇杆滑块机构)。当曲柄链轮 9 按图示作顺时针转动时,摇杆 4 向左摆动,带动门连杆 2 使左门向左运动,进入开门过程。

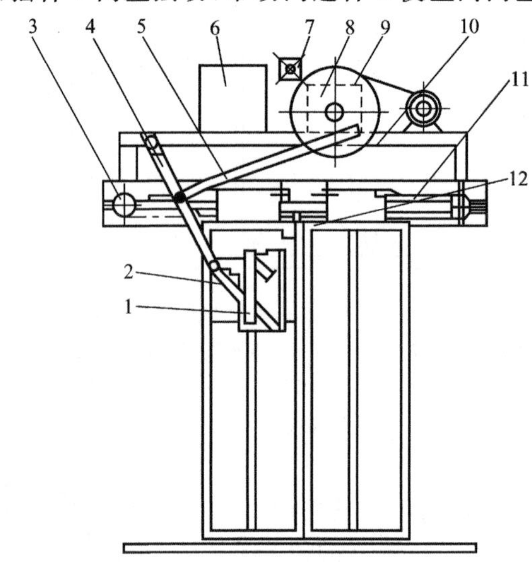

图 6.23　单臂中分式门的开门机

1—门锁压板机构;2—门连杆;3—绳轮;4—摇杆;5—连杆;6—电器箱;7—平衡器;8—凸轮箱;9—曲柄链轮;10—带齿轮减速器直流电机;11—钢丝绳;12—门锁

右门由钢丝绳联动机构间接驱动。两个绳轮分别装在轿门导轨架的两端,左门扇与钢丝绳的下边连接;右门扇与钢丝绳的上边连接。左门在门连杆带动下向左运动时,带动钢丝绳作顺时针回转,从而使右门在钢丝绳的带动下向右运动,与左门同时进入开门行程。

门在启、闭时的速度变化,由改变电动机电枢的电压来实现,曲柄链轮 9 与凸轮箱 8 中的凸轮相连,凸轮箱装有行程开关(常为 5 个,开门方向 2 个,关门方向 3 个),链轮转动时使凸轮依次动作行程开关,使电动机接上或断开电器箱 6 中的电阻,以此改变电动机电枢电压,使其转速符合门速要求。

曲柄链轮 9 上平衡器 7 的作用是抵消门在关闭后的自开趋势,这是因为摇杆机构中各构件自重的合力,使门扇受到回开力,如不加以抵消,门就不能关严。平衡器 7 还使门在关闭后产生紧闭力,不会使轿厢门在运行中因振动而松开。

2)双臂中分式开门机

如图 6.24 所示,这种开门机同样以直流电动机为动力,但电机不带减速箱,常以两级三角皮带传动减速,经第二级的大皮带轮作为曲柄轮。当曲柄轮按图示逆时针转动 180°,左右摇杆同时推动左右门扇,完成一次开门行程;然后,曲柄轮再顺时针转动 180°,就能使左右门扇同时合拢,完成一次关门行程。

这种开门机同样采用电阻降压调速。用于速度控制的行程开关装在曲柄轮背面的开关架上，一般为5个。开关打板装在曲柄轮上，在曲柄轮转动时依次动作各开关，达到调速的目的。改变开关在架上的位置，就能改变运动阶段的行程。

(2)两扇旁开式自动开门机的工作原理

如图6.25所示，这种开门机与单臂中分式开门机具有相同的结构，不同之处是多了一条慢门连杆。

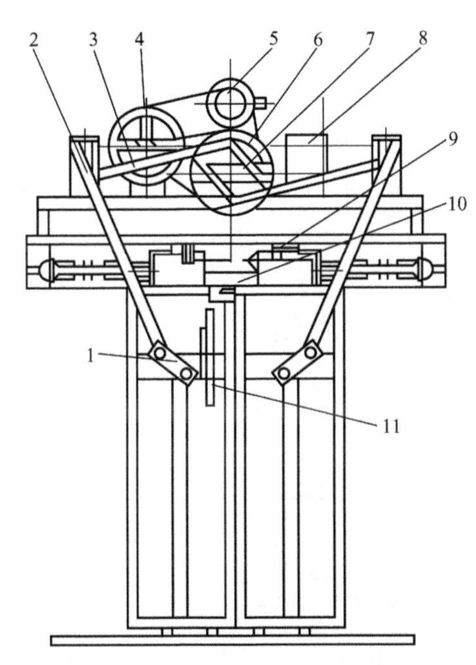

图6.24 双臂中分式门的开门机

1—门连杆；2—摇杆；3—连杆；4—皮带轮；5—电机；6—曲柄轮；7—行程开关；8—电阻箱；9—强迫锁紧装置；10—自动门锁；11—门刀

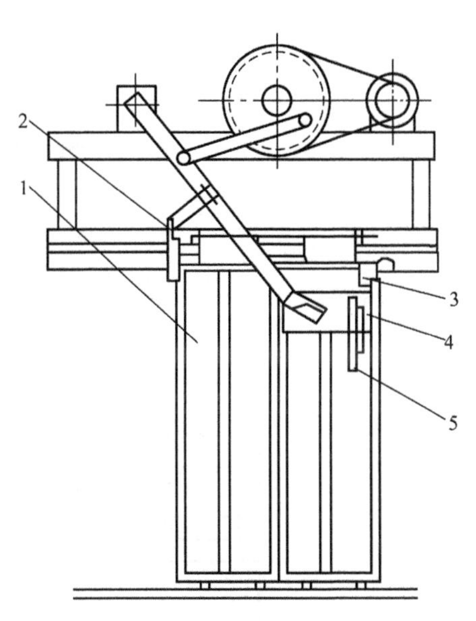

图6.25 两扇旁开式门的开门机

1—慢门；2—慢门连杆；3—自动门锁；4—快门；5—开门刀

曲柄连杆转动时，摇杆带动快门运动，同时慢门连杆也使慢门运动，只要慢门连杆与摇杆的铰接位置合理，就能使慢门的速度为快门的1/2。自动调速功能的实现与单臂中分式开门机组相同，但由于旁开式门的行程要大于中分式门，为了提高使用效率，门的平均速度一般高于中分式门。

对于三扇旁开式门，只需再增设一条慢门连杆，并合理确定两条慢门连杆在摇杆上的铰接位置，就能实现三扇门的速度比为3∶2∶1，如图6.26所示。

(3)变频开门机的工作原理

变频开门机的出现，使构造更简单，性能更好。目前乘客电梯多采用变频开门机。图6.27所示是近年出现的变频电机开门机示意图，由电机1带动皮带轮2，与皮带轮同轴的齿轮7带动同步皮带3，使连接在同步皮带上的门扇5做水平运动。由于采用了变频电机和同步皮带，不但省掉了复杂的减速和调速装置使结构简单化，而且开关平稳，噪声小，还减少了能耗。

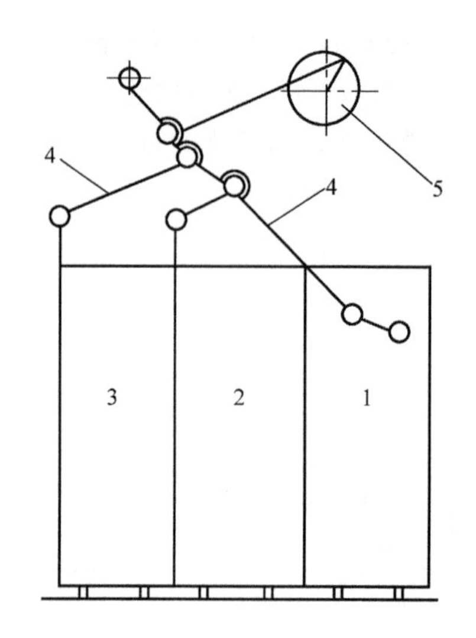

图 6.26　三扇旁开式门的开门机

1—快门;2,3—慢门;4—慢门连杆;5—电机和曲柄

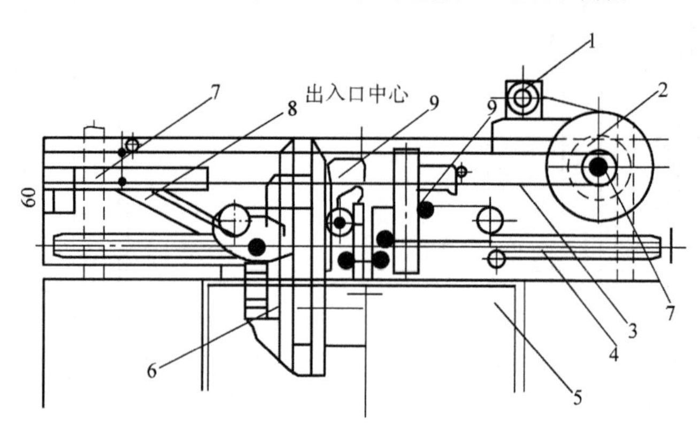

图 6.27　变频电机开门机

1—变频电机;2—皮带轮;3—防滑同步皮带;4—门导轨;
5—轿门门扇;6—门刀;7—齿轮;8—门刀控制杆;9—安全触点

图 6.28 所示是层门启闭机构的示意图。当轿厢停在层站时,门刀(见图 6.27)就卡在门锁轮两边;当轿门开启时,门刀首先压动上面的开锁轮使门锁开启,然后通过门锁带动右门扇向右开启,同时通过传动钢丝绳使左门扇也同步向左侧开启。

(4)门锁和电气安全触点

为防止发生坠落和剪切事故,层门由门锁锁住,使人在层站外不用开锁装置就无法将层门打开,所以门锁是个十分重要的安全部件。它是机电联锁装置,层门上的锁闭装置(门锁)的启闭是由轿门通过门刀来带动的。层门是被动门,轿门是主动门,因此层门的开闭是由轿门上的门刀插入(夹住)层门锁滚轮,使锁臂脱钩后跟着轿门一起运动。

门刀一般用钢板制成,其形状似刀,故称为门刀。门刀一般用螺栓紧固在轿门上,在每一层站能准确插入两个锁滚轮中间,如图 6.29 所示。

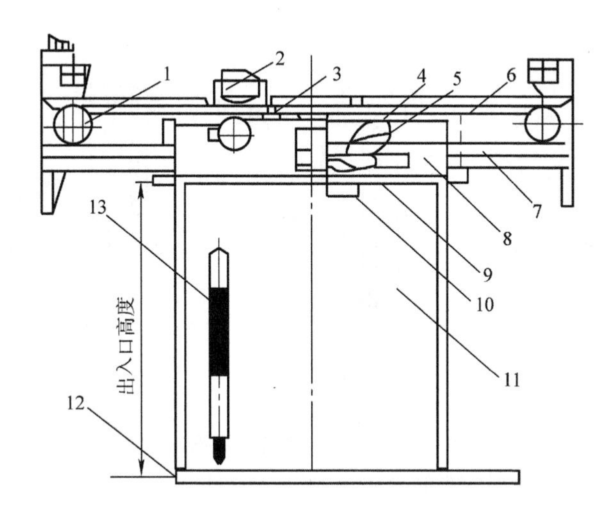

图 6.28　层门启闭机构

1—滑轮；2—安全触点；3，5—钢丝绳连接扣；4—门锁轮；6—传动钢丝绳；7—门滑轨；
8—门吊板；9—门锁；10—手工开门顶杆；11—层门；12—层门地坎；13—自动关门重锤

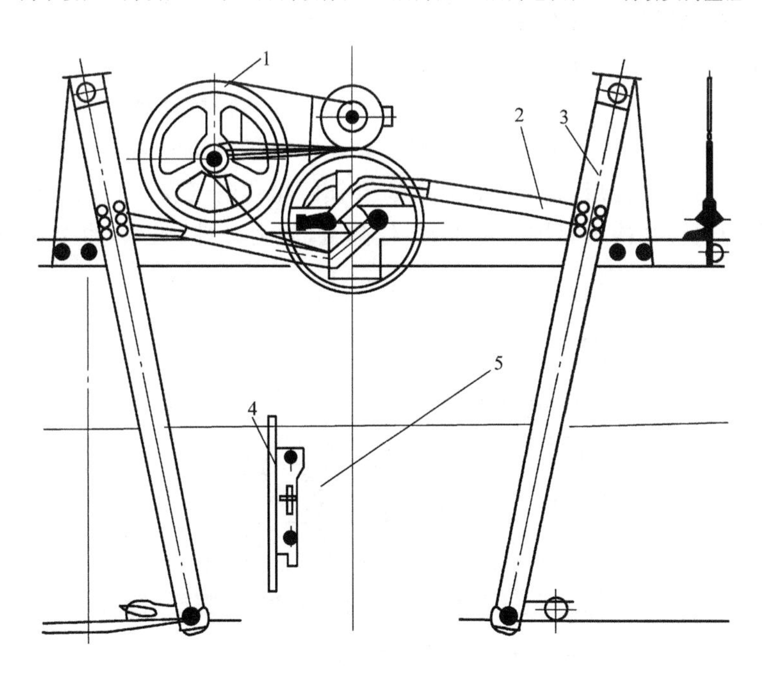

图 6.29　轿门及其轿门上的门刀

1—自动开门机；2—连杆；3—摇杆；4—门刀；5—轿门门扇

开门时，门刀向左推动锁臂滚动，使锁臂顺时针转动脱离锁钩，同时锁臂头上的导电座与电开关触头脱离，当锁臂的转动被限位块挡住时，门刀的开锁动作结束，厅门被带动。厅门的移动使得碰轮被挡块挡住而做顺时针翻转，在拉簧的作用下，动滚轮随之迅速靠向门刀，两个滚轮将刀夹住，如图 6.30 所示。

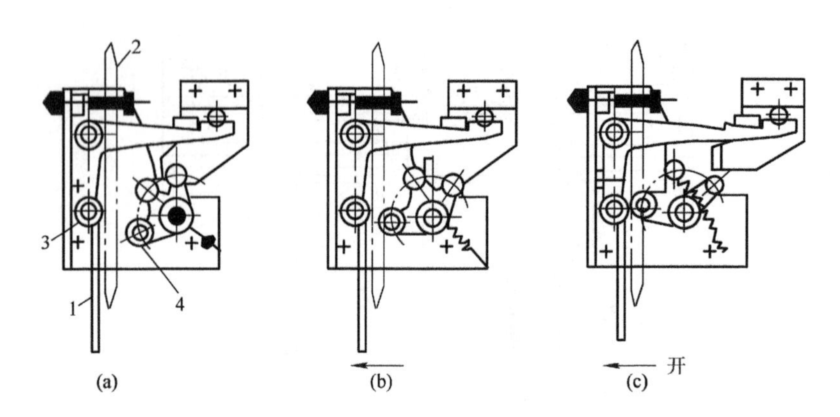

图 6.30　GS75—11 型门锁动作示意图

1—开门机械锁拔板；2—门刀；3—开门轮；4—关门碰轮

关门时，门刀向右推动动滚轮，接近闭合位置时，碰轮被挡块挡住而做逆时针翻转，带动整个滚轮座迅速翻转复位，使动滚轮脱离门刀，锁臂在弹簧力的作用下与锁钩锁合，导电座与电开关触头接触，电梯控制电路接通。

这种门锁在锁合时同样需要以门的动力将上滚轮翻转，但由于只需要克服拉力较小的拉簧拉紧力，使门扇可以以较小的速度闭合，减小了冲击。同时，这种门锁以电气开关和导电座代替了前一种电气开关，排除了由于开关触头粘连使电气联锁失灵的可能。

门锁由底座、锁钩、钩挡、施力元件、滚轮、开锁门轮和电气安全触点组成，图 6.31 所示是目前使用较多的门锁结构示意图。可见，即使弹簧（施力元件）失效，也可靠重力使门锁钩闭

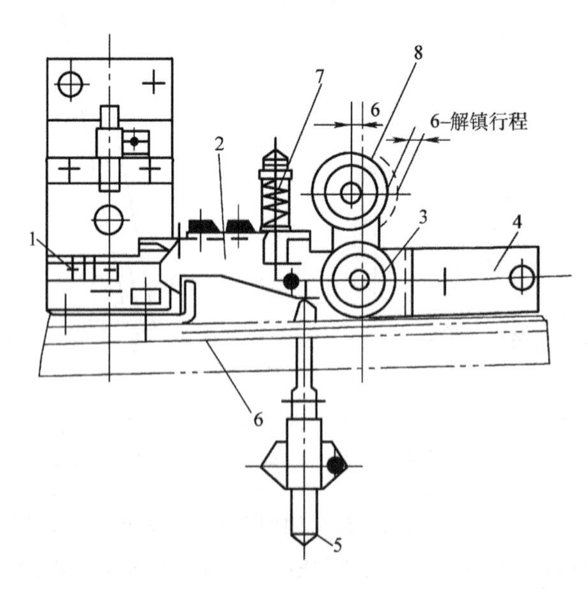

图 6.31　SL 型门锁结构

1—触点开关；2—锁钩；3—滚轮；4—底座；5—外推杆；6—钩挡；7—压紧弹簧；8—开锁门轮

合，非常安全。门锁要求十分牢固，在开门方向施加 1 000 N 的力应无永久变形，所以锁紧元件（锁钩、锁挡）应耐冲击，由金属制造或加固。

锁钩的啮合深度（钩住的尺寸）是十分关键的，标准要求在啮合深度达到和超过 7 mm 时，电气触点才能接通，电梯才能启动运行。锁钩锁紧的力是由施力元件（即压紧弹簧）和锁钩的重力供给的。以往曾广泛使用的从下向上钩的门锁（见图 6.30），由于当施力元件（弹簧）失效时，锁钩的重力会导致开锁，已禁止生产和使用。

门锁的电气触点是验证锁紧状态的重要安全装置，要求与机械锁紧元件（锁钩）之间的连接是直接的和不会误动作的，而且当触头粘连时，也能可靠断开。现在一般使用的是簧片式或插头式电气安全触点，普通的行程开关和微动开关是不允许用的。

除了锁紧状态要有电气安全触点来验证外，轿门和层门的关闭状态也应由电气安全触点来验证。当门关到位后，电气安全触点才能接通，电梯才能运行。验证门关闭的电气触点也是重要的安全装置，应符合规定的安全触点要求，不能使用一般的行程开关和微动开关。

层门门扇之间若是用钢丝绳、皮带、链条等传动，称为间接机械传动，应在每个门扇上安装电气安全触点。由于门锁的安全触点可兼任验证门关闭的任务，所以有门锁的门扇可以不再另装安全触点。

当门扇之间的联动是由刚性连杆传动的，称为直接机械传动，则电气安全触点可只装在被锁紧的门扇上。

轿门的各门扇若与开门机构是由刚性结构直接机械传动的（见图 6.31），则电气安全触点可安装在开门机构的驱动元件上；若门扇之间是直接机械连接的，则可只装在一个门扇上；若门扇之间是间接机械连接，即由钢丝绳、皮带、链条等连接传动的，而开门机构与门扇之间是刚性结构直接机械连接的（见图 6.23），则允许只在被动门扇（不是开门机直接驱动的门扇）安装电气安全触点；如果开门机构与门扇之间不是由刚性结构直接机械连接的（见图 6.28），则每个门扇均要有电气安全触点。

（5）人工紧急开锁和强迫关门装置

为了在必要时（如救援）能从层站外打开层门，相关标准规定每个层门都应有人工紧急开锁装置。工作人员可用三角形的专用钥匙从层门上部的锁孔中插入，通过门后的装置（见图 6.28 所示的开门顶杆）将门锁打开。在无开锁动作时，开锁装置应自动复位，不能仍保持开锁状态。在以往的电梯上，紧急开锁装置只设在基站或两个端站。由于电梯救援方式的改变，现在强调每个层站的层门均应设紧急开锁装置。

当轿厢不在层站时，层门无论什么原因开启时，必须有强迫关门装置使该层门自动关闭，如图 6.28 所示的强迫关门装置是利用重锤的重力，通过钢丝绳、滑轮将门关闭。强迫关门装置也有利用弹簧来实施关门的。

3. 门运动过程中的保护

为了尽量减少在关门过程中发生人和物被撞击或夹住的事故，对门的运动提出了保护性的要求。首先门扇朝向乘客的一面要光滑，不得有可能钩挂人员和衣服的大于 3 mm 的凹凸物。同时，阻止关门的力（实际上也就是关门的力）不大于 150 N，以免对被夹持的人造成伤害。另外，设置一种保护装置，当乘客在门的关闭过程中被门撞击或可能会被撞击时，保护装置将停止关门动作使门重新自动开启。保护装置一般安装在轿门上，常见的有接触式保护装置、光电式保护装置和感应式保护装置。

①接触式保护装置。一般为安全触板。两块铝制的触板由控制杆连接悬挂在轿门开口边缘,平时由于自重凸出门扇边缘约 30 mm,当关门时若有人或物在关门的行程中,安全触板将首先接触并被推入,使控制杆触动微动开关,将关门电路切断接通开门电路,使门重新开启。

②光电式保护装置。有的是在轿门边上设两组水平的光电装置,为防止可见光的干扰,一般用红外光。两道水平的红外光好似在整个开门宽度上设了两排看不见的“栏杆”,当有人或物在门的行程中遮断了任一根光线都会使门重开。还有一种光电保护装置是在开门整个高度和宽度中由几十根红外线交叉成一个红外光幕,就像一个无形的门帘,遮断其中的一部分就会使门重新开启。

③感应式保护装置。是借助磁感应的原理,在保护区域设置三组电磁场,当人和物进入保护区造成电磁场的变化,就能通过控制机构使门重开。

4. 门的整体要求

为保证电梯的安全运行,层门和轿门与周边结构如门框、上门楣等的缝隙只要不妨碍门的运动应尽量小,标准要求客梯门的周边缝隙不大于 6 mm,货梯不大于 8 mm。在中分式层门下部用人力向两边拉开门扇时,其缝隙不得大于 30 mm。从安全角度考虑电梯轿门地坎与层门地坎的距离不得大于 35 mm。轿门地坎与所对的井道壁的距离不得大于 150 mm。

电梯的门刀与门锁轮的位置要调整精确,在电梯运行中,门刀经过门锁轮时,门刀与门锁轮两侧的距离要均等;通过层站时,门刀与层门地坎的距离和门锁轮与轿门地坎的距离均应为 5～10 mm。距离太小容易碰擦地坎,太大则会影响门刀在门锁轮上的啮合深度,一般门刀在工作时应与门锁轮在全部厚度上接触。

当电梯在开锁区内切断门电机电源或停电时,应能从轿厢内部用手将门拉开,开门力应不大于 300 N,但应大于 50 N。要能从轿厢内将门拉开,如图 6.21、图 6.22、图 6.23 所示的开门机在关门状态时曲柄不能在死点。而要求开门力大于 50 N 是为了防止电梯运行过程中门自动开启,一般采用运行中不切断门电机励磁电流或门机上设平衡锤等方法防止门在电梯运行中关不严或自动开启。

电梯开门后若没有运行指令,电梯门应在一段必要的时间后自动关闭,不应该出现电梯开着门在层站等待的现象。

层门外的候梯部位应有不低于 50 lux 的照明,在层门开启时能看清层门内的情况。

6.3 直流电梯拖动系统

直流电动机的调速性能好、调速范围宽,在电梯拖动系统中已被广泛采用,早期的高层建筑中电梯速度可达 7 m/s,天津电视塔电梯速度为 5 m/s。根据电路图 6.32 列出直流电动机的电势平衡方程式。

电动机转子施加的电压与反电势的关系为

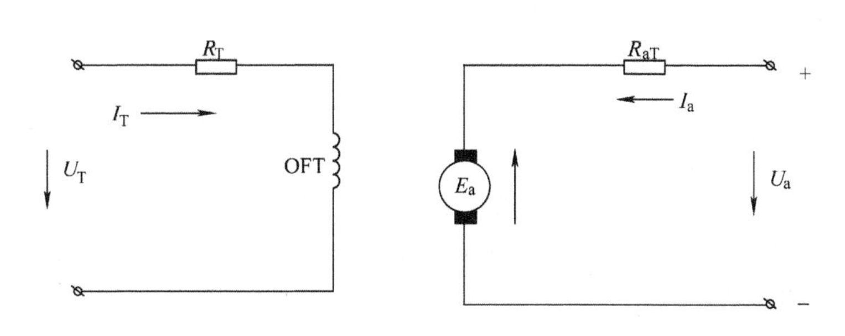

图 6.32　直流调速电路

$$E_a = U_a + I_a(R_a + R_{aT})$$

电动机反电势与励磁磁通之间的关系为

$$E_a = C_e n\phi$$

由此得出直流电动机转速的关系式为

$$n = \frac{U_a + I_a(R_{aT} + R_a)}{C_e\phi}$$

式中：E_a——电动机感应电动势；

U_a——外加电压；

R_{aT}——外接电阻；

R_T——磁场外接电阻；

I_a——转子电流；

U_T——励磁电压；

I_T——励磁电流；

C_e——电机常数；

ϕ——励磁磁通；

n——电动机转速；

R_a——电动机转子电阻。

从以上公式可知直流电动机调速方法有三种，即改变供电电压 U_a、在转子电路中串入可调电阻（即 R_{aT}）、改变定子磁通 ϕ 都可以调节电动机的转速。如改变 R_{aT} 与 ϕ 时，电动机特性变软，同时调节范围小。改变供电电压 U_a，可以获得比较大的调速范围，因为转子内阻 R_a 很小，机械特性硬度很高。

在不同的供电电压下，可以获得一簇电动机的机械特性，如图 6.33 所示，而且 U_a 波动时 n 变化也很小，调速范围与电压变化成正比。调整范围

$$T = \frac{n_H}{n}$$

式中：T——调速范围；

n_H——电动机额定转速；

n——调节转速。

对电梯额定速度 1.75 m/s，平层速度 0.15 m/s 而言，调速范围为 1∶12 就可以了。

直流电梯拖动系统调速方式有两种，即晶闸管供电系统和晶闸管励磁系统。

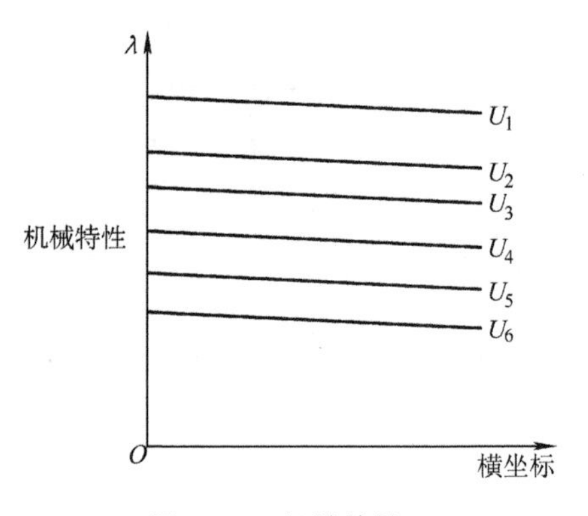

图 6.33　机械特性

6.3.1　晶闸管供电系统

该供电系统一般用在无齿轮的高速电梯中，如图 6.34 所示。图中，三相变压器 BQ 对电网起电隔离作用，同时给晶闸管整流装置 SCR1 与 SCR2 供电；SCR1 为正向组可控整流装置，SCR2 为反向组可控整流装置，两组晶闸管反并联，电梯向上运行时正向组工作、反向组处在逆变状态，电梯向下运行时反向组工作、正向组处在待逆变状态；1*L*、2*L* 为电抗器；M 为直流电动机转子。

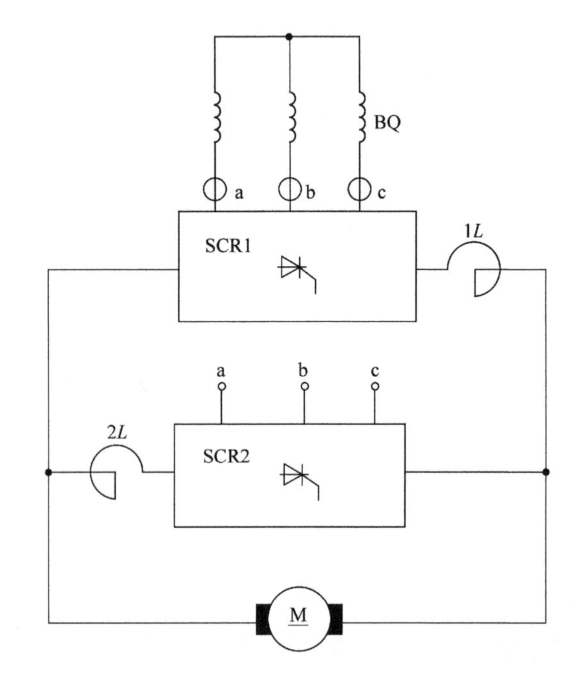

图 6.34　晶闸管供电系统主电路

6.3.2　晶闸管励磁系统

晶闸管励磁系统在直流快速电梯调速中已得到广泛采用，主要是利用 SCR 整流桥调节直流发电机磁场电流的大小以改变发电机的转子输出电压 U_a，控制直流电动机的转速，达到调速的目的。

1. 三相晶闸管励磁系统

三相晶闸管励磁系统主电路如图 6.35 所示，它由 6 只 SCR 组成三相半波零式整流线路。图中，电抗器 1*L* 与 2*L* 是均衡电抗器，为限制环流；OFT 是发电机励磁磁场线圈；G 是发电机转子；M 是电动机转子；BQ 是△/Y 接法的三相变压器。

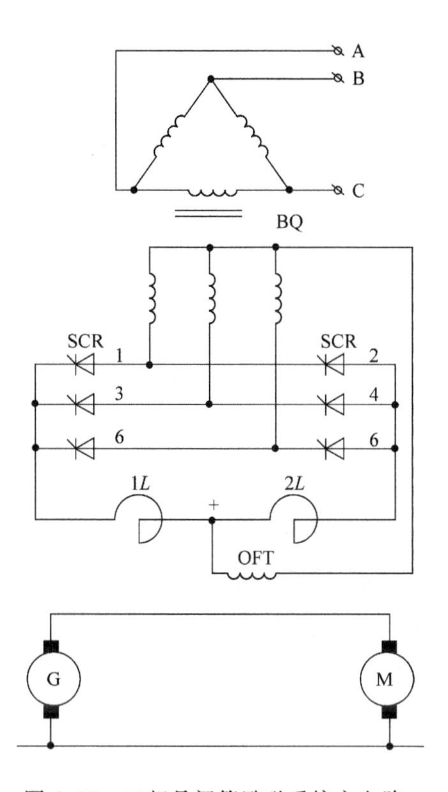

图 6.35　三相晶闸管励磁系统主电路

图 6.36 是发电机/电动机系统传动示意图，直流发电机 G 由三相交流电动机 M 驱动，发电机磁场绕组 OFT 由三相或单相晶闸管 SCR 整流装置励磁，测速发电机 TG 与直流电动机 M 同轴，测速发电机发出的电压与电动机 M 的转速成正比，电动机的他激磁场绕组 OM 由另一直流电源供电，电阻 R 用以调整励磁电流。

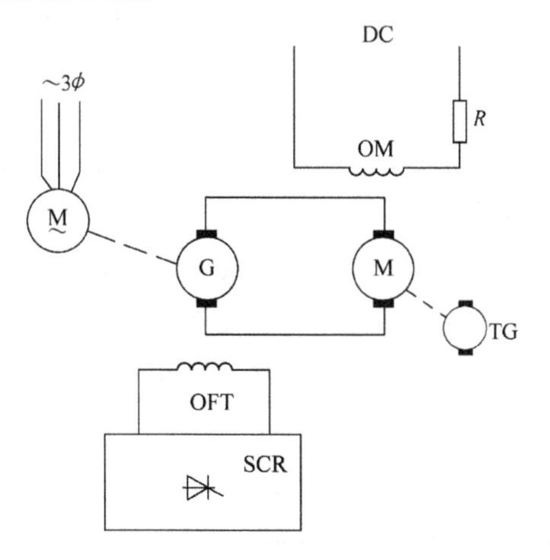

图 6.36　发电机/电动机传动示意图

在方框图 6.37 中，给定部分由直流稳压电源、方向继电器 JSY 和 JXY 及快车继电器 JQF、检修继电器 JLF 组成电压分配器。给一次积分器输入一个可以反向的阶跃电压。在一次积分电路中为了加快积分时间，提高速度曲线的线性度，还采用高压附加电源。为了使速度曲线比较理想化，在二次积分电路的输入中附加了二极管转换电路及 100 H 的电抗器，以便得到起始抛物线，提高电梯启动时的舒适感。二次积分后得到一个完整的以时间为原则的电梯运行速度曲线，其输出给速度调节器，对电梯速度进行调节。速度调节器由比例放大器及比例积分环节组成。

测速发电机由电动机带动发电，得到一个与电梯速度成正比的电压信号，其极性与给定电压相反。在调节器输入端给定电压与测速发电机电压串联比较得到一个速度差信号，加到比例积分调节器中进行放大，调节器的输出电压施加到两套触发器，使正向及反向脉冲触发

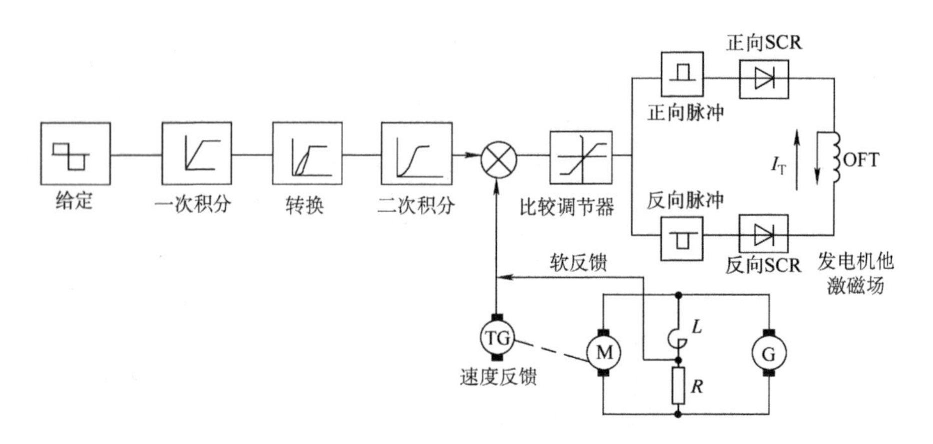

图 6.37　三相励磁系统方框图

器同时得到两个大小相等、方向相反的控制信号，使两组触发器产生的脉冲同时向两个相反的方向位移，用来控制晶闸管整流器输出电压的大小和极性。

如果电梯控制电路定为上方向 JSY↑，JQF↑给定为(＋)电压，与测速机比较后给调节器一个正输入，其有一个负输出使正向脉冲前移，其对应的 1、3、5SCR 处在整流输出状态；与此同时反向组脉冲后移，其对应的 2、4、6SCR 处在待逆变状态。整流组给发电机定子绕组一个(＋)方向的励磁电流使电梯向上运行，反之电梯向下运行。在系统中的电压软反馈环节由电感 L 及电阻 R 组成，取电阻 R 的电压作为反馈信号，电感 L 把发电机电压的高次谐波滤掉，电阻 R 的电压经 RC 微分后加到调节器的输入端，此电路在电梯开始启动和制动中起稳定作用。

2. 单相晶闸管励磁系统

三相晶闸管励磁系统，电路复杂、成本高，为此采用单相晶闸管励磁系统也能满足快速电梯的要求。

在方框图 6.38 中可以看出，调节器是单向输出，用一个单结晶体管脉冲发生器可以同时触发两个晶闸管。该系统是不可逆的，只能通过方向继电器 JSY 和 JXY 改变励磁电流方向控制电梯的上行与下行。积分器、转换电路与三相励磁系统相同。

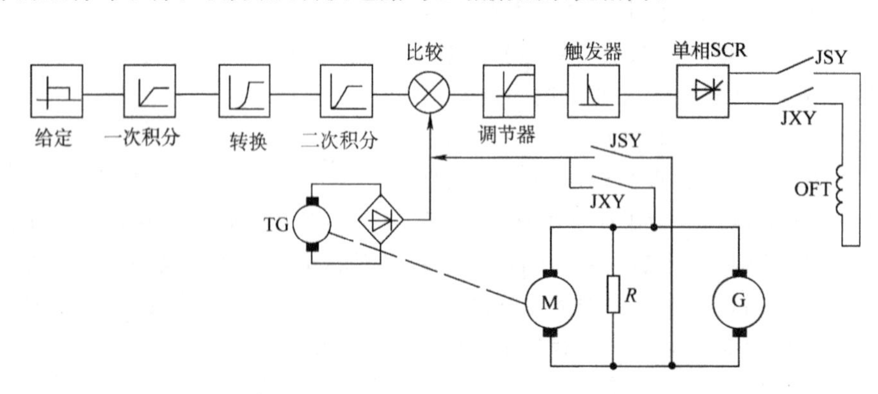

图 6.38　单相励磁系统方框图

3. 调节放大器的工作原理

因为电力拖动系统中对速度的调节都采用比例积分调节器，在电梯拖动系统中无论交流调速还是直流调速都采用速度调节器，这里简述其工作原理和在系统中的作用。

在图6.39(a)中，A点是“虚地”点，因为放大器开环增益很高，所以输出电压的绝对值$|U_{sc}|=Ri_1+\frac{1}{C}\int i_1 dt$，因为放大器输入阻抗非常大，所以$i_0=i_1=\frac{|U_{sr}|}{R_0}$，调节器的输出电压$|U_{sc}|=K_p|U_{sr}|+\frac{K_p}{\tau_1}\int|U_{sr}|dt$，从公式可以看出，输出电压由两部分组成，输入电压和放大倍数的乘积及电容电压的积分，由特性曲线也可直接看出。

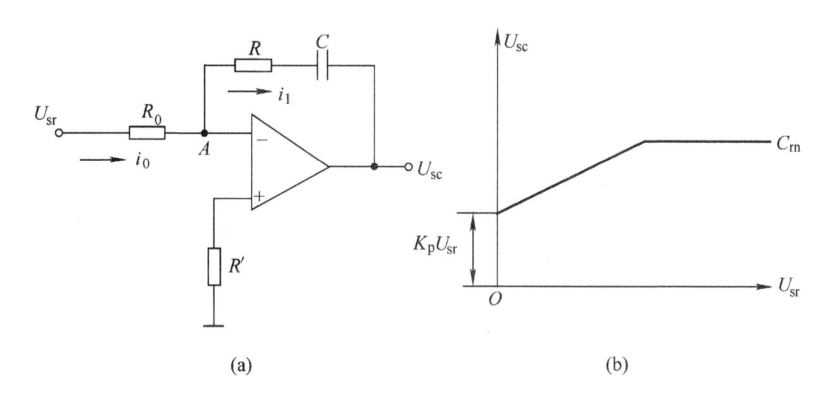

图6.39 PI调节器

(a)电路；(b)特性曲线

物理分析是：当调节器有一个动态输入时，电容器C阻抗很小近似为零，这时调节器的放大倍数比较低($K_p=R/R_0$)，调节器输出电压低；当输入U_{sr}稳定时，电容器相当于开路，放大器的放大倍数很高，接近开环放大增益。所以采用调节器可以得到较高的静态增益，又能具有较快的反应速度。

在电梯拖动系统中，电梯负载的变化和电动机励磁电压的波动，都可以维持电动机恒速。从而使系统具有机械特性硬、调速范围大、电梯舒适感好、平层精度高的优点。

4. 晶闸管励磁系统的速度曲线

图6.40(a)曲线1是一次积分电容1C的自然充电特性，曲线2是带有附加电源U_F的充电特性；图6.40(b)是在二次积分电容2C充电电路中串有100 H电感及电阻的充电特性：图6.40(c)当快车继电器JQF↑时积分电路有一个阶跃电压V_G(为高速给定电压)，当JQF↓时有一低速给定电压V_D；由于电容1C、2C、电感L的作用，在图6.40(d)中输出电压U_{sc}的输出波形是图6.40(c)的速度曲线，电容器1C及2C的作用是形成圆角2和4，电感L的作用是形成圆角1和3，从曲线K点发停车信号由机械抱闸制动形成K斜线。

电梯的启动是依时间为原则，当JQF↓，在F点开始换速停车也是依据时间原则。以时间为原则减速的电梯控制系统，乘梯舒适感不易保证，且有低速爬行平层时间长，电梯效率低，平层精度差的缺点。

在单相励磁系统中，电梯在平层停车前，为了保证平层准确度，增加了平层给定，如图6.41所示。

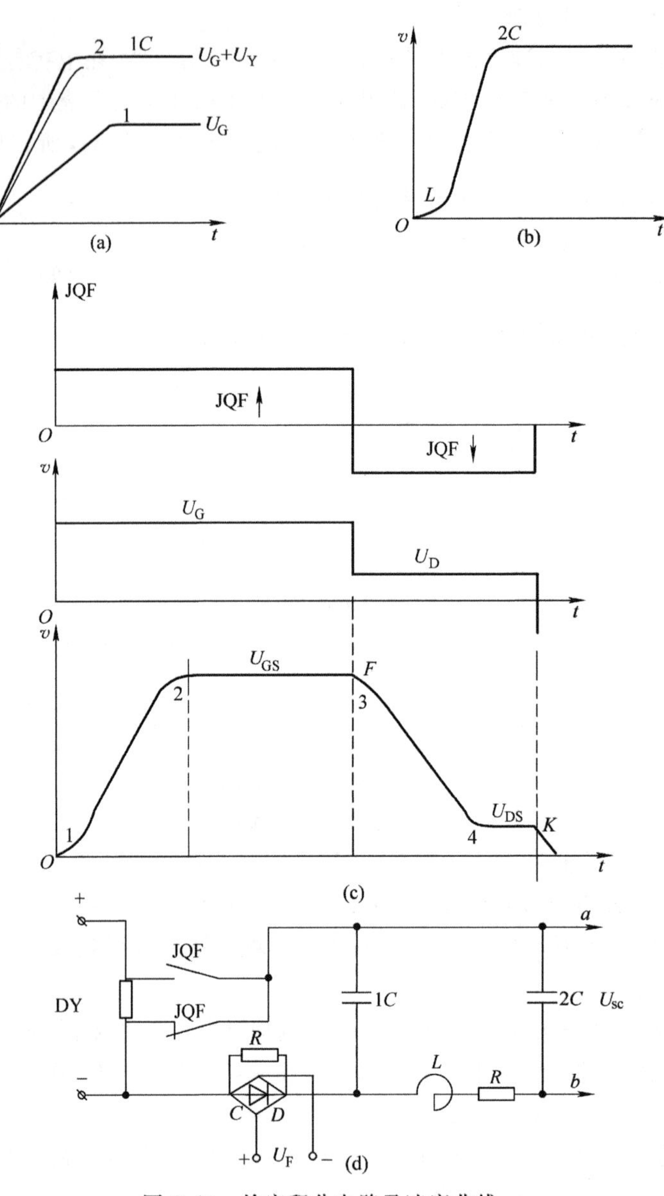

图 6.40　给定积分电路及速度曲线

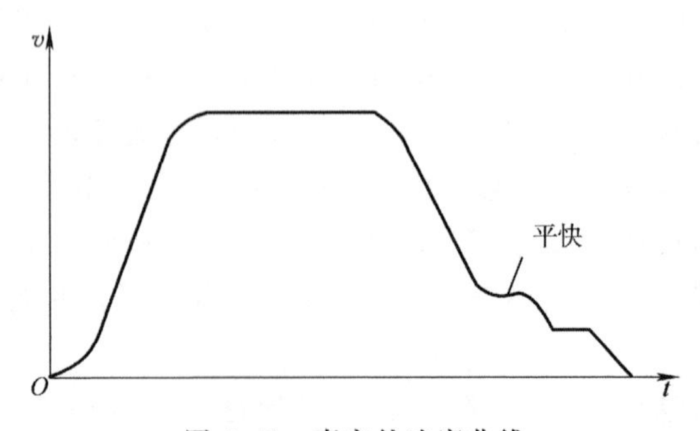

图 6.41　真实的速度曲线

6.4　电梯门机直流他励电动机的调速特性

电梯门机直流他励电动机的调速方法：

①改变电枢电路外串接电阻(缺点多，现在不常采用)；

②改变电动机电枢供电电压 U；

③改变电动机主磁通 ϕ；

电梯门机直流他励电动机调速方法的特点：

①可以平滑无级调速，但只能弱磁调速，即在额定转速以上调节；

②调速特性较软，且受电动机换向条件等的限制；

③调速时维持电枢电压和电枢电流不变，即功率不变，属于恒功率调速。

6.4.1　改变电枢回路电阻的调速特性

改变电枢回路中外串电阻进行调速的缺点是耗电多、电机机械特性(见图 6.42)软、调速范围小，且只能进行有级调速，故这种方法目前已较少采用。

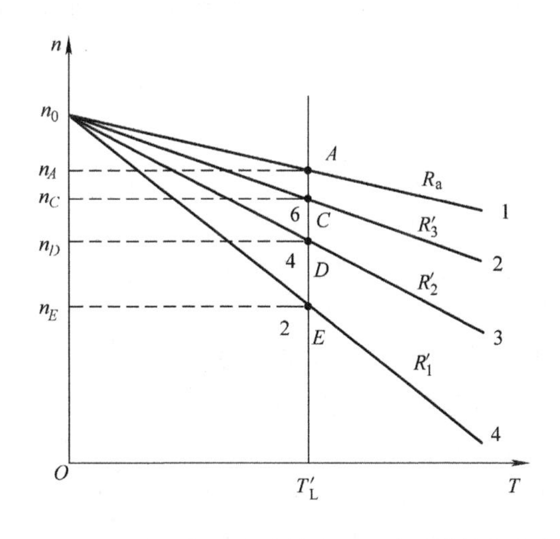

图 6.42　改变电枢电路中外串电阻的机械特性曲线

6.4.2　改变电枢回路电压的调速特性

改变电枢电路电压的调速方法的特点：

①可以平滑无级调速，但只能弱磁调速，即在额定转速以上调节；

②调速特性较软，且受电动机换向条件等的限制；

③当电源电压连续变化时，转速可以平滑无级调节，一般只能在额定转速以下调节；

④调速特性与固有特性互相平行，机械特性(见图 6.43)硬度不变，调速的稳定性高，调速范围较大；

⑤调速时，电动机转矩不变，属于恒转矩调速，适合于对恒转矩型负载进行调速；

⑥可以靠调节电枢电压来启动电机，而不用其他设备。

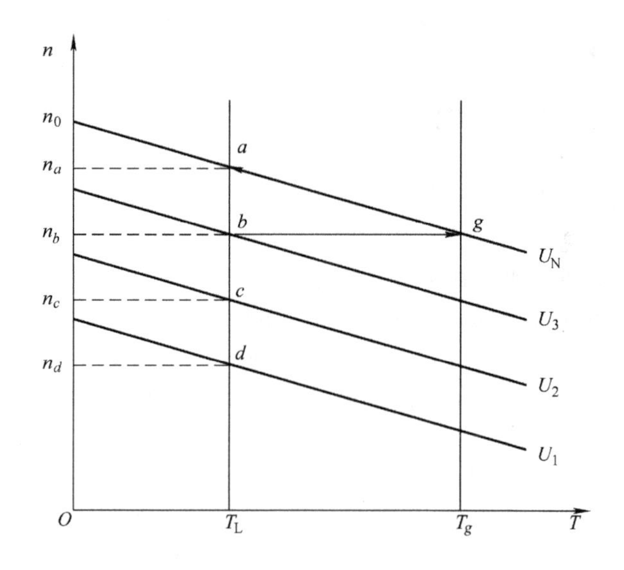

图 6.43　改变电枢回路电压的机械特性曲线

6.5　皮带传动直流门机控制电路

电梯门的控制电路由控制和驱动两个部分组成。门的开与关对乘客和电梯安全运行十分重要，当门在关闭过程中遇有障碍物应停止关门重新开门；当电梯因故中途停止运行，电梯还没有进入开门区时，电梯门不应打开。

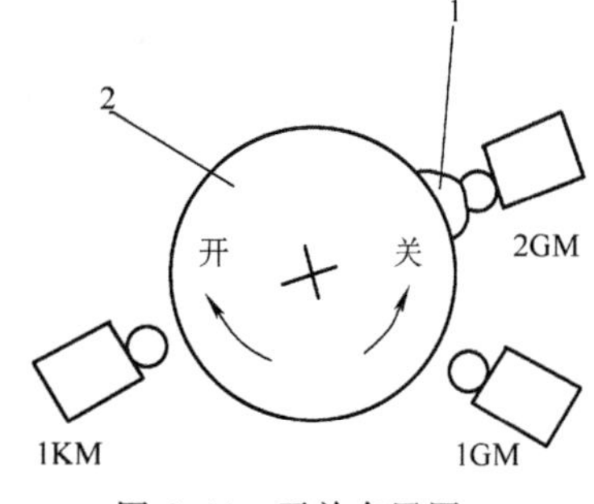

图 6.44　开关布置图

1—开关碰头；2—门机驱动轮

该门机用于交流双速电梯及直流励磁快速电梯。门机的速度调节是通过门机械传动中的碰头，使行程开关动作和短接与电枢并联的电阻实现的。开门与关门是通过改变转子供电电压的极性，使直流电机正转与反转，如图 6.44 所示。门机控制程序如图 6.45 所示。

如图 6.46(a)所示，刚开门时速度要慢，由于惯性开门较慢，这样做是为了脱开钩子锁时不发出声响。当门完全打开以前，1KM 动作，使开门电机降速，电梯门不发生碰撞门框。

其中：JMS——关门继电器；

X007——关门按钮；

JKM——开门执行继电器；

JGM——关门执行继电器；

RD——门电路保险；

DM——门电机磁场线圈；

RGM——关门分流电阻；

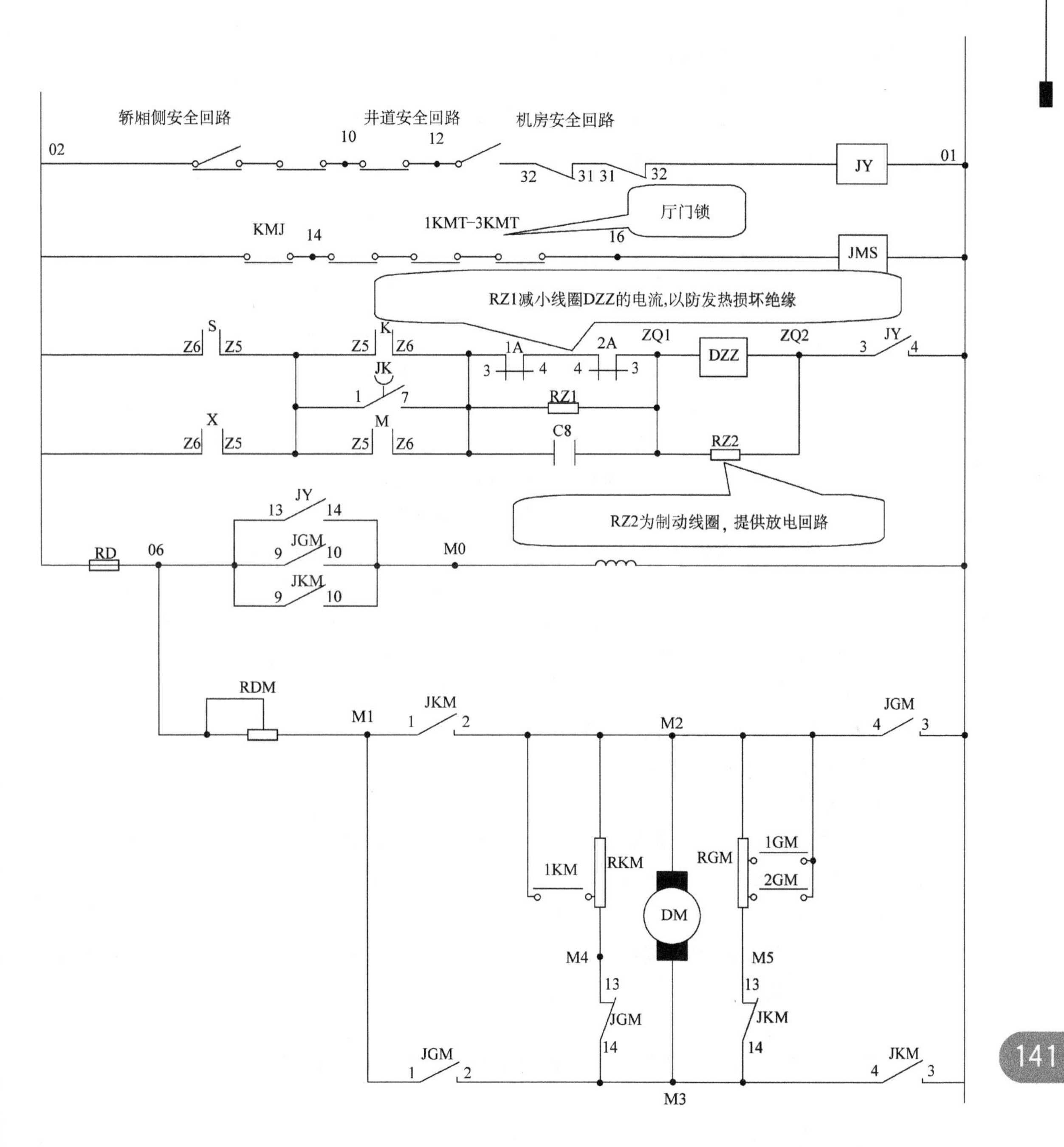
轿厢侧安全回路
井道安全回路
机房安全回路
02
10
12
32
31 31
32
JY
01
厅门锁
KMJ
14
1KMT-3KMT
16
JMS
RZ1减小线圈DZZ的电流,以防发热损坏绝缘
S
Z6
Z5
K
Z5
Z6
1A
2A
ZQ1
DZZ
ZQ2
JY
JK
RZ1
X
M
C8
RZ2
RZ2为制动线圈，提供放电回路
JY
13
14
JGM
9
10
JKM
RD
06
M0
RDM
M1
JKM
M2
JGM
1KM
RKM
DM
RGM
1GM
2GM
M4
M5
JGM
JKM
M3

图 6.45　门机控制电路

RKM——开门分流电阻；

1GM,2GM——关门切电阻开关；

1KM——开门切电阻开关。

如图 6.46(b)所示，开始关门时速度较快，当门将完全关闭以前，1GM 动作，电动机第一次降速，在完全关闭以前 2GM 动作，电动机再次降速，使两扇门不发生碰撞。

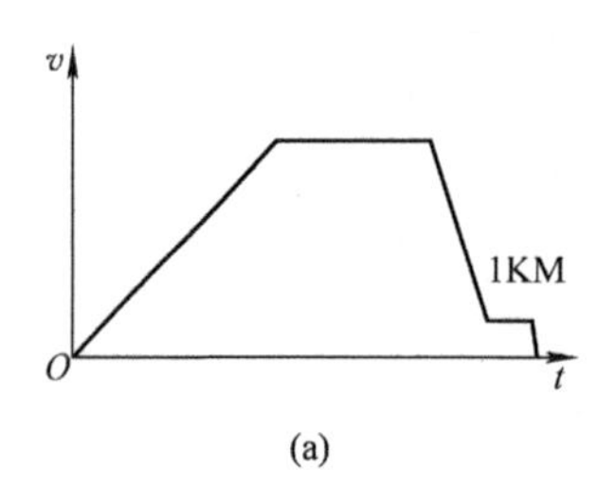

(a)

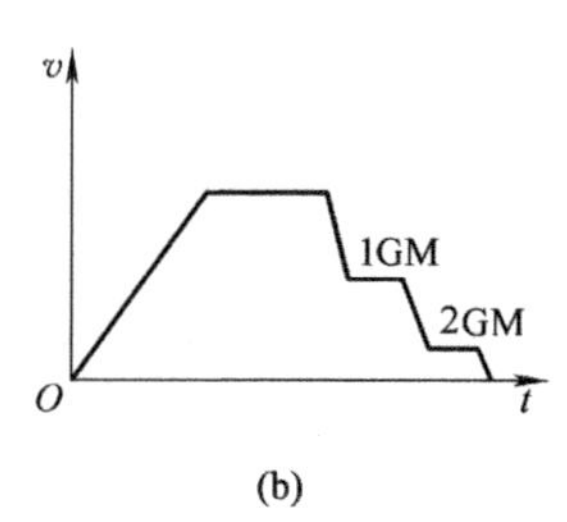

(b)

图 6.46　开关门速度曲线

(a)开门速度曲线；(b)关门速度曲线

在图 6.45 中 2GM 有两个作用，既作为第一级开门分流开关，又作为关门时的第 2 次分流开关；关门限位开关还有另一作用，用其中一对触点作为门关严的门锁信号 XG；开关 1KM,1GM,2GM 用其短接并联在电机转子上的电阻 RGM 和 RKM，给转子 DM 分流，调节转子电压以调电机的转速；电阻 RMD 是串联在转子电路中，用以降低转子供电电压和调节开关门的总体速度。

开关门电路(见图 6.47)的功能如下。

1. 开门控制(见图 6.47(a))

(1)手动开门

按开门按钮 X010，开门指令继电器 Y010 吸合，关门继电器 Y011 释放，因为电梯是停着的，运行继电器 M2 释放，JKM 吸合，电梯门打开，开门到位时 KGM 动作，JKM 释放。

(2)重新开门

当门在关闭过程中遇到障碍物，由于安全装置动作，微动开关 X031 闭合，开门继电器 Y010 吸合，开门过程同上所述。

(3)本层呼叫开门

若电梯停在某层站时，只要按厅外顺向呼叫按钮 M53 吸合，就可以开门。在图 6.47(a)中，Y010 吸合，电梯门打开。

(4)电梯超载不关门

当超载开关 X032 动作后，Y011 释放，继电器 Y010 吸合，其常开触点接通 JKM 继电器，电梯门重新打开。

2. 关门控制(见图 6.47(b))

(1)手动关门

按关门按钮 X007，关门继电器 Y011 吸合。

(2)自动关门

当电梯处在无司机运行状态时,无司机开关 X027 闭合,M0 吸合。在关门延时继电器 Y011 电路中,开门继电器 Y010 断开一次或电梯运行时停一次车,运行继电器 M2 断开一次。T10 延时 3～5 s,接通关门继电器 Y011,使电梯门关闭。

(3)基站锁梯关门

当电梯服务运行完毕后,电梯服务人员将基站钥匙 X014 关断,中间继电器 M51 释放。T20 锁梯延时断电,M51 常开触点接通关门继电器 JGM,令其吸合,电梯门关闭,禁止 PLC 输出。

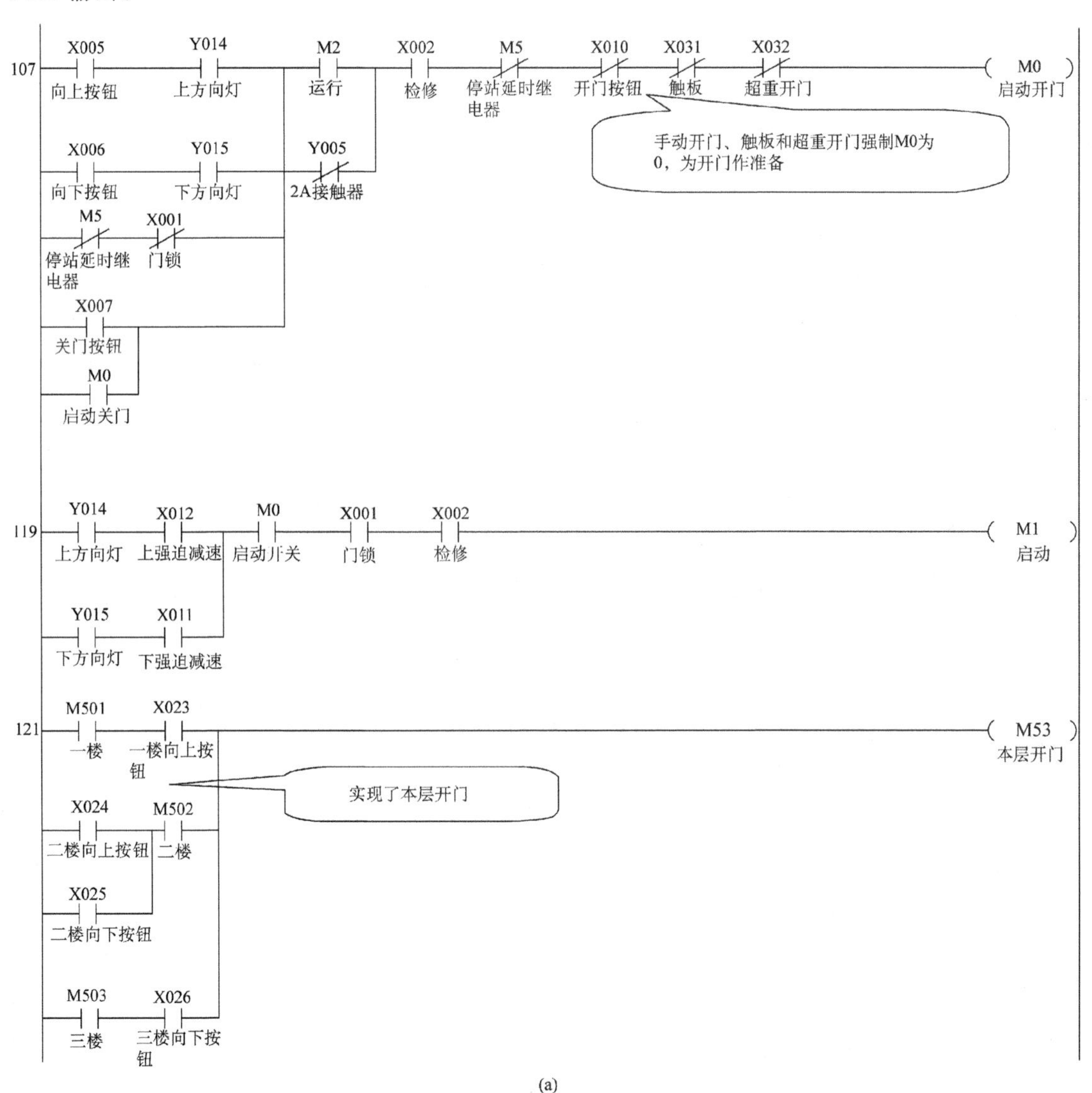

(a)

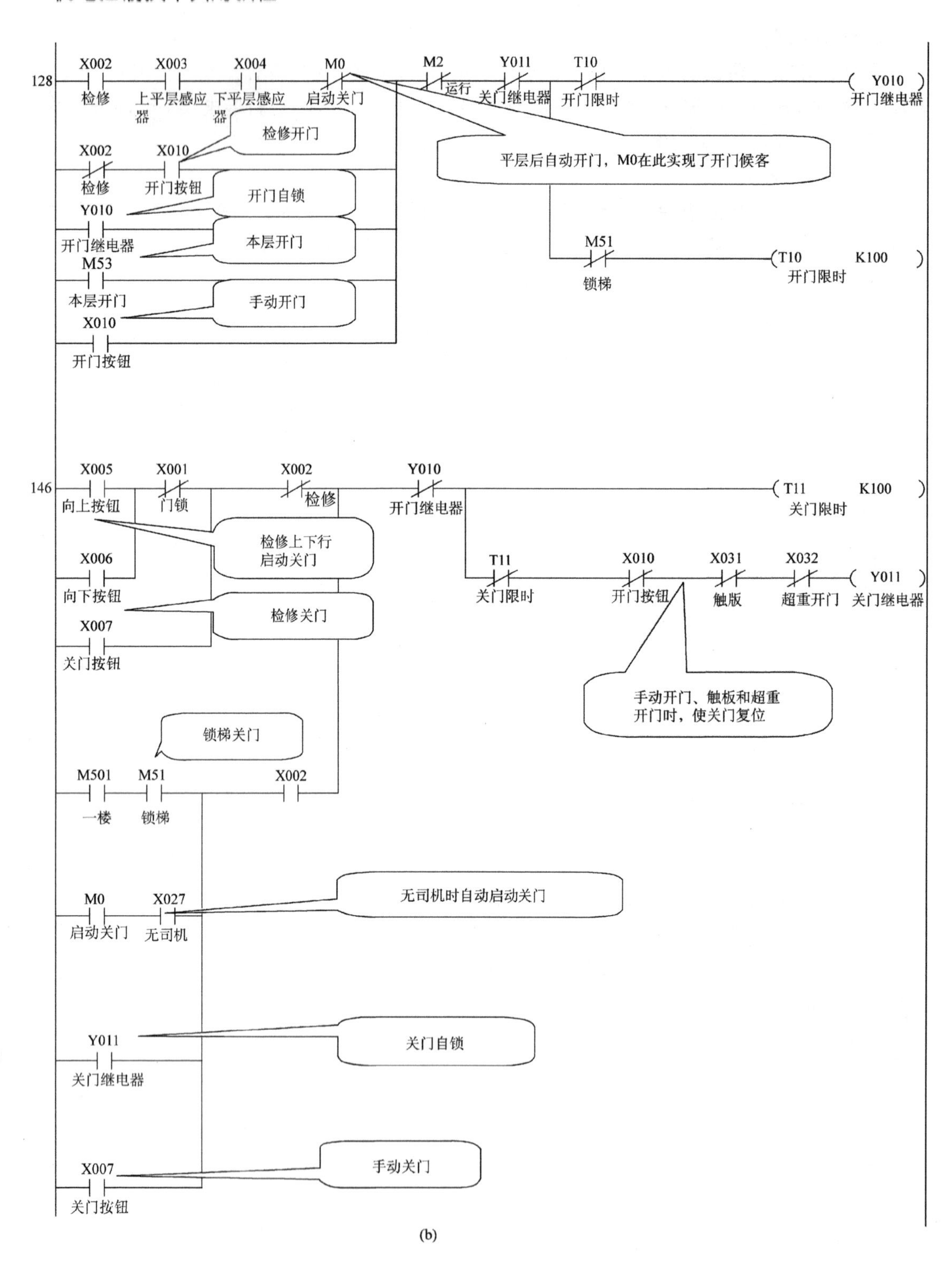

图 6.47 开关门控制程序

(a)开门控制；(b)关门控制

6.6　仿真制作

6.6.1　电梯开关门控制画面设计

电梯运行时开关门情况仿真如图 6.48 所示。图 6.49 所示为开关门按钮的动画连接过程。轿门的设计如图 6.50 所示，轿门跟着轿厢运行，既有上下行，还有左右行，即水平和垂直运行。轿厢垂直运动的动画连接如图 6.51 所示。厅门的设计如图 6.52 所示，厅门只有水平运行，且与轿门水平运行的距离一样，二楼及三楼的厅门动画连接仿此进行。

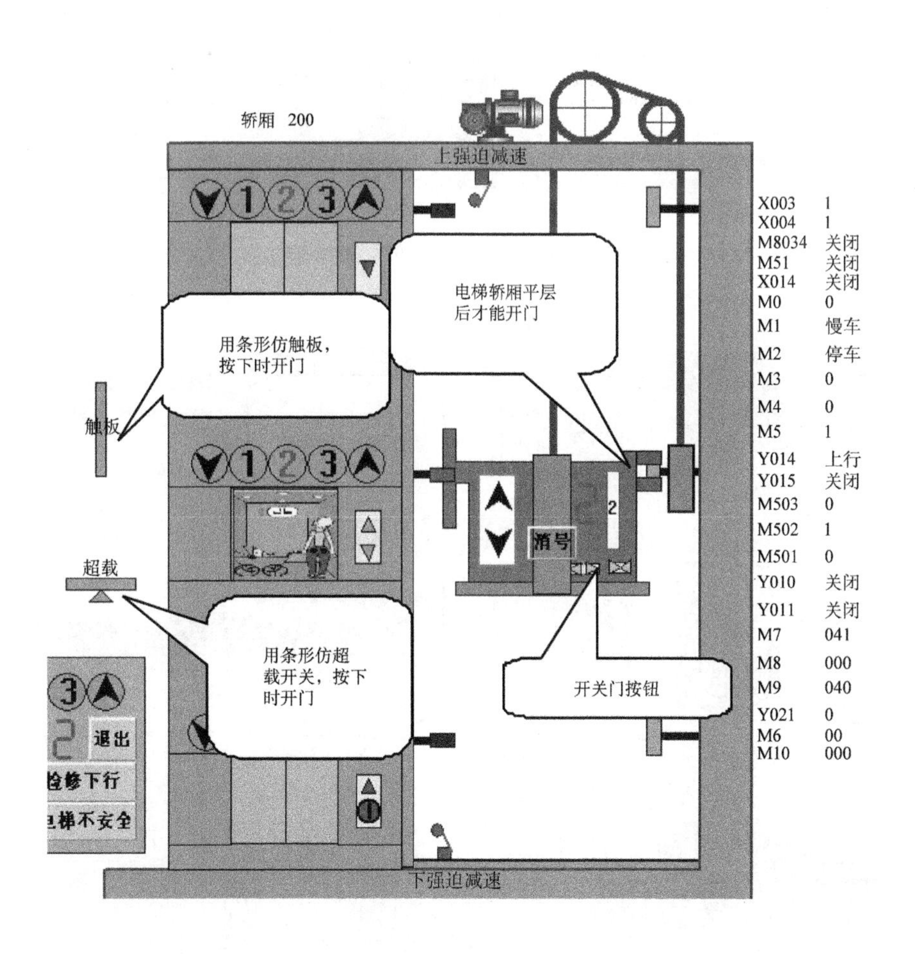

图 6.48　电梯运行时开关门情况仿真

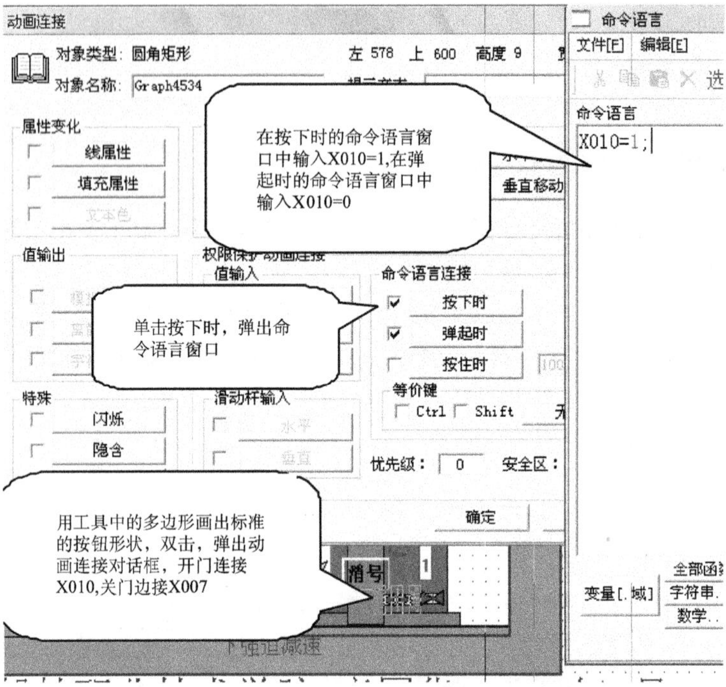

在按下时的命令语言窗口中输入X010=1,在弹起时的命令语言窗口中输入X010=0
单击按下时，弹出命令语言窗口
用工具中的多边形画出标准的按钮形状，双击，弹出动画连接对话框，开门连接X010,关门边接X007

图 6.49　开关门按钮的动画连接

轿门不但有水平运动，而且有垂直运动
三楼厅门
二楼厅门
水平运动右边门的动画连接向右，水平运动左边门的动画连接向左
一楼厅门
轿门

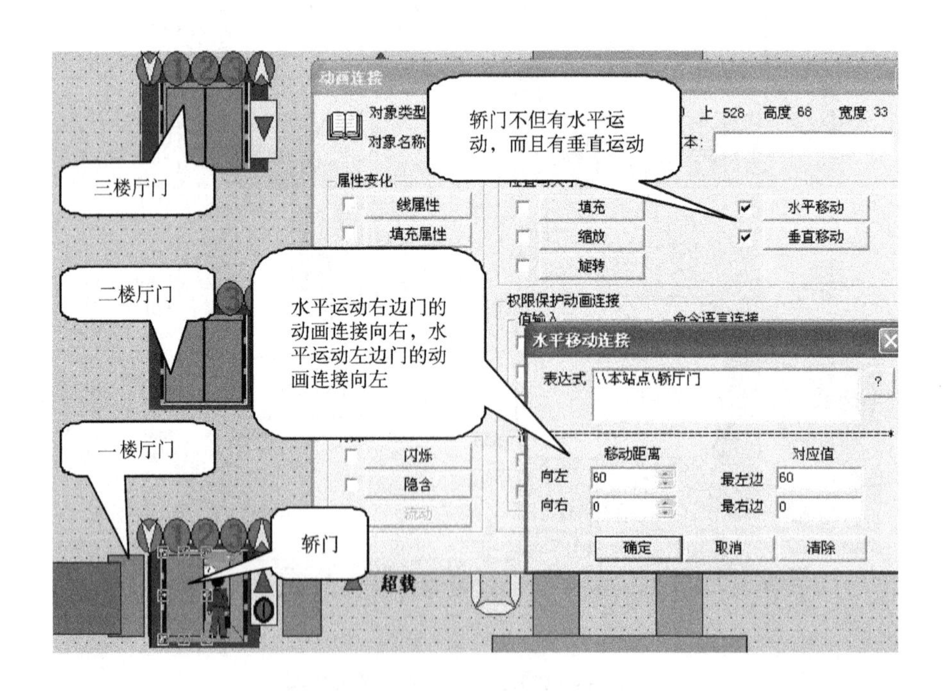

图 6.50　轿门的设计

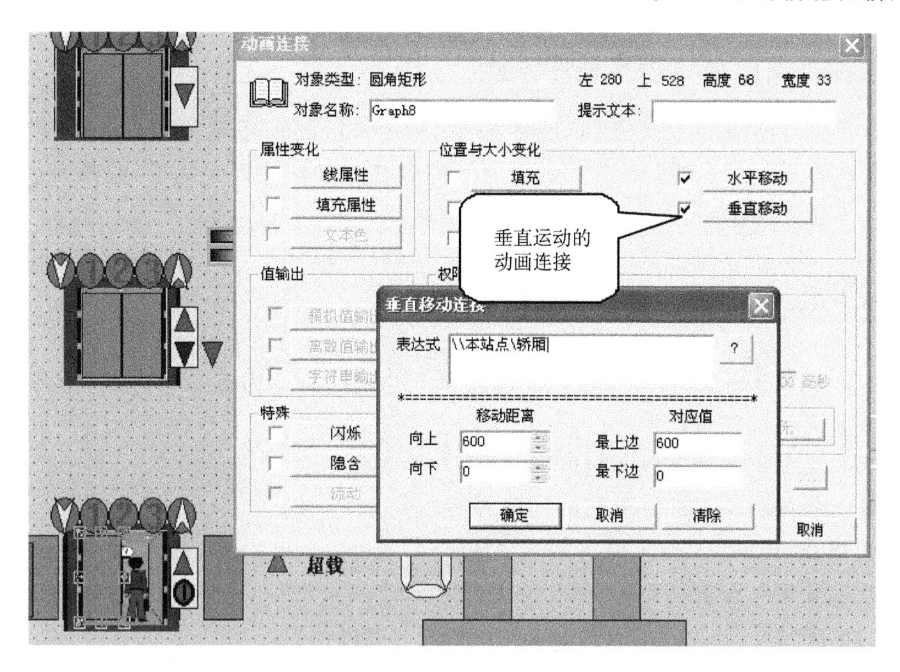

图 6.51　轿厢垂直运动的动画连接

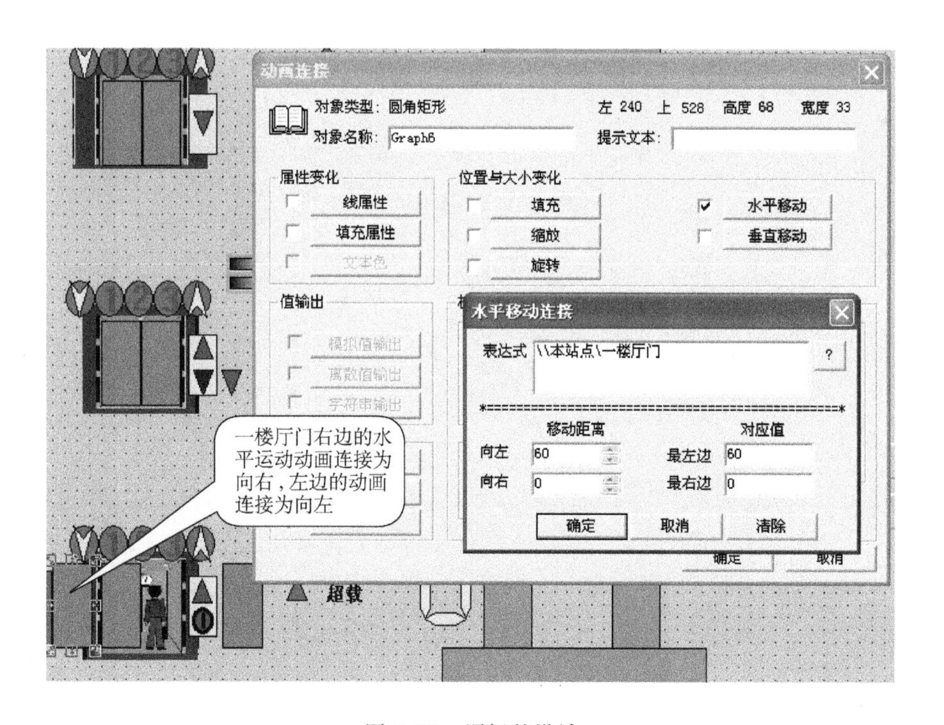

图 6.52　厅门的设计

6.6.2 电梯开关门命令语言程序设计

电梯的开关门控制，可以对 PLC 程序的 107～146 行的程序进行组态命令语言编程，就能实现对电梯的开关门控制。开关门的定时用内存整型变量的计数代替，数值大小根据情况自己设定。

习 题

1. M2 为 0 时启动开门，停站延时的起点为 1 时运行，M5 为 1 的时间段是什么？
2. 手动开关门如何进行？
3. 什么是无司机状态下的本层开关门？
4. 为什么检修时也只能在平层时才能开关门？
5. 如何再开门？
6. 为什么要定时开关门？
7. 开门的条件是什么？哪一个触点动作最后引起开门？
8. 平层是如何实现的？
9. 为什么门锁好才能检修下、上行？

第 7 章　电梯的安全保护装置

学习目标

- 掌握电梯安全保护装置的基本工作原理及特性，特别是电梯的机械和部分电气特性。
- 学会用 PLC 程序分析电梯的安全运行状态。
- 学会根据电梯的控制要求，在组态控制软件中画出相关部件并写出命令语言程序。

7.1　电梯安全保护装置

电梯是频繁载人的垂直运输工具，必须有足够的安全性。电梯的安全，首先是对人员的保护，同时也是对电梯本身和所载物资以及安装电梯的建筑物的保护。为了确保电梯运行中的安全，电梯在设计时设置了多种机械、电气安全装置：超速保护装置——限速器、安全钳；超越行程的保护装置——强迫减速开关、终端限位开关、终端极限开关，分别达到强迫减速、切断方向控制电路、切断动力输出（电源）的三级保护；冲顶（蹲底）保护装置——缓冲器；门安全保护装置——层门门锁与轿门电气联锁及门防夹人装置；轿厢超载保护装置及各种装置的状态检测保护装置（如限速器断绳开关、钢带断带开关），以确保功能完好下电梯工作；电气安全保护系统、供电系统保护、电机过载、过流等装置及报警装置等。这些装置共同组成了电梯安全保护系统，以防止任何不安全的情况发生。同时，必须随时注意电梯的维护和使用，随时检查安全保护装置的状态是否正常有效，很多事故就是由于未能发现、检查到电梯状态不良和未能及时维护检修及不正确使用造成的。所以，司机必须了解掌握电梯的工作原理，能及时发现隐患并正确合理地使用电梯。

7.1.1　防超越行程的保护

为防止电梯由于控制方面的故障使轿厢超越顶层或底层端站继续运行，必须设置保护装置，以防止发生严重的后果和结构损坏。

防止越程的保护装置一般由设在井道内上下端站附近的强迫换速开关、限位开关和极限开关组成。这些开关或碰轮都安装在固定于导轨的支架上，由安装在轿厢上的打板（撞杆）触动而动作。

图 7.1 所示是目前广泛使用的电气式越程保护装置的开关安装示意图，其强迫换速开关、限位开关和极限开关均为电气开关，尤其是限位开关和极限开关必须符合电气安全触点要求。图 7.2 所示是使用铁壳刀闸作极限开关的安装示意图，刀闸极限开关安装在机房，刀闸刀片转轴一端装有的棘轮上绕有钢丝绳，钢丝绳的一端通过导轮接到井道顶的上、下极限开关碰轮，另一端吊有配重以张紧钢丝绳，当轿厢的打板撞动碰轮时，由钢丝绳传动将刀闸断开，由于刀闸串在主电路上，所以就将主电路断开了；在轿厢打板与碰轮脱离后，再由人工将

刀闸复位。这种极限开关由于传动比较复杂，在提升高度大时钢丝绳不易张紧而易误动作，目前只在一些旧电梯和低层站的货梯中使用。

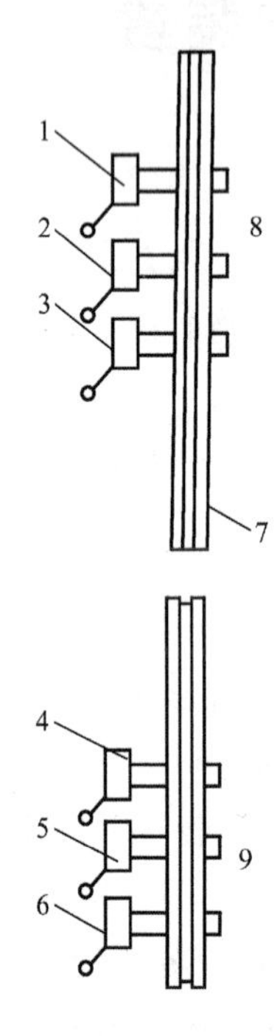

图 7.1　电气式越程保护装置的开关安装示意图

1,6—终端极限开关；2—上限位开关；
3—上强迫减速开关；4—下强迫减速开关；
5—下限位开关；7—导轨；
8—井道顶部；9—井道底部

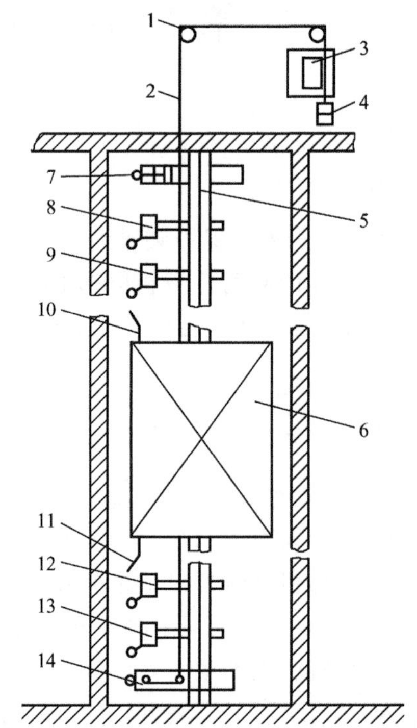

图 7.2　铁壳门闸作极限开关的安装示意图

1—导轮；2—钢丝绳；3—终端极限开关；4—张紧配重；
5—导轨；6—轿厢；7—极限开关上碰轮；8—上限位开关；
9—上强迫减速开关；10—上开关打板；11—下开关打板；
12—下强迫减速开关；13—下限位开关；14—极限开关下碰轮

强迫换速开关是防止越程的第一道关，一般设在端站正常换速开关之后。当开关撞动时，轿厢立即强制转为低速运行。在速度比较高的电梯中，可设两个强迫换速开关，分别用于短行程和长行程的强迫换速。

限位开关是防止越程的第二道关，当轿厢在端站没有停层而触动限位开关时，将立即切断方向控制电路使电梯停止运行。但此时仅仅是防止电梯向危险方向运行，但电梯仍能向安全方向运行。

极限开关是防止越程的第三道关，当限位开关动作后电梯仍不能停止运行，则触动极限开关切断电路，使驱动主机迅速停止运转。对交流调压调速电梯和变频调速电梯，极限开关动作后，应能使驱动主机迅速停止运转；对单速或双速电梯，应切断主电路或主接触器线圈电路。极限开关动作应能防止电梯在两个方向的运行，而且不经过称职的人员调整电梯不能自动恢复运行。

极限开关安装的位置应尽量接近端站，但必须确保与限位开关不联动，而且必须在对重(或轿厢)接触缓冲之前动作，并在缓冲器被压缩期间保持极限开关的保护作用。

限位开关和极限开关必须符合电气安全触点要求，不能使用普通的行程开关和磁开关、干簧管开关等传感装置。

防越程保护开关都是由安装在轿厢上的打板(撞杆)触动的,打板必须保证有足够的长度,在轿厢整个越程的范围内都能压住开关,而且开关的控制电路要保证开关被压住(断开)时,电路始终不能接通。

防越程保护装置只能控制在运行中故障造成的越程,若是由于曳引绳打滑、制动器失效或制动力不足造成轿厢越程,上述保护装置是无能为力的。

7.1.2　限速器和安全钳

一般正常运行的轿厢发生坠落事故的可能性极小,但也不能完全排除这种可能性。轿厢发生坠落事故,一般有以下几种可能的原因:

①曳引钢丝绳因各种原因全部折断;

②蜗轮蜗杆的轮齿、轴、键、销折断;

③曳引轮绳槽严重磨损,造成当量摩擦系数急剧下降而平衡失调,若轿厢又超载,则钢丝绳和曳引轮打滑;

④轿厢超载严重,平衡失调,制动器失灵;

⑤因某些特殊原因,如平衡对重偏轻、轿厢自重偏轻,造成钢丝绳对曳引轮压力严重减小,致使轿厢侧或对重侧平衡失调,使钢丝绳在曳引轮上打滑。

只要上述五种情况有一种发生,就可能发生轿厢(或对重)急速坠落的严重事故。因此按照国家有关规定,无论是乘客电梯、载货电梯、医用电梯等,都应装置限速器和安全钳系统。

在电梯的安全保护系统中,提供的综合安全保障有限速器、安全钳和缓冲器。当电梯在运行中,无论何种原因使轿厢发生超速甚至坠落的危险状况,而所有其他安全保护装置均未起作用的情况下,则靠限速器、安全钳(在轿厢运行途中起作用)和缓冲器的作用使轿厢停住而不致使乘客受到伤害和设备损坏。所以,限速器和安全钳是防止电梯超速和失控的保护装置。

限速器是速度反映和操作安全钳的装置。当轿厢运行速度达到限定值(一般为额定速度的115%以上)时,限速器能发出电信号并产生机械动作,以引起安全钳工作。所以,限速器在电梯超速并在超速达到临界值时起检测及操纵作用。

安全钳的动作是由于限速器的作用而引起的,它迫使轿厢或对重装置制停在导轨上,同时切断电梯和动力电源的安全装置。所以,安全钳是在限速操纵下强制使轿厢停住的执行机构。

限速器通常安装在电梯机房或隔音层的地面,它的平面位置一般在轿厢的左后角或右前角处,如图7.3所示。限速器绳的张紧轮安装在井道底坑,限速器绳绕经限速器轮和张紧轮形成一全封闭的环路,其两端通过绳头连接架安装在轿厢架上操纵安全钳的杠杆系统。张紧轮的重量使限速器绳保持张紧,并在限速器轮槽和限速器绳之间形成摩擦力。轿厢的上、下运行同步带动限速器绳运动,从而带动限速器轮转动,如图7.4所示。

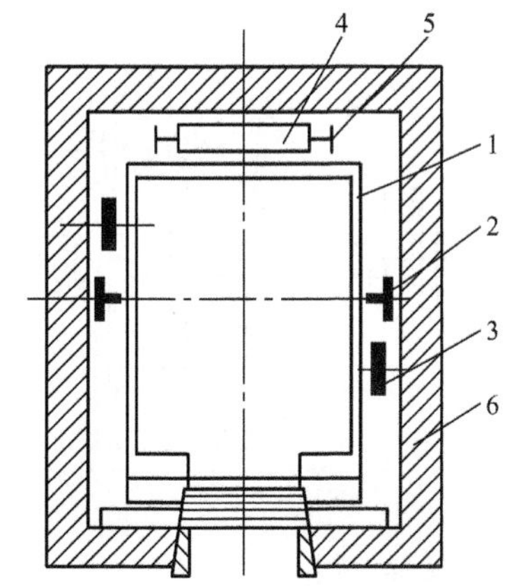

图7.3　限速器与轿厢的相对位置平面图

1—轿厢;2—轿厢导轨;3—限速器;
4—对重;5—对重导轨;6—井道围壁

根据电梯安全规程的规定，任何曳引电梯的轿厢都必须设有安全钳装置，并且规定安全钳装置必须由限速器操纵，禁止使用电气、液压或气压装置来操作安全钳。当电梯底坑的下方有人通行或有人能进入的过道或空间时，对重也应设有限速器安全钳装置。

1. 限速器

限速器按动作原理可分为摆锤式和离心式两种，其中离心式限速器较为常用。如图7.5所示为上摆锤式限速器，轿厢在运行时，通过限速器绳头拉动限速器绳，使限速器绳轮和连在一起的凸轮和控制轮(棘爪)同步转动；摆锤由调节弹簧拉住，锤轮压在凸轮上，凸轮转动使摆锤上下摆动，若转动速度大，摆锤的摆动幅度也大。当轿厢运行超速时，由于摆锤摆动幅度加大，触动超速开关，切断电梯安全电路，使电梯停止运行。若电梯在向下运行，超速开关动作后电梯没有停止而继续超速运动，则当速度超过额定速度115%以后，因摆锤摆动幅度的进一步加大，棘爪卡入制动轮中，使制动轮和连在一起的限速器绳轮停止转动，由限速器绳头和联动机构拉动安全钳，使轿厢制停。摆锤式限速器一般用于速度较低的电梯。

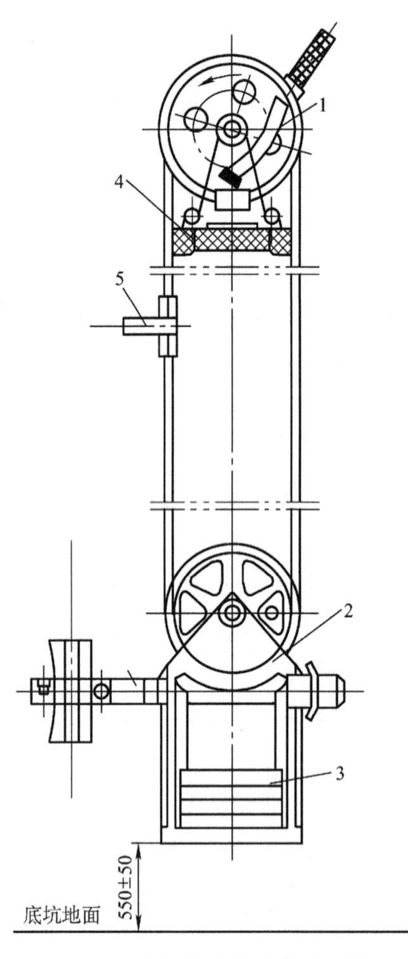

图7.4 限速器装置的传动系统

1—限速器；2—张紧轮；3—重砣；

4—固定螺钉；5—连接轿厢架

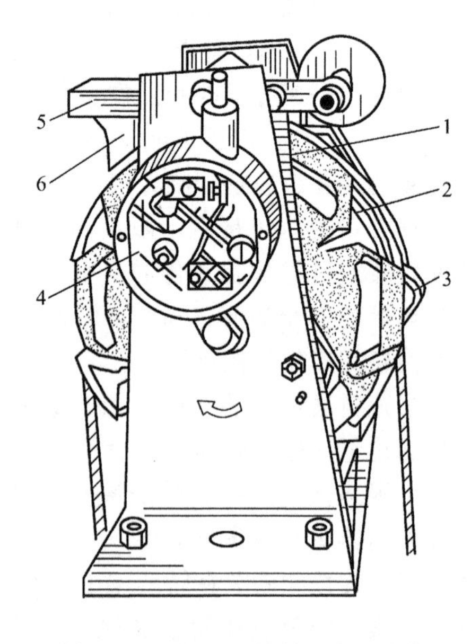

图7.5 上摆锤凸轮棘爪式限速器

1—调节弹簧；2—制动轮；3—凸轮；

4—超速开关；5—摆杆；6—棘爪

图 7.6 所示是离心式带夹绳钳的限速器，当轿厢运行时限速器绳带动限速器绳轮旋转，通过拉簧 13 使同轴的离心甩块旋转并向外甩开。当电梯超速时，甩块首先将开关打板 2 打动，使电气触点断开，切断安全电路；若在下行时，电梯还在继续超速，由于甩块的进一步甩开将夹绳打板 10 打动，使正常时被夹绳打板卡住的夹绳钳块掉下卡住限速器绳，使轿厢制停，卡绳的力量可由弹簧 4 调节。

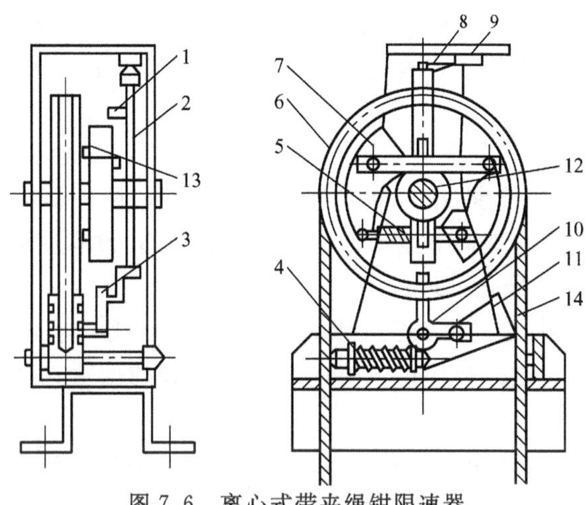

图 7.6 离心式带夹绳钳限速器

1—开关打板碰铁；2—开关打板；3—夹绳打板碰铁；4—夹绳钳弹簧；5—离心重块弹簧；6—限速器绳轮；7—离心重块；8—电开关触头；9—电开关；10—夹绳打板；11—夹绳钳；12—轮轴；13—拉簧；14—限速器绳

图 7.7 所示是一种离心式有压绳装置的限速器。在超速时，首先由甩块 2 上的一个螺栓打动安全开关；当继续超速时，甩块进一步甩开触动棘爪卡在制动轮 8 上，制动轮拉动触杆 3 通过压杆 6 将压块 7 压在限速器绳轮 4 的钢丝绳上，使绳轮和限速器绳被刹住，从而使轿厢制停，压块的压紧力由弹簧 5 调节。

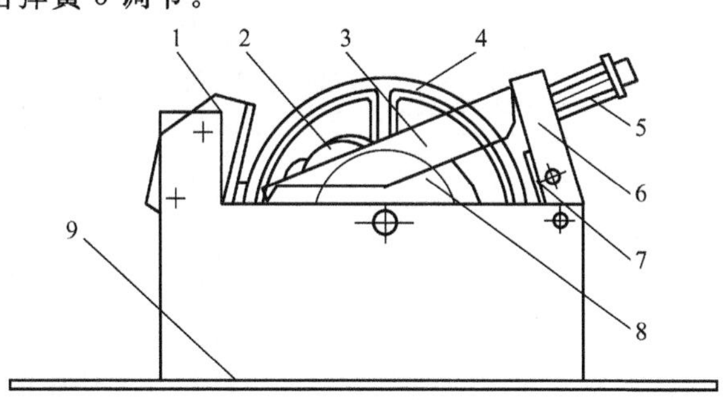

图 7.7 离心式有压绳装置限速器

1—电气开关；2—甩块；3—触杆；4—绳轮；5—弹簧；6—压杆；7—压块；8—制动轮；9—底板

限速器的动作速度应不小于 115% 的额定速度，但应小于下列值：

①配合楔块式瞬时式安全钳的为 0.8 m/s；

②配合不可脱落滚柱式瞬时式安全钳的为 1.0 m/s；

③配合额定速度小于或等于 1 m/s 的渐进式安全钳的为 1.5 m/s；

④配合速度大于 1 m/s 的渐进式安全钳的为 $1.25v+\frac{0.25}{v}$（v 为电梯额定速度）。

对于载重量大、额定速度低的电梯，应专门设计限速器，并用接近下限的速度动作。若对重也设安全钳，则对重限速器的动作速度应大于轿厢限速器的动作速度，但不得超过10%。

限速器绳应选柔性良好的钢丝绳，绳径不小于6 mm，安全系数不小于8。限速器绳由安装于底坑的张紧装置予以张紧，张紧装置的重量应使正常运行时钢丝绳在限速器绳轮的槽内不打滑，且悬挂的限速器绳不摆动。张紧装置应有上下活动的导向装置。限速器绳轮和张紧轮的节圆直径应不小于所用限速器绳直径的30倍。为了防止限速器绳断裂或过度松弛而使张紧装置丧失作用，在张紧装置上应有电气安全触点，当发生上述情况时能切断安全电路使电梯停止运行。

限速器动作时对限速器绳的最大制动力应不小于300 N，同时不小于安全钳动作所需提拉力的两倍。若达不到这个要求，很可能发生限速器动作时限速器绳在限速器绳轮上打滑、提不动安全钳，而轿厢继续超速向下运动。为了提高制动力，没有夹绳、压绳装置的限速器绳轮应采用V形绳槽，绳槽应硬化处理。

限速器必须有非自动复位的电气安全装置，在轿厢上行或下行达到动作速度以前及时动作，使电梯主机停止运转。过去曾用过没有电气安全开关的摆锤式和离心压杆式限速器，现都应停止使用。

限速器上调节甩块或摆锤动作幅度(也是限速器动作速度)的弹簧，在调整后必须有防止螺帽松动的措施，并予以铅封；压绳机构、电气触点、触动机构等调整后，也要有防止松动的措施和明显的封记。

限速器上的铭牌应标明使用的工作速度和整定的动作速度，最好还应标明限速器绳的最大张力。

2. 安全钳装置

安全钳装置包括安全钳本体、安全钳提拉联动机构和电气安全触点，如图7.8所示。

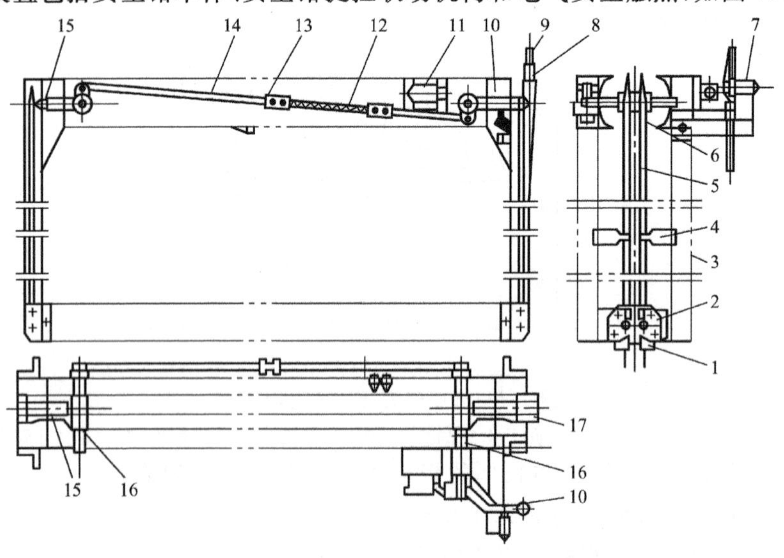

图7.8　安全钳结构及安装位置

1—安全钳楔块；2—安全钳座；3—轿厢架；4—防晃架；5—垂直拉杆；6—压簧；7—防跳器；8—绳头；9—限速器绳；10—主动杠杆；11—安全钳急停开关；12—压簧；13—正反扣螺母；14—横拉杆；15—从动杠杆；16—转轴；17—导轨

安全钳及其操纵机构一般均安装在轿厢架 3 上。安全钳座 2 装设在轿厢架下梁内，楔块 1 在安全钳动作时夹紧导轨使轿厢制停。轿厢架上梁的两侧各装有一根转轴 16，操纵机构的一组杠杆均固定在这两根轴上。主动杠杆 10 的端部通过绳头 8 与限速器绳 9 连接。四个从动杠杆 15 分别安装在两侧的转轴 16 上。横拉杆 14 连接两侧的转轴 16，以保证两侧的从动杠杆 15 同步摆动，横拉杆 14 上的正反扣螺母 13 可调节从动杠杆 15 的位置。从动杠杆 15 的端部各连接一条垂直拉杆 5，通过它带动安全钳的楔块 1。垂直拉杆 5 上防晃架 4 起定位导引作用，并防止垂直拉杆 5 晃动。横拉杆 14 的压簧 12 使拉杆不能自动复位，只有在松开安全钳并排除故障之后，靠手动才能复位。

电气安全开关应符合安全触点的要求，即安全钳释放后需经称职人员调整后电梯方能恢复使用。所以，电气安全开关一般应是非自动复位的，安全开关应在安全钳动作以前动作。因此，必须认真调整主动杠杆上的打板与开关的距离和相对位置，以保证安全开关准确动作。

提拉联动机构一般都安装在轿顶，有的电梯安装在轿底，此时应将电气安全开关设在从轿顶可以恢复的位置。

安全钳按结构和工作原理可分为瞬时式安全钳和渐进式安全钳。

(1)瞬时式安全钳

该安全钳的动作元件有楔块、滚柱，其工作特点是：制停距离短，基本是瞬时制停，动作时轿厢承受很大冲击，导轨表面会受到损伤。滚柱型瞬时安全钳制停时间约 0.1 s；而双楔块瞬时安全钳制停时间最少只有 0.01 s 左右，整个制停距离只有几毫米至几十毫米。轿厢的最大制停减速度在 5～10 g（g 为重力加速度）之间。所以，有关标准规定瞬时式安全钳只能用于额定速度不大于 0.63 m/s 的电梯。

图 7.9 所示是使用最广泛的楔块瞬时式安全钳，钳体一般由铸钢制成，安装在轿厢的下梁上；每根导轨由两个楔形钳块（动作元件）夹持，也有只用一个楔块单边动作的。安全钳的楔块一旦被拉起与导轨接触楔块自锁，安全钳的动作就与限速器无关，且在轿厢继续下行时，楔块将越来越紧。

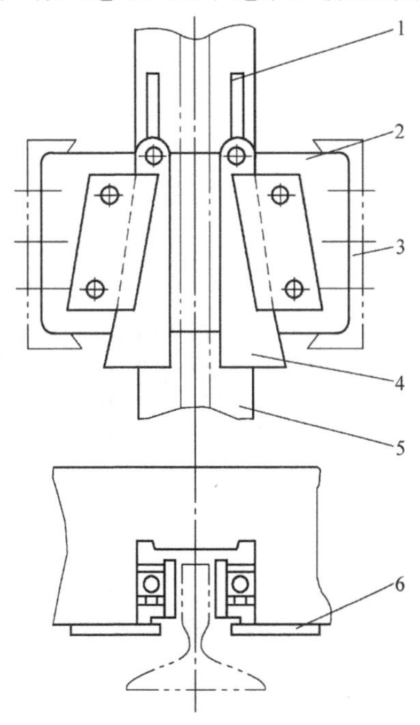

图 7.9　楔块瞬时式安全钳

1—拉杆；2—安全钳座；3—轿厢下梁；4—楔（钳）块；5—导轨；6—盖板

(2)渐进式安全钳

渐进式安全钳与瞬时式安全钳在结构上的主要区别在于其动作元件是弹性夹持的，在动作时动作元件靠弹性夹持力夹紧在导轨上滑动，靠与导轨的摩擦消耗轿厢的动能和势能。有关标准要求轿厢制停的平均减速度在 0.2～1.0g 之间，所以安全钳动作时，轿厢必须有一定的制停距离。

若电梯额定速度大于 0.63 m/s 或轿厢装设数套安全钳装置，就应采用渐进式安全钳。若对重速度大于 1.0 m/s，也应用渐进式安全钳。

图 7.10 所示是夹钳式渐进安全钳结构，动作元件为两个楔块，但其与导轨接触的表面没有加工成花纹而是开了一些槽，背面有滚轮组以减少楔块与钳座的摩擦。当限速器动作楔块被拉起夹在导轨上，由于轿厢仍在下行，楔块就继续在钳座的斜槽内上滑，同时将钳座向两边挤开。当上滑到限位停止时，楔块的夹紧力达到预定的最大值，形成一个不变的制动力，使轿厢的动能与势能消耗在楔块与导轨的摩擦上，轿厢以较低的减速度平滑制动，最大的夹持力由钳尾部的弹簧调定。如图 7.11 所示是其传动结构示意图。

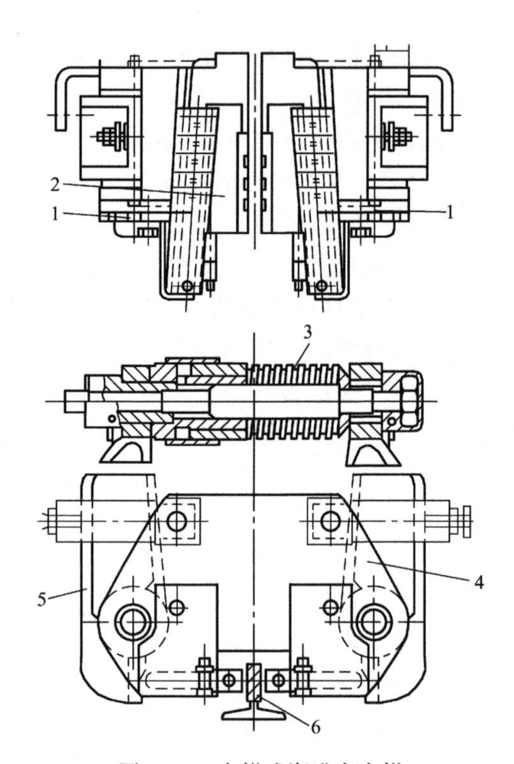

图 7.10　夹钳式渐进安全钳

1—滚柱组；2—楔块；3—蝶形弹簧组；4—钳座；5—导轨

图 7.12 所示是一种比较轻巧的单面动作渐进式安全钳，限速器动作时通过提拉联动机构将活动钳块 6 上提，且与导轨 8 接触并沿斜面滑槽 7 上滑，导轨被夹在活动钳块 6 与静钳块 4 之间，其最大的夹紧力由蝶形弹簧 3 决定，弹簧 5 用于安全钳释放时钳块的复位。

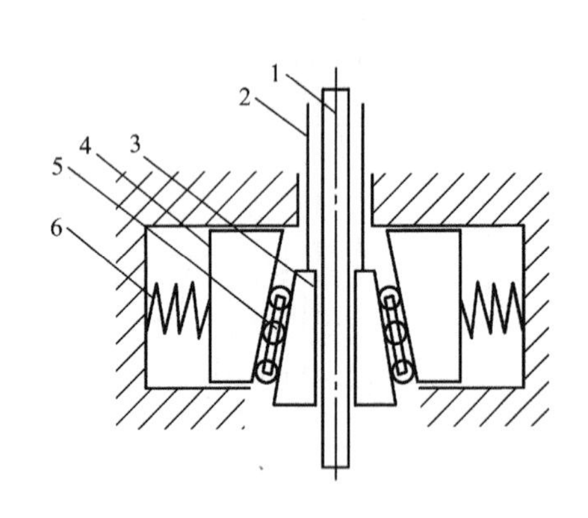

图 7.11　夹钳式渐进安全钳传动结构原理

1—导轨；2—拉杆；3—楔块；4—钳座；5—滚珠；6—弹簧

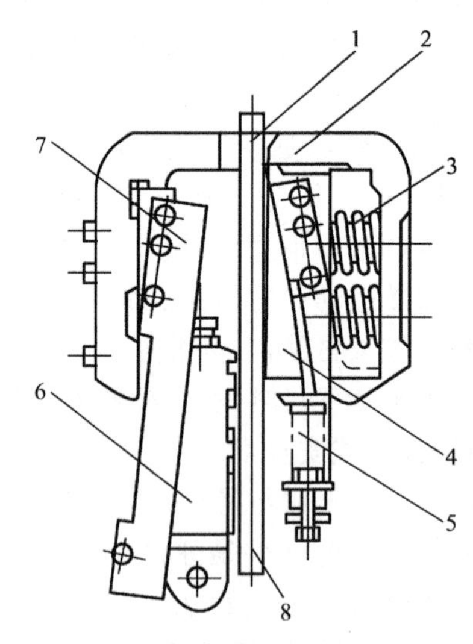

图 7.12　单面动作渐进式安全钳

1—导轨；2—钳座；3—蝶形弹簧；4—静钳块；5—弹簧；6—活动钳块；7—滑槽；8—导轨

当电梯曳引钢丝绳为两根时，应设保护装置，当有一根断裂或过度松弛时，安全触点动作使电梯停止运行。这也是防止发生断绳轿厢坠落的保护装置。

安全钳装置一般装设在轿厢架或对重架上，并由以下两部分组成。

①操纵机构：一组连杆系统，限速器通过此连杆系统操纵安全钳起作用，如图 7.13 中的 6 和图 7.14 中的 6。

②制停机构：也叫安全钳(嘴)，作用是使轿厢或对重制停，并夹持在导轨上，如图 7.13 中的 1 和图 7.14 中的 5。

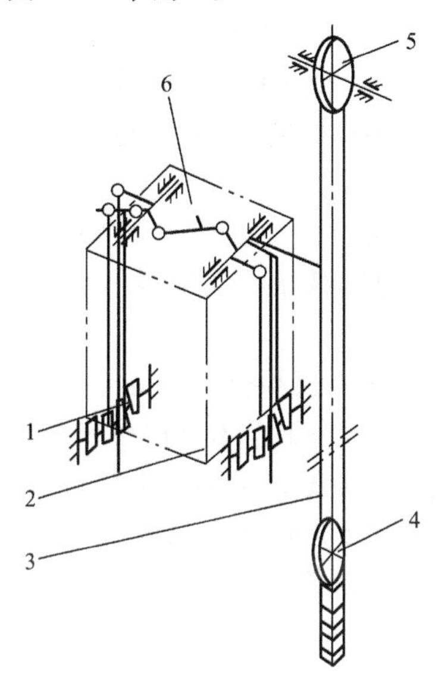

图 7.13　限速器与安全钳联动原理示意图

1—安全钳；2—轿厢；3—限速器绳；

4—张紧轮；5—限速器；6—连杆系统

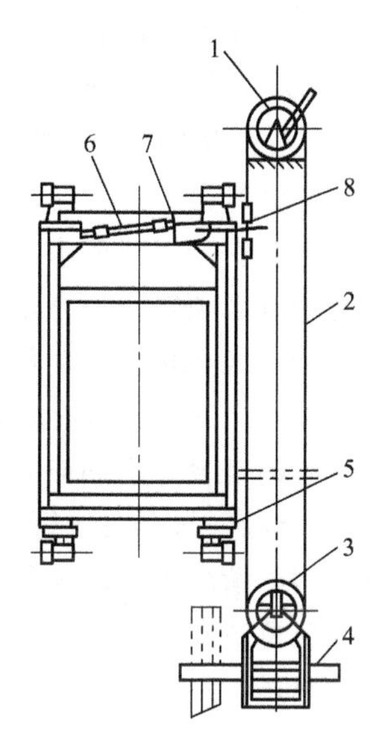

图 7.14　限速器与安全钳联动原理立面示意图

1—限速器；2—限速器绳；3—张紧轮；4—限速器断绳开关；

5—安全钳；6—连杆系统；7—安全钳动作开关；8—限速器绳头

安全钳需要有两组，对应地安装在与两根导轨接触的轿厢外两侧下方处。常见的是把安全钳安装在轿厢架下梁的上面。

如图 7.13 和图 7.14 所示，限速绳两端的绳头与安全钳杠杆的驱动连杆相连接。电梯正常运行时，轿厢运动通过驱动连杆带动限速器绳和限速器运动，此时安全钳处于非动作状态，其制停元件与导轨之间保持一定的间隙。当轿厢超速达到限定值时，限速器动作使夹绳夹住限速器绳，于是随着轿厢继续向下运动，限速器绳提起驱动连杆促使连杆系统 6 联动，两侧的提升拉杆被同时提起，带动安全钳制动楔块与导轨接触，两安全钳同时夹紧在导轨上，使轿厢制停。安全钳动作时，限速器的安全开关或安全钳提拉杆操纵的安全开关，都会断开控制电路，迫使制动器失电制动。

只有当所有安全开关复位，轿厢向上提起时，才能释放安全钳。安全钳不恢复到正常状态，电梯不能重新使用。

7.1.3　防止人员剪切和坠落的保护和要求

在电梯事故中人员被运动的轿厢剪切或坠入井道的事故所占比例较大，而且这些事故后果都十分严重，所以防止人员剪切和坠落的保护十分重要。

防止人员坠落和剪切的保护主要由门、门锁和门的电气安全触点联合承担，标准要求如下：

①当轿门和层门中任一门扇未关好和门锁未啮合 7 mm 以上时，电梯不能启动；

②当电梯运行时轿门和层门中任一门扇被打开，电梯应立即停止运行；

③当轿厢不在层站时，在站层门外不能将层门打开；

④紧急开锁的钥匙只能交给一个负责人员，有紧急情况才能由称职人员使用。

轿门、层门必须按规定装设、验证门紧闭状态的电气安全触点并保持有效。门关闭后门扇之间、门与周边结构之间的缝隙不得大于规定值。尤其层门滑轮下的挡轮要经常调整，以防中分门下部的缝隙过大。

门锁必须符合安全规范要求，并经型式试验合格，锁紧元件的强度和啮合深度必须保证。

电气安全触点必须符合安全规范要求，绝不能使用普通电气开关，接线和安装必须可靠，而且要防止由于电气干扰而误动作。

在电梯操作中严禁开门"应急"运行。在一些电梯中为了方便检修常设有开门运行的"应急"运行功能，有的是设专门的应紧运行开关，有的是用检修状态下按着开门按钮来实现开门运行。GB 7588 规定：只有在进行平层和再平层及采取特殊措施的货梯在进行对接操作时，轿厢可在不关门的情况下短距离移动，其他情况包括检修运行均不能开门运行。

装有停电应急装置和故障应急装置的电梯，在轿厢层门未关好或被开启的情况下，应不能自动投入应急运行移动轿厢。

7.1.4 缓冲装置

电梯由于控制失灵、曳引力不足或制动失灵等发生轿厢或对重蹲底时，缓冲器将吸收轿厢或对重的动能，提供最后的保护，以保证人员和电梯结构的安全。

缓冲器分蓄能型缓冲器和耗能型缓冲器。前者主要以弹簧和聚氨酯材料等为缓冲元件，后者主要是油压缓冲器。

当电梯额定速度很低时（如小于 0.4 m/s），轿厢和对重底下的缓冲器也可以用实体式缓冲块来代替，缓冲块可用橡胶、木材或其他具有适当弹性的材料制成。但实体式缓冲器也应有足够的强度，能承受具有额定载荷的轿厢（或对重），并以限速器动作时的规定下降速度冲击而无损坏。

1. 弹簧缓冲器

弹簧缓冲器（见图 7.15）一般由缓冲橡皮、缓冲座、压缩弹簧、弹簧座等组成，用地脚螺栓固定在底坑基座上。为了适应大吨位轿厢，压缩弹簧可由组合弹簧叠合而成。对于行程高度较大的弹簧缓冲器，为了增强弹簧的稳定性，在弹簧下部设有导套（见图 7.16）或在弹簧中设导向杆。

弹簧缓冲器是一种蓄能型缓冲器，因为弹簧缓冲器在受到冲击后，它将轿厢或对重的动能和势能转化为弹簧的弹性变形能（弹性势能），由于弹簧的反力作用，使轿厢或对重得到缓冲、减速。但当弹簧压缩到极限位置后，弹簧要释放缓冲过程中的弹性变形能使轿厢反弹上升，且撞击速度越高，反弹速度越大，并反复进行，直至弹力消失、能量耗尽，电梯才完全静止。

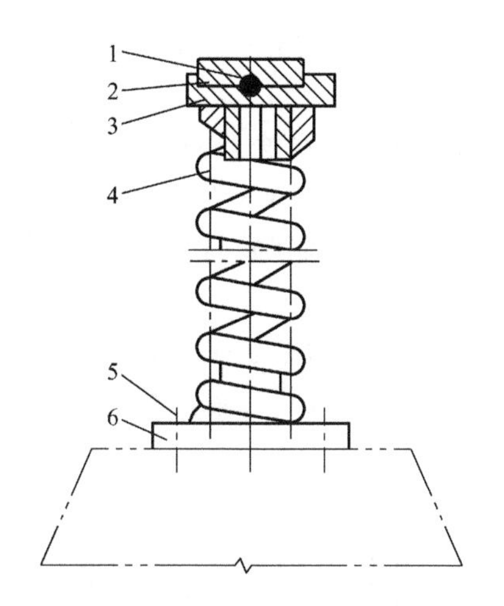

图 7.15 弹簧缓冲器构造

1—螺钉及垫圈；2—缓冲橡皮；3—缓冲座；4—压缩弹簧；5—地脚螺栓；6—底座

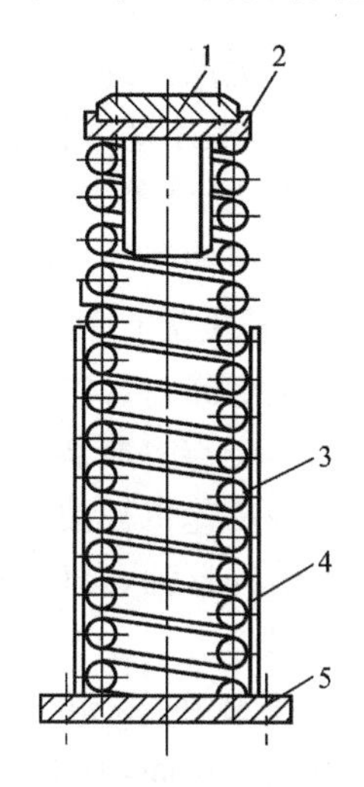

图 7.16 有弹簧导套的弹簧缓冲器

1—橡胶缓冲垫；2—上缓冲座；3—弹簧；4—弹簧导套；5—底座

因此弹簧缓冲器的特点是缓冲后存在回弹现象，且有缓冲不平稳的缺点，所以弹簧缓冲器仅适用于低速电梯。

2. 油压缓冲器

常用的油压缓冲器的结构如图 7.17 所示(该图为半剖视的立面图)。它的基本构件是缸体 10、柱塞 4、缓冲橡胶垫 1 和复位弹簧 3 等，且缸体内注有缓冲器油 13。

其工作原理是：当油压缓冲器受到轿厢和对重的冲击时，柱塞 4 向下运动，压缩缸体 10 内的油通过环形节流孔 14 喷向柱塞腔，当油通过环形节流孔时，由于流动截面积突然减小，就会形成涡流，使液体内的质点相互撞击、摩擦，将动能转化为热量散发掉，从而消耗了电梯的动能，使轿厢或对重逐渐缓慢地停下来。

因此油压缓冲器是一种耗能型缓冲器，它是利用液体流动的阻尼作用，缓冲轿厢或对重的冲击。当轿厢或对重离开缓冲器时，柱塞 4 在复位弹簧 3 的作用下向上复位，油重新流回油缸，恢复正常状态。

由于油压缓冲器是以消耗能量的方式实行缓冲，因此无回弹现象。同时，由于变量棒 9 的作用，柱塞在下压时，环形节流孔的截面积逐步变小能使电梯在缓冲作用下接近匀速运动。因而，油压缓冲

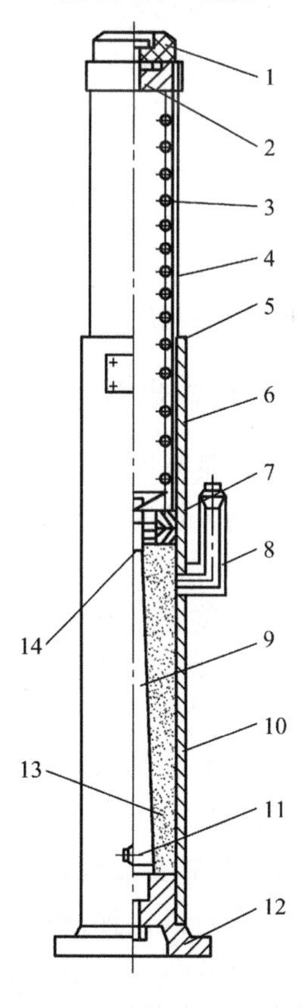

图 7.17 油孔柱式油压缓冲器

1—缓冲橡胶垫；2—压盖；3—复位弹簧；4—柱塞；5—密封盖；6—油缸套；7—弹簧拖座；8—注油弯管；9—变量棒；10—缸体；11—放油口；12—油缸座；13—油；14—环形节流孔

器具有缓冲平稳的优点，在使用条件相同的情况下，油压缓冲器所需的行程可以比弹簧缓冲器减少一半。所以，油压缓冲器适用于各种电梯。

复位弹簧在柱塞全伸长位置时应具有一定的预压缩力，在全压缩时，反力不大于1 500 N，并应保证缓冲器受压缩后柱塞完全复位的时间不大于120 s。为了验证柱塞完全复位的状态，耗能型缓冲器上必须有电气安全开关。安全开关在柱塞开始向下运动时即被触动而切断电梯的安全电路，直到柱塞完全复位时开关才接通。

缓冲器油的黏度与缓冲器能承受的工作载荷有直接关系，一般要求采用有较低的凝固点和较高黏度指标的高速机械油。在实际应用中，不同载重量的电梯可以使用相同的油压缓冲器而采用不同的缓冲器油，黏度较大的油用于载重量较大的电梯。

3. 缓冲器的安装

缓冲器一般安装在底坑的缓冲器座上。若底坑下是人能进入的空间，则对重在不设安全钳时，对重缓冲器的支座应一直延伸到底坑下的坚实地面上。轿底下梁碰板、对重架底的碰板至缓冲器顶面的距离称为缓冲距离，如图7.18中的S_1和S_2。对蓄能型缓冲器缓冲距离应为200～350 mm；对耗能型缓冲器缓冲距离应为150～400 mm。油压缓冲器的柱塞铅垂度偏差应不大于0.5%；缓冲器中心与轿厢和对重相应碰板中心的偏差应不超过20 mm；同一基础上安装的两个缓冲器的顶面高差应不超过2 mm。

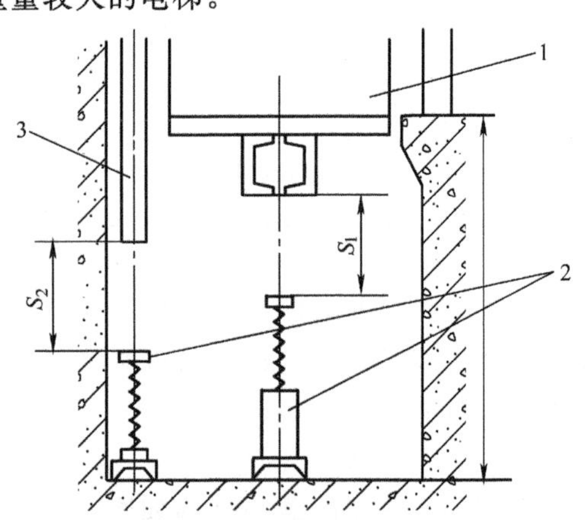

图7.18　轿厢、对重的越程(剖立面图)

1—轿厢；2—缓冲器；3—对重

7.1.5　报警和救援装置

电梯发生人员被困在轿厢内时，应能通过报警或通信装置将情况及时通知管理人员，并通过救援装置将人员安全救出轿厢。

1. 报警装置

电梯必须安装应急照明和报警装置，并由应急电源供电。低层站的电梯一般安设警铃，且安装在轿顶或井道内，操作警铃的按钮应设在轿厢内操纵箱的醒目处，并有黄色的报警标志，警铃的声音要急促响亮，且不会与其他声响混淆。提升高度大于30 m的电梯，轿厢内与机房或值班室应有对讲装置，并由操纵箱面板上的按钮控制。目前大部分对讲装置是接在机房，而机房又大多无人看守，这样在紧急情况时，管理人员不能及时知晓。所以凡机房无人值守的电梯，对讲装置必须接到管理部门的值班处。

除了警铃和对讲装置，轿厢内也可设内部直线报警电话或与电话网连接的电话。此时轿厢内必须有清楚易懂的使用说明告诉乘客如何使用和应拨的号码。轿厢内的应急照明必须有适当的亮度，在紧急情况时，能看清报警装置和有关的文字说明。

2. 救援装置

电梯困人的救援以往主要采用自救的方法，即轿厢内的操纵人员从上部安全窗爬上轿顶将层门打开。随着电梯的发展和无人员操纵电梯的广泛使用，再采用自救的方法不但十分危险而且几乎不可能。因为作为公共工具的电梯，乘客十分复杂，电梯故障时乘客不可能从安全窗爬出，就是爬上了轿顶也打不开层门，反而会发生其他的事故。所以，现在电梯从设计上就决定了救援必须从外部进行。

救援装置包括曳引机的紧急手动操作装置和层门的人工开锁装置。在有层站而不设门时可在轿顶设安全窗，当两层站地坎距离超过 11 m 时还应设井道安全门，当同井道相邻电梯轿厢间的水平距离不大于 0.75 m 时也可设轿厢安全门。

机房内的紧急手动操作装置，应放在拿取方便的地方，盘车手轮应漆成黄色，开闸扳手应漆成红色。为使操作时知道轿厢的位置，机房内必须有层站指示。最简单的方法就是在曳引绳上用油漆做标记，同时将标记对应的层站写在机房操作地点的附近。

若轿顶设有安全窗，安全窗的尺寸应不小于 0.35 m×0.5 m、强度应不低于轿壁的强度，且窗应向外开启，但开启后不得超过轿厢的边缘；窗应有锁，在轿内要用三角钥匙才能开启，在轿外，则不用钥匙也能打开，窗开启后不用钥匙也能将其半闭和锁住；窗上应设验证锁紧状态的电气安全触点，当窗打开或未锁紧时，触点断开切断安全电路，使电梯停止运行或不能启动。

井道安全门的位置应保证至上下层站地坎的距离不大于 11 m，且要求门的高度不小于 1.8 m、宽度不小于 0.35 m，门的强度不低于轿壁的强度，门不得向井道内开启，门上应有锁和电气安全触点，其要求与安全窗一样。

轿厢安全门设置在相邻轿厢的相对位置上，具体要求见第 4 章。

现在一些电梯安装了电动的停电(故障)应急装置，在停电或电梯故障时自动接入。装置动作时用蓄电池为电源向电机送入低频交流电(一般为 5 Hz)，并通过制动器释放。在判断负载力矩后按力矩小的方向避速将轿厢移动至最近的层站，自动开门将人放出。应急装置在停电、中途停梯、冲顶蹲底和限速器安全钳动作时均能自动接入，但若是门未关或门的安全电路发生故障则不能自动接入移动轿厢。

7.1.6　停止开关和检修运行装置

1. 停止开关装置

停止开关一般称急停开关，按要求在轿顶、底坑和滑轮间必须装设停止开关。停止开关应符合电气安全触点的要求，应是双稳态非自动复位，且误动作不能使其释放。停止开关要求是红色的，并标有“停止”和“运行”的位置，若是刀闸式或拨杆式开关，应以把手或拨杆朝下为停止位置。

轿顶的停止开关应面向轿门，离轿门距离应不大于 1 m。底坑的停止开关应安装在进入底坑可立即触及的地方。当底坑较深时，可以在下底坑时梯子旁和底坑下部各设一个串联的停止开关，最好是能联动操作的开关。在下底坑时即可将上部停止开关打在停止的位置，到底坑后也可用操作装置消除停止状态或重新将停止开关处于停止位置。轿厢装有无孔门时，轿内严禁装设停止开关。

2. 检修运行装置

检修运动是为便于检修和维护而设置的运行状态，由安装在轿顶或其他地方的检修运行装置进行控制。

检修运行时应取消正常运行的各种自动操作，如取消轿内和层站的召唤、取消门的自动操作等。此时轿厢的运行依靠持续揿压方向操作按钮操纵，轿厢的运行速度不得超过0.63 m/s，门的开关也由持续揿压开关门按钮控制。检修运行时所有的安全装置如限位和极限开关、门的电气安全触点和其他的电气安全开关及限速器安全钳等均有效，所以检修运行是不能开着门走梯的。

检修运行装置包括运行状态转换开关、操纵运行的方向按钮和停止开关。该装置也可以与能防止误动作的特殊开关一起在轿顶控制门机构的动作。

检修转换开关应是符合电气安全触点要求的双稳态开关，并有防误操作的措施，开关的检修和正常运行位置应有标示，若用刀闸或拨杆开关则向下应是检修运行状态。轿厢内的检修开关应用钥匙动作，或设在有锁的控制盒中。

检修运行的方向按钮应有防误动作的保护，并标明方向。有的电梯为防误动作设有三个按钮，操纵时方向按钮必须与中间的按钮同时按下才有效。

当轿顶以外的部位（如机房、轿厢内）也有检修运行装置时，必须保证轿顶的检修开关"优先"，即当轿顶检修开关处于检修运行位置时，其他地方的检修运行装置全部失效。

7.1.7 消防功能

发生火灾时井道往往是烟气和火焰蔓延的通道，而且一般层门在环境温度为70 ℃以上时不能正常工作。为了乘客的安全，在火灾发生时必须使所有电梯停止应答召唤信号并直接返回撤离层站，即具有火灾自动返基站功能。

自动返基站的控制，可以在基站处设消防开关，火灾时将其接通，或由集中监控室发出指令，也可由火灾检测装置在测到层门外温度超过70 ℃时自动向电梯发出指令，使电梯迫降，电梯返基站后不可在火灾中继续使用。此类电梯仅具有"消防功能"，即消防迫降停梯功能。

另一种为消防员用电梯（一般称消防电梯），除具备火灾自动返基站功能外，还要供消防灭火的抢救人员使用。消防电梯的布置应能在火灾时避免暴露于高温的火焰下，还能避免消防水流入井道。一般电梯层站宜与楼梯平台相邻并包含楼梯平台，层站外有防火门将层站隔离，层站内还有防火门将楼梯平台隔离，这样在电梯不能使用时，消防员还可以利用楼梯通道返回，且其结构防火电源为专用。

消防电梯额定载重量不应小于630 kg，入口宽度不得小于0.8 m，运行速度应按全程运行时间不大于60 s来决定，且电梯应是单独井道，并能停靠所有层站。

消防员操作功能应取消所有的自动运行和自动门的功能。消防员操作时外呼全部失效，轿内选层一次只能选一个层站，门的开关由持续揿压开关门按钮进行。有的电梯在开门时只要停止揿压按钮门立即关闭，在关门时停止揿压按钮门会重新开启，这种控制方式更为合理。

7.1.8 其他安全保护装置

电梯安全保护系统中所配备的安全保护装置一般由机械安全保护装置和电气安全保护装置两大部分组成。机械安全保护装置主要有限速器、安全钳、缓冲器、制动器、层门门锁、轿门安全触板、轿顶安全窗、轿顶防护栏杆、护脚板等。但是有一些机械安全保护装置往往需要和电气部分的功能配合和联锁，这样装置才能实现其动作和功效的可靠性。例如层门的机械门锁必须和电开关连接在一起的联锁装置。

除了前面已介绍的限速器、安全钳、缓冲器、终端限位保护装置外，还有其他的安全保护装置，现在一并列举如下。

1. 层门门锁的安全装置

乘客进入电梯轿厢首先接触到的就是电梯层门(厅门)，正常情况下，只要电梯的轿厢没到位(到达本站层)，本层站的层门都是紧紧地关闭着，只有轿厢到位(到达本层站)后，层门随着轿厢门打开后才能跟随着打开，因此层门门锁的安全装置的可靠性十分重要，直接关系到乘客进入电梯的头一关的安全性。

2. 门保护装置

乘客进入层门后就立即经过轿厢门而进入轿厢，门保护指的是轿厢门保护，但由于乘客进出轿厢的速度不同，有时会发生人被轿门夹住现象，电梯上设置的门保护装置就是为了防止轿厢在关门过程中夹伤乘客或夹住物品。

3. 轿厢超载保护装置

乘客从层门、轿门进入到轿厢后，轿厢里的乘客人数(或货物)所达到的载重量如果超过电梯的额定载重量，就可能造成电梯超载后所产生的不安全后果或超载失控，从而造成电梯超速降落的事故。

超载保护装置的作用是当轿厢超过额定负载时，能发出警告信号并使轿厢不能启动运行，避免意外事故的发生。

4. 轿厢顶部的安全窗

安全窗是设在轿厢顶部的一个窗口。安全窗打开时，使限位开关的常开触点断开，切断控制电路，此时电梯不能运行。当轿厢因故障停在楼房两层中间时，司机可通过安全窗从轿顶以安全措施找到层门。安装人员在安装时和维修人员在处理故障时也可利用安全窗。由于控制电源被切断，可以防止人员出入轿厢安全窗时因电梯突然启动而造成人身伤害事故。当出入安全窗时还必须先将电梯急停开关按下(如果有的话)或用钥匙将控制电源切断。为了安全，司机最好不要从安全窗出入，更不要让乘客出入。因安全窗窗口较小，且离地面有两米多高，上下很不方便。停电时，轿顶上很黑，又有各种装置，易发生人身事故。也有的电梯不设安全窗，可以用紧急钥匙打开相应的层门上下轿顶。

5. 轿顶护栏

轿顶护栏是电梯维修人员在轿顶作业时的安全保护栏。有护栏可以防止维修人员不慎坠落井道，就实践经验来看，设置护栏时应注意使护栏外围与井道内的其他设施(特别是对重)保持一定的安全距离，做到既可防止人员从轿顶坠落，又避免因扶、倚护栏造成人身伤害事故。在维修人员安全工作守则中可以写入“站在行驶中的轿顶上时，应站稳扶牢，不倚、靠护栏”和“与轿厢相对运动的对重及井道内其他设施保持安全距离”字样，以提醒维修作业人员重视安全。

6. 底坑对重侧护栅

为防止人员进入底坑对重下侧而发生危险，在底坑对重侧两导轨间应设防护栅，防护栅高度为 1.7 m 以上，并距地 0.5 m，宽度不小于对重导轨两外侧的间距，防护网空格或穿孔尺寸无论水平方向或垂直方向测量，均不得大于 75 mm。

7. 轿厢护脚板

当轿厢地面(地坎)的位置高于层站地面时,会使轿厢与层门地坎之间产生间隙,这个间隙会使乘客的脚踏入井道,发生人身伤害。为此,国家标准规定,每一轿厢地坎上均需装设护脚板,其宽度是层站入口处的整个净宽。护脚板的垂直部分的高度应不小于 0.75 m,垂直部分以下部分成斜面向下延伸,且斜面与水平面的夹角大于 60°,该斜面在水平面上的投影深度不小于 20 mm。护脚板用 2 mm 厚铁板制成,装于轿厢地坎下侧且用扁铁支撑,以加强机械强度。

8. 制动器扳手与盘车手轮

当电梯运行当中遇到突然停电造成电梯停止运行时,电梯又没有停电自投运行设备,且轿厢又停在两层门之间,乘客无法走出轿厢。就需要由维修人员到机房用制动器扳手和盘车手轮两件工具人工操纵使轿厢就近停靠,以便疏导乘客。制动器扳手的式样因电梯抱闸装置的不同而不同,作用是用它使制动器的抱闸脱开。盘车手轮是用来转动电动机主轴的轮状工具(有的电梯装有惯性轮,亦可操纵电动机转动)。操作时首先应切断电源并由两人操作,即一人操作制动器扳手,一人盘动手轮。两人需配合好,以免因制动器的抱闸被打开而未能把住手轮,致使电梯因对重的重量而造成轿厢快速行驶。应一人打开抱闸,一人慢速转动手轮使轿厢向上移动,当轿厢移到接近平层位置时即可。制动器扳手和盘车手轮平时应放在明显位置并涂以红漆。

9. 超速保护开关

在速度大于 1 m/s 的电梯限速器上都设有超速保护开关,在限速器的机械动作之前,此开关就得动作,以切断控制回路,使电梯停止运行。有的限速器上安装两个超速保护开关,第一个开关动作使电梯自动减速,第二个开关动作才切断控制回路。对速度不大于 1 m/s 的电梯,其限速器上的电气安全开关最迟在限速器达到其动作速度时起作用。

10. 曳引电动机的过载保护

电梯使用的电动机容量一般比较大,从几千瓦至十几千瓦。为了防止电动机过载后被烧毁,设置了热继电器过载保护装置。电梯电路中常采用的 JRO 系列热继电器是一种双金属片热继电器。两只热继电器热元件分别接在曳引电动机快速和慢速的主电路中,当电动机过载超过一定时间,即电动机的电流大于额定电流,热继电器中的双金属片产生变形,从而断开串接在安全保护回路中的接点,保护电动机不因长期过载而烧毁。

现在也有将热敏电阻埋藏在电动机的绕组中,即当过载发热引起阻值变化,经放大器放大使微型继电器吸合,断开其接在安全回路中的触头,从而切断控制回路,强令电梯停止运行。

11. 电梯控制系统中的短路保护

一般短路保护是由不同容量的熔断器组成。熔断器是利用低熔点、高电阻金属不能承受过大电流的特点,从而使它熔断,就切断了电源,对电气设备起到保护作用。极限开关的熔断器为 RCIA 型插入式,熔体为片状或棍状软铅丝。电梯电路中还采用了 RLI 系列蜗旋式熔断器和 RLS 系列螺旋式快速熔断器,用以保护半导体整流元件。

12. 供电系统相序和断(缺)相保护

当供电系统因某种原因造成三相动力线的相序与原相序有所不同,有可能使电梯原定的运行方向变为相反的方向，而给电梯运行造成极大的危险性。或电动机在电源缺相下不正常运转而导致电机烧损。

为防止以上情况发生，电梯电气线路中采用相序继电器，当线路错相或断相时，相序继电器切断控制电路，使电梯不能运行。

但是，近几年由于电力电子器件和交流传动技术的发展，电梯的主驱动系统应用晶闸管直接供电给直流曳引电动机以及以大功率器件IGBT为主体的交—直—交变频技术在交流调速电梯系统(VVVF)中的应用，使电梯系统工作与电源的相序无关。

13. 主电路方向接触器联锁装置

(1)电气联锁装置

交流双速及交调电梯运行方向的改变是通过主电路中的两只方向接触器改变供电相序来实现的。如果两只接触器同时吸合，则会造成电气线路的短路。为防止短路故障，在方向接触器上设置了电气联锁，即上方向接触器的控制回路是经过下方向接触器的辅助常闭接点来完成的，下方向接触器的控制电路受到上方向接触器辅助常闭接点的控制。即只有下方向接触器处于失电状态时，上方向接触器才能吸合，而下方向接触器的吸合必须是上方向接触器处于失电状态。这样，上、下方向接触器形成电气联锁。

(2)机械联锁装置

为防止上、下方向接触器电气联锁失灵，而造成短路事故，在上、下方向接触器之间设有机械联锁装置。当上方向接触器吸合时，由于机械作用，限制住下方向接触器的机械部分不能动作，使接触器接点不能闭合；当下方向接触器吸合时，上方向接触器接点也不能闭合，从而达到机械联锁的目的。

14. 电气设备的接地保护

我国供电系统过去一般采用中性点直接接地的三相四线制，从安全防护方面考虑，电梯的电气设备应采用接零保护。在中性点接地系统中，当一相接地时，接地电流成为很大的单相短路电流，保护设备能准确而迅速地切断电流，保障人身和设备安全。接零保护的同时，地线还要在规定的地点采取重复接地。重复接地是将地线的一点或多点通过接地体与大地再次连接。在电梯安全供电现实情况中还存在一定的问题，有的引入电源为三相四线，到电梯机房后，将零线与保护地线混合使用；有的用敷设的金属管外皮作零线使用，这是很危险的，容易造成触电或损害电气设备。因此，应采用三相五线制的TN—S系统，直接将保护地线引入机房，如图7.19(a)所示。如果采用三相四线制供电的接零保护TN—C—S系统，严禁电梯电气设备单独接地，电源进入机房后保护线与中性线应始终分开，该分离点(A点)的接地电阻值不应大于4 Ω，如图7.19(b)所示。

电梯电气设备如电动机、控制柜、接线盒、布线管、布线槽等外露的金属壳部分均应进行保护接地。保护接地线应采用导线截面积不小于4 mm^2、有绝缘层的铜线。线槽或金属管应连成一体并接地，连接可采用金属焊接，在跨接管路线槽时可用直径ϕ4～6 mm的铁丝或钢筋，用金属焊接方式焊牢，如图7.20所示。当使用螺栓压接保护地线时，应使用ϕ8 mm螺栓，并加平垫圈和弹簧垫圈压紧。接地线应为黄绿双色。当采用随行电缆芯线作保护线时不得少于2根。

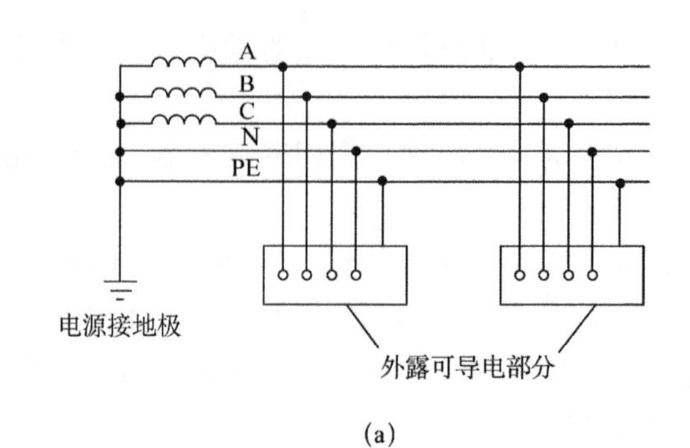

(a)

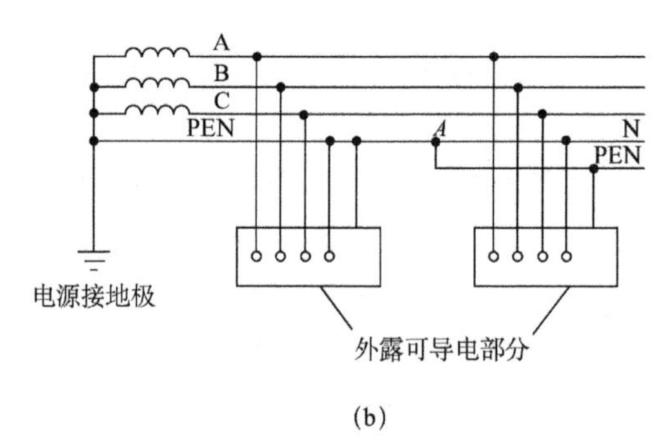

(b)

图 7.19 供电系统接地形式

(a)TN—S 系统;(b)TN—C—S 系统

A,B,C—电源相序;N—中性线;PE—保护接地;PEN—保护接地与中性线共用

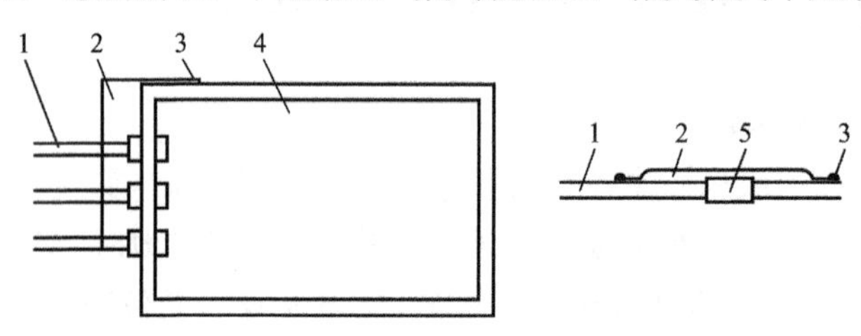

图 7.20 接地线连接方法

1—金属管或线槽;2—接地线;3—金属焊点;4—金属线盒;5—管箍

在电梯采用的三相四线制供电线路的零线上不准装设保险丝,以防人身和设备的安全受到损害。对于各种用电设备的接地电阻应不大于 4 Ω。电梯生产厂家有特殊抗干扰要求的,按照厂家要求安装。对接地电阻应定期检测,动力电路和安全装置电路的对地电阻不小于 0.5 MΩ,照明、信号等其他电路的对地电阻不小于 0.25 MΩ。

15. 电梯急停开关

急停开关也称安全开关,是串接在电梯控制线路中的一种不能自动复位的手动开关,当遇到紧急情况或在轿顶、底坑、机房等处检修电梯时,为防止电梯的启动、运行,将开关关闭切断控制电源以保证安全。

急停开关分别设置在轿顶操纵盒上、底坑内、机房控制柜壁上及滑轮间。有的电梯轿厢操作盘(箱)上设此开关。急停开关应有明显的标志,按钮应为红色,旁边标以“通”、“断”或“停止”字样,扳动开关,向上为接通,向下为断开,旁边也应用红色标明“停止”位置。

16. 可切断电梯电源的主开关

每台电梯在机房中都应装设一个能切断该电梯电源的主开关，并具有切断电梯正常行驶的最大电流的能力。如有多台电梯还应对各个主开关进行相应的编号。注意，主开关切断电源时不包括轿厢内、轿顶、机房和井道的照明、通风以及必须设置的电源插座等的供电电路。

7.2　电梯的安全保护

电梯是载人和货物的垂直运输工具，在电梯使用安全方面采取了很多措施。每台电梯都具备电气和机械的多种安全保护装置，以确保电梯的安全运行。

7.2.1　安全保护电路(急停电路)

电梯的安全电路如图 7.21 所示。

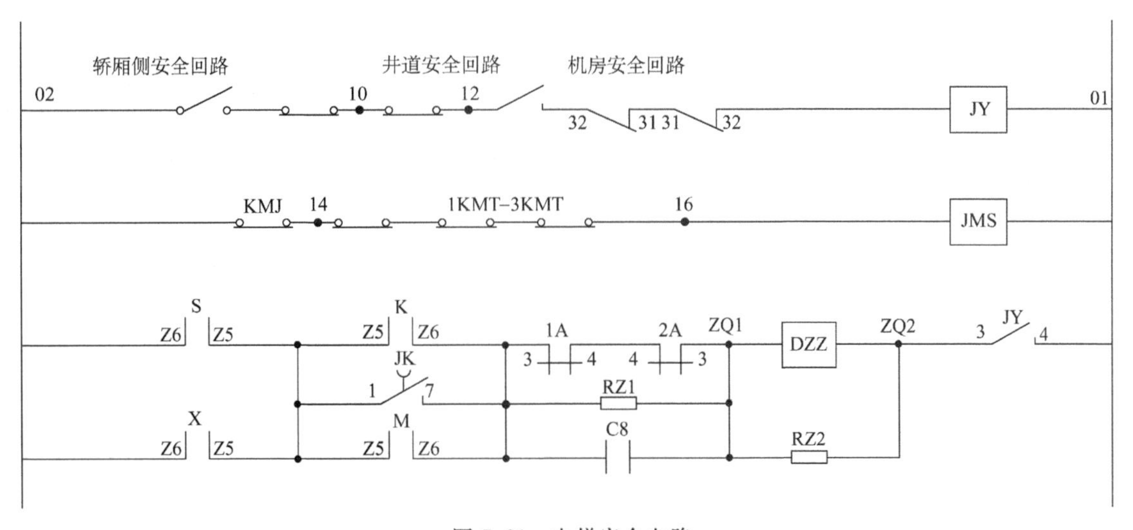

图 7.21　电梯安全电路

在交流双速电梯中还有相序保护继电器，在直流电梯控制系统中还有电动机启动保护继电器，它们都串联在安全保护电路中。

以上安全电路中的所有保护触点只要有任何一个断开都可以令电梯紧急停梯。其中有些开关触点和装置的机械动作有机地联系在一起。

7.2.2　电梯自动门的保护系统

如图 7.22 所示，当电梯运行到 1 楼时，插入钥匙使 X014 接通，M51 为 1，启动定时器 T20，达到一定延时时间时，T20 的输出接通，禁止 PLC 输出，从而实现锁梯。另外，电梯的门机系统中，在钩子上有一个铜片作为桥接短路板，触点分左右两个，当两个接点被桥接板短路时，使门锁电路接通。其中，钩子固定在厅门上，锁盒固定在门框上。各层的主与副厅门锁都是串联的，同时接通一个门锁接触器 JSM(见图 7.23)，把门锁信号分配到电梯控制系统中，以表达电梯门的开与关的状态。各层门包括轿门，只要其中一个关不严电梯就不能运行。为预防某层厅门当轿厢不在该层时被打开，在每层的厅门上加装厅门自闭装置，该装置一般采用重锤和弹簧两种形式。

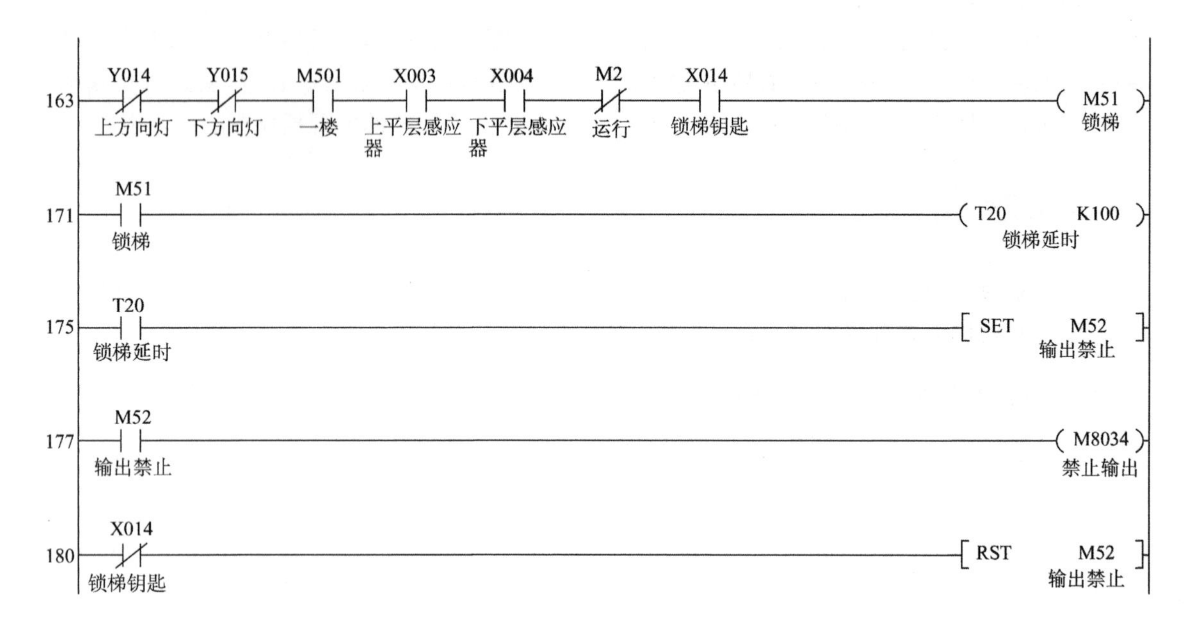

图 7.22 锁梯程序

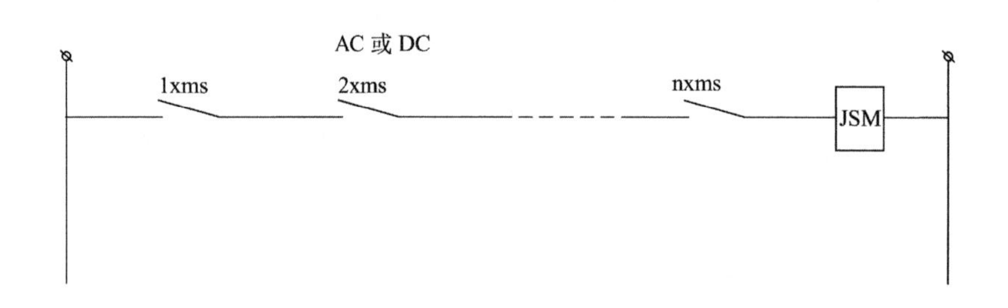

图 7.23 门锁电路

1xms,2xms,…,nxms—厅门锁

7.3 仿真制作

电梯设计制作完成后的整体效果如图 7.24 所示。

7.3.1 电梯安全控制组态画面设计

本章只考虑了上下强迫减速的安全控制,结构画面设计如图 7.25 所示。

7.3.2 电梯安全控制命令语言程序设计

电梯的安全控制,可以对 PLC 程序的 0～21 行的程序进行组态命令语言编程,就能实现对电梯的安全控制。X011 和 X012 分别影响顶层和底层的楼层感应输出,当顶层和底层的楼层感应器失效时,上下强迫减速起作用,强迫电梯减速,起到安全保护作用。

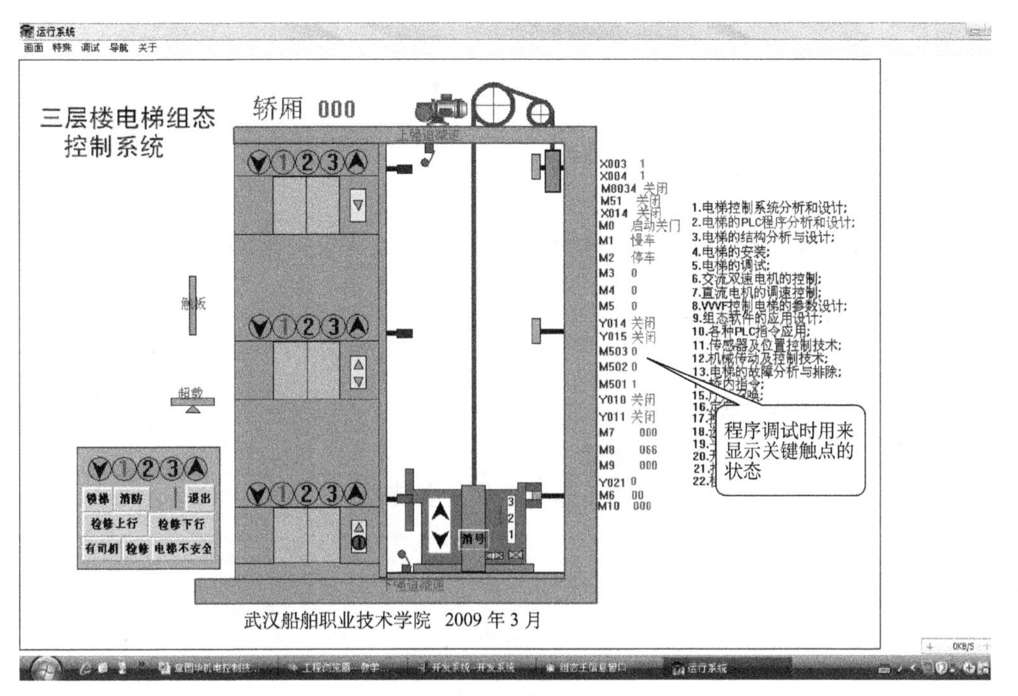

图 7.24　整体效果图

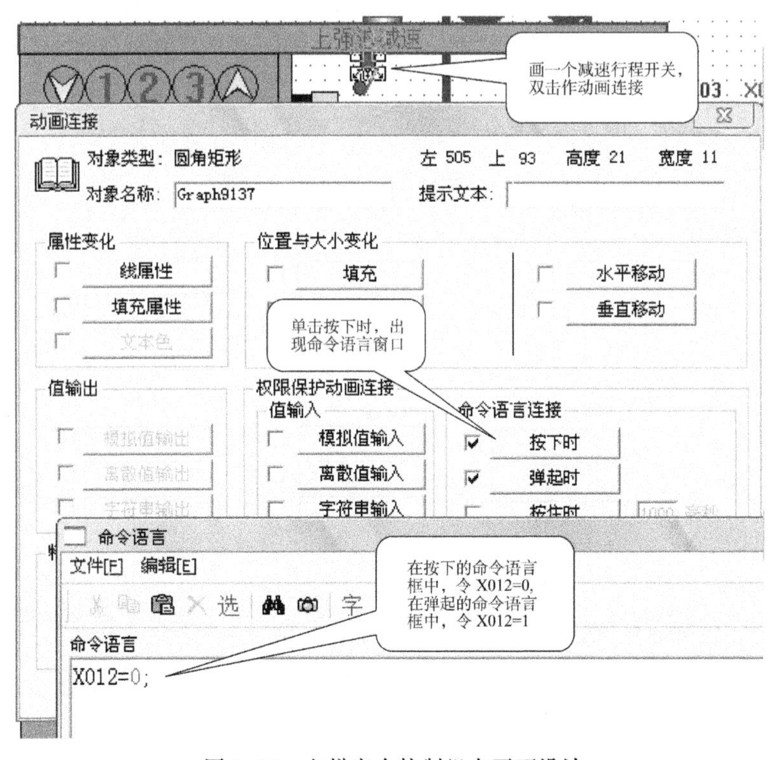

图 7.25　电梯安全控制组态画面设计

习　题

1. 设置在机房内的电梯主开关作用是什么？

2. 熔断器和热继电器作用是什么？

3. 电梯门安全触板带动联锁开关或光电传感器、感应式近门传感器、控制开关门电机的作用是什么？

4. 安全装置的组成及作用是什么？

5. 传动部分的组成及作用是什么？

6. 升降设备部分的组成及作用是什么？

7. 简要说明门锁的结构和工作原理。

8. 试简述限速器和安全钳的基本工作原理和主要特性。

第 8 章　电梯的保养与维修

学习目标

- 掌握电梯的维护和保养安全技术要求。
- 掌握电梯系统的常见故障分析方法。
- 了解几种典型电梯的故障特点。
- 了解电梯的运行管理。
- 了解电梯的一些常识。

8.1　电梯的维修保养安全技术要求

8.1.1　一般要求

电梯的保养与维修分为日常检查保养、维修保养、应急检修和修理工程。

①日常检查保养是指每天电梯运行前、运行中、停用前，对电梯应做的检查和保养工作，它是电梯隐患早期发现的主要环节。一旦发现电梯的异常现象，司机人员应立即停机检查，检出问题及时上报管理部门，并配合维修人员将电梯恢复正常。

②维修保养分为周巡视保养、月保养、半年保养、一年保养。制造厂家有特殊要求的，应遵照厂家要求进行维修保养，保养时如发现设备不正常，应进行认真检查，查出问题待修理正常后电梯再投入使用。

③应急检修是指电梯在运行中发生一般故障检查与修理，通过调整、修理、更换零件使电梯达到正常运行。在电梯修理中除按电梯规定要求修理外，在应急处理各紧急故障时，维修人员要严格遵守安全操作规程，以防设备损坏和人员伤亡。

④修理工程分为中修和大修。由于电梯相对于其他的起重设备有其特殊性，可不必统称为中修或大修，更接近实际的说法可称为电梯的中修和局部大修或称大修、部分中修换件等，且应根据电梯的实际情况决定，以便更经济、更有实效。但一般正常使用情况下，当主机和电控设备磨损严重或性能全面下降时，应进行大修，大修时间宜定为 5～6 年一次；当部分重要部件磨损严重或运行性能下降时，要进行中修，中修时间宜定为 3 年左右一次。如果设备每日运行频率不高，设备状况及性能基本完好，修理周期可适当延长；当电梯的主要配套设备发生突发性损坏需立即更换时，不应受修理工程时间限制，技术要求同大修。制造厂家有具体规定的以及对技术指标有特殊要求的，可依厂家规定进行修理，且中大修后的电梯应符合安全技术达标要求。

8.1.2 日常检查与保养

1. 运行前的检查和保养

运行前电梯司机应对电梯进行准备性试车：

①清理轿厢、厅轿门地坎槽，观察开关显示有无异常，厅门有无麻电感觉，轿内通信是否畅通；

②根据电梯运行程序，按顺序操作电梯，观察其功能是否正常；

③对机房进行巡视，检查电压、电流、液压力表显示是否正常，电动机、减速机油位是否符合规定要求，有无进雨水现象，通风、照明是否良好及其他有无异常现象。

2. 运行中的检查和保养

电梯运行时，可在维修人员的配合下对以下内容进行检查保养及卫生的清理工作：

①检查电动机、减速机温升、油位、油色是否符合规定要求，有无异常振动、异味和异常声响；

②检查制动器的制动线圈的温升及制动轮、闸瓦、传动杆件等工作是否正常；

③检查曳引轮、曳引绳、限速器、导向轮、对重轮及轿顶复绕轮的运行是否正常，有无异常声响，曳引绳有无异常，如发现断线，及时填写在运行记录本上，以便管理人员发现，并做出换绳的决策；

④检查继电器、接触器工作是否正常、有无异响及异味，变压器、电阻器、电抗器有无过热；

⑤机房内不得堆放易燃易爆和腐蚀性物品，消防器材应齐备良好；

⑥在清理控制柜、曳引机等带电设备时，要将总电源及控制电源开关拉掉，严禁带电作业。

3. 停机前的检查和保养

停机前，电梯司机应操作电梯进行各层的运行巡视检查和卫生清理工作，在日检中查出的问题，及时上报修理并做好记录，对日检中查出的允许稍缓处理的问题也应做好记录，以便根据实际情况，及时安排修理，以防酿成大患。

8.1.3 电梯各部件的维修与保养

1. 电源开关、安全开关

①熔断器、熔丝接触情况良好，接点牢固通电时无打火现象。

②急停、安全窗、底坑各安全开关应灵活可靠，端站强迫缓速开关、超速保护、相序保护、过热保护装置灵敏有效，对触点接触不良和锈蚀的开关，应及时更换。

③限位开关应在越程量 50～150 mm 内可靠动作，极限开关应在越程量 150～250 mm 内可靠动作，销轴应加注润滑油。

④对限位、极限等井道开关，当碰板将其压缩生效后应留有一定压缩余量。

2. 电动机、发电机组

①轴头温升不大于 65 ℃，电机温升不超过铭牌规定，电动机热保护系统正常工作。

②换向器(铜头)应保持清洁，与碳刷接触良好、无积碳，运行时无异响，火花应符合要求，

碳刷磨损超过原长度的1/2时应更换。

③测速系统工作应正常，传动环节无损伤。

④滑动轴承圆度允许误差不大于0.023 mm，轴窜量不大于4 mm。

⑤在额定电压供电时空载转速不低于额定值，各相电流平衡，任何一相与三相平均值的偏差不大于平均值的10%。

⑥绕组绝缘电阻值不小于0.5 MΩ，接地线连接牢固，接地电阻值不大于4 Ω。

⑦采用滑动轴承的电动机，其油槽内应保持清洁，油位不低于油窗中线，每10天换一次油为宜。

3. 减速机

①减速箱油面高度应保持在规定的油位线之内。

②减速箱油温不高于85 ℃，轴头温升不高于75 ℃，噪声不大于80 dB。

③运行时平衡无异常振动，无异常声响，无积尘、油垢。

④蜗杆与电机联轴器同轴度刚性联接允许误差为0.02 mm，弹性联接允许误差为0.1 mm，且运行正常，电机启动时无撞击声。

⑤蜗轮蜗杆的齿侧间隙、蜗轮轴向窜量、蜗杆轴向窜量、蜗杆径向跳动应符合原设计要求，大修后的装配精度可略低于原安装精度，但不得低于原安装精度的95%。对BWL型减速机的大修组装后应达到以下标准要求：蜗轮蜗杆的齿侧间隙应在190～250 μm之间；中心距在200～300 mm之间时，蜗轮轴向窜量应在20～40 μm之间，中心距大于300 mm时，蜗轮轴向窜量应在30～50 μm之间；中心距在100～300 mm之间时，蜗杆轴向窜量应在0.1～0.15 mm之间，中心距大于300 mm时，蜗杆轴向窜量应在0.12～0.17 mm之间；蜗杆径向跳动应不大于30 μm。

⑥蜗轮蜗杆的啮合面、接触斑点应符合要求。

⑦减速箱所使用的油应符合本机种的要求，或按制造厂家规定使用的机油，箱体不允许漏油，盘根式轴头允许3～5 min漏一滴，并备有接油盒，接油盒的油不允许倒回减速箱继续使用。

⑧对新减速机，运行半年后更换一次新油，此后每年更换一次，对使用冬夏季机油的，应在初冬和开春时换油，对减速机蜗轮的支承轴承，应每月挤加一次润滑油脂。

⑨减速机使用时间过长，齿的磨损增大，电机换向时产生冲击，应及时调整中心距或更换蜗轮蜗杆。

4. 制动器

①制动器制动时应灵活可靠，抱合紧密，运行时两侧制动闸瓦与制动轮的间隙应不大于0.7 mm(制造厂家有规定的除外)，交流双速电梯的调整制动弹簧要适度，以保证平层准确度和舒适感。

②制动闸瓦应不偏磨，闸瓦与制动轮应保证中心接触，接触面不小于70%。

③制动线圈接线应紧固，温升不超过60 ℃，线圈的绝缘电阻不小于0.5 MΩ。

④电磁铁芯与铜套之间的润滑应使用石墨粉，一般每季度加一次，严禁使用机油或油脂润滑。

⑤电磁铁芯之间气隙调整得越小拉力越大，但铁芯之间不得相撞。

⑥制动闸瓦磨损超过原厚度 1/4 或铆钉露出时，应更换新瓦衬。

⑦制动器开关应灵活可靠，制动器各部螺母应紧固，传动杆件每周加一次机油。

5. 控制柜、励磁柜

①元器件、仪表齐全完好、工作正常，导线排列整齐，线号清晰，线端压接牢固。

②对不灵敏及损坏的电器元件、仪表应及时调整更换，对接触器、继电器触头有烧蚀、严重凹凸不平的应及时修复或更换触头，以防误动作，在修复被烧结或点蚀的触点时，应使用细锉刀，然后将锉削下来的金属粉末及时清理掉，以免影响触点吸合时的接触面积，严禁使用砂纸打磨。

③上下方向开关门的机械联锁应经常检查，动作不可靠的应及时调整。

④检查和清理电子板卫生时，严禁带电拔出，接触时维修人员还应做静电处理，以免击穿电子板上的电子元件。

⑤柜体接地电阻值不大于 4 Ω，动力电路及安全电路绝缘电阻值不低于 0.5 MΩ，控制电路绝缘电阻不低于 0.25 MΩ，对老化的导线应随时更换。

⑥三相桥式硒整流器工作一段时间后会产生老化现象，输出功率略有降低，电压会下降，可适当提高变压器的初级电压以获得补偿。

⑦当电梯停用一段时间或新购入的和存放期超过三个月的硒整流器也会产生老化，使本身功率损耗增加，因此要做“成型”处理，然后再投入使用，成型步骤为：

(a)整流器空载，加 50%额定电压历时 15 min；

(b)整流器空载，加 70%额定电压历时 15 min；

(c)在(a)的基础上，把电压均匀地升到 100%的额定电压。

⑧各接线端子，焊接点应牢固无松动，经常保持硒整流器的清洁，熔断器的选择要匹配。

6. 选层器

①选层器各部位应无油污及灰尘，滑动部位应按规定油类加注润滑油，以保证各部运转灵活可靠。

②调整选层器触点动作间隙应准确，对磨损严重的碳金触点及弹性弱的弹簧及时修复和更换，以保证选层器正常工作。

③选层器钢带应保持每周在储油毡垫处注油，对锈蚀严重、断裂两处以上、连续缺齿的应更换。

④涨带轮对钢带横向垂直中心不大于 3 mm，垂直偏差不大于 0.5 mm。

⑤涨带装置底平面与底坑地平面距离：额定速度大于 2 m/s 时，为 750±50 mm；额定速度大于 1 m/s 且小于 2 m/s 时，为 550±50 mm；额定速度小于 1 m/s 时，为 400±50 mm。

⑥接地电阻值不大于 4 Ω。

7. 限速器、安全钳

①限速器动作速度不低于额定速度的 115%，不超过标准规定的动作速度。动作速度的测定一般每两年由专业部门和限速器测试仪进行测试，测试合格后恢复封记，维修人员不得随意调整。

②若电梯速度在 1 m/s 以上，则其限速器应设安全限速开关，该开关应符合 GB 7588 直接式安全开关的规定，开关动作速度应相当于限速器动作速度的 95%；涨绳轮开关动作距离

范围为±50 mm。

③限速轮轴及涨绳轮轴应每周加一次油，每年清洗换油一次。

④限速器压舌对绳的距离应在5～10 mm。

⑤安全钳的连杆动作应灵活、无卡阻现象，以保证提拉力大于150 N，一般不超过300 N或按制造厂设计规定。传动杆每月加一次油，当连杆动作时，安全钳安全开关应准确动作。

⑥安全钳楔块与导轨侧工作面的间隙应符合3～4 mm的要求且应对称均匀，或按制造厂设计要求，钳口与导轨正工作面间隙不小于3 mm，楔块及钳口每月加一次油或涂抹凡士林。

⑦涨紧轮底部距底坑地面距离要求同选层器涨带轮，限速绳索伸长或超过以上标准时，应随时调整涨绳轮位置，并截去伸长部分。

8. 曳引轮、导向轮

①曳引轮、导向轮修理安装后，转动应自如，油路应畅通。

②曳引轮位置相对于导轨前后不超过2 mm，左右不超过1 mm。

③导向轮、曳引轮垂直度误差不大于0.5 mm，满载时曳引轮的最大误差不超过2 mm。

④滑动轴承磨损超过0.3 mm时应更换。

⑤曳引轮各绳槽磨损下陷应一致，当最大差距达到曳引绳直径的1/10时，应重车绳槽或更换轮缘；对带切口的半圆槽绳轮，当绳槽磨损到切口深度少于2 mm时(大于1 mm)，可重车绳槽或更换绳轮，车修后切口下面的轮缘厚度应不小于曳引钢丝绳直径。

⑥导向轮、轿顶轮及对重轮轴承应每周挤加一次润滑油，每年清洗换油一次，对密封式滚动轴承，可半年加一次油。

⑦曳引轮、轿顶轮、对重轮应设防掉杂物和曳引绳防跳槽装置。

⑧曳引轮槽内不应加油，应经常使其保持清洁，如有油污应及时擦净。

9. 曳引钢丝绳

①钢丝绳之间的涨力相互允差不大于5%。

②钢丝绳绳头组合及绳头板应完好无损，绳头螺栓应双螺母紧固，开口销齐全。

③钢丝绳表面油污过多应清除，为防止锈蚀宜涂薄而均匀的稀释钢丝绳脂或机油。

④钢丝绳在使用中会正常伸长，当空程尺寸小于规定尺寸时(弹簧式缓冲器小于200 mm；液压缓冲器小于150 mm)，应及时将钢丝绳截短。当轿厢在上顶层端站平层时，对重下梁碰板至缓冲器之间的距离用s_2表示。

⑤钢丝绳磨损出现以下情况时应更换：

(a)断丝在各绳股之间均匀分布时，在一个捻距内的最多断丝数超过12根；

(b)断丝集中在一个或两个绳股中，在一个捻距内的最多断丝数超过6根；

(c)钢丝表面有较严重的磨损和锈蚀，其磨损后直径小于原直径的90%。

⑥新装或更换钢丝绳进行绳头制作时，先将绳头部分清洁干净，巴氏合金要一次性浇注密实、饱满，待冷却后方可移动。

⑦楔块式绳头安装时，钢丝绳走向要正确一致，截绳时宜留有不小于300 mm的余量，余绳与承重绳要进行防松绑扎，在绳端头进行包扎。

⑧钢丝绳头组合制作完毕，绳头应有防转措施。

10. 厅轿门系统

①厅轿门开关平稳且无撞击声，开关门噪声不超过 65 dB，厅门锁应可靠，啮合深度大于 7 mm，侧隙为 1～3 mm，轿厢不在本层时厅门应能自动关闭，门锁开关应符合 GB 7588 中直接式安全开关的规定。

②轿门开关限制力为 15～30 N，门限力开关动作应可靠，安全触板夹力不大于 5 N，光电开门装置动作应可靠。

③厅轿门门扇与门扇、门扇与门套，门扇与下端地坎的间隙为 1～8 mm，客梯间隙不超过 6 mm，有防火要求的应符合防火规定尺寸。

④门刀与层门地坎、门锁滚轮与轿门地坎的间隙应保证为 5～10 mm。

⑤轿门扇及各层厅门门扇垂直度误差不大于 1 mm。

⑥门吊轮下端的偏心轮和滑道下端距离不大于 0.5 mm。

⑦门扇对口缝不大于 2 mm，门扇对口平面差不大于 1 mm。

⑧轿门打开时与厅门、厅门框组成的门口应平整，其平面差不大于 5 mm。

⑨开门机的控制电阻值应符合设计规定；皮带松紧适度，一般以用手指压下 10 mm 为宜；开门电机碳刷磨损超过原长度的 1/2 时应更换；开关门平均速度 0.3 m/s，关门时限 3～3.5 s，开门时限 2.5～3.0 s。

⑩厅轿门系统一般一个月进行一次检查调整和卫生清理工作，以确保接线牢固，门扇运行平稳，门安全系统动作可靠。

11. 轿厢、控制盘与显示系统

①轿厢内层楼显示准确，按钮正常齐全。

②外呼按钮灵敏可靠，消防开关符合消防部门的规定和设计要求。

③轿厢各部螺丝及斜拉杆紧固，轿厢水平度不超过 1/1 000。

12. 导轨

①导轨连接板、导轨压板、导轨支架及焊接部位应无松动、无开焊，紧固各部螺栓，导轨支架用螺栓固定的，导轨校正合格后，应将导轨架点焊。

②两根导轨间的距离偏差：轿厢侧导轨为 0～2 mm，对重侧导轨为 0～3 mm。

③导轨接头处允许台阶不大于 0.05 mm，如超过 0.05 mm 则应修平，导轨接头处的修光长度为 250～300 mm。

④轿厢导轨与对重导轨对角线偏差一般不大于 3 mm，导轨垂直度每 5 m 不大于 0.6 mm（包括设安全钳的对重导轨），不设安全钳的 T 形对重导轨为 1.0 mm。

⑤有自动润滑装置的导轨，应加注机润滑油，导轨下端应设接油盒；无润滑装置的导轨可直接涂抹钙基润滑脂，滚动导靴的导轨应保持清洁。

13. 导靴

①导靴弹簧调整要符合电梯额定载荷的尺寸要求，弹性导靴头左右伸出距离一般不超过 2 mm，靴衬与导轨顶面无间隙，侧隙保持在 0.5～1 mm，当侧隙磨损超过 1 mm 或顶面超过原厚度 1/4 时靴衬应更换。

②无弹簧导靴与导轨顶面间隙为 1～2 mm，对重导靴与导轨顶面间隙不大于 2.5 mm，当磨损量过大，使间隙超过上述数值时应更换靴衬。

③滚动导靴的滚轮应无异常声响，发现开胶、断裂、轴承损坏、胶轮磨损严重或出现脱圈时均应更换滚轮。

④润滑油应充足，导靴各部螺丝应紧固。

14. 接线盒、电缆

①各接线盒接线端子应紧固，灰尘应清除，盒应做好接地，其电阻值不大于4 Ω。

②电缆随线固定端绑扎应牢固，井道内固定端应在1/2井道全程加1.5 m处，轿厢在底层平层时，随线距坑底平面约300 mm，轿底随线固定端应与井道固定端平行，随线在运行中有可能与井道其他部件碰挂时应采取有效措施。

③随线接线端应用线鼻或涮锡的办法压接牢固，涮锡时严禁使用盐酸及强腐蚀物作焊剂。

④随线接地可采用其随线钢丝芯或随线中的两根电线代替，其接地电阻值不大于4 Ω。

15. 对重

①对重架应无变形且牢固可靠。

②对重块应有压紧装置。

16. 平衡绳、平衡链

①平衡绳头固定应牢固可靠，绳的张紧装置运行时上下浮动要灵活，额定速度大于2.5 m/s时，应设防跳装置并设安全开关。

②平衡链两固定端应设二次保护，运行时不得与其他物体碰挂。

17. 缓冲器

①两个缓冲器水平高差不得超过2 mm，缓冲器相对于轿厢或对重撞板中心位移不得超过20 mm。

②轿厢位于顶层或底层平层时，轿厢、对重装置的撞板与缓冲器顶面距离：弹簧式缓冲器为200～350 mm，油压缓冲器为150～400 mm。

③油压缓冲器柱塞垂直度偏差不大于±0.5 mm，压实后恢复时间不大于120 s。

④油压缓冲器应设安全开关，开关灵活可靠。

⑤油压缓冲器柱塞应有防锈措施，油缸内液压油应充足。

18. 底坑

①底坑内应保持清洁。

②底坑内不得有积水，消防专用梯底坑应符合消防部门规定。

③底坑深度超过1.6 m时应设爬梯。

19. 运行性能

①电梯平层准确度应达到各类型及不同速度电梯的要求。

②轿厢与对重的平衡系数为40％～50％，或按制造厂家规定要求。

③电梯曳引力要足够，应符合GB 7588附录D2.H中的规定。

④电梯运行应正常平稳，加速度应符合GB 10060—95中的规定。

20. 其他

(1)油饰

应对电梯结构件如预埋件、导轨支架、线管、线槽、槽钢(工字梁)、机房的控制框、曳引机、选层器、限速器及厅门门柜、轿厢等进行喷漆或油饰等防锈蚀处理。

①经油饰过的部位油漆颜色应协调、平整光亮。

②机房所有转动部位须涂黄色油漆，并标有电梯升降方向，机房内应设有明显的电梯运行时所到楼层标志。

③轿厢内控制柜宜涂(喷)阻燃油漆，缓冲器涂防锈漆。

④厅门内侧隔音涂料不得涂漆，以免影响隔音效果。

(2)土建工程

①机房内的钢丝绳孔等应设防水台，高度不小于50 mm，厅门地坎及剔凿部位应修补整齐。

②井道通风孔应设百叶窗。

③滑轮间地面应采用防滑材料。

④曳引机可站人的水泥平台高于机房地面0.5 m时，应设楼梯和护栏，护栏不低于1.05 m。

(3)机房要求

①机房环境温度应保持在5～40 ℃。

②机房内禁止无关人员进入，维修人员离开时应锁门。

③机房内不准堆放易燃易爆物品，灭火设备应可靠。

④机房内应注意防雨水、鼠、雀、蟑螂和蛇等进入，并注意机房温度调节。

8.2 电梯故障的检查测量方法

8.2.1 简述

电梯是机电有机结合的设备，其故障主要发生在机械和电气两大系统中，故障的原因不外乎电梯设计的不完善，制造安装的质量，维修保养的质量以及设备的老化、使用不当等。因此一旦电梯发生故障，首先要判定是机械系统还是电气系统出了故障，继而查明故障所在，才可能以最短的时间迅速排除故障。

如何才能迅速地判断出是机械还是电气系统故障呢？首先利用电梯在轿厢控制盘设置的检修状态控制功能对轿厢进行检修上(下)运行操作，因为检修状态上(下)运行是电梯最简单的点动运行电路，中间没有控制环节。它直接控制主拖动回路，如果检修运行正常，则电梯门系统电路通路，急行电气线路通路，主拖动电气回路正常，曳引机、限速器、安全钳等机械系统正常，故障可能出在电气控制环节；反之，如果不能点动运行，在排除电梯门系统电路和急行电气线路故障的情况下，故障可能就在机械或主拖动系统中。然后到机房利用控制柜提供的检修操作对电梯点动运行，若控制柜电器正常动作，电动机发出嗡嗡声或曳引轮转动、钢丝绳在轮槽内打滑而轿厢不动就基本确定为机械故障。

关于机械和电气系统故障的具体部位，常用的检查测量方法下面将做较为详细的介绍。

8.2.2 机械系统故障的检查测量方法

当电梯发生故障时(事故除外)，维修人员不要急于去查看电梯，首先要向电梯操作人员了解电梯发生故障时的现象；电梯在无司机状态下运行时，可得到电梯管理人员的配合，分出轻重缓急，对电梯进行实地检查；维修人员根据电梯的不同类型、结构及运行原理，对故障电梯的相关部位，通过眼看、耳听、鼻闻、手摸等检测方法，分析判断故障发生的准确位置；当然，检测中还应准备好常用的工具及专用工具探针（探针是检查轴承、电机、减速机等的专用工具，俗称听针），有条件的还可以准备测量温度的点温计、转速表、磁力表座等仪表仪器。为了说明机械系统故障的检查测量方法，下面举两例检测步骤供参考。

例 1

①了解情况：该梯为一部货梯，司机反映电梯已停用一个多月，重新启用几分钟电梯突然停止运行，机房电机温升过高。

②检测过程：进机房鼻闻机油味较大，眼看控制柜热继电器动作、减速机、电动机油位符合要求，电梯以检修速度运行未发现异常，然后快速运行 2～3 min 将电梯停止；手摸减速机轴承部位与厢体的温感进行比较，温差不大，手摸电动机轴承部位与定子外壳进行比较，温差明显，轴承部位有些烫手；电梯运行时用探针耳听电机轴承处虽无异响，但摩擦声较大且沉闷，打开电机轴承处加油盖用探针沾点机油点在食指上、用指粘油后在阳光下观察，油发黑并伴有微小黄闪光点（铜金属粉末）。

③情况分析：电机轴承与定子外壳温差大（轴承为滑动轴承，可能因油路被油垢阻塞使润滑油受阻，电机轴承在旋转中摩擦热量无法散去造成轴承升温），由于轴承运行阻力的增加，而增大了电机负荷，使电梯的电机产生过电流，继而导致热继电器动作，初步判断电机轴承处为故障点。

④最后确认：将电机轴承油放掉，加入煤油和机油各半的混合油浸泡一会儿，以检修速度使电梯上下运行几次，用以清洁油垢，然后放掉混合油加入清洁的机油，使电梯快速运行，运行约 20 min 轴承处温升不再明显，说明故障基本排除。若有必要可将电机拆下并清洁轴承，如果轴承有烧伤及点蚀可进行刮研修理，严重的应更新轴承。

例 2

①了解情况：故障梯为客梯，司机反映电梯在启动运行中缓慢，目的层减速后突然停止运行，轿厢不平层。

②检测过程：进机房后鼻闻有浓机油味，眼看电机油位正常，减速机油位在下标尺，查看限速器安全钳无异常，检查电源总开关正常，控制柜除热继电器动作外其他（包括显示）正常；试运行轿厢不动，电机不能转动但有嗡嗡声，打开电磁抱闸，观察上下两个方向盘车，电机能够微动，减速机蜗杆轴不动。

③情况分析：减速机轴承属飞溅润滑形式，轴承为滑动轴承，润滑是靠蜗轮蜗杆啮合旋转时由蜗轮将润滑油甩到箱体上，通过轴承支架上的小孔流入蜗杆轴承内；而此台减速机油位已接近危险标尺线，估计可能是蜗杆轴与轴承的高速运行，而油量的供给不足造成轴承与蜗杆抱死，热继电器也因电机过电流而动作。

④最后确认：解体减速机，拆下蜗杆轴，发现蜗杆轴一端滑动轴承烧结。

8.2.3 电气系统故障的检查测量方法

当电梯发生电气系统故障时，首先对现场情况进行询问，然后用眼看、鼻闻、耳听、手摸的基本方法，对外围线路进行检查，例如外电网是否供电，空气开关、铁壳极限开关是否掉闸，熔断丝、快速保险等是否熔断，微 PC 机、变频器、调压调速器的电源显示是否有电，功能显示是否正常，控制柜电器件有无发热烧损。排除这些比较直观的故障后，再对电梯进行有针对性的检查和测量，常用的检测方法有以下几种。

1. 程序检测法

有经验的电梯维修工，在个人安全防护穿戴齐全且有人监护的条件下，对电梯控制柜可在通电的状况下按照电梯启动运行程序，直接触动电气控制元件，这种方法可缩小故障的范围，直接判断出是哪条电气线路发生断路还是开关触点接触不良(它不仅适用于继电器控制的电路，也适用于无触点控制的系统)，然后使用下面介绍的方法直接找到故障点。

2. 电阻测量法

这是使用万用表在线路上断电并将被测两端接线拆掉的情况下进行测量的一种方法。

①把万用表的表笔接线路两端，然后用带绝缘皮的导线将所测开关、触点(或线圈)两端短路一下，如果万用表电阻值为零或变小，说明故障就在此处。

②用万用表的表笔直接测量某一开关、触点(或线圈)，电阻值为零(或一定值)则说明开关、触点(或线圈)通路，当电阻值无限大则说明此处就是故障点。

③测量较长的导线是否断路时，可将导线的一端接地，用万用表测量该导线另一端对地电阻，若不通说明该导线有断路处。

3. 电压测量法

这种测量方法需在线路中有电的情况下使用万用表电压挡进行测量，测量直流电压用直流挡，测量交流电压用交流挡，特别注意的是，万用表电压数字指示范围应大于所测对象线路电压。测量开关触点接触是否良好，可把万用表的表笔接触被测点的两端，万用表若无数字指示说明该触点是接通状态，若有数字指示则说明该触点没有接通，此处就是要寻找的故障点。当测量电子线路时，电流通过电阻元件会产生电压降(电位差)，若无电压降，说明没有电流通过此元件，则此处就是故障点。

4. 短路测量法

使用一根绝缘导线，两端去掉绝缘层露出导线，用导线将串接在电路中的开关触点搭接，然后接通电路，观察控制线路继电器动作情况，可直接判断出故障点。这种测量方法是在没有万用表的情况下采用的带电操作的一种方法，应特别注意安全。因此，大电流通过的主电路不宜采用此方法，防止测试时产生大电流发生事故，对于微机控制的电梯通常也不采用此方法，以免损坏机件或设备。

5. 试灯测量法

将灯口接好线，装上 220 V 白炽灯泡，灯泡的功率(瓦数)选择小一些的为宜，在有电的部位将试灯点亮，为测量 220 V 电压以下电路各点带电情况做好准备，这种测量方法比较直观。测量时先将一端接工作零线(中性线)，另一端接触被测导电部位，观察灯泡发光情况，判断故障所在。测量 220 V 电路时灯泡全亮，测量 110 V 电路时灯泡的亮度将差一半，电路中若有线圈，在接通的瞬间灯泡的亮度将有变化，总之灯泡不亮该部位就是故障点。测量中还应注意按照一定的顺序，一个部位一个部位地排除，以免造成错误判断。

6. 讯响测量法

万用表有一功能挡专门用来测量线路中(包括电子线路)的通断，开关触点通路时讯响器

(蜂鸣器)会发出声响。现场没有万用表时,可用电池将低电压(3 V)讯响器串接起来代替。测量二极管线路时要注意其正负极性,以免造成错误判断。这种方法因其容量小、电压低,对带线圈的线路不宜使用。

7. 验电笔测量法

用市场售低压验电笔测量电路各点有无电压,是在电路中供电的条件下判断故障最常用的方法之一,虽然它不如万用表电压挡直接测出线路中电压的数值明确,但它能直观、快捷地判断出故障所在,但使用时应特别注意以下几点。

①使用验电笔前,在已确认的带电体上对验电笔进行校验,证明电笔完好才可使用,以防止因已损坏的电笔造成错误判断或发生触电事故。

②电梯电气控制线路中,最高对地电压为 220 V,直流控制部分的电压通常为 110 V 以下,因验电笔电阻较大,测量时恐氖管亮度较暗,可以将不持笔的一只手触摸不带电的控制柜或其他已经接地的金属部分,以使氖管增加亮度,来提高验电效果。

③使用验电笔测量带有线圈(如变压器)的 380 V 电路时,有时会发生 A 相保险丝烧断但 A 相熔断器下侧仍能使氖管燃亮,这是由于 B 相或 C 相电源经线圈返到这里的缘故,因此在用验电笔对电路进行测量时应考虑这一因素。

下面举一例具体说明检测步骤供参考。

例 3

①了解情况:故障梯为客梯,司机反映在电梯行驶中因大楼总电源断电(因使用电焊机超荷掉闸)电梯突然停止,当电源恢复后电梯仍不能启动。电梯急停线路如图 8.1 所示。

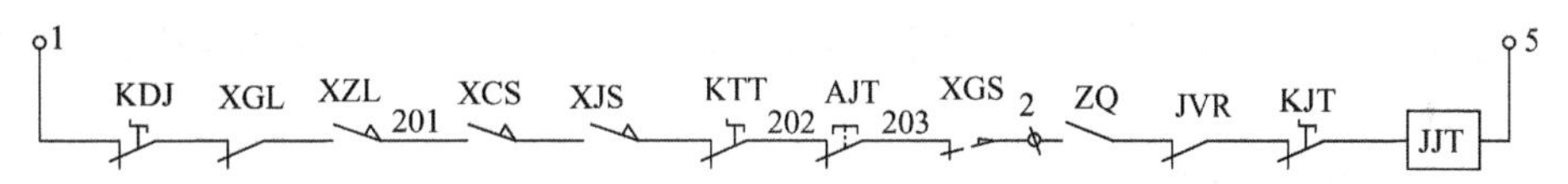

图 8.1 电梯急停线路原理图

其中:KDJ——底坑急停开关;

XGL——底坑选层器钢带轮断带开关;

XZL——限速器涨轮开关;

XCS——安全钳动作开关;

XJS——安全窗开关;

KTT——轿顶急停开关;

AJT——操纵盘急停开关(轿厢内);

XGS——(机房)限速器动作开关;

ZQ——原动机启动加速接触器触点(常开);

JVR——超速保护继电器常闭触点;

JJT——急停继电器。

②检测过程:在轿厢前挂上电梯检修的警示牌或设人监护,进入机房后用验电笔确认铁壳极限开关、空气开关有电,各保险未烧损;察看控制柜门锁线路正常,急停断电器(JJT)未吸合;使用电压测量法,万用表的电压直流挡测量 1 号与 5 号线端子间电压正常(见图 8.1);使用程序检测法,用手触动急停继电器使其强行闭合电梯可以启动;将检修开关打开以防电梯

突然启动，急停开关保持强行吸合状态，使用万用表电压直流挡测量 2 号与 5 号端子，2 号与 203 号端子表无显示，进入井道中线盒处测量 203 与 202 号端子，202 号与 201 号端子万用表仍无显示；打开轿底接线盒测量 1 号与 201 号端子，万用表显示有电压。

③情况分析：1 号与 201 号端子间有电压，说明在这段电路的三个开关中有断路的可能，底坑急停开关未曾动过应该是正常的，断路可能性最大的是限速器涨绳轮开关 XZL（断绳开关）和底坑选层器钢带轮处断带开关 XGL；电梯在运行中由于断电轿厢突然停止，限速器涨绳轮和钢带轮在轿厢停止瞬间都会发生抖动，故障就在这两个部位中；进入底坑后释放控制柜急停继电器（需两人配合），用短路测量法比较直观，将这两个开关分别短封，察看急停断电器是否吸合，短封断带开关时该急停断电器吸合，或将总电源拉掉用讯响测量法较安全，分别测量这两个开关是否通路，结果断带开关不通，这两种测量方法结果相吻合。

④最后确认：图中 XGL 使用的是自动回位行程开关，此开关在线路中使用的是两个常闭点，电梯突然停止运行引起钢带轮发生抖动，将其开关压缩，开关的两个常闭点断路，当钢带轮及其碰板恢复原位，但由于该开关长期在底坑、传动杆锈蚀，被碰板压缩后不能自动弹回，使常闭触点不能闭合而造成断路。

8.3 电梯常见故障分析及排除方法

8.3.1 电梯故障的分析

由于电梯类型繁多，根据电梯梯型不同，故障也多有不同，且各式各样，但故障本质有诸多相同之处。

1. 电梯机械系统的常见故障分析

电梯机械系统的故障在电梯全部故障中所占的比重较少，但是一旦发生故障，可能会造成长时间的停机待修或电气故障甚至会造成严重的设备损坏和人身事故。进一步减少电梯机械系统故障是维修人员努力争取的目标。电梯机械系统故障的种类及原因如下。

①由于润滑不良或润滑系统的故障会造成部件传动部位发热烧伤和抱轴，造成滚动或滑动部位的零部件损坏而被迫停机修理。

②由于没有开展日常检查保养，未能及时检查发现部件的传动、滚动和滑动部件中有关机件的磨损程度和磨损情况，没能根据各机件磨损程度进行正确的修复，而造成零部件损坏被迫停机修理。

③由于电梯在运行过程中振动造成紧固螺栓松动，使零部件产生位移，失去原有精度，而不能及时修复，造成磨、碰、撞坏机件被迫停机修理。

④由于电梯平衡系数与标准相差太远而造成过载电梯轿厢蹲底或冲顶，冲顶时限速器和安全钳动作而迫使电梯停止运行，等待修理。

2. 电梯电气系统的常见故障分析

电梯故障绝大多数是电气控制系统的故障。电气控制系统故障比较多的原因是多方面的，主要原因是电器元件质量和维修保养不合格。电气系统的故障大致可以分为以下两类。

①电气回路发生的断路故障。电路中往往会发现电器元件入线和出线的压接螺钉松动

或焊点虚焊造成电气回路断路或接触不良。断路时必须马上进行检查修理；接触不良久而久之会使引入或引出线拉弧烧坏接点和电器元件。

②短路故障。当电路中发生短路故障时，轻则会烧毁熔断器，重则烧毁电器元件，甚至会引起火灾。常见的有接触器或继电器的机械和电气联锁失效，可能产生接触器或继电器抢动造成短路。接触器的主接点接通或断开时，产生的电弧使周围的介质击穿而产生短路。电器元件绝缘材料老化、失效、受潮也会造成短路。

8.3.2　电梯常见故障及排除

1. 电网供电正常，电梯没有快车和慢车

(1)主要原因

①主电路或控制回路的熔断器熔体烧断。

②电压继电器损坏，其他电路中安全保护开关的接点接触不良或损坏。

③经控制柜接线端子至电动机接线端子的接线未接到位。

④各种保护开关动作未恢复。

(2)排除方法

①检查主电路和控制电路的熔断器熔体是否熔断、是否安装，熔断器熔体是否夹紧到位，根据检查的情况排除故障。

②查明电压继电器是否损坏，检查电压继电器是否吸合，检查电压继电器线圈接线是否接通，检查电压继电器动作是否正常，根据检查的情况排除故障。

③检查控制柜接线端子的接线是否到位，检查电机接线盒接线是否到位夹紧，根据检查的情况排除故障。

④检查电梯的电流、过载、弱磁、电压、安全回路各种元件接点或动作是否正常，根据检查的情况排除故障。

2. 电梯下行正常，上行无快车

(1)主要原因

①上行第一、第二限位开关接线不实，开关接点接触不良或损坏。

②上行控制接触器、继电器不吸合或损坏。

③控制回路接线松动或脱落。

(2)排除方法

①将限位开关接点的接线接实，更换限位开关的接点或更换限位开关。

②将下行控制接触器、继电器线圈的接线接实或更换接触器、继电器。

③将控制回路松动或脱落的接线接好。

3. 电梯轿厢到平层位置不停车

(1)主要原因

①上、下平层感应器的干簧管接点接触不良，隔磁板或感应器相对位置尺寸不符合标准要求，感应器接线不良。

②上、下平层感应器损坏。

③控制回路出现故障。

④上、下方向接触器不复位。

(2)排除方法

①将干簧管接点接好,将感应器调整好,调整隔磁板或感应器的尺寸。

②更换平层感应器

③排除控制回路的故障。

④调整上、下方向接触器。

4. 轿厢运行到所选楼层不换速

(1)主要原因

①所选楼层换速感应器接线不良或损坏。

②换速感应器与感应板位置尺寸不符合标准要求。

③控制回路存在故障。

④快速接触器不复位。

(2)排除方法

①将感应器接线接好或更换感应器。

②调整感应器与感应板的位置尺寸,使其符合标准。

③检查控制回路,排除控制回路故障。

④调整快速接触器。

5. 电梯有慢车没快车

(1)主要原因

①轿门、某层门的厅门电锁开关接点接触不良或损坏。

②上、下运行控制继电器、快速接触器损坏。

③控制回路有故障。

(2)排除方法

①调整修理层门及轿门电锁接点或更换接点。

②更换上、下行控制继电器或快速接触器。

③检查控制回路,排除控制回路故障。

6. 轿厢运行未到换速点突然换速停车

(1)主要原因

①开门刀与层门锁滚轮碰撞。

②开门刀与层门锁调整不当。

(2)排除方法

①调整开门刀或层门锁滚轮。

②调整开门刀或层门锁。

7. 轿厢平层准确度误差过大

(1)主要原因

①轿厢超负荷。

②制动器未完全打开或调整不当。

③平层感应器与隔磁板位置尺寸发生变化。

④制动力矩调整不当。

(2)排除方法

①严禁超负荷运行。

②调整制动器，使其间隙符合标准要求。

③调整平层传感器与隔磁板位置尺寸。

④调整制动力矩。

8. 电梯运行时轿厢内有异常噪声和振动

(1)主要原因

①导靴轴承磨损严重。

②导靴靴衬磨损严重。

③感应器与隔磁板有碰撞现象。

④反绳轮、导向轮轴承与轴套润滑不良。

⑤导轨润滑不良。

⑥门刀与层门锁滚轮碰撞或与层门地坎碰撞。

⑦随行电缆刮导轨支架。

⑧曳引钢丝绳张力调整不良。

⑨补偿链蹭导向装置或底坑地面。

(2)排除方法

①更换导靴轴承。

②更换导靴靴衬。

③调整感应器与隔磁板位置尺寸。

④润滑反绳轮、导向轮轴承。

⑤润滑导轨。

⑥调整门刀与层门锁滚轮、门刀与层门地坑间隙。

⑦调整或重新捆绑电缆。

⑧调整曳引钢丝绳张力。

⑨提升补偿链或调整导向装置。

9. 选层记忆并关门后电梯不能启动运行

(1)主要原因

①层轿门电联锁开关接触不良或损坏。

②制动器抱闸未能松开。

③电源电压过低。

④电源断相。

(2)排除方法

①修复或更换层轿门联锁开关。

②调整制动器使其松闸。

③待电源电压正常后再投入运行。

④修复断相。

10. 电梯启动困难或运行速度明显降低

(1)主要原因

①电源电压过低或断相。

②电动机滚动轴承润滑不良。

③曳引机减速器润滑不良。

④制动器抱闸未松开。

(2)排除方法

①检查修复。

②补油、清洗、更换润滑油。

③补油或更换润滑油。

④调整制动器。

11. 开门、关门过程中有门扇抖动、卡阻现象

(1)主要原因

①踏板滑槽内有异物阻塞。

②吊门滚轮的偏心轮松动,与上坎的间隙过大或过小。

③吊门滚轮与门扇连接螺栓松动或滚轮严重磨损。

④吊门滚轮滑道变形或门板变形。

(2)排除方法

①清扫踏板滑槽内异物。

②修复调整。

③调整或更换吊门滚轮。

④修复滑道门板。

12. 直流门机开、关门过程中冲击声过大

(1)主要原因

①开、关门限位电阻调整不当。

②开、关门限速电阻调整不当或调整环接触不良。

(2)排除方法

①调整限位电阻位置。

②调整电阻环位置或者调整电阻环接触压力。

13. 电梯到达平层位置不能开门

(1)主要原因

①开关门电路熔断器熔体熔断。

②开关门限位开关接点接触不良或损坏。

③提前开门传感器插头接触不良、脱落或损坏。

④开门继电器损坏或其控制电路有故障。

⑤开门机传动带脱落或断裂。

(2)排除方法

①更换熔断器的熔体。

②更换或修复限位开关。
③更换或修复传感器插头。
④更换断电器，修复控制电路故障。
⑤调整或更换开门机皮带。

14. 按关门按钮不能自动关门

(1)主要原因

①开关门电路的熔断器熔体熔断。
②关门继电器损坏或其控制回路有故障。
③关门第一限位开关的接点接触不良或损坏。
④安全触板未复位或开关损坏。
⑤光电保护装置有故障。

(2)排除方法

①更换熔断器熔体。
②更换继电器或检查电路故障并修复。
③更换限位开关。
④调整安全触板或更换安全触板开关。
⑤修复或更换门光电保护装置。

8.3.3 电梯故障的逻辑排除方法

要迅速正确地排除电梯故障，必须对所保养的电梯的机械结构和电气控制系统有比较详细的了解和掌握。世界上有许多型号的电梯，有各种形式的控制和驱动方式，存在一定的差异，但它们运行的逻辑过程基本上是一样的。掌握电梯运行的逻辑过程，可以大致判断故障的部位。

8.4 电梯常见故障及排除实例

故障1 某饭店1台16层16站客梯，停在B层，呼不上梯，有慢车没快车。

排除 上轿顶打检修可运行，在15层由检修打成正常电梯慢速下行，到1层突然自动停车，无内外呼。第二次试车在3层突然停车，同样无内外呼。去机房控制柜观察P1板上的发光二极管，除DZ外都正常，将MON拧到0显示E0(无差错)。正常状态是无论快慢车，只要在正层位置发光二极管DZ就应亮。看来是平层感应器PAD相关线路有问题。用万用表测DZD，DZU进桥电压为DC49V，出桥电压为0 V，完全正常。接着再测PAD到轿顶检修箱，这段线1E、J2也正常。在控制柜W1板上测CB插件的10号插针DZD有DC49V，2号插针DZU没电压。这说明随行电缆DZU这段线有不通的地方。而此故障正是在装修轿厢后发生的，随行电缆被损伤的可能性很大。换电缆备用线一根，上接CB插件，下接J2插件。电梯在检修状态下合闸开至平层，P1板上的DZ亮，电梯开门。说明平层感应大，DZU电压已输入P1板。打快车试车后重写楼层数据，电梯正常如初。

故障2 某饭店1台12层13站电梯，满载向下运行轿厢蹲底，断电盘车1层放人。合闸试梯无内外呼,有慢车。快车在 4 层以上运行正常,在 4 层以下就不正常。只要选 4 层以下的任何一层,到站后内外呼就不起作用,平层开门的同时轿厢照明灭。自动关门后,轿内开门按钮亮,显示所在层。

排除 经查蹲底原因是抱闸松。首先把抱闸调至不再溜车。将机房控制柜里 P1 板上 MON 拧到 0 查看故障代码,数码管显示 EF 意为不能启动。其他发光二极管正常。上轿顶打检修轿内照明自动亮,检查各处未见异常。后来发现轿厢里进 2 个人故障就发生在 2 层以下了。看来这与轿厢的称量装置有关。在轿顶查看称量装置及差动变压器,发现套在钢丝绳上的铁管在轿厢蹲底反弹时被卡住,大部分不能活动,致使称量数据偏多。为了证明此故障与称量有关,把控制柜 P1 板上的 WGHG 和 WGHO 拧到 0,试梯可快车运行。把轿顶铁管调好,将 WGHG 和 WGHO 都拧到 8,做称量数据写入,随后写楼层数据,电梯运行正常。

故障 3 电梯正常运行平层开门,当开到 100 mm 左右又关上,反复数次才能开门,此现象在 1 楼出现的时候多。

排除 据小区的人反映有住户用电梯运家具以后此现象就出现了,仔细观察轿门及 1 楼厅门发现被撞变形,以致造成开门阻力很大。为什么关门没事呢?因为厅门有强迫关门装置助力,而开门还要克服其力,所以体现在开门上。此梯无论开关门,只要阻力过大就会重开或重关。调整厅轿门使之灵活,故障消除。

故障 4 电梯到 5 层不开门了,只听见门机嗡嗡声响,但门好像被什么东西卡住开不动。

排除 这说明此故障与门机回路无关,只与个别层门有关。经查 5 层厅门钩子锁啮合间隙太小,使其卡住无法摘钩开门。调整钩子锁啮合间隙至其锁上的刻度线(约 2 mm),故障消除。

故障 5 某电梯运行一段时间,控制柜 PS 板上的 F2(DC42V 3A)保险就烧断了,无内外呼电梯无法运行。

排除 观察机房控制柜 PB 板上发光二极管 MTCL 亮,提示曳引电动机热保护有问题(正常状态下此二极管是不亮的)。封热保护点,电梯仍不能运行,则 DC42V 这根线有搭铁的地方。经查发现 4 层外呼盒面板把呼梯钮的一根线给压破了皮,并与铁盒边缘似贴非贴。只要 4 层有人轻轻一按外呼钮,就造成铜线搭触铁盒,F2 保险熔断。因为 4 层人少,偶尔有人呼一下,所以开始认为电梯运行了一段时间后就停梯,或许是热保护点断开,但看来不是这样。把 4 层压破的线用胶布包好后,电梯运行正常。另外轿顶安全触板线磨破搭铁,PS 板上 DC42V 整流桥损坏,都可造成发光二极管 MTCL 亮。

故障 6 有 1 台 6 层 6 站客梯,无快慢车,在此之前电梯运行有抖动感。

排除 在机房控制柜里 DBSS 主板上的辅助上下行继电器 UDX 不吸。用万用表测量继电器线圈的两根线,也就是红色 J12—1、白色 J12—9 号线没有 AC110V 电压。断电测量发现 J12—1 号线不通。为了证实所测结果,把火线直接接到 UDX 继电器 J12—1 插针上,合闸即吸。这说明在所封之线范围内有接触不良,所以造成电梯一走一停的抖动感,最后彻底虚接不走了。把查到的虚接端子定好(上行接触器 U 通往 J12—1 的线端子松了),电梯运行正常。

故障 7 电梯无快慢车。

排除 机房控制柜 CP28 板子上 2 号发光二极管长亮,意思为电梯启动禁止。再看板子上的安全回路继电器 1E 不吸合,把电梯打到检修状态,封安全回路,继电器 1E 吸合,2 号发光二极管闪(意为可慢车运行)。具体是安全回路哪个开关未接上呢?断电用万用表测量,原来是底坑轿厢侧 UKS 开关被以前进的水腐蚀，引起触点不良。换装一个新的 UKS 开关，电梯运行正常。

故障 8　电梯停在 1 层，按外呼钮开门，轿厢自动关门后，轿内照明灭，不选层，开门按钮亮，无快慢车。

排除　在机房控制柜观察厅轿门回路继电器 41、41A、41G 不吸。把电梯打到检修状态，轿内灯亮，但走不了车，也不关门。控制柜板子上的 2 号发光二极管闪烁，表示慢车可运行，但就是不走车。封轿门回路，上述继电器吸合。上轿顶打慢车查看轿门及各层厅门接点，发现 1 层接点未接触上，簧片未弹起。调整好此接点，打快车电梯运行正常。切记打快车之前拆下厅轿门封线，否则开门走车易出人身事故。

故障 9　电梯停在 4 层无内外呼。

排除　断电合闸电梯即可正常运行。在接下来的几天内，此现象又在 4 层出现。上轿顶打检修重点查 4 层，发现厅门接点接触不良。电梯运行中门刀碰门滚轮或门接点瞬间开合，都会使电梯保护性停车。重新调整厅门接点，合闸试车电梯运行正常。

故障 10　电梯停在 6 层不关门，过一会门机自动断电，人为将轿门关上，电梯自动返 1 层又开门不关了。

排除　电梯返基站是有人打了消防开关。把开关恢复到正常状态，电梯停在 1 层不关门。打慢车可关门运行，打司机也可关门运行。（这两种状态跨接安全触板开关，所以能关门）看来是安全触板开关有问题。为了确认，上轿顶打开检修箱观察，发现 SM－02 板子上的发光二极管 D6 亮了，说明安全触板开关接通，正常应为开关断开二极管灭。用万用表测出左面安全触板开关失灵，将其更换后 D6 灭，电梯运行正常。

故障 11　电梯有抖动，控制柜上的运行接触器 SF 和抱闸接触器 SB 像机枪一样“嗒嗒”反复吸合，使电梯无法运行。

排除　机房控制柜 CRIPS 板上的 RKPH 相序继电器指示灯随 SF、SB 闪动。开始以为是旋转编码器坏了，引起电梯抖动。换一个新编码器仍不见效，最后换变频器、电子线路板、调门机开关时间（误认为关门时间超过了设定时间所至）都无济于事。此电梯一直运行正常，怎么会突然有如此故障？仔细打听，原来小区电工改造线路造成电梯接地不良，以致主板受到电磁干扰（主板应有良好接地）。请小区电工把变电室接地做好，电梯的故障就消除了。

故障 12　某电梯 4 层 4 站，每层 1、2、4 楼按钮都能选上并能正常平层停车，唯独各层的 3 楼按钮通电后就一直亮着，按或不按此钮都选不到 3 层去，跟没 3 层一样。

排除　在控制柜分别封选层钮公用线与各层站的线端，1、2、4 层都能选上，只有 3 层选不上。这说明板子以下的线路和呼梯钮没问题，最大的疑点就是电子板。换 KW－II 微机主板后故障消失，各层都能选上，电梯运行正常。

8.5　保护接地与保护接零

在正常情况下，电气设备的外壳是不带电的。但当设备某处绝缘损坏时会使外壳带电，这时如果有人触及设备就会引起触电事故。为了确保操作人员安全，国家规定对电气设备应采取保护接地和保护接零的安全技术措施。

1. 保护接地

将电气设备不带电的金属外壳用导线与大地的接地体进行可靠连接，如图 8.2 所示，其接地电阻应小于 4 Ω。采用保护接地后，即使人体接触到漏电的电气设备外壳也不会触电，因为这时的电气设备外壳已与大地做了可靠连接，接地装置的电阻很小（<4 Ω），而人体的接触电阻却很大（约 1.5 kΩ），电流绝大部分经接地线流入大地，流经人身的电流很小，从而保证人身安全。保护接地用于电网中性点不接地的供电系统中。

2. 保护接零

将电气设备的金属外壳用导线与供电系统的保护零线可靠连接，如图 8.3 所示。保护接零适用于电网中性点直接接地的系统，即“三相五线”制电网的保护零。“三相四线制”也逐渐改为“三相五线制”。采用保护接零后，若电气设备发生绝缘损坏使外壳带电时，相线经零线成闭合回路。由于零线的电阻很小，短路电流很大，短路电流会使电路中的熔断器熔丝烧断或自动开关等保护电器动作，从而切断电源，断开故障设备。

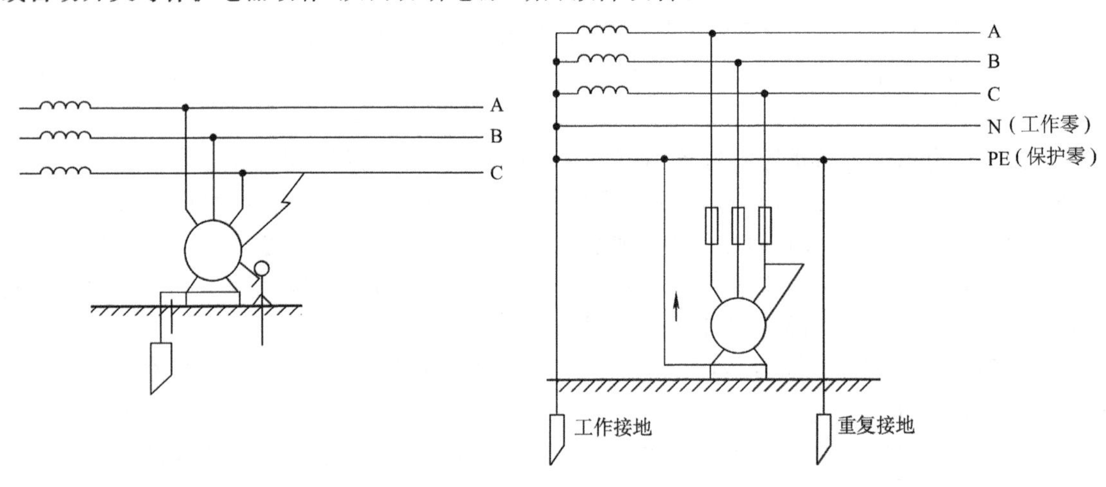

图 8.2　保护接地　　　　图 8.3　保护接零

电气设备是采用保护接零还是保护接地要根据供电系统来确定。在同一电网中不允许一部分设备采用保护接地，而另一部分设备采用保护接零。

接地、接零是电梯工程中十分重要的工作，一般情况下电梯本身不单独弄一套接地或接零，而是与本系统电网类型一致。原供电系统为保护接零，则电梯也采用保护接零。为保障安全，凡 36 V 以上的电梯电气设备，包括曳引机、线槽线管、层门、轿厢、操纵箱（盘）、接线盒、呼梯盒等均必须可靠接地或接零。当采用接零保护时，零干线要做好重复接地，接地电阻要小于 10 Ω。

8.6　电梯礼仪

引导客人乘坐电梯时，接待人员应先进入电梯，等客人进入后关闭电梯门；到达时由接待人员按开电梯门，让客人先走出电梯门。

使用楼梯和自动扶梯时要讲礼貌。如果和你同行的人爬楼梯感到困难，也许是因为心脏不好、呼吸困难，或一条腿上了石膏，就尽可能使用电梯或自动扶梯。使用楼梯和自动扶梯时，不论上楼还是下楼，主人应走在前面。同样，这样做可使主人到达目的地后迎接并引导客人。男女同事在使用楼梯和自动扶梯时应按先来后到的顺序，事实上，有时候并肩走也是可以的。不要和你前面的人靠得太近。如果自动扶梯较宽，应靠右侧站，以便让着急的人从左侧超过。在拥挤的楼梯上，应跟随着人流，不论上楼还是下楼一般都应靠右侧走。当然，如果楼梯只有一侧有扶手，而有的人必须扶着扶手以保证安全，那么其他人应服从他的需要。在楼梯上催促他人是危险而不礼貌的。要么放慢脚步，要么超过他人，但不要强迫他人加速。

在办公场所使用电梯时也应该注意一些礼仪。电梯门打开时，先等别人下电梯，此时可用手扶着电梯门边上的橡胶条，不让门关上，使大家有足够时间上电梯。不要往电梯里面挤，如果人很多，可以等下一趟电梯。走进电梯后，应该给别人让地方。先上的人站在电梯门的两侧，其他人站两侧及后壁，最后上的人站在中间。应该让残疾人站在离电梯门最近的地方，当他们上下电梯时，应为他们扶住门。当带着客人进办公楼时，应扶着电梯门让客人先下。下电梯时，根据所站位置，应该先下，然后为客人扶着门，并指明该往哪个方向走。如果够不着所在楼层的指示键，可以请人代劳，并向他致以谢意。在电梯里面不要大声谈论有争议的问题或有关个人的话题。

8.7 电梯常见问题解答

①电梯是如何运行起来的？

电梯有一个轿厢和一个对重，通过钢丝绳将它们连接起来，钢丝绳通过驱动装置（曳引机）的曳引带动，使电梯轿厢和对重在电梯内导轨上做上下运动。

②电梯的钢丝绳是否会断？

电梯用的钢丝绳是电梯专用的，国家有专门的规定和要求。钢丝绳的配置不只是为承担电梯轿厢和额定载重量，还考虑到了曳引力的大小，因此钢丝绳的抗拉强度远远大于电梯的载重量，它们的安全系数都在12以上，通常电梯都配有四根以上的钢丝绳，一般情况下电梯钢丝绳是不会同时断的。

③电梯运行中突然停电是否有危险？

电梯运行中如遇到突然停电或供电线路出现故障，电梯会自动停止运行，不会有什么危险。因为电梯本身设有电气、机械安全装置，一旦停电，电梯的制动器会自动制动，使电梯不能运行。另外，供电部门如有计划地停电，事先会通知，电梯可提前停止运行。

④电梯运行突然加快怎么办？

电梯的运行速度不论是上行还是下行，均应在规定的额定速度范围内，一般不会超速，如果出现超速，在电梯控制系统内设有防超速装置，此时该装置会自动动作，使电梯减速或停止运行。

⑤电梯轿厢超载能自动控制吗？

电梯的载重量根据需要有所不同，电梯只能在规定载重量之内运行，超出时电梯会自动报警，并不能运行。

⑥电梯关门时被夹是否会对人造成伤害？

电梯在关门过程中，如果厅轿门碰到人或物，门会自动重新开启，不会伤人。因为在门上设有防夹人的开关，一旦门碰触到人或物，此开关动作使电梯不能关门，并重新开启，然后重新关门。另外，关门力是有规定的，不会达到伤人的程度。

⑦电梯的厅门能否扒开？

电梯的厅门在厅外是不能扒开的，必须用专用工具才能开启（专用工具由维修人员掌管）。乘客不准扒门，更不能打开，否则会有坠落井道的危险。

⑧怎样召唤电梯？

当需要乘坐电梯时，应在电梯厅的呼梯面板上选择要去的方向按钮。上行按“向上”方向按钮，下行按“向下”方向按钮。

⑨电梯蹲底是否有防护措施？

电梯蹲底就是电梯的轿厢在控制系统全都失效的情况下，会超越首层平层位置而向下行驶，直至蹲到底坑的缓冲器上停止。缓冲器就是为此而设置的防护装置，此防护装置根据电梯的运行速度的不同，分弹簧式和液压式两种。当轿厢蹲在缓冲器上就称为蹲底。此时，缓冲器对电梯轿厢的冲击力产生缓解的作用，不至于对电梯内乘客造成严重的伤害。

⑩当电梯突然停电或出现故障，被困在轿厢内应注意些什么？

当被关在轿厢时，应听从电梯司机的指挥。无司机的状况下，可通过通信装置与相关人员联系，以求解救。千万不要用力扒门或自行跳出，以免发生危险。

⑪进入轿厢时应注意哪些事项？

当进入轿厢时，如果电梯门开着，要看一下电梯是否在平层位置，特别是在夜间光线不清的时候，更应注意轿厢是否在本层，否则有可能造成伤害，并应快进快出。

⑫电梯安装、修理单位及维修、操作人员是否应取得相应资格？

是的。电梯安装、维修保养、改造单位应取得质量技术监督局核发的资格证书后，方可从事相应工作；电梯安装、维修保养、电梯操作人员均应取得特种人员操作证后，持证上岗。

⑬电梯出现什么紧急情况可拨打110？

当电梯出现紧急事故，有伤人、困人（人员被困在电梯轿厢内，无法找到电梯维修保养人员）情况，均可拨打110报警电话。

⑭电梯出现什么情况可进行质量或安全投诉？

当电梯经常出现关门夹人、不平层、冲顶、蹲底、电梯司机或维修人员无上岗证、司机经常脱岗、轿厢内无检验合格证或合格证过期，电梯有异常噪声或声响、异常振动或抖动，轿厢内有异常焦煳味，电梯速度过快或过慢，维修保养不及时，电梯轿厢内无通信或报警装置等，均可进行质量或安全投诉。

⑮对电梯报警或投诉时应说清什么内容？

应说清电梯的具体情况，并应说清电梯所在的具体位置、电梯的产权单位及负责部门的联系人和联系电话、电梯的维修保养单位及联系电话。

8.8 中国电梯发展史

据统计，我国在用电梯有34.6多万台，每年还以5万～6万台的速度增长。中国的电梯服务已有100多年历史，而我国在用电梯数量的快速增长却发生在改革开放以后，目前我国电梯技术水平已与世界同步。

100多年来，中国电梯行业的发展经历了以下几个阶段：

①对进口电梯的销售、安装、维修保养阶段（1900—1949年），这一阶段我国电梯拥有量仅为1 100多台；

②独立自主、艰苦研制、生产阶段（1950—1979年），这一阶段我国共生产、安装电梯约1万台；

③建立三资企业，行业快速发展阶段（1980年至今），这一阶段我国共生产、安装电梯约40万台，目前我国已成为世界最大的新装电梯市场和最大的电梯生产国。

2002年，中国电梯行业电梯年产量首次突破6万台。中国电梯行业自改革开放以来第3次发展浪潮正在掀起，第1次出现在1986—1988年，第2次出现在1995—1997年。我国电梯年产量增长里程碑见表8.1。

表8.1　我国电梯年产量增长里程碑

年份	里程碑	实际年产量/万台
1983	突破5 000台	0.51
1986	突破1万台	1.13
1993	突破2万台	2.41
1998	突破3万台	3.02
2001	突破4万台	4.67
2002	突破6万台	约6.20

1900年，美国奥的斯电梯公司通过代理商Tullock & Co. 获得在中国的第1份电梯合同——为上海提供2部电梯。从此，世界电梯历史上展开了中国的一页。

1907年，奥的斯公司在上海的汇中饭店（今和平饭店南楼，英文名Peace Palace Hotel）安装了电梯。这2部电梯被认为是我国最早使用的电梯。

1908年，American Trading Co. 成为奥的斯公司在上海和天津的代理商。

1908年，位于上海黄浦路的礼查饭店（英文名Astor House，后改为浦江饭店）安装了3部电梯。

1910年，上海总会大楼（今东风饭店）安装了1部德国西门子公司制造的三角形木制轿厢电梯。

1915年，位于北京市王府井南口的北京饭店安装了3部奥的斯公司的交流单速电梯，其中客梯2部，7层7站；杂物梯1部，8层8站（含地下1层）。

1921年，北京协和医院安装了1部奥的斯公司电梯。

1921年，国际烟草托拉斯集团英美烟公司在天津建立的“大英烟公司天津工厂（1953年改名为天津卷烟厂）”厂房竣工，厂房内安装了奥的斯公司6部手柄操纵的货梯。

1924年，天津利顺德大饭店（英文名Astor Hotel）在改扩建工程中安装了奥的斯电梯公司1台手柄开关操纵的乘客电梯。其额定载重量630 kg，交流220 V供电，速度1.00 m/s，5层5站，木制轿厢，手动栅栏门。

1927年，上海市工务局营造处工业机电股开始负责全市电梯登记、审核、颁照工作。1947年，提出并实施电梯保养工程师制度。1948年2月，制定了加强电梯定期检验的规定，这反映了我国早期地方政府对电梯安全管理工作的重视。

1931 年，瑞士迅达公司在上海的怡和洋行(Jardine Engineering Corp.)设立代理行，开展在中国的电梯销售、安装及维修业务。

1931 年，曾在美国人开办的慎昌洋行当领班的华才林私人在上海常德路 648 弄 9 号内开设了华恺记电梯水电铁工厂，从事电梯安装、维修业务。该厂成为中国人开办的第 1 家电梯工程企业。

1932 年 11 月，我国台湾省台北市菊元百货公司安装了台湾第 1 部商用电梯。1959 年，台湾省高雄市大新百货公司安装了台湾第 1 台自动扶梯。

1935 年，位于上海的南京路、西藏路交口的 9 层高度的大新公司(当时上海南京路上四大公司——先施、永安、新新、大新公司之一，今上海第一百货商店)安装了奥的斯公司的 2 部轮带式单人自动扶梯。这 2 部自动扶梯安装在铺面商场至 2 楼、2 楼至 3 楼之间，面对南京路大门。这 2 部自动扶梯被认为是我国最早使用的自动扶梯。

截至 1949 年，上海各大楼共安装了进口电梯约 1 100 部，其中美国生产的最多，为 500 多部，其次是瑞士生产的 100 多部，还有英国、日本、意大利、法国、德国、丹麦等国生产的。其中丹麦生产的 1 部交流双速电梯额定载重量 8 吨，为上海解放前的最大额定载重量的电梯。

1951 年冬，党中央提出要在北京天安门安装 1 部我国自己制造的电梯，任务交给了天津(私营)从庆生电机厂。4 个多月后，第 1 部由我国工程技术人员自己设计制造的电梯诞生了。该电梯载重量为 1 000 kg，速度为 0.70 m/s，交流单速，手动控制。

1952 年 12 月—1953 年 9 月，上海华恺记电梯水电铁工厂承接了中央直属的工程公司、北京苏联红十字会大楼、北京有关部委办公大楼、安徽造纸厂等单位订制的货梯、客梯达 21 台。1953 年，该厂制造了由双速感应电动机驱动的自动平层电梯。

1952 年 12 月 28 日，上海市房地产公司电气修理所成立，主要由美国奥的斯公司、瑞士迅达公司在上海从事电梯业务的人员和国内一些私营厂商人员组成，主要经营电梯、水暖、马达等房屋设备的安装、维修和保养。

1952 年，天津(私营)从庆生电机厂并入天津通讯器材厂(1955 年更名为天津起重设备厂)，成立了电梯车间，年产电梯 70 台左右。1956 年，天津起重设备厂、利民铁厂、星火喷漆厂等 6 个小厂合并，组建了天津市电梯厂。

1952 年，上海交通大学设置起重运输机械制造专业，还专门开设了电梯课程。1954 年，上海交通大学起重运输机械制造专业开始招收研究生，电梯技术是研究方向之一。

1954 年 10 月 15 日，因资不抵债而破产的上海华恺记电梯水电铁工厂由上海市重工业管理局接管，厂名定为地方国营上海电梯制造厂。1955 年 9 月，振业电梯水电工程行并入该厂，定名为公私合营上海电梯厂。1956 年底，该厂试制成功自动平层、自动开门的交流双速信号控制电梯。1957 年 10 月，公私合营上海电梯厂生产的 8 台自动信号控制电梯，顺利安装在武汉长江大桥上。

1958 年，天津市电梯厂第 1 台大提升高度(170 m)电梯安装在新疆伊犁河水电站。

1959 年 9 月，公私合营上海电梯厂为北京人民大会堂等重大工程制造安装了 81 台电梯和 4 台自动扶梯。其中 4 台 AC2－59 型双人自动扶梯是我国自行设计和制造的第一批自动扶梯，由公私合营上海电梯厂与上海交通大学共同研制成功，安装在铁路北京站。

1960 年 5 月，公私合营上海电梯厂试制成功采用信号控制的直流发电机组供电的直流电梯。1962 年，该厂载货电梯支援几内亚和越南。1963 年，4 台船用电梯安装在苏联“伊里奇”2.7 万吨货船上，由此填补了我国制造船用电梯的空白。1965 年 12 月，该厂生产了中国第 1 台露天电视塔用的交流双速电梯，提升高度为 98 m，安装在广州越秀山电视塔上。

1966 年，永大机电公司成为我国台湾省第 1 家电梯专业公司，1985 年该公司建成台湾第 1 座电梯试验塔。

1967 年，上海电梯厂为澳门葡京大酒店制造出直流快速群控电梯，载重量 1 000 kg，速度 1.70 m/s，4 台群控，这是上海电梯厂最早生产的群控电梯。

1971 年，上海电梯厂试制成功我国第 1 台全透明无支撑自动扶梯，安装在北京地铁。1972 年 10 月，上海电梯厂大提升高度（60 多米）自动扶梯试制成功，安装在朝鲜平壤市金日成广场地铁。这是我国最早生产的大提升高度自动扶梯。

1974 年，机械行业标准 JB 816—74《电梯技术条件》发布，这是我国早期的关于电梯行业的技术标准。

1976 年 12 月，天津市电梯厂制造了 1 台直流无齿轮高速电梯，提升高度 102 m，安装在广州市白云宾馆。1979 年 12 月，天津市电梯厂生产了第 1 台集选控制的交流调速电梯，速度 1.75 m/s，提升高度 40 m，安装在天津市津东饭店。

1976 年，上海电梯厂试制成功总长为 100 m，速度为 40 m/min 的双人自动人行道，安装在北京首都国际机场。

1979 年 11 月，由郗小森等译的《电梯》一书由中国建筑工业出版社出版，该书由日本木村武雄等著。这是我国早期的电梯专业书籍之一。

1979 年，新中国成立以来 30 年间，全国生产安装电梯约 1 万台。这些电梯主要是直流电梯和交流双速电梯。国内电梯生产企业约 10 家。

1980 年 7 月 4 日，中国建筑机械总公司、瑞士迅达股份有限公司、香港怡和迅达（远东）股份有限公司 3 方合资组建中国迅达电梯有限公司。这是我国自改革开放以来机械行业第 1 家合资企业。该合资企业包括上海电梯厂和北京电梯厂。中国电梯行业相继掀起了引进外资的热潮。

1982 年 4 月，天津市电梯厂、天津直流电机厂、天津蜗轮减速机厂组建成立天津市电梯公司。1982 年 9 月 30 日，该公司电梯试验塔竣工，塔高 114.7 m，其中试验井道 5 个。这是我国最早建立的电梯试验塔。

1983 年，上海市房屋设备厂为上海游泳馆制造了国内第 1 台用于 10 m 跳台的低压控制防湿、防腐电梯。同年，上海市房屋设备厂为辽宁北台钢铁厂制造了国内第 1 台用于检修干式煤气柜的防爆电梯。

1983 年，建设部确定中国建筑科学研究院建筑机械化研究所为我国电梯、自动扶梯和自动人行道行业技术归口研究所。

1984 年 6 月，中国建筑机械化协会建筑机械制造协会电梯分会成立大会在西安市召开，电梯分会为三级协会，1986 年 1 月 1 日，更名为“中国建筑机械化协会电梯协会”，电梯协会升为二级协会。

1984 年 12 月 1 日，天津市电梯公司、中国国际信托投资公司与美国奥的斯电梯公司合资组建的天津奥的斯电梯有限公司正式开业。

1985 年 8 月,中国迅达上海电梯厂试制成功 2 台并联 2.50 m/s 高速电梯,安装在上海交通大学包兆龙图书馆。

1985 年,北京电梯厂生产了中国第 1 台微机控制的交流调速电梯,载重量 1 000 kg,速度 1.60 m/s,安装在北京图书馆。

1985 年,中国正式加入国际标准化组织电梯、自动扶梯和自动人行道技术委员会(ISO/TC178),成为 P 成员国。国家标准局确定中国建筑科学研究院建筑机械化研究所为国内归口管理单位。

1987 年 1 月,上海机电实业公司、中国机械进出口总公司、日本三菱电机公司和香港菱电工程有限公司 4 方合资组建的上海三菱电梯有限公司开业剪彩。

1987 年 12 月 11—14 日,全国首批电梯生产及电梯安装许可证评审会议在广州市举行。经过这次评审,总计有 38 个电梯生产企业的 93 个电梯生产许可证通过评审,总计有 38 个电梯单位的 80 个电梯安装许可证通过评审,总计有 28 个建筑安装企业的 49 个电梯安装许可证通过评审。

1987 年,国家标准 GB 7588－87《电梯制造与安装安全规范》发布。该标准等同采用欧洲标准 EN81－1《电梯制造与安装安全规范》(1985 年 12 月修订版)。该标准对保障电梯的制造与安装质量有十分重要的意义。

1988 年 12 月,上海三菱电梯有限公司引进技术生产了中国第 1 台变压变频控制电梯,载重量 700 kg,速度 1.75 m/s,安装在上海市静安宾馆。

1989 年 2 月,国家电梯质量监督检验中心正式组建。经过几年发展,中心采用先进方法进行电梯的型式试验并签发证书,目的是保障在国内使用的电梯的安全性能。1995 年 8 月,该中心建成电梯试验塔,塔高 87.5 m,有试验井道 4 个。

1990 年 1 月 16 日,由中国质量管理协会用户委员会等单位组织的全国首次国产电梯质量用户评价结果新闻发布会在北京市召开。会议发布了产品质量较好的企业和服务质量较好的企业的名单。评价范围是全国 28 个省、市、自治区 1986 年以来安装使用的国产电梯,1 150家用户参与了评价。

1990 年 2 月 25 日,电梯协会会刊《中国电梯》杂志正式出版,国内外公开发行。《中国电梯》成为国内唯一专门介绍电梯技术与市场的正式刊物,国务委员谷牧先生题写了刊名。从创刊起,《中国电梯》编辑部积极着手与国内外的电梯组织和电梯杂志建立交流合作关系。

1990 年 7 月,天津奥的斯电梯有限公司余存杰高级工程师编写的《英汉汉英电梯专业词典》由天津人民出版社出版。词典收集了 2 700 多个电梯行业常用单词和词条。

1990 年 11 月,中国电梯代表团访问香港电梯业协会,代表团了解了香港电梯业概况和技术水平。1997 年 2 月,中国电梯协会代表团访问台湾省,并在台北、台中、台南市举行了 3 场技术报告及研讨会。我国两岸三地同行的交流促进了电梯行业的发展,也加深了同胞间的深厚友谊。1993 年 5 月,中国电梯协会代表团对日本的电梯生产与管理情况进行了考察。

1992 年 7 月,中国电梯协会第 3 届会员大会在苏州市举行,这是中国电梯协会成为一级协会并正式命名为“中国电梯协会”的成立大会。

1992 年 7 月,国家技术监督局批准成立全国电梯标准化技术委员会。8 月,建设部标准定额司在天津市召开全国电梯标准化技术委员会成立大会。

1993年1月5—9日，天津奥的斯电梯有限公司通过了挪威船级社(DNV)进行的ISO 9001质量体系认证审查，成为我国电梯行业最早通过ISO 9000系列质量体系认证的公司。截至2001年2月，我国共有约50家电梯企业通过了ISO 9000系列质量体系认证。

1993年，天津奥的斯电梯有限公司被国家经贸委、国家计委、国家统计局、财政部、劳动部、人事部评为1992年新增全国“大一”型工业企业。在1995年全国新增大型工业企业名单上，上海三菱电梯有限公司入围国家“大一”型企业。

1994年10月，亚洲第1高、世界第3高的上海东方明珠电视塔落成，塔高468 m。该塔配置奥的斯公司电梯、自动扶梯20余部，其中装有中国第1台双层轿厢电梯，中国第1台圆形轿厢三导轨观光电梯(额定载重量4 000 kg)和2台7 m/s的高速电梯。

1994年11月，建设部、国家经济贸易委员会、国家技术监督局联合发布《关于加强电梯管理的暂行规定》，明确规定了电梯的制造、安装、维修实行电梯生产企业全面负责的“一条龙”管理制度。

1994年，天津奥的斯电梯有限公司在我国电梯行业中率先推出电脑控制的奥的斯24 h召修服务热线业务。

1995年7月1日，由经济日报社、中国日报社、全国十大最佳合资企业评选委员会主办的第8届全国十大最佳合资企业颁奖大会在西安市举行。中国迅达电梯有限公司连续8年荣获全国十大最佳合资企业(生产型)光荣称号。天津奥的斯电梯有限公司也获得了第8届全国十大最佳合资企业(生产型)光荣称号。

1995年，位于上海南京路商业街的新世界商厦安装了三菱电机公司的1台螺旋形自动扶梯。

1996年8月20—24日，由中国电梯协会等单位联合主办的第1届中国国际电梯展，在北京市中国国际展览中心举行。参加展览的有国内外16个国家的约150个单位。

1996年8月，苏州江南电梯有限公司在第1届中国国际电梯展上展出了微机控制交流变压变频调速多坡度(波浪形)自动扶梯。

1996年，沈阳特种电梯厂为太原卫星发射基地安装了PLC控制塔架防爆电梯，也为酒泉卫星发射基地安装了PLC控制客货两用塔架防爆电梯。至此沈阳特种电梯厂在我国三大卫星发射基地均安装了防爆电梯。

1997年，继1991年我国自动扶梯发展热潮后，伴随着国家新房改政策的颁布，我国住宅电梯出现发展热潮。

1998年1月26日，国家经贸委、财政部、国家税务总局、海关总署4部门联合批准上海三菱电梯有限公司成立国家级企业技术中心。

1998年2月1日，国家标准GB 16899－1997《自动扶梯和自动人行道的制造与安装安全规范》开始实施。

1998年12月10日，奥的斯电梯公司在亚太地区规模最大的培训基地——奥的斯中国培训中心在天津举行开业典礼。

1998年10月23日，上海三菱电梯有限公司获得了英国劳氏船级社(LRQA)颁发的ISO 14001环境管理体系认证证书，成为我国电梯行业最早通过ISO 14001环境管理体系认证的公司。2000年11月18日，该公司获得国家职业安全卫生管理体系认证中心颁发的符合国际标准 OHSAS 18001:1999 的认证证书。

1998 年 10 月 28 日,位于上海浦东的金茂大厦落成,它是当时中国最高的摩天大厦,世界第 4 高,楼高 420 m,88 层。金茂大厦配置电梯 61 台,自动扶梯 18 台。其中 2 台三菱电机公司额定载重量 2 500 kg、速度 9 m/s 的超高速电梯是目前我国额定速度最快的在用电梯。

1998 年,无机房电梯技术开始受到我国电梯企业的青睐。

1999 年 1 月 21 日,国家质量技术监督局发布《关于做好电梯、防爆电器等特种设备安全质量监察监督工作的通知》。通知指出原劳动部承担的锅炉、压力容器、特种设备的安全监察监督管理职能已划转到国家质量技术监督局。

1999 年 10 月,上海房屋设备总公司的机电技师对“雪龙”号科学考察船上的 1 台原苏联制造的载货电梯进行了全面整修,使这台从未正常运行过的电梯正常运行。“雪龙”号科学考察船是当时我国唯一一艘能在极地海区航行的破冰船,曾多次远征南极和北极。

1999 年,中国电梯行业的企业纷纷在因特网上开辟自己的主页,利用这一全球最大的网络资源宣传自己。

1999 年,奥的斯公司在北京、天津、上海、广州的小学校开展电梯安全教育活动。通过卡通人物“奥的斯先生”的活泼语言,以多种形式向小朋友介绍正确使用电梯的方法。

1999 年,GB 50096－1999《住宅设计规范》规定:7 层及以上住宅或住户入口层楼面距室外设计地面的高度超过 16 m 以上的住宅必须设置电梯。

2000 年 5 月 29—31 日,《中国电梯行业行规行约》(试行)在中国电梯协会第 5 次会员大会上通过。该行约的制定有利于电梯行业的团结、进步。

截至 2000 年底,我国电梯行业已有上海三菱、广州日立、天津奥的斯、杭州西子奥的斯、广州奥的斯、上海奥的斯等约 10 家电梯企业为客户开通了 800 免费服务电话。800 电话业务又称受话人集中付费业务。

2001 年 9 月 20 日,经国家人事部批准,我国电梯行业第 1 家企业博士后科研工作站在广州日立电梯有限公司大石工厂研发中心举行挂牌揭幕仪式。

2001 年 10 月 16—19 日,Interlift 2001 德国国际电梯展览会在奥格斯堡展览中心举行。参展商 350 个,中国电梯协会代表团有 7 个单位参展,为历史上最多。我国电梯行业正积极走出国门,参与国际市场竞争。中国于 2001 年 12 月 11 日正式加入世界贸易组织(WTO)。

2002 年 5 月,世界自然遗产——湖南张家界武陵源风景区安装了号称世界最高的户外电梯、世界最高的双层观光电梯。

2002 年 6 月,国家质量监督检验检疫总局等单位在北京石景山游乐园联合主办了以“为了孩子的安全快乐、为了明天”为主题的关于电梯、客运索道、游乐设施等特种设备的安全宣传教育活动。2002 年 12 月,《中国电梯》编辑部出版了 2003 年安全乘梯、文明乘梯公益宣传月历,通过漫画的形式向人们介绍安全乘电梯知识。

截至 2008 年,中国国际电梯展于 1996 年、1997 年、1998 年、2000 年、2002 年、2004 年、2006 年、2008 年共举办了 8 届。其中 2006 年、2008 年中国国际电梯展移师廊坊,目前发展成为世界规模最大的电梯展览会,展览会交流了世界各国的电梯技术和市场信息,促进了电梯行业发展。

8.9　电梯相关资料

8.9.1　中国电梯协会

中国电梯协会的前身成立于1984年，当时隶属于中国建筑机械化协会。随着中国电梯行业的快速发展和协会的不断壮大，1991年经建设部批准、民政部审查登记，正式成立中国电梯协会。2002年底中国电梯协会会员单位约400家，其中电梯整机制造会员超过1/3，配套件生产会员约占1/3，安装和维保会员接近1/3，此外有科研院所、大专院校等会员10余家。协会会刊为《中国电梯》杂志。

中国电梯协会是由电梯（包括自动扶梯和自动人行道）的制造、安装、维修、经营、设计、研究和教学单位自愿结成的全国电梯行业的非营利性社会团体。本协会宗旨：遵守宪法、法律、法规和国家政策，遵守社会道德风尚；以经济建设为中心，发挥政府与电梯企业间的桥梁和纽带作用，作好双向服务，推动我国电梯行业技术进步，提高电梯工业水平。为了更好地转变政府职能，充分发挥行业协会的作用，2000年建设部决定把行业管理的重点放在制定和执行宏观调控政策及相关的法律、法规以及培育市场体系和监督市场运行方面，而具体的行业管理工作委托给有关社团承担。其中委托中国电梯协会承担的工作有以下几方面。

①根据国家经济社会发展规划和产业政策，开展调查研究，结合行业实际，提出行业发展规划设想（包括行业发展目标、质量、效益目标、技术发展、产品发展方向和重大关键技术、高新技术及重大新产品的开发、研制计划等内容），并对本行业的经济政策、管理办法及立法提出意见和建议。

②配合标准定额司提出并参与制定、修订电梯行业的各类标准（包括技术标准、质量标准等），组织推进本行业标准的贯彻实施，开展行检行评，宣传、促进质量监督工作。

③制定行规行约，建立行业和企业自律机制，监督执行行规行约，规范企业生产经营行为。

④贯彻执行电梯生产企业对电梯制造、安装、维修保养质量全面负责的“一条龙”管理责任制，督促企业坚持质量第一，确保电梯的安全运行。要结合国家对建筑市场、物业管理的要求，采取措施切实做到：无许可证企业不得生产电梯，禁止销售、采购不合格产品和无生产许可证企业生产的产品；在电梯经营活动中和电梯招投标过程中，督促企业遵守国家有关规定，遵循公开、公平、诚实信用和平等竞争的原则，禁止抬价、压价等不正当竞争，维护企业和用户的合法权益；组织开展用户对电梯质量的评价及监督；参与电梯安全事故的分析和处理。

⑤受政府部门或有关单位委托，对电梯行业内重大的投资、改造、开发项目的先进性、经济性和可行性进行前期论证、后期评估等。

⑥开展电梯行业统计工作，收集、整理、发布行业信息，对统计资料进行研究和分析，为政府制定产业政策提供依据，为企业提供信息服务。

⑦组织人才、技术、职业培训，开展咨询；组织电梯行业国内、国际间的技术交流、技术协作活动，主办电梯及技术展览会、订货会；在有关部门的指导下，组织行业的科技力量，开展重大技术的攻关和重大新产品的开发研制，推广应用电梯行业科技成果，推荐行业内的高新技

术产品和名牌产品。

中国电梯协会将坚持改革开放，开拓进取，虚心学习国内外一切先进技术、先进管理并在全行业内进行交流推广，努力推动行业的技术进步和企业素质的提高，促进电梯企业为广大用户提供更先进的电梯产品和更良好的服务。

8.9.2 中国电梯品牌

中国市场上的电梯整机品牌：迅达电梯、上海三菱、西子奥的斯、通力电梯、西门子电梯、沈阳富士电梯、日立电梯、华升富士达、上海永大、苏州申龙、江南快速、东芝电梯、浙江巨人、山东百斯特、深圳乔治、西安安迪斯、上海华立、常州飞达、江苏康力、苏州东南、深圳铃木、上海崇友、伊士顿电梯、蒂森电梯、大连星玛、迅达电梯、苏州东南、深圳乔治等。

8.9.3 电梯相关名词解释

【电梯导轨】

电梯导轨就是在轿厢和墙壁之间的轨道，上面有轮子在滑动，表面很光滑，用轿厢导轨支架来支撑，可以用来防止轿厢晃动，货梯和客梯上都装有。

【电梯保养】

电梯保养(take good care of lift)是指定期对运行的电梯部件进行检查、加油、清除积尘、调试安全装置等工作。

【电梯大修】

电梯大修(thorough repairing for lift)是指对电梯的各部件全面拆卸、清洗、调整，对老化或损坏严重的个别部件、配件进行更换等工作。

【电梯中修】

电梯中修(suitable repairing for lift)是指当电梯使用到一定年限，对其部分重要部件进行的检查、润滑、清洗、去污及修理、调试工作。

【电梯平层】

电梯平层是指轿厢接近停靠站时，欲使轿厢地坎与层门地坎达到同一平面的动作。

【电梯基站】

电梯基站是指轿厢无指令运行中停靠的层站。此层站一般面临街道，出入轿厢的人数最多。合理选择基站可提高使用效率。

【电梯提升高度】

电梯提升高度是指电梯从底层端站至顶层端站楼面之间的总运行高度。

【磁悬浮电梯】

一种将磁悬浮技术应用于电梯的产物。简而言之，就是把磁悬浮列车竖起来开，但是其中还有很多技术问题有待解决。这种技术主要是通过结合运用磁铁的吸引及排斥作用使物体悬浮静止在半空。不像以往的旧式电梯需要靠垂直轨道牵引升降，它去除了传统电梯的钢缆、曳引机、钢丝导轨、配重、限速器、导向轮、配重轮等复杂的机械设备。新型的磁悬浮电梯在轿厢内装有磁铁，在移动时与电磁导轨(直线电机)上的电磁线圈通过磁力相互作用综合调整，使得轿厢与导轨“零接触”。由于不存在摩擦，磁悬浮电梯在运行时非常安静并更加舒适，还可以达到传统电梯无法企及的极高速。该种电梯适用于楼宇用梯、发射平台及太空电梯等载人、载物的垂直运输设备。

【电梯 DM《赛尔电梯市场》】

电梯 DM《赛尔电梯市场》是北京赛尔资讯的一个行业 DM 服务，作为电梯行业信息服务领域的专业服务商，赛尔资讯拥有一批在信息服务领域有着丰富经验的专业人士，已建立起庞大的电梯行业厂商、产品、经销、用户数据库及广告数据库，并在北京、上海、广州、温州、石家庄等地设立了专业的分支机构。依托这些资源，得以用自己的专业知识与经验，不断提高服务品质，去满足客户不断增长的需求。赛尔资讯的服务特色是“刊＋网＋展会”。服务优势在于对“刊＋网＋展会”内涵的深刻领会和灵活运用，服务与客户需求有效地结合，提供市场推广一站式完美解决方案。

8.9.4　电梯的使用方法

以下以某客梯为例介绍电梯的使用方法。

①电梯在各服务层站设有层门、轿厢运行方向指示灯、数字显示轿厢、运行位置指层器和召唤电梯按钮。电梯召唤按钮使用时，上行按上方向按钮，下行按下方向按钮。

②轿厢到达时，层楼方向指示即显示轿厢的运动方向，乘客判断欲往方向和确定电梯正常后进入轿厢，注意门扇的关闭，勿在层门口与轿厢门口对接处逗留。

③轿厢内有位置显示器、操纵盘及开关门按钮和层楼选层按钮。进入轿厢后，按欲往层楼的选层按钮。若要轿厢门立即关闭，可按关门按钮。轿厢层楼位置指示灯显示抵达层楼并待轿厢门开启后即可离开。

④本电梯额定载重为 13 人，不能超载运行，人员超载时请主动退出。

⑤乘客电梯不能经常作为载货电梯使用，绝对不允许装运易燃易爆品。

⑥当电梯发生异常现象或故障时，应保持镇静，可拨打轿厢内救援电话，切不可擅自撬门，企图逃出轿厢。

⑦乘客不准依靠轿厢门，不准在轿厢内吸烟和乱丢废物，保持轿厢内的清洁与卫生。

⑧乘客要爱护电梯设施，不得随便乱按按钮和乱撬厢门。

⑨司机要严格履行岗位职责，电梯运行期间不得远离岗位，发现故障及时处理和汇报。

⑩不允许司机以检修、急停按钮作为正常行使启动前的消除召唤信号；不允许用检修速度在层、轿厢门开起情况下行使；不允许开起轿厢顶活板门、安全门；不允许以检修速度来装运超长物件行使；不允许以手动轿厢门的启、闭作为电梯的启动或停止功能使用；不允许在行使中突然换向。

⑪司机要经常检查电梯运行情况，定期联系电梯维修保养，做好维保记录。

⑫电梯停止使用时，司机应将轿厢停于基站，并将操动盘上的开关全部断开，关闭好层门。如遇停电通知，提前做好电梯停驶工作。

8.9.5　电梯英汉词汇对照表

按《中国电梯标准》整理：

电梯 LIFT；ELEVATOR

乘客电梯 PASSENGER LIFT
载货电梯 GOODS LIFT;FREIGHT LIFT
客货电梯 PASSENGER－GOODS LIFT
病床电梯;医用电梯 BED LIFT
住宅电梯 RESIDENTIAL LIFT
杂物电梯 DUMBWAITER LIFT; SERVICE LIFT
船用电梯 LIFT ON SHIPS
观光电梯 PANORAMIC LIFT;OBSERTION LIFT
汽车电梯 MOTOR VEHICLE LLIFT;AUTOMBILE LIFT
液压电梯 HYRAULIC LIFT
平层准确度过 LEVELING ACCURACY
电梯额定速度 RATED SPEED OF LIFT
检修速度 INSPECTION SPEED
额定载重量 RATED LOAD;RATED CAPACITY
电梯提升高度 TRAVELING HEIGHT OF LIFT;LIFTING HEIGHT OF LIFT
机房高度 MACHINE ROOM HEIGHT
机房宽度 MACHINE ROOM WIDTH
机房深度 MACHINE ROOM DEPTH
机房面积 MACHINE ROOM AREA
辅助机房 SECONDARY MACHINE ROOM
隔层 SECONDARY FLOOR
滑轮间隔 PULLEY ROOM
层站台票 LANDING
层站入口 LANDING ENTRANCE
基站 MAIN LANDING;MAIN FLOOR;HOME LANDING
预定基站 PREDETERMINED LANDING
底层端站 BOTTOM TERMINAL LANDING
顶层端站 TOP TERMINAL LANDING
层间距离 FLOOR TO FLOOR DISTANCE;INTERFLOOR DISTANCE
井道 WELL;SHAFT;HOISTWAY
单梯井道 SINGLE WELL
多梯井道 MULTIPLE WELL;COMMON WELL
井道壁 WELL ENCLOSURE; SHAFT WELL
井道宽度 WELL WIDTH;SHAFT WIDTH
井道深度 WELL DEPTH;SHAFT DEPTH
底坑 PIT
底坑深度 PIT DEPTH
顶层高度 HEADROOM HEIGHT;HEIGHT ABOVE THE HIGHEST LEVEL SERVED;

TOP HEIGHT

加腋梁 HAUNCHED BEAM

围井 TRUNK

围井出口 HATCH

开锁区域 UNLOCKING ZONE

平层 LEVELING

平层区 LEVELING ZONE

开门宽度 DOOR OPENING WIDTH

轿厢入口 CAR ENTRANCE

轿厢入口净尺寸 CLEAR ENTRANCE TO THE CAR

轿厢宽度 CAR WIDTH

轿厢深度 CAR DEPTH

轿厢高度 CAR HEIGHT

电梯司机 LIFT ATTENDANT

乘客人数 NUMBER OF PASSENGER

油压缓冲器工作行程 WORKING STROKE OF OIL BUFFER

弹簧缓冲器工作行程 WORKING STROKE OF SRING BUFFER

轿底间隙 BOTTOM CLEANCES FOR CAR

轿顶间隙 TOP CLEARANCES FOR COUNTERWEIGHT

对重装置顶部间隙 TOP CLEARANCES FOR COUNTERXEIGHT

对接操作规程 DOCKING OPERATION

隔层停靠操作 SKIP－STOP OPERATION

检修操作规程 INSPECTION OPERATION

电梯拽引形式 TRACTION TYPES OF LIFT

电梯拽引机绳拽引 HOIST ROPES RATIO OF LIFT

消防服务 FIREMAN SERVICE

独立操作 INDEPENDENT OPERATION

缓冲器 BUFFER

油压缓冲器(耗能型缓冲器) HYDRAULIC BUFFER;OIL BUFFER

弹簧缓冲器(蓄能型缓冲器)SPRING BUFFER

减振器具 VIBRATING ABSORBER

轿厢 CAR;LIFT CAR

轿厢底;轿底 CAR PLATRORM;PLATFORM

轿厢壁;轿壁 CAR ENCLOSURES;CAR WALLS

轿厢顶;轿顶 CAR ROOR

轿厢装饰顶 CAR CEILING

轿厢扶手 CAR HANDRAIL

轿顶防护栏杆 CAR PROTECTION BALUSTADE

轿厢架;轿架 CAR FRAME
开门机 DOOR OPERATOR
检修门 ACCESS DOOR
手动门 MANUALLY OPERATED DOOR
自动门 POWER OPERATED DOOR
层门;厅门 LANDING DOOR;SHAFT DOOR;HALL DOOR
防火层门;防火门 RIER－PROOF DOOR
轿厢门;轿门 CAR DOOR
安全触板 SAFETY EDGES FOR DOOR
铰链门;外敞门 HINGED DOOR
栅栏门 COLLAPSIBLE DOOR
水平滑动门 HORIZONTALLY SLIDING DOOR
中分门 CENTER OPENING DOOR
旁开门 TWO－SPEED SLIDING DOOR
双折门 TWO－PANEL SLIDING DOOR
双速门 TWO SPEED DOOR
左开门 LEFT HAND TWO SPEED SLIDING DOOR
右开门 RIGHT HAND TWO SPEED SLIDING DOOR
垂直滑动门 VERTICALLY SLIDING DOOR
垂直中分门 BI－PARTING DOOR
曳引绳补偿装置 COMPENSATING DEVICE FOR HOIST ROPES
补偿绳装置 COMPENSATING ROPE DEVICE
补偿绳防跳装置 ANTI－REBOUND OF COMPENSATION ROPE DEVICE
地坎 SILL
轿厢地坎 CAR SILLS;PLATE THRESHOLD ELEVATOR
层门地坎 LANDING SILLS;SILL ELEVATOR ENTEANCE
轿顶检修装置 INSPECTION DEVICE ON TOP OF THE CAR
轿顶照明装置 CAR TOP LIGHT
底坑检修照明装置 LIGHT DEVICE OF PIT INSPECTION
轿厢内指层灯;轿厢位置指示 CAR POSITION INDICATOR
层门门套 LANDING DOOR JAMB
层门指示灯 LANDING INDICATOR,HALL POSITION INDICATOR
层门方向指示灯 LANDING DIRECTION INDICATOR
控制屏 CONTROL PANEL
控制柜 CONTROL CABINET;CONTROLLER
操纵箱 OPERATION PANEL
操纵盘 CAR OPERATION PANEL
警铃按钮 ALARM BUTTON

附录 1 组态王软件介绍

附录 1 介绍学习"组态王 6.5"系列软件的基础知识,覆盖"组态王 6.5"系列软件的大部分基本功能。通过学习本附录,读者将能够建立一个功能齐全、可实际使用的监控系统(HMI)。

附录 1.1 概述

学习目标

- 了解组态王软件的整体结构。
- 了解组态王与 I/O 设备通信的过程。
- 了解建立应用工程的一般过程。

1. 组态王软件概述

组态王软件是一种通用的工业监控软件,它融过程控制设计、现场操作以及工厂资源管理于一体,将一个企业内部的各种生产系统和应用以及信息交流汇集在一起,实现最优化管理。它基于 Microsoft Windows XP/NT/2000 操作系统,用户可以在企业网络的所有层次的各个位置上及时获得系统的实时信息。采用组态王软件开发工业监控工程,可以极大地增强用户的生产控制能力、提高工厂的生产力和效率、提高产品的质量、减少成本及原材料的消耗。它适用于从单一设备的生产运营管理和故障诊断到网络结构分布式大型集中监控管理系统的开发。

组态王软件由工程管理器、工程浏览器及运行系统三部分构成。

①工程管理器用于新工程的创建和已有工程的管理,对已有工程进行搜索、添加、备份、恢复以及实现数据词典的导入和导出等功能。

②工程浏览器是一个工程开发设计工具,用于创建监控画面、监控设备及相关变量、动画链接、命令语言以及设定运行系统配置等的系统组态工具。

③运行系统是工程运行界面,从采集设备中获得通信数据,并依据工程浏览器的动画设计显示动态画面,实现人与控制设备的交互操作。

2. 组态王与 I/O 设备

组态王软件作为一个开放型的通用工业监控软件,支持与国内外常见的 PLC、智能模块、智能仪表、变频器、数据采集板卡等(如西门子 PLC、莫迪康 PLC、欧姆龙 PLC、三菱 PLC、研华模块等)通过常规通信接口(如串口方式、USB 接口方式、以太网、总线、GPRS 等)进行数据通信。

组态王软件与 I/O 设备进行通信一般是通过调用 *.dll 动态库来实现的,不同的设备、协议对应不同的动态库。工程开发人员无须关心复杂的动态库代码及设备通信协议,只需使用组态王提供的设备定义向导,即可定义工程中使用的 I/O 设备,并通过变量的定义实现与 I/O 设备的关联,对用户来说既简单又方便。

亚控公司在不断地进行新设备驱动的开发,有关支持设备的最新信息以及设备最新驱动可以通过亚控公司的网站 http://www.kingview.com 下载获取。

3. 组态王的开放性

组态王支持通过 OPC、DDE 等标准传输机制和其他监控软件(如 Intouch、Ifix、Wincc 等)或其他应用程序(如 VB、VC 等)进行本机或者网络上的数据交互。

4. 建立应用工程的一般过程

通常情况下,建立一个应用工程大致可分为以下几个步骤。

①创建新工程:为工程创建一个目录用来存放与工程相关的文件。

②定义硬件设备并添加工程变量:添加工程中需要的硬件设备和工程中使用的变量,包括内存变量和 I/O 变量。

③制作图形画面并定义动画连接:按照实际工程的要求绘制监控画面并使静态画面随着过程控制对象产生动态效果。

④编写命令语言:通过脚本程序的编写以完成较复杂的操作上位控制。

⑤进行运行系统的配置:对运行系统、报警、历史数据记录、网络、用户等进行设置,这是系统完成用于现场前的必备工作。

⑥保存工程并运行完成以上步骤后,一个可以拿到现场运行的工程就制作完成了。

5. 如何得到组态王的帮助

组态王帮助文档分组态王产品帮助文档和 I/O 驱动帮助文档两部分,可以通过以下几种方法打开。

①单击桌面"开始"→"所有程序"→"组态王 6.52"→"组态王文档",此选项中包括组态王帮助文档、I/O 驱动帮助文档和使用手册电子版、函数手册电子版。

②在工程浏览器中单击"帮助"菜单中的"目录"命令,此帮助文档中只包含组态王软件帮助文档。

③在工程浏览器中按"F1"快捷键可弹出组态王软件帮助文档。

6. 附录实例

通过本附录的学习,读者将建立一个反应车间监控中心。监控中心从现场采集生产数据,以动画形式直观地显示在监控画面上。监控画面还将显示实时趋势和报警信息,并提供历史数据查询的功能,完成数据统计的报表。将实时数据保存到关系数据库中,并进行数据库的查询。

附录 1.2 建立一个新工程

学习内容

- 工程管理器。
- 工程浏览器。

- 定义 I/O 设备。
- 定义数据变量。

附录 1.2.1　工程管理器

在组态王中，所建立的每一个组态称为一个工程。每个工程反映到操作系统中是一个包括多个文件的文件夹。工程的建立是通过工程管理器实现的。

1. 工程管理器的使用

组态王工程管理器用来建立新工程，并对添加到工程管理器的工程做统一的管理。工程管理器的主要功能包括：新建、删除工程，对工程重命名，搜索组态王工程，修改工程属性，工程备份、恢复，数据词典的导入、导出，切换到组态王开发或运行环境等。假设已经正确安装了“组态王 6.52”，可以通过以下方式启动工程管理器：点击“开始”→“程序”→“组态王 6.52”→“组态王 6.52”(或直接双击桌面上组态王的快捷方式)，启动后的工程管理器窗口如附图 1.1 所示。

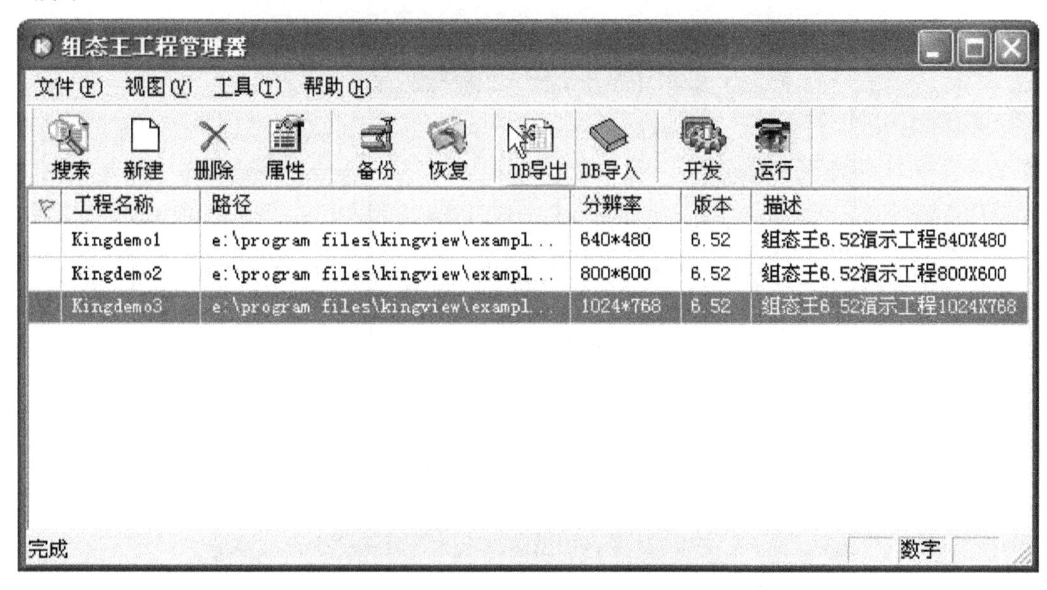

附图 1.1　工程管理器窗口

(1) 搜索

单击此快捷按钮，在弹出的“浏览文件夹”对话框中选择某一驱动器或某一文件夹，系统将搜索指定目录下的组态王工程，并将搜索完毕的工程显示在工程列表区中。“搜索工程”是用来把计算机某个路径下的所有工程一起添加到组态王工程管理器中，它能够自动识别所选路径下的组态王工程，为一次添加多个工程提供了方便。

①点击“搜索”图标，弹出“浏览文件夹”对话框，如附图 1.2 所示。

②选定要添加工程的路径，如附图 1.3 所示。

③将要添加的工程添加到工程管理器中，如附图 1.4 所示，以方便工程的集中管理。

④单击“工程管理器”窗口“文件”菜单中的“添加”命令，可将保存在目录中指定的组态王工程添加到工程列表区中，以便对工程进行管理。

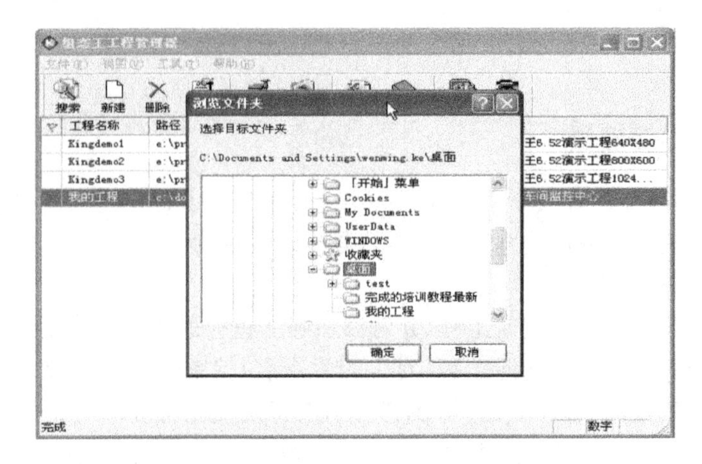

附图 1.2 “浏览文件夹”对话框

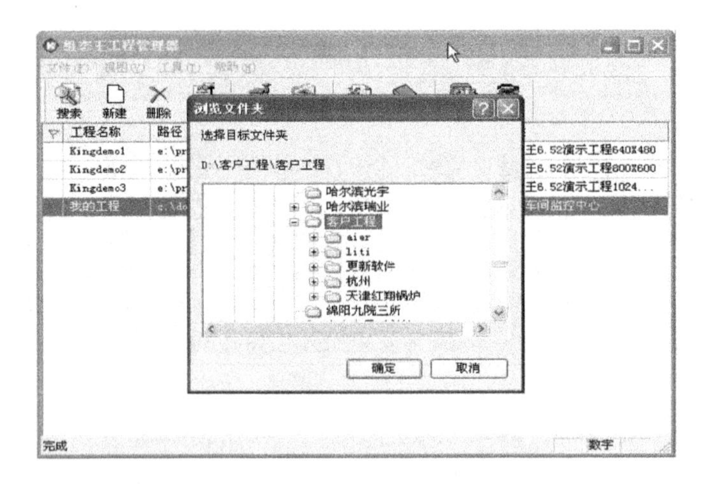

附图 1.3 选定要添加工程路径

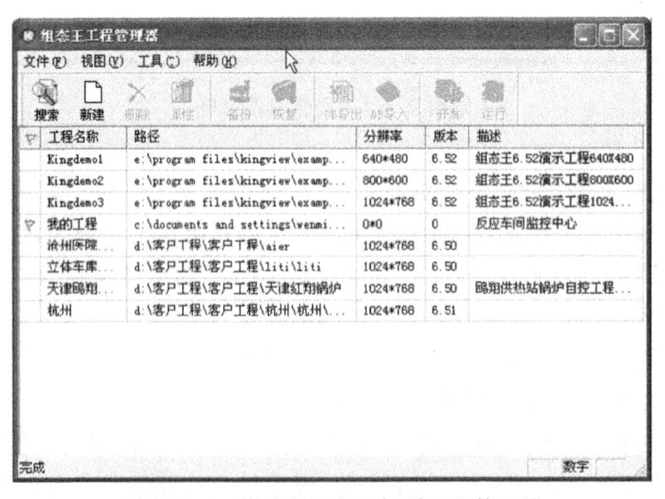

附图 1.4 将选定工程添加到工程管理器

(2) 新建

单击此快捷按钮，弹出“新建工程”对话框建立组态王工程。

①点击工程管理器上的“新建”图标，弹出“新建工程向导之一”，如附图 1.5 所示。

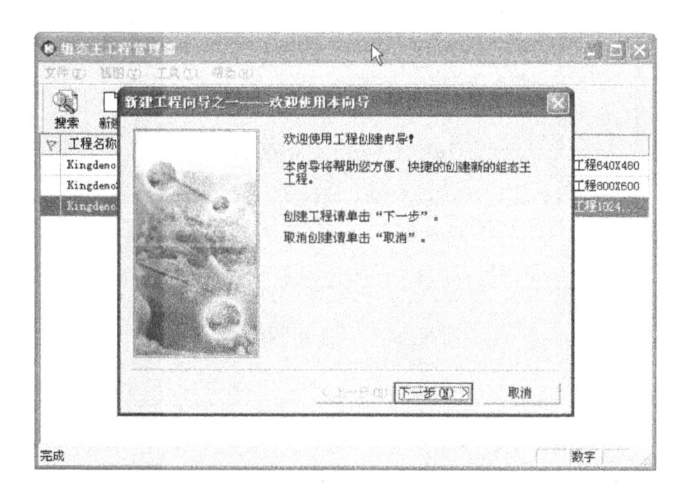

附图 1.5　“新建工程向导之一”窗口

②点击“下一步”，弹出“新建工程向导之二”，如附图 1.6 所示。

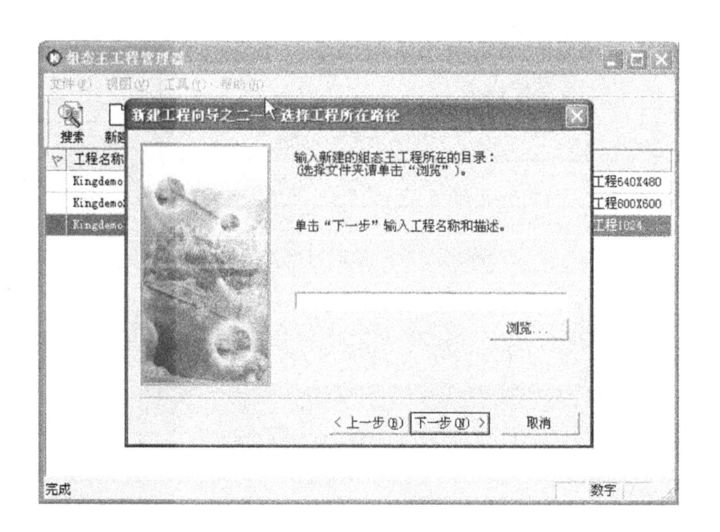

附图 1.6　“新建工程向导之二”窗口

③点击“浏览”，选择新建工程所要存放的路径，如附图 1.7 所示。

④点击“打开”，选择路径完成，如附图 1.8 所示。

⑤点击“下一步”进入“新建工程向导之三”，如附图 1.9 所示，在“工程名称”处写上要给工程起的名字，在“工程描述”处对工程进行详细说明(注释作用)。此处工程名称是“我的工程”，工程描述是“反应车间监控中心”。

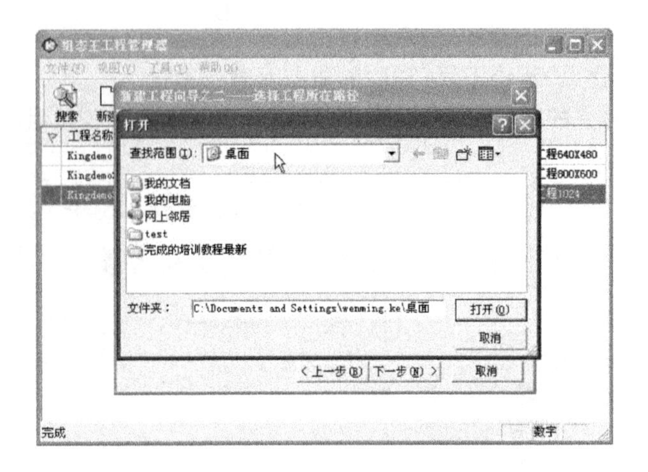

附图 1.7 “打开”窗口

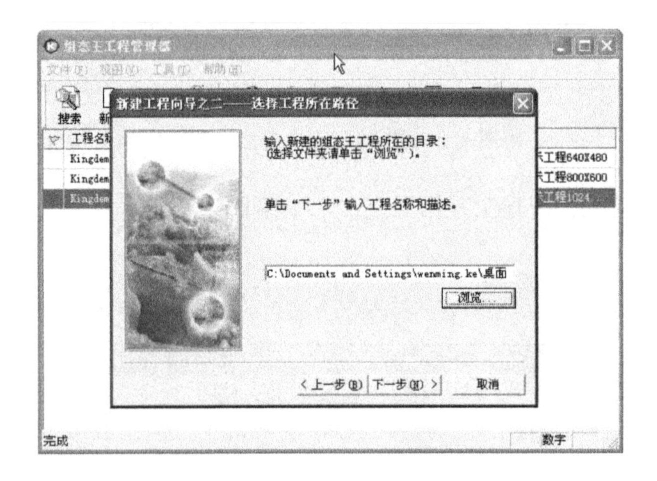

附图 1.8 确定有效路径

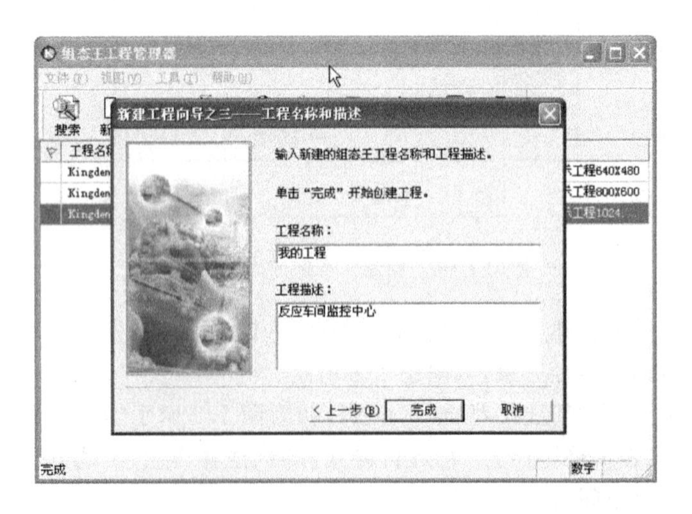

附图 1.9 “新建工程向导之三”窗口

⑥点击“完成”，会出现“是否将新建的工程设为组态王当前工程?”的提示，如附图 1.10 所示。

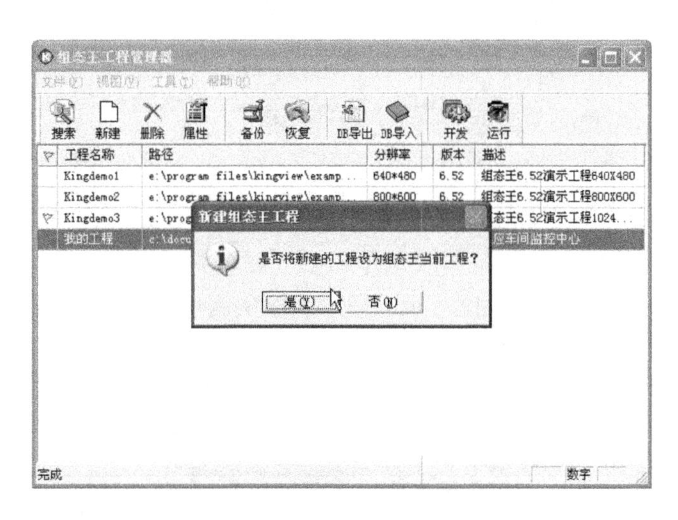

附图 1.10　提示窗口

⑦选择“是”，完成新建组态王工程，如附图 1.11 所示。组态王当前工程的意义是指直接进入开发或运行所指定的工程。

附图 1.11　完成新建组态王工程

(3) 删除

在工程列表区中选择任一工程后，单击此快捷按钮可删除选中的工程。

(4) 属性

在工程列表区中选择任一工程后，单击此快捷按钮弹出“工程属性”对话框，如附图 1.12 所示。在工程属性窗口中可查看并修改工程属性。

(5) 备份

工程备份是在需要保留工程文件的时候，把组态王工程压缩成组态王自己的 .cmp 文件。

①点击“工程管理器”上的“备份”图标，弹出“备份工程”，如附图 1.13 所示。

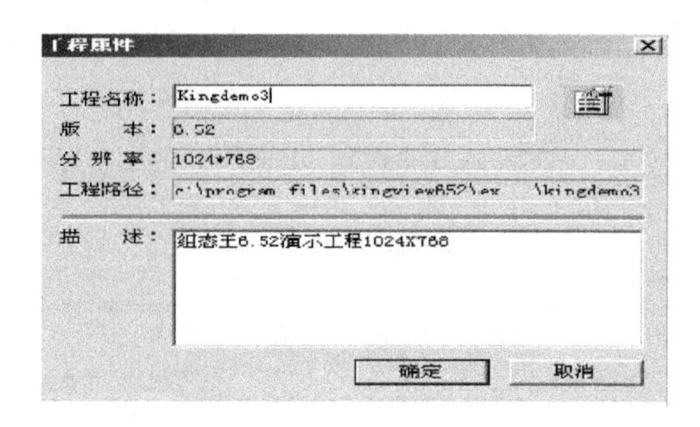

附图 1.12 “工程属性”对话框

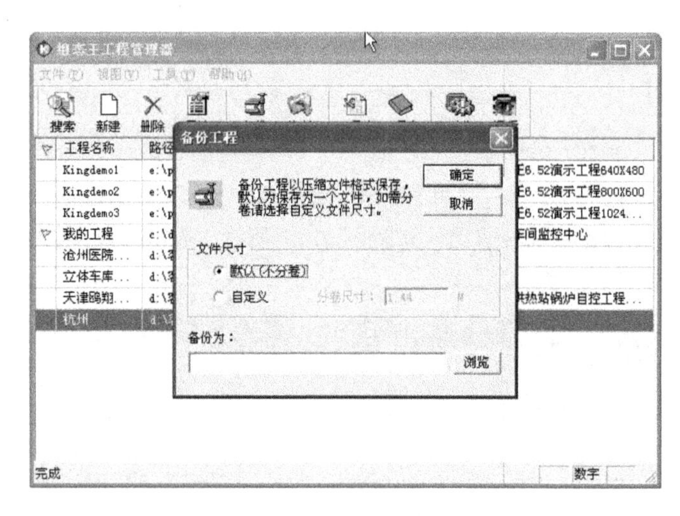

附图 1.13 “备份工程”窗口

②选择“默认(不分卷)”，并单击“浏览”，选择备份要存放的路径，并给备份文件起个名字，再点击“保存”，如附图 1.14 所示。

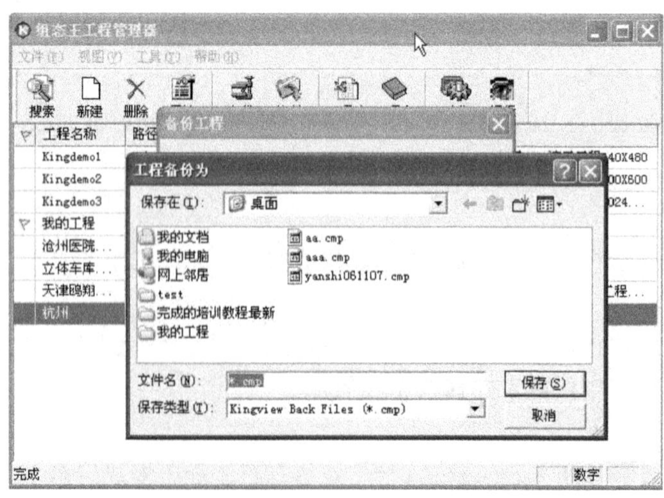

附图 1.14 确定备份有效路径和名称

③点击“确定”，开始备份，生成备份文件，备份完成，如附图 1.15 所示。

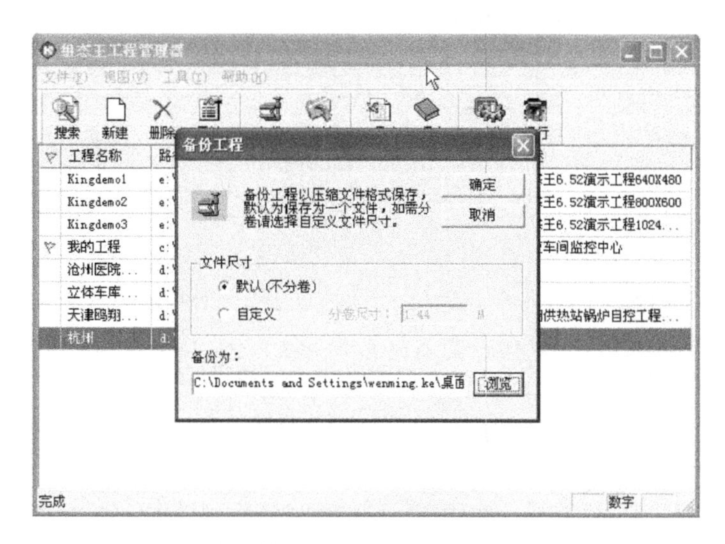

附图 1.15　备份完成

(6) 恢复

单击此快捷按钮可将备份的工程文件恢复到工程列表区中。

(7) DB 导出

利用此快捷按钮可将组态王工程数据词典中的变量导出到 Excel 表格中，用户可在 Excel 表格中查看或修改变量的属性。在工程列表区中选择任一工程后，单击此快捷按钮在弹出的“浏览文件夹”对话框中输入保存文件的名称，系统自动将选中工程的所有变量导出到 Excel 表格中。

(8) DB 导入

利用此快捷按钮可将 Excel 表格中编辑好的数据或利用“DB 导出”命令导出的变量导入到组态王数据词典中。在工程列表区中选择任一工程后，单击此快捷按钮在弹出的“浏览文件夹”对话框中选择导入的文件名称，系统自动将 Excel 表格中的数据导入到组态王工程的数据词典中。

(9) 开发

在工程列表区中选择任一工程后，单击此快捷按钮进入工程的开发环境。

(10) 运行

在工程列表区中选择任一工程后，单击此快捷按钮进入工程的运行环境。

附录 1.2.2　工程浏览器和工程加密

1. 工程浏览器

工程浏览器是“组态王 6.52”的集成开发环境。在这里可以看到工程的各个组成部分，包括 Web、文件、数据库、设备、系统配置、SQL 访问管理器，它们以树形结构显示在工程浏览器窗口的左侧。工程浏览器的使用和 Windows 的资源管理器类似，如附图 1.16 所示。

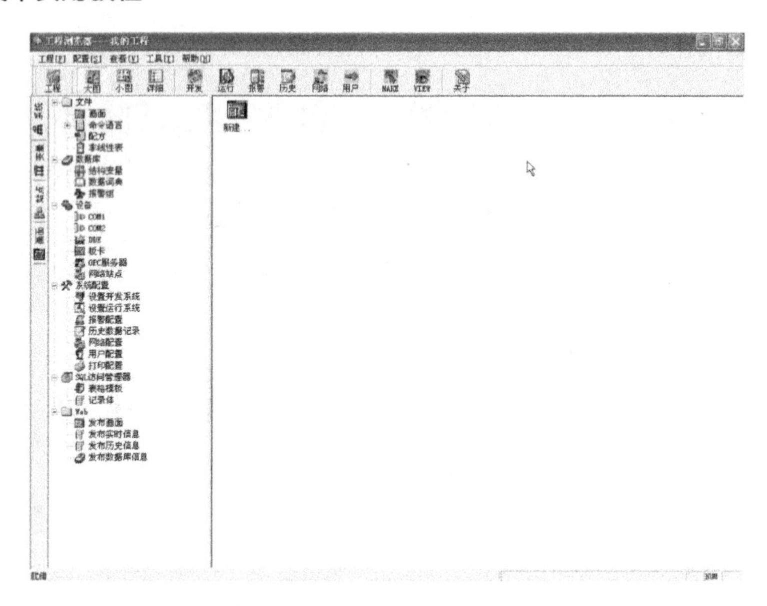

附图 1.16 “工程浏览器”窗口

工程浏览器由菜单栏、工具条、工程目录显示区、目录内容显示区、状态条组成。“工程目录显示区”以树形结构图显示大纲项节点，用户可以扩展或收缩工程浏览器中所列的大纲项。

2. 工程加密

工程加密是为了保护工程文件不被其他人随意修改，只有设定密码的人或知道密码的人才可以对工程做编辑或修改。

①点击“工具”选择“工程加密”，如附图 1.17 所示。

附图 1.17 工程加密 1

②弹出“工程加密处理”对话框，设定密码，如附图 1.18 所示。

③点击“确定”，密码设定成功，如果退出开发系统，下次再进的时候就会提示要输入密码。注意：如果没有密码则无法进入开发系统，工程开发人员一定要牢记密码。

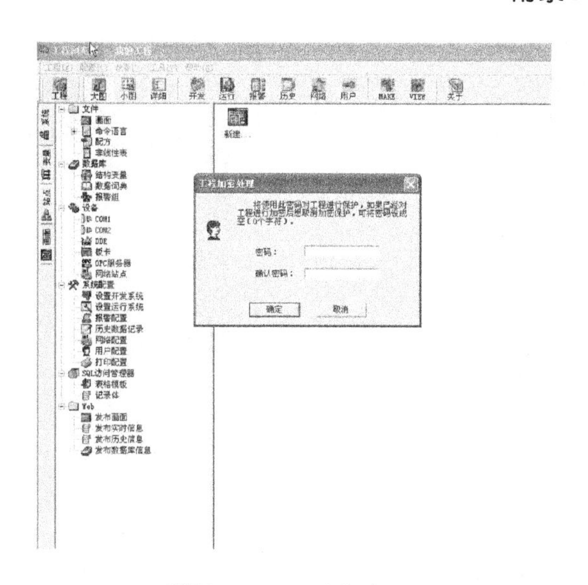

附图 1.18　工程加密 2

附录 1.2.3　定义外部设备及其数据变量

1. 定义外部设备

组态王把那些需要与之交换数据的硬件设备或软件程序都作为外部设备使用。外部硬件设备通常包括 PLC、仪表、模块、变频器、板卡等；外部软件程序通常包括 DDE、OPC 等服务程序。按照计算机和外部设备的通信连接方式，可分为串行通信(232/422/485)、以太网、专用通信卡(如 CP5611)等。

在计算机和外部设备硬件连接好后，为了实现组态王和外部设备的实时数据通信，必须在组态王的开发环境中对外部设备和相关变量加以定义。为方便定义外部设备，组态王设计了“设备配置向导”引导一步步完成设备的连接。

本附录以组态王软件和亚控公司自行设计的仿真 PLC(仿真程序)的通信为例来讲解在组态王中如何定义设备和相关变量(实际硬件设备和变量定义方式与其类似)。

注：在实际的工程中，组态王连接现场的实际采集设备，采集现场的数据。

①在组态王工程浏览器树形目录中选择“设备”，在右边的工作区中出现“新建”图标，双击此图标，弹出“设备配置向导”对话框，如附图 1.19 所示。

说明：“设备”项下的子项中默认列出的项目表示组态王和外部设备几种常用的通信方式，如 COM1、COM2、DDE、板卡、OPC 服务器、网络站点，其中 COM1、COM2 表示组态王支持串口的通信方式，DDE 表示支持通过 DDE 数据传输标准进行数据通信，其他类似。

特别说明：标准的计算机都有两个串口，所以此处作为一种固定显示形式，这种形式并不表示组态王只支持 COM1、COM2，也不表示组态王计算机上肯定有两个串口；并且“设备”项下面也不会显示计算机中实际的串口数目，用户通过设备配置向导选择实际设备所连接的 PC 串口即可。

②在上述对话框中选择亚控提供的“仿真 PLC”的“串行”项后，单击“下一步”弹出对话框，如附图 1.20 所示。

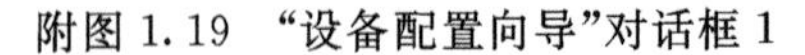

附图 1.19 “设备配置向导”对话框 1

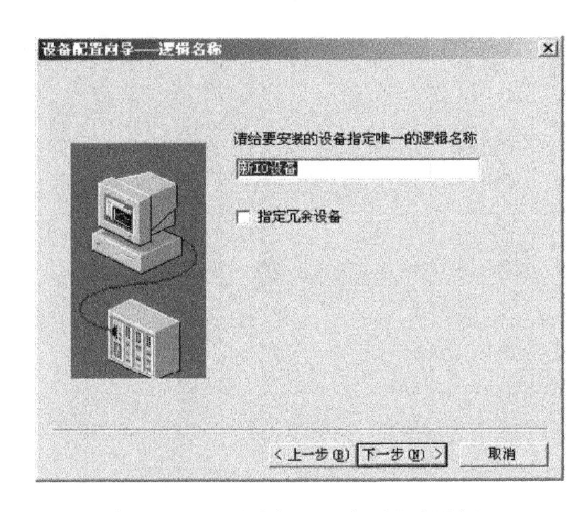

附图 1.20 “设备配置向导”对话框 2

③为仿真 PLC 设备取一个名称，如 PLC1 ，单击“下一步”弹出连接串口对话框，如附图 1.21 所示。

④为设备选择连接的串口为 COM1，单击“下一步”弹出设备地址对话框，如附图 1.22 所示。在连接现场设备时，设备地址处填写的地址要和实际设备地址完全一致。

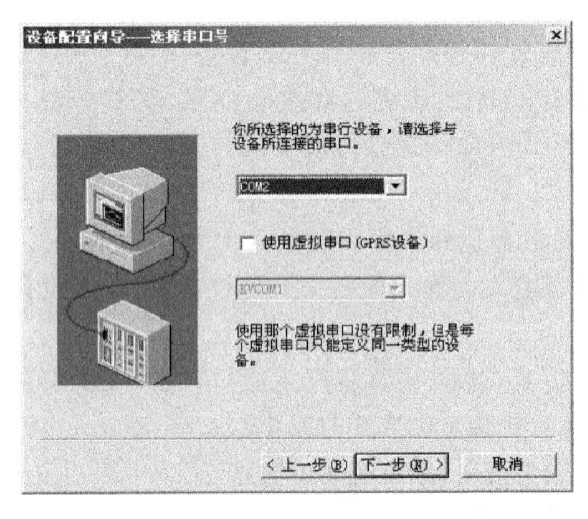

附图 1.21 “设备配置向导”对话框 3

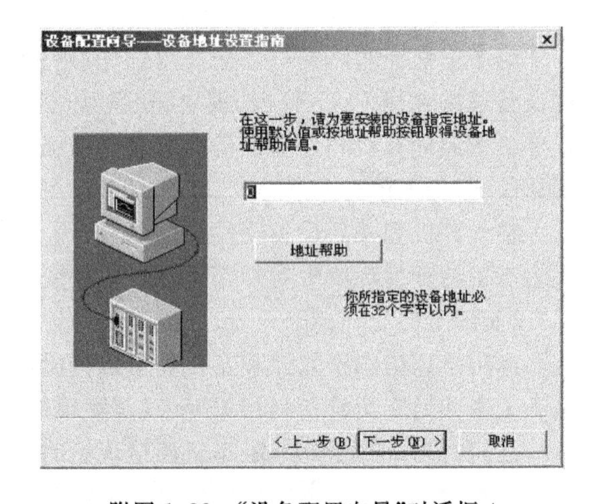

附图 1.22 “设备配置向导”对话框 4

注：组态王对所支持的设备及软件都提供了相应的联机帮助，指导用户进行设备的定义，用户在实际定义相关的设备时点击附图 1.22 中所显示的“地址帮助 ”按钮即可获取相关帮助信息。

⑤此处填写设备地址为 0，单击“下一步”，弹出“通信参数”对话框，如附图 1.23 所示。附图 1.23 中的重要设置项说明：尝试恢复间隔——当组态王和设备通信失败后，组态王将根据此处设定时间定期和设备尝试通信一次；最长恢复时间——当组态王和设备通信失败后，超过此设定时间仍然和设备通信不上的，组态王将不再尝试和此设备进行通信，除非重新启动运行组态王；使用动态优化——此项参数可以优化组态王的数据采集，如果选中“使用动态优化”选项的话，则以下任一条件满足时组态王将执行该设备的数据采集，即当前显示画面上正

在使用的变量、历史数据库正在使用的变量、报警记录正在使用的变量、命令语言中正在使用的变量，任一条件都不满足时将不采集，当“使用动态优化”项不选择时，组态王将按变量的采集频率周期性地执行数据采集任务。

⑥设置通信故障恢复参数(一般情况下使用系统默认设置即可)。单击“下一步”系统弹出“信息总结”对话框，如附图 1.24 所示。

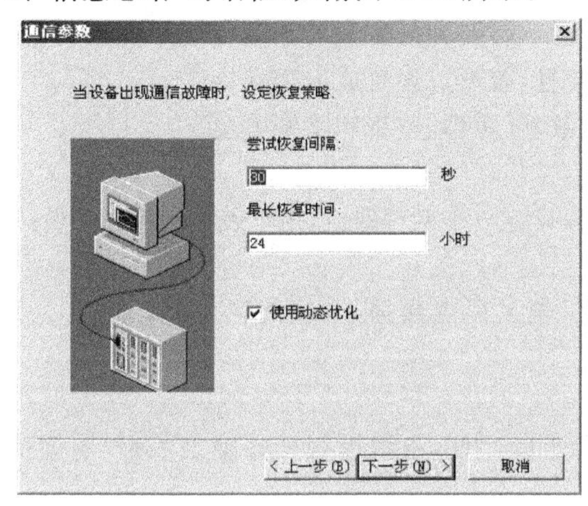

附图 1.23　“通信参数”对话框

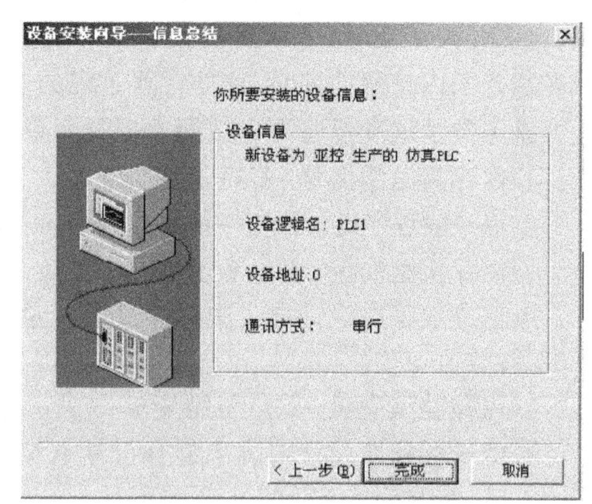

附图 1.24　“信息总结”对话框

⑦检查各项设置是否正确，确认无误后单击“完成”。设备定义完成后，可以在 COM1 项下看到新建的设备“PLC1”。

⑧双击 COM1 口，弹出“串口通信参数设置”对话框，如附图 1.25 所示。

由于此处定义的是一个仿真设备，所以串口通信参数可以不必设置，但在工程中连接实际的 I/O 设备时，必须对串口通信参数进行设置，且设置项要与实际设备中的设置项完全一致(包括波特率、数据位、停止位、奇偶校验选项的设置)，否则会导致通信失败。

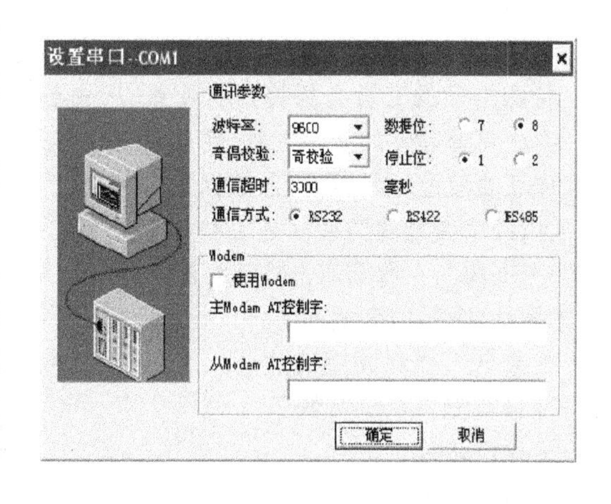

附图 1.25　“串口通信参数设置”对话框

2. 定义外部设备数据变量

在组态王工程浏览器中提供了“数据库”项供用户定义设备变量。

(1) 数据库的作用

数据库是组态王软件最核心的部分。在 TouchVew 运行时，工业现场的生产状况要以动画的形式反映在屏幕上，操作者在计算机上发布的指令也要迅速送达生产现场，所有这一切都是以实时数据库为核心，所以说数据库是联系上位机和下位机的桥梁。

数据库中变量的集合被形象地称为“数据词典”，数据词典记录了所有用户可使用的数据变量的详细信息。

(2)数据词典中变量的类型

数据词典中存放的是应用工程中定义的变量以及系统变量。变量可以分为基本类型和特殊类型两大类，基本类型的变量又分为内存变量和 I/O 变量两种。

I/O 变量指的是组态王与外部设备或其他应用程序交换的变量。这种数据交换是双向的、动态的，就是说在组态王系统运行过程中，每当 I/O 变量的值改变时，该值就会自动写入外部设备或远程应用程序；每当外部设备或远程应用程序中的值改变时，组态王系统中的变量值也会自动改变。所以，那些从下位机采集来的数据、发送给下位机的指令，比如反映罐液位、电源开关等变量，都需要设置成 I/O 变量；那些不需要和外部设备或其他应用程序交换，只在组态王内使用的变量，比如计算过程的中间变量，就可以设置成内存变量。

基本类型的变量也可以按照数据类型分为离散型、实型、整型和字符串型。

1）内存离散型变量、I/O 离散型变量

类似一般程序设计语言中的布尔（BOOL）变量，只有 0、1 两种取值，用于表示一些开关量。

2）内存实型变量、I/O 实型变量

类似一般程序设计语言中的浮点型变量，用于表示浮点数据，取值范围 10E－38～10E＋38，有效值 7 位。

3）内存整型变量、I/O 整型变量

类似一般程序设计语言中的有符号长整数型变量，用于表示带符号的整型数据，取值范围－2 147 483 648～2 147 483 647。

4）内存字符串型变量、I/O 字符串型变量

类似一般程序设计语言中的字符串变量，可用于记录一些有特定含义的字符串，如名称、密码等，该类型变量可以进行比较运算和赋值运算。

特殊类型的变量有报警窗口变量、历史趋势曲线变量、系统变量三种。

对于将要建立的演示工程，需要从下位机采集原料油罐的液位、原料油罐的压力、催化剂液位和成品油液位，所以需要在数据库中定义这四个变量。因为这些数据是通过驱动程序采集来的，所以四个变量的类型都是 I/O 实型变量。变量定义方法如下：在工程浏览器树形目录中选择“数据词典”，在右侧双击“新建”图标，弹出“定义变量”对话框，如附图 1.26 所示。在对话框的“基本属性”中添加变量如下：

变量名　原料油罐液位
变量类型　I/O 实数
变化灵敏度　0
初始值　0
最小值　0
最大值　100
最小原始值　0
最大原始值　100
连接设备　PLC1
寄存器　DECREA100
数据类型　SHORT
采集频率　1000 毫秒
转换方式　线性
读写属性　只读

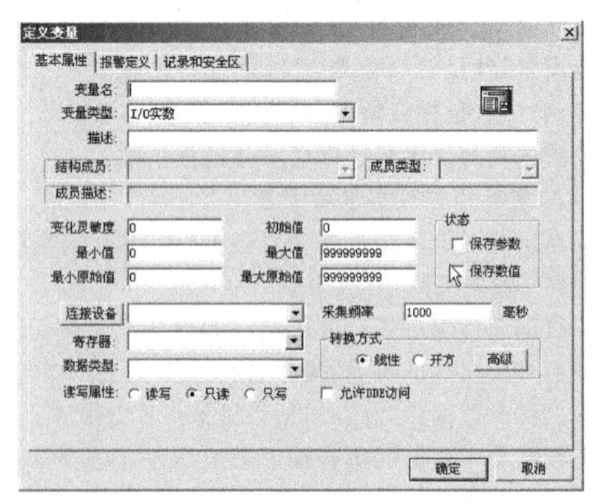

附图 1.26　定义变量

设置完成后单击“确定”。用类似的方法建立另外三个变量：原料油罐压力、催化剂液位和成品油液位。

此外，由于演示工程的需要还需建立三个离散型内存变量：原料油出料阀、催化剂出料阀和成品油出料阀。

在该演示工程中使用的设备为上述建立的仿真 PLC，仿真 PLC 提供四种类型的内部寄存器：INCREA、DECREA、RADOM 、STATIC，它们的编号从 1～1000，变量的数据类型均为整型(即 SHORT)。递增寄存器 INCREA100 变化范围 0～100 ，表示该寄存器的值周而复始由 0 递加到 100。递减寄存器 DECREA100 变化范围 0～100 ，表示该寄存器的值周而复始由 100 递减到 0。随机寄存器 RADOM100 变化范围 0～100 ，表示该寄存器的值在 0～100 之间随机变动。静态寄存器 STATIC100 表示该寄存器变量能够接收 0～100 之间的任意一个整数，该寄存器变量是一个静态变量，可保存用户下发的数据，当用户写入数据后就保存下来，并可供用户读出。

(3)变量基本属性说明

①数据类型为实数型或整数型时“变化灵敏度”项有效，只有当该数据变量的值的变化幅度超过设置的“变化灵敏度”时，组态王才更新与之相连接的图素(缺省为 0)。

②选择“保存参数”项后，在系统运行时，如果修改了此变量的域值(可读可写型)，系统将自动保存修改后的域值。当系统退出后再次启动时，变量的域值保持为最后一次修改的域值，无须用户再去重新设置。

③选择“保存数值”项后，在系统运行时，当变量的值发生变化后，系统将自动保存该值。当系统退出后再次启动时，变量的值保持为最后一次变化的值。

④“最小原始值”针对 I/O 整型、实型变量，为组态王直接从外部设备中读取到的最小值。

⑤“最大原始值”针对 I/O 整型、实型变量，为组态王直接从外部设备中读取到的最大值。

⑥“最小值”用于在组态王中将读取到的原始值转化为具有实际工程意义的工程值，并在画面中显示，与最小原始值对应。

⑦“最大值”用于在组态王中将读取到的原始值转化为具有实际工程意义的工程值，并在画面中显示，与最大原始值对应。

最小原始值、最大原始值和最小值、最大值这四个数值用来确定原始值与工程值之间的转换比例(当最小值和最小原始值一样，最大值和最大原始值一样时，则组态王中显示的值和外部设备中对应寄存器的值一样)。原始值到工程值之间的转换方式有线性和平方根两种，线性方式是把最小原始值到最大原始值之间的原始值按线性转换到最小值到最大值之间。工程中比较常用的转换方式是线性转换，下面将以具体的实例进行讲解。

以 ISA 板卡的模拟量输入信号(AD)为例进行讲解。最小原始值、最大原始值为组态王 ISA 总线上获取到的模拟信号转换值。当板卡的 A/D 转换分辨率为 12 位时，则经过板卡的 A/D 转换器传送到 ISA 总线上的二进制数据为 0～4 095。所以最小原始值定为 0，最大原始值定为 4095，如果用户希望在画面中显示板卡模拟通道实际输入的电压，则可以将最小值和最大值分别定义为板卡该通道的允许电压和电流的输入范围，例如板卡电压输入范围 0～5 V，则最大值是 5，最小值是 0。

数据类型的选择只对 I/O 类型的变量起作用，定义变量对应的寄有器的数据类型，共有

9 种数据类型供用户使用,这 9 种数据类型分别是:

Bit　1 位,0 或 1

Byte　8 位,1 个字节

Short　16 位,2 个字节

Ushort　16 位,2 个字节

BCD　16 位,2 个字节

Long　32 位,4 个字节

LongBCD　32 位,4 个字节

Float　32 位,4 个字节

String　128 个字符长度

至此,数据变量已经完全建立起来,而对于大批同一类型的变量,组态王还提供了可以快速成批定义变量的方法,即结构变量的定义。

[课后复习]

练习在新工程中定义几个熟悉的设备和变量。

附录 1.3　创建组态画面

学习目标

- 了解如何设计画面。
- 掌握动画连接的方法和一些常用功能的使用。
- 学会使用命令语言。

附录 1.3.1　设计画面

1. 建立新画面

为建立一个新的画面要执行以下操作。

①在工程浏览器左侧的"工程目录显示区"中选择"画面",在右侧视图中双击"新建"图标,弹出"新画面"对话框,如附图 1.27 所示。

②新画面属性设置如下:

画面名称　监控中心

对应文件　pic00001.pic(自动生成,也可以用户自己定义)

注释　反应车间的监控中心——主画面

画面风格类型　覆盖式

画面位置　左边 0,顶边 0,显示宽度 1 024,显示高度 768,画面宽度 1 024,画面高度 768

标题杆　无效

大小可变　有效

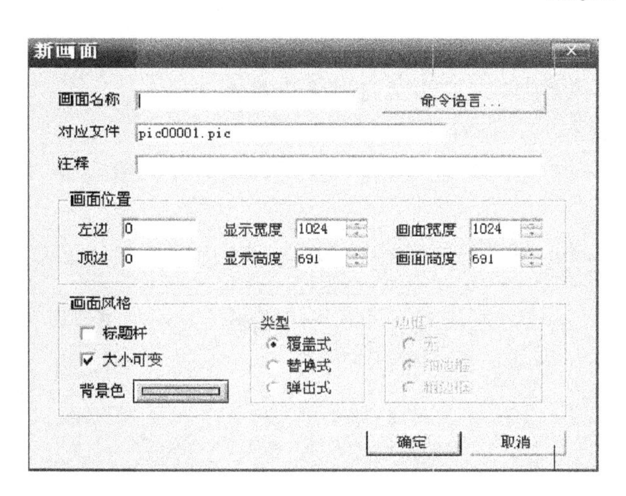

附图 1.27　“新画面”对话框

③在对话框中单击“确定”，组态王软件将按照指定的风格产生一幅名为“监控中心”的画面。

2. 使用工具箱

接下来在此画面中绘制各种图素。绘制图素的主要工具放置在图形编辑工具箱内。当画面打开时，工具箱自动显示，工具箱中的每个工具按钮都有“浮动提示”，以帮助了解工具的用途。

①如果工具箱没有出现，选择“工具”菜单中的“显示工具箱”或按 F10 键将其打开，工具箱中各种基本工具的使用方法和 Windows 中的“画笔”很类似，如附图 1.28 所示。

②在工具箱中单击文本工具 T，在画面上输入文字“反应车间监控画面”。

③如果要改变文本的字体、颜色和字号，先选中文本对象，然后在工具箱内选择字体工具，再在弹出的“字体”对话框中修改文本属性。

3. 使用调色板

选择“工具”菜单中的“显示调色板”或在工具箱中选择按钮，可弹出调色板画面(注意再次单击就会关闭调色板画面)，如附图 1.29 所示。

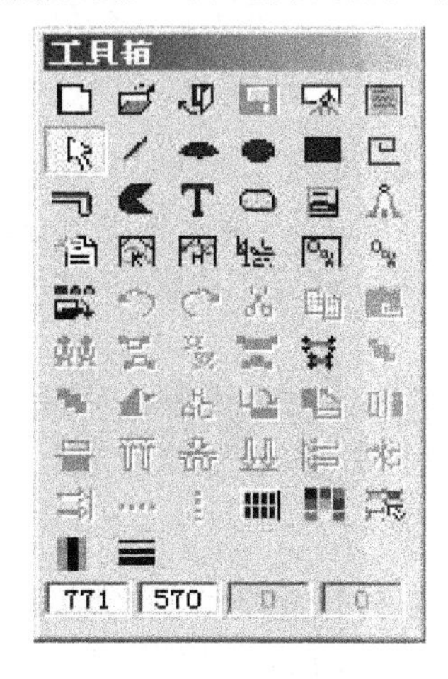

附图 1.28　工具箱

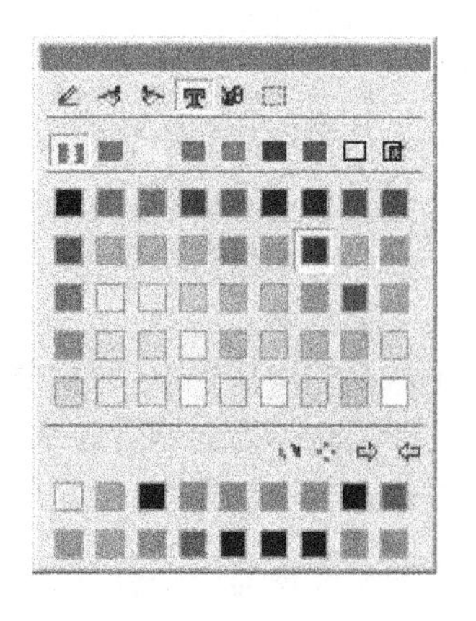

附图 1.29　调色板

选中文本，在调色板上按下“对象选择按钮区”中“字符色”按钮，如附图 1.29 所示，然后在“选色区”选择某种颜色，则该文本就变为相应的颜色。

4. 使用图库管理器

选择“图库”菜单中“打开图库”命令或按 F2 键可打开图库管理器，如附图 1.30 所示。

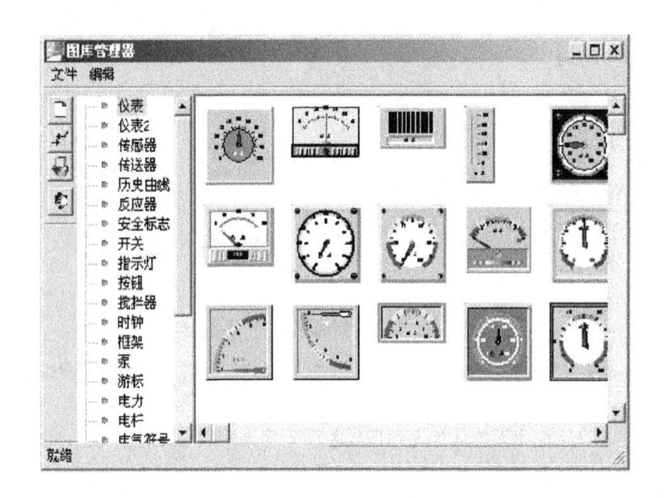

附图 1.30 图库管理器

使用图库管理器降低了工程人员设计界面的难度，使用户更加集中精力于维护数据库和增强软件内部的逻辑控制，缩短开发周期；同时用图库开发的软件将具有统一的外观，方便工程人员学习和掌握；另外利用图库的开放性，工程人员可以生成自己的图库元素（目前公司另提供付费软件开发包给高级的用户，进行图库开发、驱动开发等）。在图库管理器左侧图库名称列表中选择图库名称“反应器”，选中后双击鼠标，图库管理器自动关闭，在工程画面上鼠标位置出现一“|_”标志，在画面上单击鼠标，该图素就被放置在画面上作为原料油罐并拖动边框到适当的位置，改变其至适当的大小并利用 T 工具标注此罐为“原料油罐”。重复上述的操作，在图库管理器中选择不同的图素，分别作为催化剂罐和成品油罐，并分别标注为“催化剂罐”和“成品油罐”。

5. 继续生成画面

①选择工具箱中的立体管道工具，在画面上的鼠标图形变为“＋”形状，选适当位置作为立体管道的起始位置，按住鼠标左键移动鼠标到结束位置后双击，则立体管道在画面上显示出来。如果立体管道需要拐弯，只需在折点处单击鼠标，然后继续移动鼠标，就可实现折线形式的立体管道绘制。

②选中所画的立体管道，在调色板上按下“对象选择按钮区”中“线条色”按钮，在“选色区”中选择某种颜色，则立体管道变为相应的颜色。选中立体管道，在立体管道上单击右键，在弹出的右键菜单中选择“管道宽度”来修改立体管道的宽度。

③打开图库管理器，在阀门图库中选择图素，双击后在“反应车间监控画面”上单击鼠标，则该图素出现在相应的位置，移动到原料油罐和成品油罐之间的立体管道上，拖动边框改变其大小，并在其旁边标注文本“原料油出料阀”。重复以上的操作，在画面上添加“催化剂出

料阀”和“成品油出料阀”。最后生成的画面如附图 1.31 所示。至此，一个简单的反应车间监控中心画面就建立起来了。

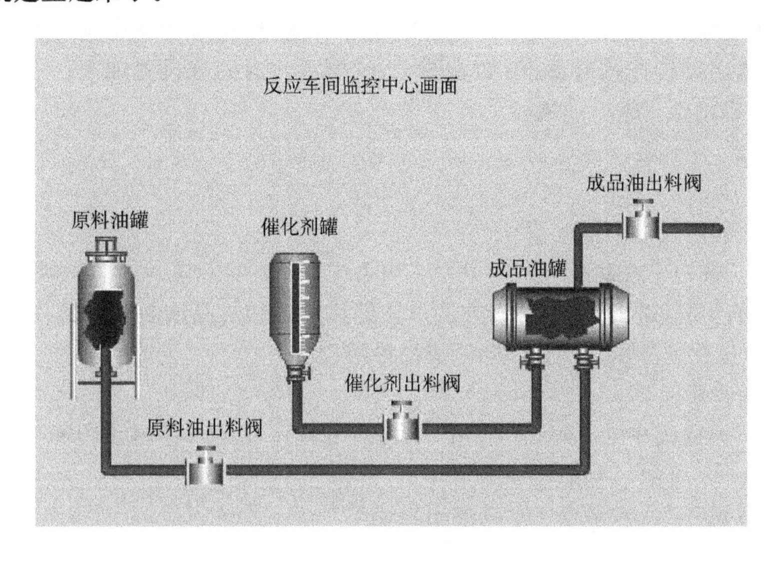

附图 1.31　最后生成的反应车间监控中心画面

④选择“文件”菜单的“全部存”命令将所完成的画面进行保存。

附录 1.3.2　动画连接

1. 动画连接的作用

所谓“动画连接”，就是建立画面的图素与数据库变量的对应关系。

2. 液位示值动画设置

①打开“反应车间监控中心”画面，在画面上双击“原料油罐”图形，弹出该图库的动画连接对话框，如附图 1.32 所示。对话框设置如下：

变量名(模拟量)　\\本站点 \原料油液位

填充颜色　绿色

最小值　0

占据百分比　0

最大值　100

占据百分比　100

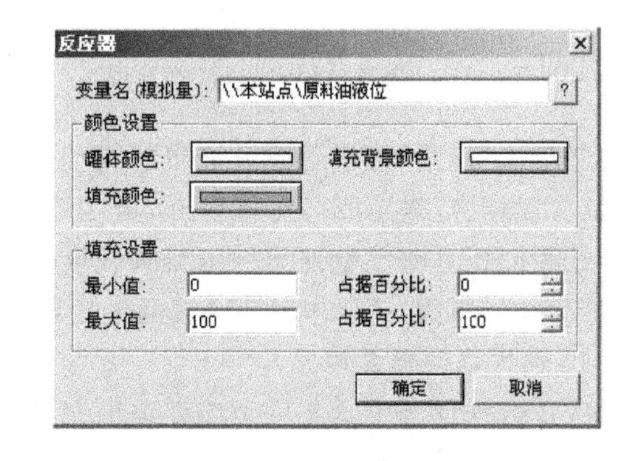

附图 1.32　“动画连接”对话框

②单击“确定”按钮，完成原料油罐的动画连接。这样建立连接后，原料油罐液位的高度随着变量“原料油罐液位”的值变化而变化。用同样的方法设置催化剂罐和成品油罐的动画连接，连接变量分别为“\\本站点\催化剂液位”、“\\本站点 \成品油液位”。作为一个实际可用的监控程序，操作者可能需要知道罐液面的准确高度而不仅是形象的表示，这个功能由“模拟值动画连接”来实现。

③在工具箱中选择文本T工具，在原料油罐旁边输入字符串“ # # # #”，这个字符串是任意的，当工程运行时，字符串的内容将被需要输出的模拟值所取代。

④双击文本对象“ # # # #”，弹出动画连接对话框，在此对话框中选择“模拟量输出”选项，弹出模拟值输出动画连接对话框，如附图 1.33 所示。对话框设置如下：

表达式　\\本站点 \原料油液位

整数位数　2

小数位数　0

对齐方式　居左

⑤单击“确定”按钮完成动画连接的设置。当系统处于运行状态时，在文本框“ # # # #”中将显示原料油罐的实际液位值。用同样方法设置催化剂罐和成品油罐的动画连接，连接变量分别为：“\\本站点\催化剂液位”、“\\本站点\成品油液位”。

3. 阀门动画设置

①在“反应车间监控中心”画面上双击“原料油出料阀”图形，弹出该图库对象的动画连接对话框，如附图 1.34 所示。对话框设置如下：

变量名(离散量)　\\本站点 \原料油出料阀

关闭时颜色　红色

打开时颜色　绿色

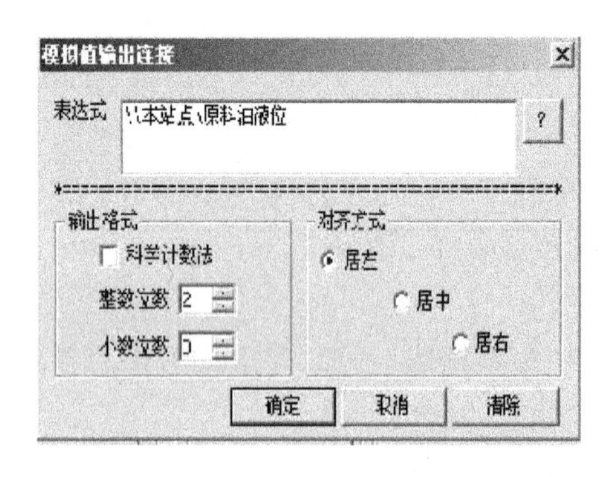

附图 1.33 “模拟值输出连接”对话框

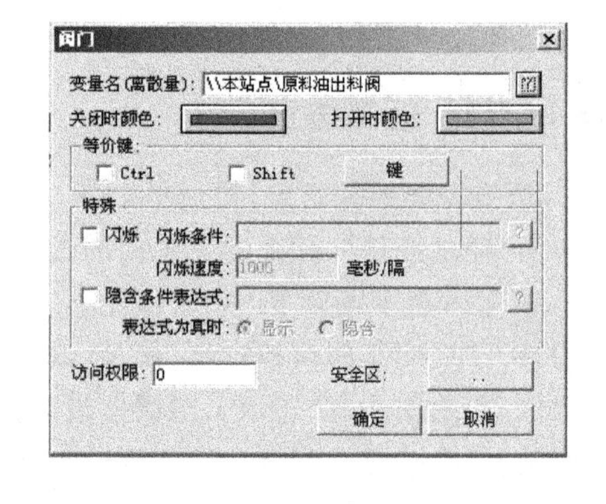

附图 1.34 “阀门”对话框

②单击“确定”按钮后原料油出料阀动画设置完毕，当系统进入运行环境时鼠标单击此阀门，其变成绿色，表示阀门已被打开，再次单击关闭阀门，从而达到了控制阀门的目的。

③用同样方法设置催化剂出料阀和成品油出料阀的动画连接，连接变量分别为“ \\本站点\催化剂出料阀”、“\\本站点 \成品油出料阀”。

4. 液体流动动画设置

①在数据词典中定义一个内存整型变量：

变量名　控制水流

变量类型　内存整型

初始值　0

最小值　0

最大值　100

②选择工具箱中的“立体管道”工具，在画面上画一管道，如附图 1.35 所示。

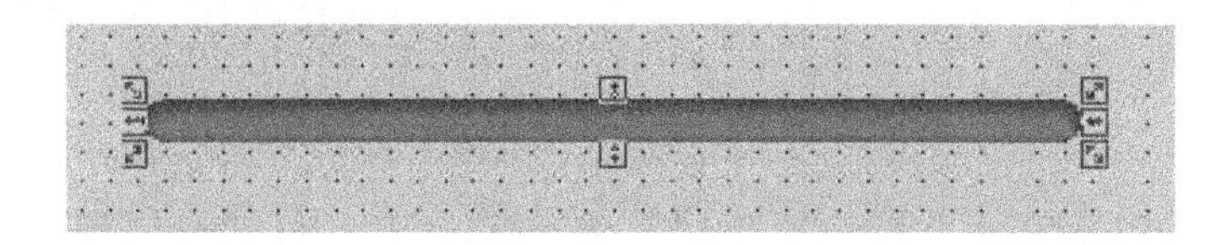

附 1.35 管道画面

③在画面上双击管道弹出“动画连接”对话框，在对话框中单击“流动”选项，弹出“管道流动连接”对话框，如附图 1.36 所示。对话框设置如下：

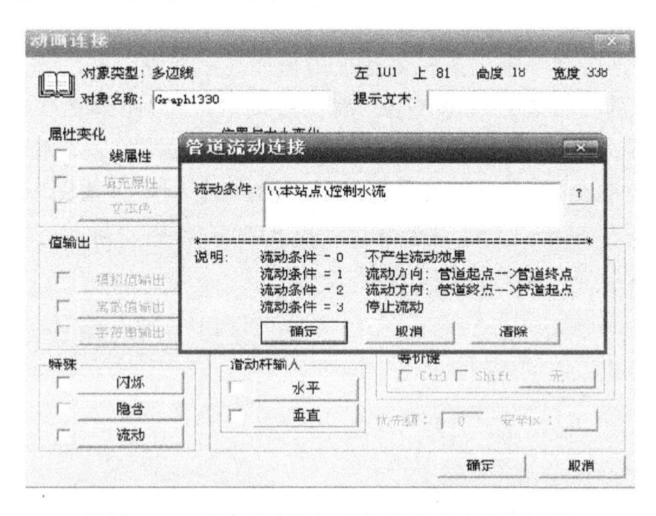

附图 1.36 “动画连接”和“管道流动连接”对话框

流动条件 \\本站点\控制水流

④单击“确定”按钮完成动画连接的设置。

⑤上述“\\本站点\控制水流”变量是一个内存变量，在画面上放一文本，双击该文本，在弹出的动画连接对话框中选择“模拟值输出”按钮，弹出“模拟值输出连接”对话框，点击“?”选择控制水流变量，如附图 1.37 所示。

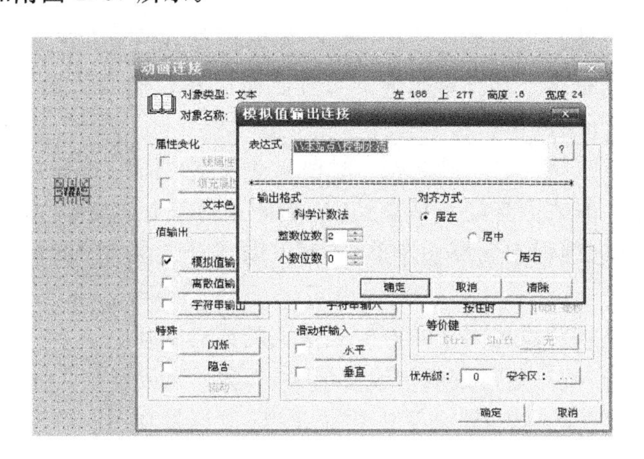

附图 1.37 “模拟值输出连接”对话框

⑥同样把模拟值输入也连上，单击“确定”按钮完成文本动画连接的设置。

⑦全部保存，切换到运行画面。修改文本的值，可以看到管道中水流的效果，如附图 1.38 所示。

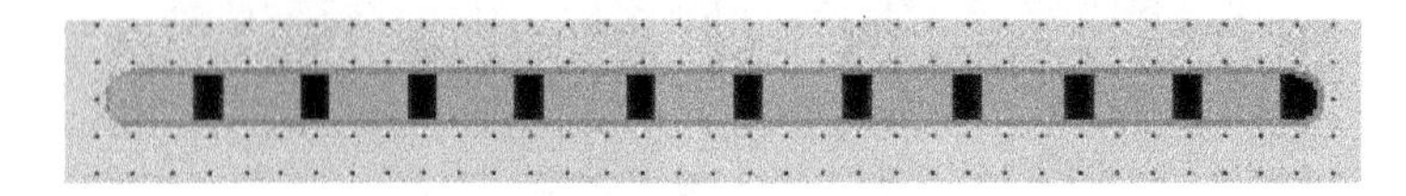

附图 1.38　管道中水流效果

5. 动画属性的介绍

(1)隐含连接

隐含连接是使被连接对象根据条件表达式的值而显示或隐含。

试建立一个表示危险状态的文本对象“液位过高 ”，使其能够在变量 “液位”的值大于 100 时显示出来，附图 1.39 所示是在组态王开发系统中的设计状态。双击左下角的圆圈，在“动画连接 ”对话框中单击“隐含”按钮，弹出“隐含连接”对话框，如附图 1.40 所示。输入显示或隐含的“条件表达式”，单击 “?”可以查看已定义的变量名和变量域，并确定当条件表达式值为 1(TRUE)时，被连接对象是显示还是隐含。

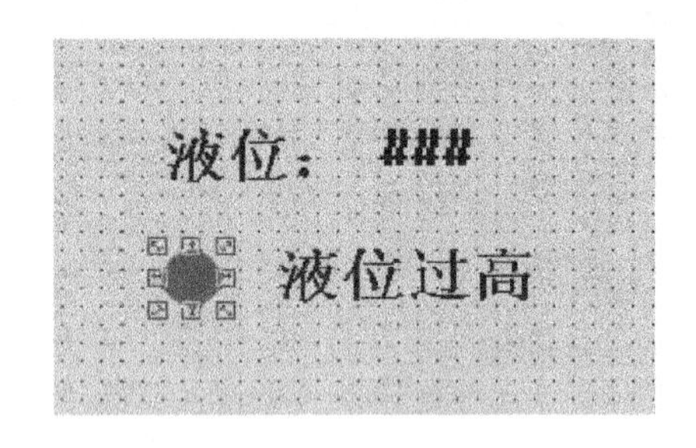

附图 1.39　设计状态

附图 1.40　“隐含连接”对话框

(2)闪烁连接

闪烁连接是使被连接对象在条件表达式的值为真时闪烁，闪烁效果易于引起注意，故常用于出现非正常状态时的报警。

试建立一个表示报警状态的红色圆形对象，使其能够在变量“液位”的值大于 100 时闪烁，附图 1.41 所示是在组态王开发系统中的设计状态。运行中当变量 “液位”的值大于 100 时，左下角的红色对象开始闪烁。

闪烁连接的设置方法是：在“动画连接 ”对话框中单击“闪烁”按钮，弹出“门烁连接”对话框，如附图 1.42 所示。输入闪烁的条件表达式，当此条件表达式的值为真时，图形对象开始闪烁，表达式的值为假时闪烁自动停止。单击“?”可以查看已定义的变量名和变量域。

(3)缩放连接

缩放连接是使被连接对象的大小随连接表达式的值而变化。

试建立一个温度计，用一矩形表示水银柱(将其设置 “缩放连接 ”动画连接属性)，以反映变量 “温度”的变化。在“动画连接”对话框中单击“缩放连接”按钮，弹出“缩放连接”对话框，如附图 1.43 所示。

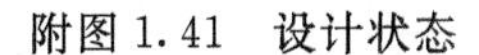
附图 1.41　设计状态

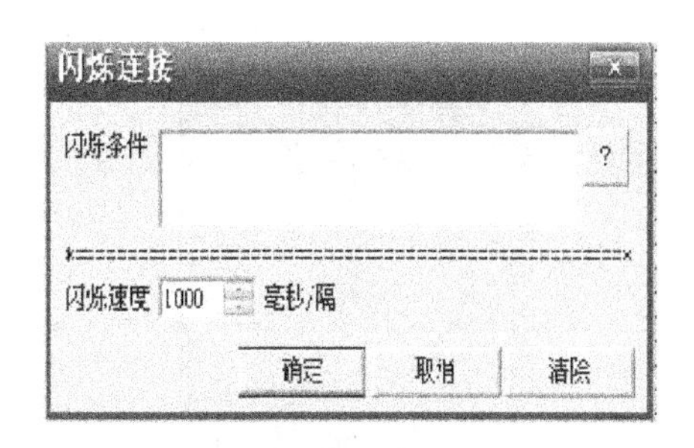

附图 1.42　“闪烁连接”对话框

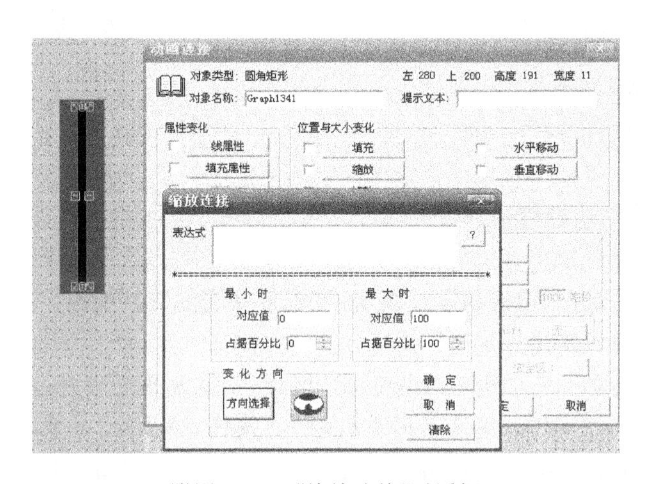

附图 1.43　“缩放连接”对话框

在表达式编辑框内输入合法的连接表达式，单击“?”可以查看已定义的变量名和变量域。对话框设置如下：

表达式　\\本站点\温度

最小时对应值　0

占据百分比　0

最大时对应值　100

占据百分比　100

选择缩放变化的方向，变化方向共有五种，用“方向选择”按钮旁边的指示器来形象地表示。箭头是变化的方向，暗点是参考点。单击“方向选择”按钮，可选择五种变化方向之一。单击“确定”，保存，切换到运行画面，可以看到温度计的缩放效果。

(4)旋转连接

旋转连接是使对象在画面中的位置随连接表达式的值而旋转。如附图 1.44 所示建立了一个有指针仪表，以指针旋转的角度表示变量“泵速”的变化。

在“动画连接”对话框中单击“旋转连接”按钮，弹出“旋转连接”对话框，如附图 1.45 所示。在表达式框内输入合法的连接表达式，单击“?”可以查看已定义的变量名和变量域。对话框设置如下：

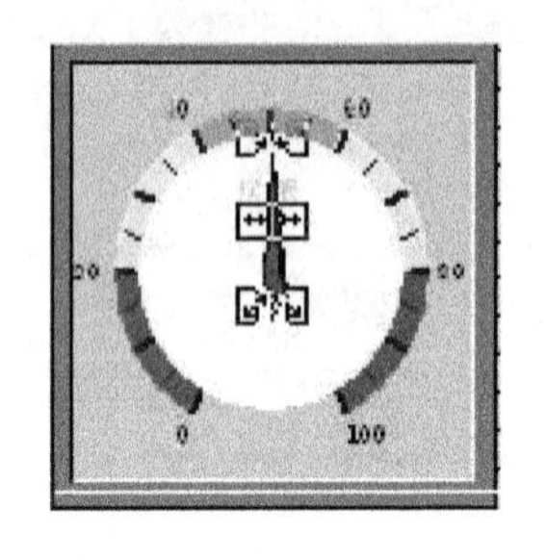

附图 1.44　有指针仪表

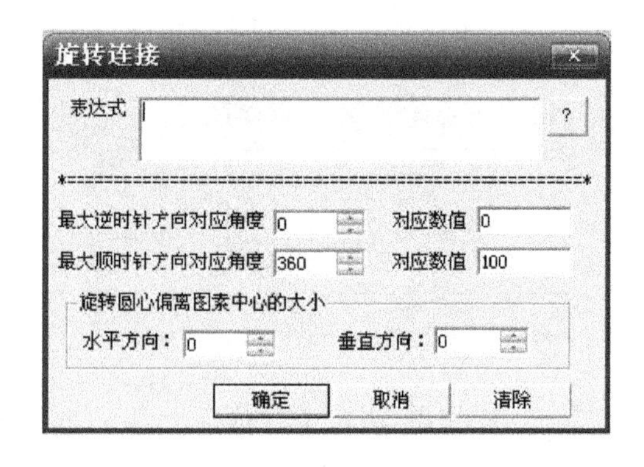

附图 1.45　“旋转连接”对话框

表达式　\\本站点\泵速

最大逆时针方向对应角度　0

对应数值　0

最大顺时针方向对应角度　360

对应值:100

单击“确定”按钮，保存，切换到运行画面，可查看仪表的旋转情况。

(5)水平滑动杆输入连接

附图 1.46 所示建立了一个用于改变变量“泵速”值的水平滑动杆。

在“动画连接”对话框中单击“水平滑动杆输入”按钮，弹出“水平滑动杆输入连接”话框，如附图 1.47 所示。输入与图形对象相联系的变量，单击“?”可以查看已定义的变量名和变量域。对话框设置如下：

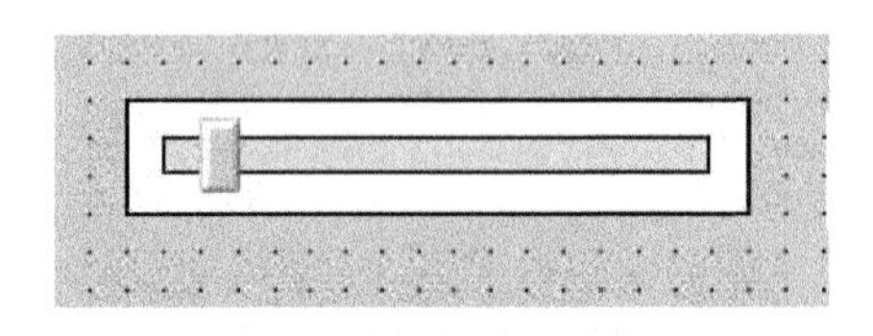

附图 1.46　水平滑动杆

附图 1.47　“水平滑动杆输入连接”对话框

变量名　\\本站点\泵速

移动距离　向左 0，向右 100

对应值　最左边 0，最右边 100

单击“确定”按钮，保存，切换到运行画面。当有滑动杆输入连接的图形对象被鼠标拖动时，与之连接的变量的值将会被改变。当变量的值改变时，图形对象的位置也会发生变化。用同样的方法可以设置垂直滑动杆的动画连接。

6. 点位图

①准备一张图片，如附图 1.48 所示。

②进入组态王开发系统，单击工具箱中“点位图”图标，移动鼠标，在画面上画出一个矩形方框，如附图 1.49 所示。

附图 1.48　图片

附图 1.49　“点位图”矩形方框

③选中该点位图对象，单击鼠标右键，弹出浮动式菜单，如附图 1.50 所示。

④选择“从文件中加载”命令即可将事先准备好的图片粘贴过来，如附图 1.51 所示。

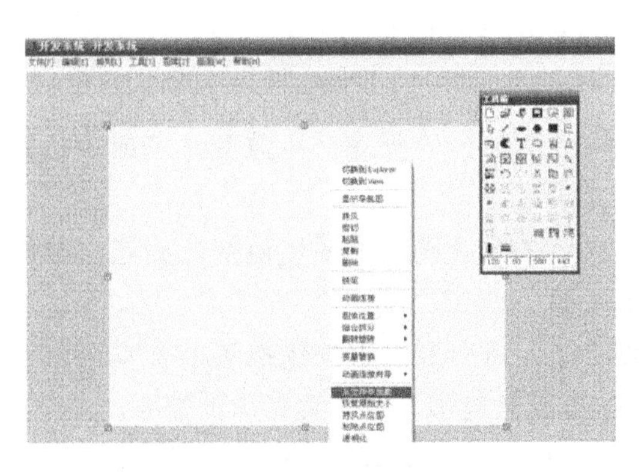

附图 1.50　浮动式菜单

附图 1.51　粘贴图片

[课后思考]

1. 制作工程画面。
2. 熟悉组态王提供的各种动画连接的使用。

附录 1.4　命令语言

学习目标

- 了解各种命令语言功能。
- 了解命令语言常用的函数。
- 了解常用功能的使用方法。

附录 1.4.1 命令语言概述

组态王除了在定义动画连接时支持连接表达式，还允许用户编写命令语言来扩展应用程序的功能，极大地增强了应用程序的可用性。

命令语言的格式类似C语言的格式，工程人员可以利用其来增强应用程序的灵活性。组态王的命令语言编辑环境已经编好，用户只要按规范编写程序段即可，它包括应用程序命令语言、热键命令语言、事件命令语言、数据改变命令语言、自定义函数命令语言和画面命令语言等。

命令语言的句法和C语言非常类似，可以说是C语言的一个简化子集，具有完备的词法语法查错功能和丰富的运算符、数学函数、字符串函数、控件函数、SQL函数和系统函数。各种命令语言通过“命令语言编辑器”编辑输入并进行语法检查，在运行系统中进行编译执行。

命令语言有六种形式，其区别在于命令语言执行的时机或条件不同。

①应用程序命令语言可以在程序启动时、关闭时或在程序运行期间周期执行。如果希望周期执行，还需要指定时间间隔。

②热键命令语言被链接到设计者指定的热键上，软件运行期间操作者随时按下热键都可以启动这段命令语言程序。

③事件命令语言规定在事件发生、存在、消失时分别执行的程序。离散变量名或表达式都可以作为事件。

④数据改变命令语言只链接到变量或变量的域。在变量或变量的域值变化到超出数据字典中所定义的变化灵敏度时，它们就被触发执行一次。

⑤自定义函数命令语言提供用户自定义函数功能。用户可以根据组态王的基本语法及提供的函数，自己定义各种功能更强的函数，通过这些函数能够实现工程特殊的需要。

⑥画面命令语言可以在画面显示时、隐含时或在画面存在期间定时执行画面命令语言。在定义画面中的各种图素的动画连接时，可以进行命令语言的连接。

如何退出组态王运行系统，返回到 Windows 系统呢？可以通过 Exit()函数来实现。

①选择工具箱中的▭工具，在画面上画一个按钮，选中按钮并单击鼠标右键，在弹出的下拉菜单中执行“字符串替换”命令，设置按钮文本为“系统退出”。

②双击按钮，弹出动画连接对话框，在此对话框中选择“弹起时”选项，弹出命令语言编辑框，在编辑框中输入如下命令语言：

```
Exit(0);
```

③单击“确认”按钮关闭对话框，当系统进入运行状态时单击此按钮，系统将退出组态王运行环境。

[课后思考]

理解各种命令语言的含义。

附录 1.4.2　常用功能

1. 定义热键

在实际的工业现场，为了操作的需要可能需要定义一些热键，当某键被按下时使系统执行相应的控制命令。例如当按下 F1 键时，使原料油出料阀被开启或关闭。这可以使用命令语言的一种热键命令语言来实现。

①在工程浏览器左侧的“工程目录显示区”内选择“命令语言”下的“热键命令语言”选项，双击“目录内容显示区”的“新建”图标弹出“热键命令语言”对话框，如附图 1.52 所示。

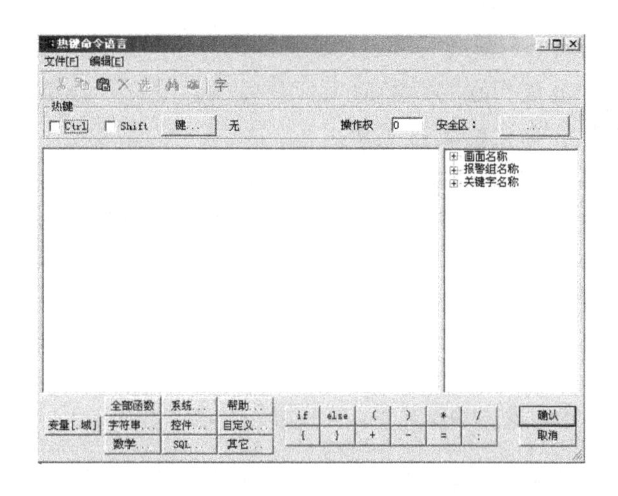

附图 1.52　“热键命令语言”对话框

②对话框中单击“键”按钮，在弹出的“选择键”对话框中选择“ F1”键后关闭对话框。

③在命令语言编辑区中输入如下命令语言：

if (\\本站点\原料油出料阀==1)

\\本站点\原料油出料阀=0;

else

\\本站点\原料油出料阀=1;

④单击“确认”按钮关闭对话框。当系统进入运行状态时，按下“ F1”键执行上述命令语言：首先判断原料油出料阀的当前状态，如果是开启的则将其关闭，否则将其打开，从而实现了按钮开和关的切换功能。

2. 实现画面切换功能

利用系统提供的“菜单”工具和 ShowPicture() 函数能够实现在主画面中切换到其他任一画面的功能，具体操作如下。

①选择工具箱中的工具，将鼠标放到监控画面的任一位置并按住鼠标左键画一个按钮大小的菜单对象，双击弹出“菜单定义”对话框，如附图 1.53 所示。对话框设置如下：

菜单文本　画面切换

菜单项　　报警和事件画面
　　　　　实时趋势曲线画面
　　　　　历史趋势曲线画面
　　　　　XY 控件画面
　　　　　日历控件画面
　　　　　实时数据报表画面
　　　　　实时数据报表查询画面
　　　　　历史数据报表画面
　　　　　1 分钟数据报表画面
　　　　　数据库操作画面

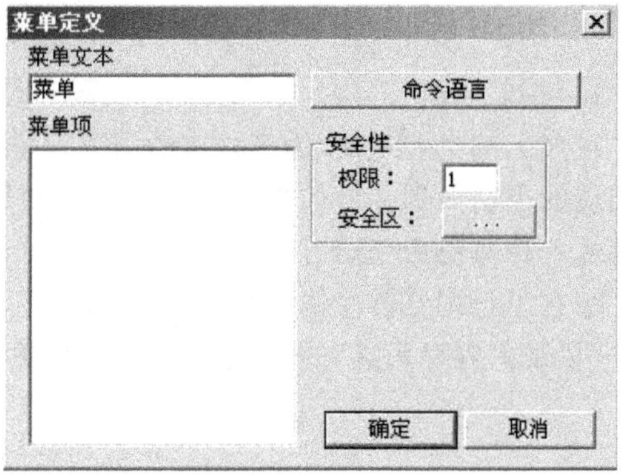

附图 1.53　“菜单定义”对话框

注:“菜单项”的输入方法为在“菜单项”编辑区中单击鼠标右键,在弹出的下拉菜单中执行“新建项”命令即可编辑菜单项。菜单项中的画面是在工程后面建立的。

②菜单项输入完毕后单击“命令语言”按钮,弹出“命令语言”编辑框,在编辑框中输入命令语言,如附图 1.54 所示。

③单击“确认”按钮关闭对话框,当系统进入运行状态时单击菜单中的每一项,即可进入相应的画面中。

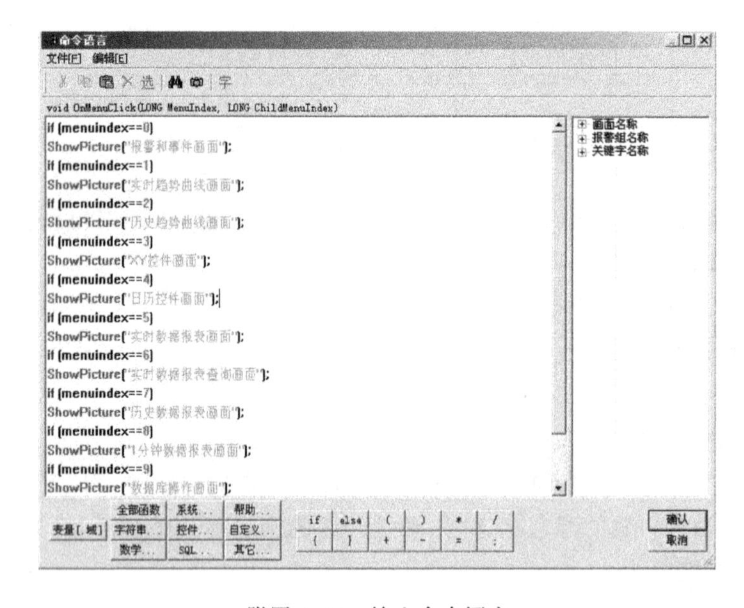

附图 1.54　输入命令语言

[课后思考]

1. 熟悉组态王提供的各种动画连接的使用。
2. 熟悉组态王的语言格式及简单的语言,完成工程的画面切换、工程退出等语言编辑。

附录 1.5　报警和事件

学习目标

- 了解报警和事件窗口的作用。
- 掌握报警和事件窗口的设置方法。
- 掌握运行中的报警和事件窗口的操作方法。

附录 1.5.1　概述

为保证工业现场安全生产，报警和事件的产生和记录是必不可少的，组态王提供了强有力的报警和事件系统。

组态王中的报警和事件主要包括变量报警事件、操作事件、用户登录事件和工作站事件。通过这些报警和事件，用户可以方便地记录和查看系统的报警和各个工作站的运行情况。当报警和事件发生时，在报警窗中会按照设置的过滤条件实时地显示出来。

为了分类显示产生的报警和事件，可以把报警和事件划分到不同的报警组中，在指定的报警窗口中显示报警和事件信息。

附录 1.5.2　建立报警和事件窗口

1. 定义报警组

①在工程浏览器窗口左侧“工程目录显示区”中选择“数据库”中的“报警组”选项，在右侧“目录内容显示区”中双击“进入报警组”图标弹出“报警组定义”对话框，如附图 1.55 所示。

②单击“修改”按钮，将名称为“ RootNode”报警组改名为“化工厂”。

③选中“化工厂”报警组，单击“增加”按钮增加此报警组的子报警组，名称为“反应车间”。

④单击“确认”按钮关闭对话框，结束对报警组的设置，结果如附图 1.56 所示。

附图 1.55　“报警组定义”对话框

附图 1.56　设置完毕的报警组窗口

注：报警组的划分以及报警组名称的设置是由用户根据实际情况指定的。

2. 设置变量的报警属性

①在数据词典中选择“原料油罐液位”变量，双击此变量，在弹出的“定义变量”对话框中单击“报警定义”选项卡，如附图 1.57 所示。对话框设置如下：

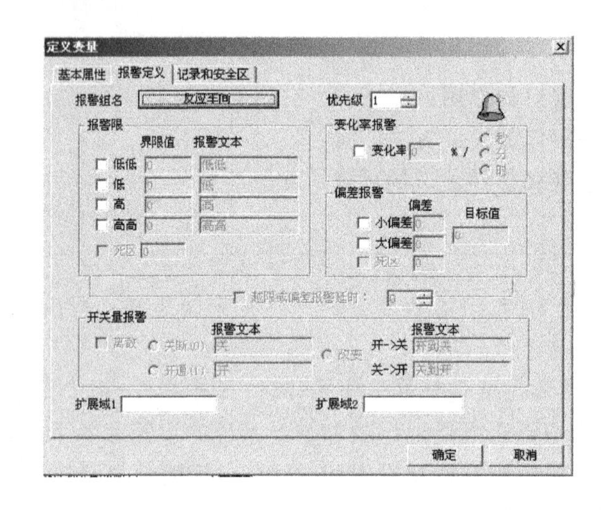

附图 1.57　报警属性定义窗口

报警组名　反应车间

低　10 原料油罐液位过低

高　90 原料油液位过高

优先级　100

②设置完毕后单击“确定”按钮，系统进入运行状态时，当“原料油罐液位”的高度低于 10 或高于 90 时系统将产生报警，报警信息将显示在“反应车间”报警组中。

3. 建立报警窗口

报警窗口是用来显示组态王系统中发生的报警和事件信息，报警窗口分为实时报警窗口和历史报警窗口。实时报警窗口主要显示当前系统中发生的实时报警信息和报警确认信息，一旦报警恢复后将从窗口中消失。历史报警窗口显示系统发生的所有报警和事件信息，主要用于对报警和事件信息进行查询。报警窗口建立过程如下。

①新建一画面，名称为“报警和事件画面”，类型为覆盖式。

②选择工具箱中的 T 工具，在画面上输入文字“报警和事件”。

③选择工具箱中的工具，在画面中绘制一报警窗口，如附图 1.58 所示。

④双击“报警窗口”对象，弹出报警窗口配置对话框，如附图 1.59 所示。

对话框报警窗口分为五个属性页：通用属性页、列属性页、操作属性页、条件属性页、颜色和字体属性页。

(a)通用属性页：在此属性页中可以设置窗口的名称、窗口的类型(实时报警窗口或历史报警窗口)、窗口显示属性以及日期和时间显示格式等。

注：报警窗口的名称必须填写，否则运行时将无法显示报警窗口。

(b)列属性页：如附图 1.60 所示，在此属性页中可以设置报警窗中显示的内容，包括报警日期时间显示与否、报警变量名称显示与否、报警限值显示与否、报警类型显示与否等。

附图 1.58　报警窗口

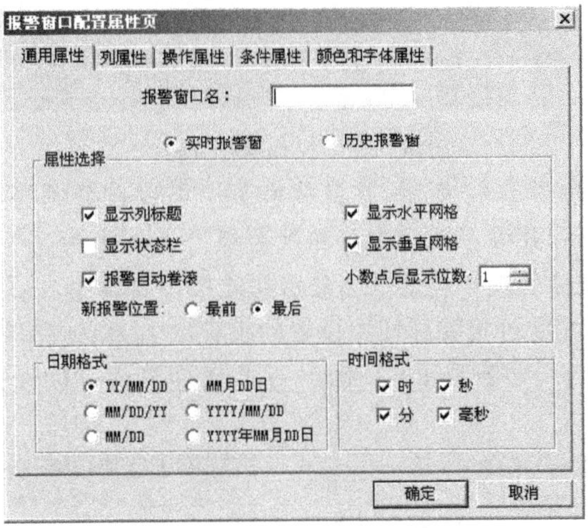

报警窗口配置属性页
通用属性 | 列属性 | 操作属性 | 条件属性 | 颜色和字体属性
报警窗口名：
实时报警窗　历史报警窗
属性选择
显示列标题　显示水平网格
显示状态栏　显示垂直网格
报警自动卷滚　小数点后显示位数: 1
新报警位置：最前　最后
日期格式
YY/MM/DD　MM月DD日
MM/DD/YY　YYYY/MM/DD
MM/DD　YYYY年MM月DD日
时间格式
时　秒
分　毫秒
确定　取消

附图 1.59　报警窗口配置

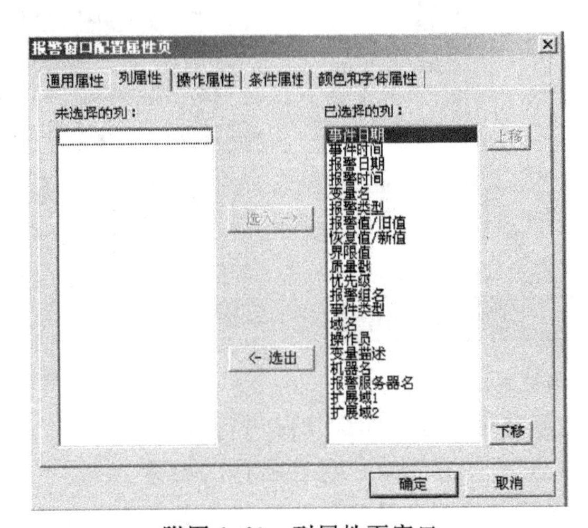

附图 1.60　列属性页窗口

(c)操作属性页：如附图 1.61 所示，在此属性页中可以对操作者的操作权限进行设置。单击“安全区”按钮，在弹出的“选择安全区”对话框中选择报警窗口所在的安全区，只有登录用户的安全区包含报警窗口的操作安全区时，才可执行如下设置的操作。如双击左键操作、工具条的操作和报警确认的操作。

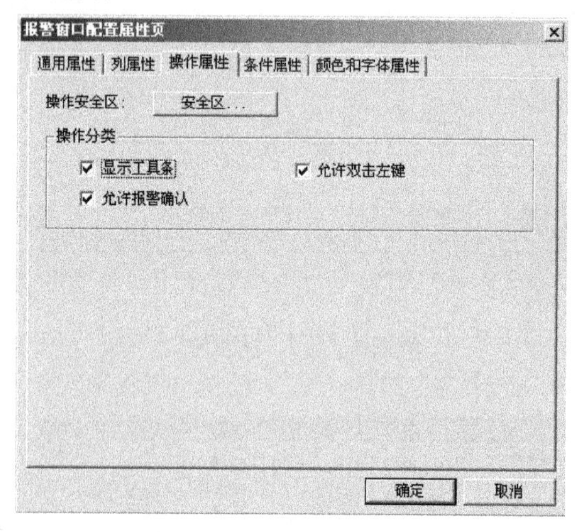

附图 1.61　操作属性页窗口

(d)条件属性页：如附图 1.62 所示，在此属性页中可以设置哪些类型的报警或事件发生时才在此报警窗口中显示，并设置其优先级和报警组。优先级为 999，报警组为反应车间，这样设置完后，满足如下条件的报警点信息会显示在此报警窗口中：(a)在变量报警属性中设置的优先级高于 999；(b)在变量报警属性中设置的报警组名为反应车间。

(e)颜色和字体属性页：如附图 1.63 所示，在此属性页中可以设置报警窗口的各种颜色以及信息的显示颜色。

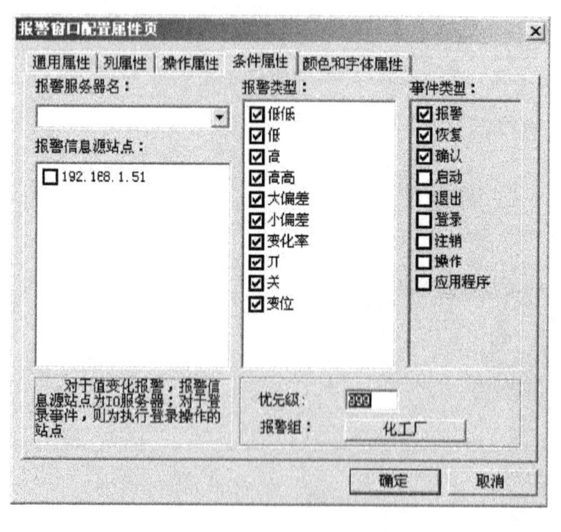

附图 1.62　条件属性页窗口

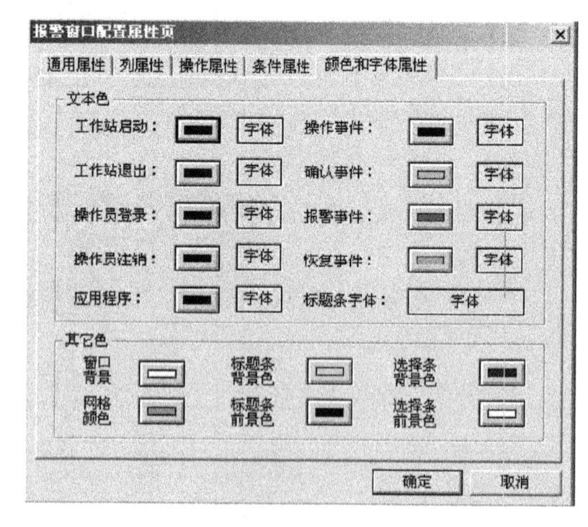

附图 1.63　颜色和字体属性页窗口

报警窗口的上述属性可由用户根据实际情况进行设置。

⑤单击“文件”菜单中的“全部存”命令，保存所作的设置。

⑥单击“文件”菜单中的“切换到 VIEW”命令，进入运行系统。系统默认运行的画面可能

不是刚刚编辑完成的“报警和事件画面”，可以通过运行界面中“画面”菜单中的“打开”命令将其打开后再运行，如附图 1.64 所示。

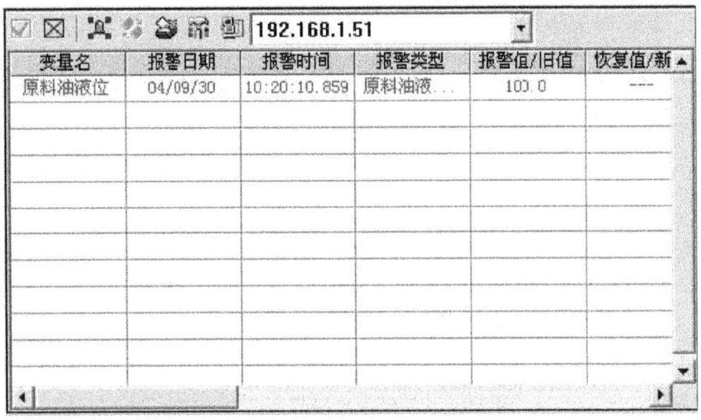

192.168.1.51

变量名	报警日期	报警时间	报警类型	报警值/旧值	恢复值/新
原料油液位	04/09/30	10:20:10.859	原料油液...	100.0	---

附图 1.64　运行中的报警窗口

4. 报警窗口的操作

当系统处于运行状态时，用户可以通过报警窗口上方的工具箱对报警信息进行操作，如附图 1.65 所示。

附图 1.65　报警信息操作工具箱

①报警确认：确认报警窗中当前选中的未经过确认的报警信息。

②报警删除：删除报警窗中所有当前选中的报警信息。

③更改报警类型：单击该按钮，在弹出的列表框中选择当前报警窗要显示的报警类型，选择完毕后，从当前开始，报警窗只显示符合选中报警类型的报警，但不影响其他类型报警信息的产生。

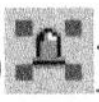

④更改事件类型：选择当前报警窗要显示的事件类型。

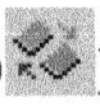

⑤更改优先级：选择当前报警窗的报警优先级。

⑥更改报警组：选择当前报警窗要显示的报警组。

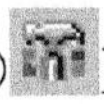

⑦更改站点名：选择当前报警窗要显示哪个工作站站点的事件信息。

⑧更改报警服务器名：选择当前报警窗要显示哪个报警服务器的报警信息。

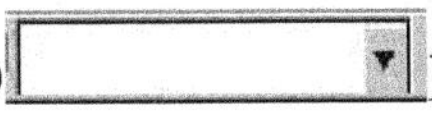

注：只有登录用户的权限符合操作权限时才可操作此工具箱。

5. 报警窗口自动弹出

使用系统提供的“$新报警”变量可以实现当系统产生报警信息时将报警窗口自动弹出，操作步骤如下。

①在工程浏览器窗口中的“工程目录显示区”中选择“命令语言”中的“事件命令语言”选项，在右侧“目录内容显示区”中双击“新建”图标，弹出“事件命令语言”编辑框，设置如附图 1.66 所示。

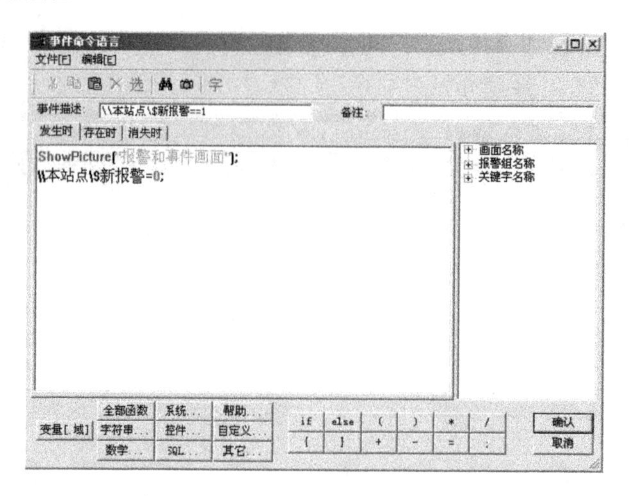

附图 1.66 “事件命令语言”编辑框

②单击“确认”按钮关闭编辑框。当系统有新报警产生时即可弹出报警窗口。

附录 1.5.3 报警和事件的输出

对于系统中的报警和事件信息不仅可以输出到报警窗口中,还可以输出到文件、数据库和打印机中。此功能可通过报警配置属性窗口来实现,配置过程如下。

在工程浏览器窗口左侧的“工程目录显示区”中双击“系统配置”中的“报警配置”选项弹出“报警配置属性页”对话框,如附图 1.67 所示。

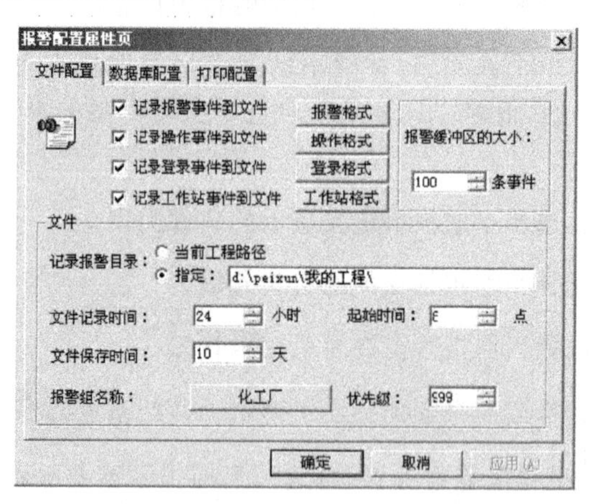

附图 1.67 “报警配置属性页”对话框

报警配置属性窗口分为三个属性页:文件配置页、数据库配置页、打印配置页。

①文件配置页:在此属性页中可以设置将哪些报警和事件记录到文件中以及记录的格式、记录的目录、记录时间、记录哪些报警组的报警信息等,文件记录格式如下。

示例:工作站事件文件记录

[工作站日期:2001 年 4 月 28 日][工作站时间:14 时 24 分 7 秒][事件类型:工作站启动][机器名:本站点]

[工作站日期：2001年4月28日][工作站时间：14时24分14秒][事件类型:工作站退出][机器名:本站点]

注:这里提到的“文件”是组态王定义的内部文件。

②数据库配置页:如附图1.68所示,在此属性页中可以设置将哪些报警和事件记录到数据库中以及记录的格式、数据源的选择、登录数据库时的用户名和密码等。

③打印配置页:如附图1.69所示,在此属性页中可以设置将哪些报警和事件输出到打印机中以及打印的格式、打印机的端口号等,打印输出格式如下。

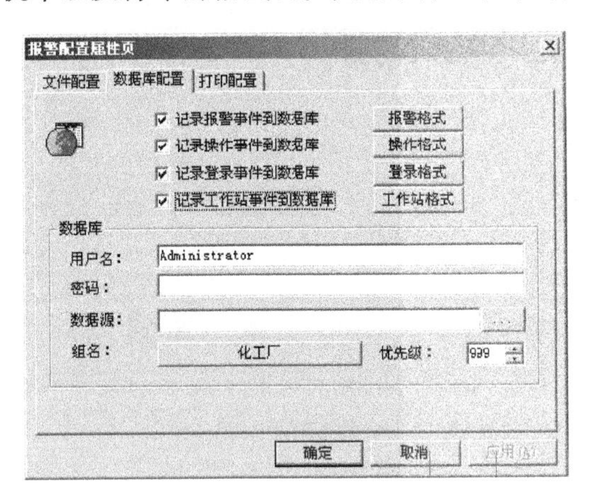

附图1.68　数据库配置页

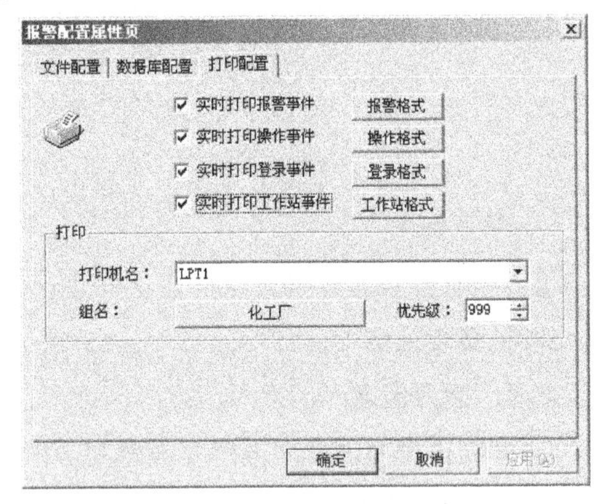

附图1.69　打印配置页

示例:工作站事件打印

＜工作站日期:2001年4月28日＞/＜工作站时间:14时24分7秒＞/＜事件类型:工作站启动＞/＜机器名:本站点＞

＜工作站日期:2001年4月28日＞/＜工作站时间:14时24分14秒＞/＜事件类型:工作站退出＞/＜机器名:本站点＞

注:建议用户在使用打印设置时,使用带字库的针式打印机。

[课后练习]

1. 完善你的练习工程,对报警组、变量进行相关的配置。
2. 在画面中得到报警的显示输出。
3. 将报警记录到文件中。
4. 将报警记录到数据库中。

附录2　深圳市职业技能鉴定《电梯安装维修工考试大纲》

1. 职业概况

1.1　职业名称

电梯安装维修工。

1.2　职业定义

从事电梯机械设备和电气系统线路及器件安装、调试与维护、修理的人员。

1.3　职业等级

本大纲包括初级(国家职业资格五级)、中级(国家职业资格四级)、高级(国家职业资格三级)三个级别。

1.4　基本文化程度

初中毕业。

1.5　培训要求

1.5.1　培训期限

全日制职业学校根据其培养目标和教学计划确定。晋级培训:初级不少于200标准学时;中级不少于300标准学时;高级不少于400标准学时。

1.5.2　培训教师

培训初、中、高级电梯安装维修工的教师应具有本职业技师以上职业资格证书或相关专业中、高级专业技术职务任职资格。

1.5.3　培训场地设备

标准教室及具备必要实验设备的实践场所和所需的测试仪表及工具。

1.6　报考条件

1.6.1　初级(年满18岁,具备以下条件之一者,可申报初级工)

①经本职业初级正规培训达规定标准学时数,并取得毕(结)业证书。

②在本职业连续工作3年以上。

③本职业学徒期满。

1.6.2　中级(具备以下条件之一者,可申报中级工)

①取得本职业初级职业资格证书后,连续从事本职业工作 3 年以上,经本职业中级正规培训达规定标准学时数,并取得毕(结)业证书。

②取得本职业初级资格证书后,连续从事本职业工作 5 年以上。

③连续从事本职业工作 7 年以上。

④取得经教育或劳动保障行政部门审核认定的、以中级技能为培养目标的中等以上职业学校本职业(专业)毕业证书。

1.6.3　高级(具备以下条件之一者,可申报高级工)

①取得本职业中级职业资格证书后,连续从事本职业工作 4 年以上,经本职业高级正规培训达规定标准学时数,并取得毕(结)业证书。

②取得本职业中级职业资格证书后,连续从事本职业工作 8 年以上。

③取得经教育或劳动保障行政部门审核认定的、以高级技能为培养目标的中、高等职业学校本职业(专业)毕业证书。

④取得本职业中级职业资格证书的大专以上本专业或相关专业毕业生,连续从事本职业工作 3 年以上。

1.7　鉴定方式、鉴定时间(理论、实际操作考试方式与时间)

1.7.1　鉴定方式

分为理论知识考试和技能操作考核。理论知识考试采用闭卷笔试方式,技能操作考核采用现场实际操作方式。理论知识考试和技能操作考试均实行百分制,成绩皆达到 60 分及以上者为合格。

1.7.2　鉴定时间

理论知识考试时间不少于 120 min。技能操作考核时间为:初级不少于 150 min,中级不少于 180 min,高级不少于 240 min。

1.8　考评人员与考生配比 X

理论知识考试考评人员与考生配比为 1∶15,每个标准教室不少于 2 名考评人员;技能操作考核考评人员与考生配比为 1∶5,且不少于 3 名考评人员。

2. 基本要求

2.1　职业道德基本知识、职业守则要求、法律与法规相关知识

①遵守法律、法规和有关规定。

②爱岗敬业,具有高度的责任心。

③严格执行工作程序、工作规范、工艺文件和安全操作规程。

④工作认真负责,团结合作。

⑤爱护设备及工具、夹具、刀具、量具。

⑥着装整洁,符合规定;保持工作环境清洁有序,文明生产。

2.2 基础知识

2.2.1 基础管理知识

①电梯安装维修岗位责任制、安全技术管理制度、操作规程和质量标准等各项规章制度。

②电梯的使用管理和档案管理知识。

③国家和地方法规知识。

2.2.2 电梯工作原理知识

①电梯的定义。

②电梯的分类。

③电梯驾驶知识。

④电梯的机械、电气控制工作原理。

2.2.3 电梯构造知识

①机房的位置设置和机房内设备分布。

②轿厢的作用、构造及其组成部分。

③井道的空间尺寸要求和井道内的设备布置。

④层站的组成部分。

2.2.4 电梯的安全装置

①电梯安全装置的种类。

②安全钳的定义、分类、设置与使用。

③限速器的作用、分类和使用。

④门锁、安全触板、超载装置、轿顶活板门与轿厢安全门等其他电梯机械安全装置的作用与使用。

⑤一般电梯常用的电气安全装置及其作用。

2.2.5 电工基础知识

①电荷、导体、绝缘体和半导体等电类的基本概念。

②直流电基础知识。

③交流电基础知识。

④晶体管基础知识。

⑤一般低压电器设备与照明线路。

⑥常用电工仪表的分类、标记、符号及其简单工作原理。

2.2.6 安装维修设备及其使用知识

①万用表、电阻摇表、钳型电流表等常用电工仪表的构造和使用。

②一般起重设备(如手拉葫芦、吊索、钢丝绳等)的使用知识。

③常用钳工设备的使用知识。

④常用焊接设备和电动工具的使用知识。

2.2.7　电梯安装基本知识

①机械识图基本知识。

②样板架及挂安装线工艺知识。

③承重钢梁、曳引机、限速器、选层器等电梯机房内机械设备的安装技术。

④导轨、轿厢、对重、缓冲器、曳引钢丝绳等井道内机械部件的安装技术。

⑤层门的地坎、导轨、门扇、门锁等层站机械部件的安装技术。

⑥电梯电气装置、供电和控制线路的安装技术。

⑦电梯安装调试、验收知识。

2.2.8　电梯维修保养基本知识

①电梯的检查维修要求。

②电梯定期检查维修内容。

③电梯常见故障的排除知识。

2.2.9　电梯检测基本知识

①机房检测知识。

②井道检测知识。

③层站检测知识。

④底坑检测知识。

⑤扶梯的检测知识。

2.2.10　电梯安装维修安全知识

①安全用电基本知识和触电急救措施。

②一般焊接作业安全知识。

③一般起重吊装作业安全知识。

④消防基本知识。

⑤高空作业安全措施。

⑥自我保护意识与事故应急处理知识。

2.2.11　电梯发展简史

3. 鉴定内容

理论和实操鉴定考核的项目、范围、内容、比重(百分制分数),见附表 2.1 至 2.6 附表。

附表 2.1　初级理论知识鉴定内容

项目	鉴定范围	鉴定内容	鉴定比重	备注
一、基础知识	(项目 1) 电路基础知识	1. 电路的基本概念,如电阻、电感、电容、电流、电压、电位、电动势等; 2. 欧姆定律的概念及串、并联电路的特点和计算; 3. 交流电的基本概念及瞬时值、最大值、有效值的概念及其换算; 4. 晶体二极管及整流电路; 5. 白炽灯、日光灯照明线路	20%	

续表

项目	鉴定范围	鉴定内容	鉴定比重	备注
一、基础知识	（项目 2） 电梯基本原理与构造	1. 常用低压电器知识，如低压形状开关、主令电器、熔断器、接触器、继电器、电磁元件等； 2. 三相异步电动机正反转控制线路； 3. 三相异步电动机位置控制线路； 4. 三相异步电动机的启动与调速线路； 5. 三相异步电动机制动控制线路	20%	
	（项目 3） 机械基础知识	1. 三视图基础知识； 2. 视图、剖析图、剖面图； 3. 零件图的组成、尺寸标准及技术要求； 4. 零件图、装配图； 5. 钳工基础知识	5%	
二、专业知识	（项目 1） 电气控制	1. 电梯的分类、型号和用途； 2. 电梯机房、轿厢、井道、层站各主要部件名称及作用； 3. 电梯限速器、安全钳、缓冲器、门锁等机械安全装置	25%	
	（项目 2） 电梯运行及规程要求	1. 电梯电气控制电路的原理及程序； 2. 电梯安装的一般工艺要求； 3. 国家最新电梯标准； 4. 国家技监总局特种设备监察条例	10%	
	（项目 3） 金属材料知识	1. 金属材料牌号、规格及其热处理； 2. 一般金属材料的选用知识和焊接知识	5%	
三、相关知识	（项目 1） 电梯保养	1. 日常巡视保养内容； 2. 15 天保养工作内容； 3. 月保养、半年定期保养工作内容； 4. 电梯安全操作规程； 5. 常用电动、起重工具使用方法及维护保养知识	5%	
	（项目 2） 安全救护常识	1. 安全用电知识； 2. 消防基本知识； 3. 职业道德	10%	

附表 2.2　初级实际操作鉴定内容

项目	鉴定范围	鉴定内容	鉴定比重	备注
一、基础操作	电气线路的基本操作	1. 掌握电工工具的使用方法； 2. 能正确连接导线和恢复绝缘； 3. 能根据图纸进行常用照明灯具、开关及插座的安装； 4. 掌握万用电表的使用方法	40%	
	电梯安装安全知识	1. 掌握电梯安装的基本操作技能； 2. 正确执行安装安全技术规程		
	电气线路的连接及检测	1. 能判别三相异步电动机定子绕组首尾端； 2. 能进行正反转控制线路的安装； 3. 能进行行程控制线路的安装； 4. 能进行能耗制动线路的安装； 5. 能进行 Y－△启动线路的安装； 6. 能进行单相电度表、三相电度表、电压表、电流表等电工常用仪表的安装； 7. 能用兆欧表测量低压电气设备及线路的绝缘电阻		
	安全救护方法	1. 掌握触电急救的方法； 2. 能够正确使用消防器材		
二、电气线路的连接及电梯线路故障排查	电梯线路的故障排查	1. 能排查安全、门锁线路故障； 2. 能排查控制电源故障； 3. 能排查启动阶段线路故障； 4. 能排查显示线路故障； 5. 能排查拖动控制回路故障	60%	
三、相关操作及安全急救	电梯安装维修工具应用	1. 正确使用常用量具； 2. 基本掌握划线、冲眼、锯割、凿削、钻孔、攻丝、套丝、校正、弯曲等钳工操作； 3. 会使用冲击电钻、切割机； 4. 会使用简易起重工具； 5. 会手工电弧焊； 6. 会烙铁钎焊		
	电梯的保养方法	1. 能正确进入电梯轿顶、底坑； 2. 了解减速器、制动器、电动机、轴承、曳引钢丝绳、限速器、安全钳、导轨、导靴等电梯零部件的保养方法		

参考书

[1] 冯国庆，刘载文．电梯工培训教材[M]．北京：中国劳动出版社．

[2] 冯国庆，刘载文．电梯维修与操作[M]．广州：广州市安全生产宣传教育中心．

附表 2.3　中级理论知识鉴定内容

项目	鉴定范围	鉴定内容	鉴定比重	备注
一、电梯安装维修基础知识	电子技术基础	1. 掌握二极管、三极管的种类、作用和外特性； 2. 掌握共射极和共集电极电路的工作原理及适用范围； 3. 掌握晶闸管的外特性； 4. 掌握单结晶体管的外特性和使用方法； 5. 掌握单相可控整流电路的工作原理及调试方法	15%	
	电力拖动基础	1. 变压器的结构原理与运行知识； 2. 直流电动机常用启动、制动、调速、逆转的方法，并看懂相应的继电接触控制线路； 3. 调压调速与变频调速； 4. 接触器的工作原理	15%	
	机械基础	1. 常用机械零件，如皮带、链、联轴器、轴、轴承等； 2. 公差与配合、表面结构基本知识； 3. 齿轮、蜗轮蜗杆传动； 4. 一般机构装配图及零件图测绘方法； 5. 润滑基本理论、识别润滑油的种类及质量； 6. 一般起重技术和安全知识	15%	
二、电梯安装维修专业知识	电子线路及电力拖动应用	1. 三相整流电路； 2. 光电感应器电路； 3. 计数器、译码器电路； 4. 交直流电动机基本构造及工作原理	10%	
	仪器仪表的使用	兆欧表、接地摇表、钳形表、示波器、声波仪、转速表等测量仪器的基本工作原理、使用维护方法和适用范围	10%	
	PLC 基本指令编程	1. 可编程控制器的工作原理、结构及技术指标； 2. 可编程控制器基本逻辑指令； 3. 基本指令的运用	15%	
	电梯维修的管理	1. 电梯维修规范要求、记录及交接验收； 2. 电梯工程作业计划的实施与测量、调整； 3. 电梯维修操作规程； 4. 班级管理知识	5%	
	电梯各种工作情况	1. PC 信号集选控制电梯电气原理图； 2. 自动扶梯的电气原理； 3. 电梯各种工作情况(检修、有/无司机操作、消防、轿顶优先、轿内优先、最远反向截车)的控制规律	5%	
	自动扶梯的构造	1. 自动扶梯的构造； 2. 自动扶梯的安全装置	5%	
三、相关知识	电梯的规程	1. 电梯安装维修操作规程； 2. 国家电梯、自动扶梯相关检测标准； 3. 企业电梯自检要求； 4. 深圳市特检院电梯检测要求	5%	

附表 2.4　中级实际操作鉴定内容

<table>
<tr><th>项目</th><th>鉴定范围</th><th>鉴定内容</th><th>鉴定比重</th><th>备注</th></tr>
<tr><td>一、维修基础知识</td><td>常用仪器仪表</td><td>1. 正确使用常用的电梯测量工具，如兆欧表、接地摇表、万用表、钳形表的使用与维护；
2. 正确使用示波器、声级仪、转速表等仪器、仪表</td><td rowspan="4">40%</td><td rowspan="4"></td></tr>
<tr><td rowspan="7">二、专业知识</td><td>电子线路应用</td><td>1. 能正确安装、调试二极管单相半波、桥式整流电路；
2. 能正确光电感应器电路；
3. 能正确安装计数器、译码器电路</td></tr>
<tr><td>直流电动机拖动应用</td><td>1. 能正确安装、调试直流电动机正反转控制线路；
2. 能正确安装、调试直流电动机调速控制线路；
3. 能正确安装、调试直流电动机能耗制动线路；
4. 能正确维修接触器</td></tr>
<tr><td>PLC 控制编程及电路的连接</td><td>1. 能够进行 PC 机输入、输出、电源的安装接线；
2. 能正确进行顺序控制 PC 编程、安装、调试运行；
3. 能正确进行 Y－△控制 PC 编程、安装、调试运行；
4. 能正确进行数码显示器、闪烁电路编程、安装、调试运行</td></tr>
<tr><td>电梯机械部件的安装调试</td><td>1. 掌握电梯安装操作技能；
2. 正确执行安装安全技术规程；
3. 掌握电梯安全触板、电磁制动器、自动门机、安全钳装置、层门自闭装置、曳引钢丝绳等调节；
4. 掌握层门钩子锁的安装调节；
5. 能制作钢丝绳绳头；
6. 曳引电动机轴同心度校正；
7. 能进行电梯自动门机、制动器、安全钳、钩子锁、层门自闭装置、曳引钢丝绳张力等调整；
8. 能进行自动扶梯扶手带、驱动带、传动链等调节；
9. 能对自动扶梯各种安全开关进行调试</td><td rowspan="3">20%</td><td rowspan="3"></td></tr>
<tr><td>机械识图及零件拆装</td><td>1. 能看懂机械装配图；
2. 能正确拆装常用机械零部件；
3. 能正确使用一般润滑油；
4. 能够进行一般的起重作业</td></tr>
<tr><td>安全与管理</td><td>1. 掌握电梯安装维修安全操作；
2. 掌握一般起重、电焊、土建等安全技术；
3. 了解班组管理知识</td></tr>
<tr><td>PLC 控制电梯故障排查</td><td>1. 能熟练排查 PLC 控制电梯的故障；
2. 能排查自动扶梯的电气故障；
3. 能排查 PLC 电梯的外部线路故障</td><td>40%</td><td></td></tr>
</table>

参考书
[1] 张百令，袁克文．电梯安装与维修工(中级)[M]．北京：中国劳动社会保障出版社．
[2] 丘晓华．电工电子技术基础(中级)[M]．北京：中国劳动社会保障出版社．
[3] 钟肇新，范建东．可编程序控制器原理及应用[M]．广州：华南理工大学出版社．
[4] 机械工业部统编．机械识图[M]．北京：机械工业出版社。

附表 2.5　高级理论知识鉴定内容

项目	鉴定范围	鉴定内容	鉴定比重	备注
一、基础知识	逻辑代数与逻辑电路	1. 能进行逻辑代数化简； 2. 能进行逻辑表达式和逻辑电路的转换； 3. 掌握二进制、十进制、十六进制数的转换方法； 4. 熟悉码的概念(8421 BCD 码)	10%	
	PLC 基本指令、功能指令	1. PLC 基本指令的运用； 2. 程序流控指令、传输、比较指令； 3. 四则运算、I/O 设备指令	5%	
二、专业知识	放大电路及逻辑电路的应用	1. 基本门电路及触发器、寄存器知识； 2. 集成运算放大电路工作原理； 3. 光电隔离电路的基本工作原理； 4. 移相触发电路的基本工作原理	20%	
	变频器的原理及应用	1. 变频器的分类及基本构成； 2. 变频器的常见功能； 3. 变频器的铭牌、面板、参数设定、端子功能等基本知识； 4. 变频器主电路、控制电路、制动电阻基本连接； 5. 变频器安装环境及使用注意事项； 6. 变频器参数设定	20%	
	电梯、扶梯国家标准	1. 机械制造安装工艺理论及加工工艺技术； 2. 较全面掌握 GB 7588、GB 10058、GB 10059、GB 10060 标准及自动扶梯标准	20%	
	微机控制的 VVVF 电梯原理	1. 微型计算机的数制、基本结构与工作原理； 2. 速度和电流双闭环调速系统； 3. VVVF 电梯电气控制系统结构特点及基本功能； 4. VVVF 电梯主电路、串行电路、脉冲编码电路的基本原理	15%	
三、相关知识	电梯质量控制标准	1. 电梯质量控制理论知识； 2. 国际 ISO 9000 质量认证基本知识； 3. 电梯技术档案资料管理	10%	

附表 2.6　高级实际操作鉴定内容

<table>
<tr><th>项目</th><th>鉴定范围</th><th>鉴定内容</th><th>鉴定比重</th><th>备注</th></tr>
<tr><td rowspan="2">一、基础知识</td><td>电子电路安装调试</td><td>1. 能正确安装组合逻辑电路；
2. 能正确安装计数译码显示电路；
3. 能正确安装光电隔离电路；
4. 能正确调试移相触发电路</td><td>30%</td><td></td></tr>
<tr><td>PLC 编程与调试</td><td>1. 能进行基本指令的编程与调试；
2. 能进行一般功能指令的编程与调试</td><td rowspan="3">30%</td><td rowspan="3"></td></tr>
<tr><td rowspan="5">二、专业知识</td><td>变频器电路安装调试</td><td>1. 能进行变频器的面板操作、外部操作、组合操作及参数设定；
2. 能进行 PLC 与变频器组合控制线路的安装与调试</td></tr>
<tr><td>变频器电路安装程序调试</td><td>1. 集选电梯的 PC 程序设计及安装调试；
2. PLC 变频电梯程序修改、维修；
3. 微机电梯的调试</td></tr>
<tr><td>微机电梯排故</td><td>能排查微机控制电梯的故障</td><td>20%</td><td></td></tr>
<tr><td>电梯机械构件安装方法</td><td>1. 掌握样板架放样挂线技术，并能熟练进行机房、井道放线；
2. 能测绘零件图；
3. 熟练进行层门安装调校；
4. 掌握设备起吊运输技术</td><td rowspan="3">20%</td><td rowspan="3"></td></tr>
<tr><td>电梯机械安装调试</td><td>1. 了解电梯、自动扶梯的安全检测技术；
2. 主要部件更换报废的判断；
3. 能够对自动门机进行调节；
4. 能够对制动器进行分解、装配及调整；
5. 能够拆装曳引电动机、校正轴同心度、更新轴承；
6. 会更换曳引减速箱蜗杆密封圈；
7. 能拆装、调节安全钳装置；
8. 能熟练使用限速器测试仪、加速度测试仪</td></tr>
<tr><td>三、相关知识</td><td>电梯管理</td><td>1. 能严格执行安全技术操作规程
2. 能做安全、文明教育工作；
3. 能对初、中级工示范操作、传授技能；
4. 掌握电梯技术档案资料管理知识；
5. 组织领导电梯安装、维修、调试工程</td></tr>
</table>

参考书

[1]张百令，袁克文．电梯安装与维修工(高级)[M]．北京：中国劳动社会保障出版社．
[2]金柏芹，王兆晶．电子技术(高级)[M]．北京：中国劳动出版社．
[3]钟肇新，范建东．可编程序控制器原理及应用[M]．广州：华南理工大学出版社．
[4]陈恒亮，闫莉丽．可编程控制器控制电梯技术及应用[M]．北京：国防工业出版社．
[5]宋峰青，陈立香．变频技术[M]．北京：中国劳动出版社．
[6]吴志青，李培根．机械基础[M]．北京：机械工业出版社．
[7]毛宗源．微机控制电梯[M]．北京：国防工业出版社．

参考文献

[1] 杨汝清. 机电控制技术[M]. 北京:科学出版社,2008.
[2] 郁建平. 机电控制技术[M]. 北京:科学出版社,2006.
[3] 叶安丽. 电梯控制技术[M]. 北京:机械工业出版社,2006.
[4] 安全第一网. http://www.safe001.com/.
[5] 中国电梯网. http://www.dianti.org/.
[6] 中国工控网. http://www.gongkong.com/.
[7] http://www.kingview.com.